大学物理学

（第二版）

主　编　何丽珠　武　青　周旭波

副主编　王清涛

编　委　栾世军　曾　兵　吴运平
　　　　杨淑丽　童家明　任玉英
　　　　崔春玲　王文娟

高等教育出版社·北京

内容提要

本书是在第一版的基础上修订而成的。本书针对大学物理课程课时较少的情况,以教育部高等学校物理学与天文学教学指导委员会编制的《理工科类大学物理课程教学基本要求》(2010 年版)中的核心内容为框架,弱化理论推导,力求避免使用复杂的术语和公式,注重内容的实用性。

全书共 15 章,每章配有章首问题,章中思考题紧扣各个知识点,章末有本章知识要点总结和习题。

本书可作为高等学校理工科非物理学类专业大学物理课程的教材,也可供社会读者阅读及自学。

图书在版编目(CIP)数据

大学物理学 / 何丽珠,武青,周旭波主编. --2 版
. --北京:高等教育出版社,2021.2
ISBN 978-7-04-055381-9

Ⅰ.①大… Ⅱ.①何… ②武… ③周… Ⅲ.①物理学
-高等学校-教材 Ⅳ.①O4

中国版本图书馆 CIP 数据核字(2021)第 000155 号

DAXUE WULIXUE

策划编辑	张琦玮	责任编辑 张琦玮	封面设计 姜 磊	版式设计 杜微言
插图绘制	于 博	责任校对 胡美萍	责任印制 刁 毅	

出版发行	高等教育出版社	网 址	http://www.hep.edu.cn
社 址	北京市西城区德外大街 4 号		http://www.hep.com.cn
邮政编码	100120	网上订购	http://www.hepmall.com.cn
印 刷	山东临沂新华印刷物流集团有限责任公司		http://www.hepmall.com
开 本	787 mm×1092 mm 1/16		http://www.hepmall.cn
印 张	25.75	版 次	2018 年 1 月第 1 版
字 数	600 千字		2021 年 2 月第 2 版
购书热线	010-58581118	印 次	2021 年 11 月第 3 次印刷
咨询电话	400-810-0598	定 价	56.00 元

本书如有缺页、倒页、脱页等质量问题,请到所购图书销售部门联系调换
版权所有 侵权必究
物 料 号 55381-00

大学物理学

（第二版）

主　编　何丽珠
　　　　武　青
　　　　周旭波
副主编　王清涛

1　电脑访问 http://abook.hep.com.cn/1250629，或手机扫描二维码、下载并安装 Abook 应用。

2　注册并登录，进入"我的课程"。

3　输入封底数字课程账号（20位密码，刮开涂层可见），或通过 Abook 应用扫描封底数字课程账号二维码，完成课程绑定。

4　点击"进入学习"，开始本数字课程的学习。

　　课程绑定后一年为数字课程使用有效期。受硬件限制，部分内容无法在手机端显示，请按提示通过电脑访问学习。

　　如有使用问题，请发邮件至 abook@hep.com.cn。

扫描二维码
下载 Abook 应用

第二版　序

《大学物理学》作为一本立体化教材,在青岛大学经过 3 年的使用,师生普遍反映本教材丰富的资源对教科书形成了很好的补充,本书满足了工科专业教学改革的需要,为学生理解和掌握工程技术领域新理论、新技术、新方法所需要的物理知识提供了一个很好的学习窗口。

本次修订保持了《大学物理学》已有的风格和特点,即以基本的物理知识为框架,理论推导做到简明扼要,物理内容实现有机衔接,物理模型注重揭示内涵,概念表述做到深入浅出,知识点的讲解做到层次分明,能力培养的目标做到清晰明确。本书意图引导学生开阔思路,掌握物理的基本概念、基本规律、基本方法,对激发学生深入探索的创新精神,培养学生的科学素质起到一个良好的引导作用。

为适应大学生根据自己的学习基础和学习特点,选择适合自身发展要求的学习内容和学习材料的需要,本次修订重点是为原有的立体化教材补充提供丰富的学习资源。除将原书中一部分内容,如章首问题解答、部分内容和例题等变成二维码阅读材料,方便学生查阅外,还紧贴学习的各个环节,补充提供了教材拓展内容、编写了《大学物理学学习指导》、录制了热学问题解答录屏等。读者通过扫描嵌入教材的二维码,可以观看相关知识点的资料,为大学生进行自主学习提供了方便。根据实际教学要求,也适当对各章的例题和习题进行了增补和删减,对部分内容进行了重编,进一步完善了教学内容。更正了原书中不妥之处。

本书再版由何丽珠负责教材总体修订,王清涛、吴运平、王文娟等协助完成了第二版教材的修订与审阅,其他编者审阅修正了第一版教材中自己编写内容(崔春玲审阅光学前半部分)。

编者对关心和支持本教材出版的张琦玮编辑以及有关同行
表示衷心感谢。编者尽管不懈努力,提高教材质量,但书中还是
会有不少错误和疏漏之处,恳请广大同行和读者指正。

青岛大学物理科学学院基础物理教学中心
2020 年 3 月

第一版　序

　　"大学物理"这门课顾名思义是指大学的物理课程,国外相关课程称为"University Physics"或者"College Physics"。青岛大学自建校以来,在遵守教育部高等学校物理学与天文学教学指导委员会编制的《理工科类大学物理课程教学基本要求》(2010年版)的同时,一直紧跟国内一流大学的教学标准,二十多年来一直采用国内名校使用的知名教材和国家级规划教材,因此,我们学校的学生参加全国和省部级的大学物理竞赛捷报频传。

　　凡事都有两面性。进入 21 世纪,飞速发展的科学技术对人才培养提出了新的要求,高等教育从"精英教育"走向"大众教育",为适应新形势对人才普适性的要求,高等教育实施通才教育、强化基础教学已经是大势所趋。为此我们学校每年都尝试教学改革,在教学方法、考试考核方式上,取得了一定的效果,但是总是不尽如人意。在这个过程中,我校一直严循采用国家级优秀教材的标尺不变,可是一本教材怎么能满足青岛大学这种综合性大学里存在的多专业分类教学的大学物理课程的要求呢?

　　为适应新形势下高等教育对大学物理课程改革发展和实际教学的需要,青岛大学基础物理教学中心集全体任课老师之力,在多年教学改革的基础上,总结了教学实践的成果,汲取了兄弟院校的相关经验,紧扣《理工科类大学物理课程教学基本要求》(2010 年版),针对大学物理的教学课时较少的情况,为了既对物理基础知识有一个比较完整的介绍,又能照顾不同专业的需求,从而适应各学科专业进行分类教学的实际情况,编写了这本《大学物理学》。

　　本书以基本的物理知识为框架,弱化理论推导,力求避免使用复杂的术语和公式,注重物理模型的介绍,内容编写力求简明扼要,在保证经典物理基本内容的基础上,对经典物理适当精简。目的是使学生对物理学的基本概念、基本规律、基本方法能有一个较全面的了解。

章首问题可以激发学生的学习兴趣,穿插的思考题有助于学生掌握基本内容。教师可根据不同专业的要求,选取相关的内容进行讲授。学生也可以根据自己的兴趣,自学要求范围之外的内容。例题和习题的选择以达到基本训练要求为度,例题紧扣重要概念的原理,习题和思考题紧密联系各个知识点,难度适中,题量适度。每章后有知识要点,通过此可激发学生学习的主动性并帮助他们进行自我检查。考虑到不同学院、不同专业物理教学重点和学时数量的差异,老师们可根据具体情况对内容和章节进行重组和取舍。

本书共分 15 章,绪论、狭义相对论基础由武青编写;质点运动学、动量守恒定律和能量守恒定律由吴运平编写;牛顿运动定律、刚体的定轴转动、气体动理论、热力学基础由何丽珠编写;静电场、电场中的导体与电介质由栾世军编写;恒定磁场由王清涛编写;电磁感应麦克斯韦电磁理论由崔春玲、王文娟编写;机械振动基础由周旭波编写;波动由曾兵编写;光学由杨淑丽、童家明编写;量子物理基础由任玉英编写。何丽珠、武青、周旭波审阅了全书。

编者对关心和支持本书编写出版的缪可可、张琦玮编辑以及有关同行表示衷心的感谢,正是由于他们的支持才使本书完稿并得以出版。编者深感要编写一部易教易学,又有创新的基础课教材是一项相当艰巨的工作。由于编者水平所限,书中定会有错误或不妥之处,恳请广大同行和读者批评指正。

青岛大学物理科学学院基础物理教学中心

2017 年 5 月

目录

绪　　论

0.1　何谓物理学

　　"物理学是研究物质的基本结构、基本运动形式、相互作用及其转化规律的自然科学.它的基本理论渗透在自然科学的各个领域,应用于生产技术的各个方面,是其他自然科学和工程技术的基础."物理学本科专业的基本理论知识体系包括力学、电磁学、光学、分子动理论、热力学基础、狭义相对论基础和量子物理基础等知识领域.各知识体系之间既相对独立又相互渗透,形成了彼此密切联系的统一的物理学体系.人类对整个自然界的认识过程,就是物理学的发展过程.

　　一切客观存在都是物质的,而物质又是运动的.物质可以分为"实物"和"场"两种类型,物质间的相互作用是通过场来完成的.而实物之间存在着多种相互作用的场,场作为物质的存在形式具有质量、动量和能量.运动是物质的固有属性,而运动的形式多种多样.物理学研究物质的组成、物质之间的相互作用和基本普遍的运动形式,所以物理学的规律具有极大的普遍性,是其他自然科学和工程科学的基础.

0.2　物理学的地位

　　物理学涉及的范围非常的广泛,从粒子到宇宙空间、从低速到高速、从有序到无序……物理学中的概念、研究问题的方法及物理思想都完整地呈现了人类对自然界的认识,在其他科学研究(天文学、化学、生物学等)和工程技术领域中都具有典型性和代表性,显然物理学已经成为一切自然科学的基础.另外,物理学的进展还极大地影响了社会科学的发展,改变着整个人类的哲学思想和行为方式,已成为人类文化的重要组成部分.物理学不但帮助我们了解自然和宇宙,而且还可以让我们知道人类的生活与活动.所以,物理学是一门基础学科,在自然科学中占有重要的地位.

物理学将自然界中发生的形形色色的物理现象都归结到以下五大领域:经典力学、热力学与统计物理学、电磁学、相对论和量子力学.借助经典力学和热力学,人类社会实现了工业机械化;而经典电磁理论的建立,使人类社会实现了工业电气化;使人类社会进入核能时代和工业自动化时代的则是相对论和量子力学.

物理学还是现代技术的重要基础,科学进步的源泉.现在,物理学的发展正向着微观世界的深层、广阔无垠的宇宙进行并向其他学科渗透,从而出现了许多分支学科,如物理学与生命科学、信息科学技术、生物工程技术、材料科学技术、能源技术、环境科学等.所以,现在的科研人员需要具备扎实的物理基础知识、现代物理观念和思想方法.如此,高等学校工科专业的重点基础课程怎能少了物理学?

由于物理学研究内容和研究手段的特殊性,使学生受到更好的科学思维方式的训练,会使他们具有更好的逻辑思维能力、理解能力、创新能力、提出问题的能力、探索能力、接受新事物的能力,并提高他们应用物理知识分析问题、解决问题的能力等.因而物理学是提高科学素质的有效手段.

0.3 物理学的研究方法

物理学的研究包含实验、理论和计算.物理学是一门实验科学.实验是理论的基础,而理论需要实验的验证.现代物理中,由于研究的范围越来越远离人们的日常生活,理论物理学家提出假说的方法取代了牛顿时代的经验观察和逻辑归纳,当然,这些在假说的基础上得到的理论必须得到实验的验证.一般的研究问题的思路是通过"研究物理现象→分析归纳→得到经验规律"来进行的,强调感性→理性的认识过程.所以,理论和实验的结合推动着物理学向前发展.

模型

抽象

物理学的研究中有一个非常好的手段,就是建立模型.物理模型是为了便于研究而建立的高度抽象、反映事物本质特征的理想物体,在理论物理、实验物理和计算物理中都广泛地被应用.突出主要矛盾,忽略次要因素,抓住事物本质,寻求其中规律,从而发现同类型问题的共有规律.这样,物理学不断地修正旧的模型、建立新的模型来逼近真实世界,利用物理建模、数学建模、方程求解和分析结论来完成对自然界认知的升华.所谓数学建模就是用数学语言进行演绎推算,物理模型以数学的形式进行描述,数学为物理学提供了有效的逻辑推理和数学计算方法,成为物理思维必不可少的工具,比如微积分之于力学、概率论之于统计物理、群论之于量子力学和粒子物理、黎曼几何之于广义相对论等,物理学和数学互相促进、共同发展,而历史上的物理学家大多同时是数学家,也是很好的证明.因此,物理学是一门严密的定量科学.

0.4　如何学好物理学

　　读者在学习物理学时除了要重视公式的推导、题目的演算以外,还要注意学科的逻辑性、历史性和实用性.下面给出几点建议供读者参考.

　　(1)物理学有自己系统的理论体系,有严密的归纳和演绎方法.灵活使用微积分等数学工具,可以解释和预言各种自然与生活中的现象.因此,学好物理学的基本要求是:在学习过程中努力使自己逐渐对物理学的内容、工作语言、物理图像、理论体系等从整体上有个全面了解,熟悉其中具有典型意义的分析、解决问题的思想方法和理论技巧.

　　(2)认真复习.对物理学中的概念、数学公式本身的含义能用自己的语言表述出来.做一定数量的习题是为了熟练掌握、灵活运用基本物理概念和原理,提高分析、解决问题的能力,因而要认真、独立地完成教师布置的习题和练习.许多习题是实际问题的简化,起到理论联系实际的桥梁作用.读者要独立思考,以分析和研究的态度完成每一道习题,借助练习加深对基本理论的理解,提高解决问题的能力,杜绝简单地套用公式或对答案.这是学好物理学的必要工作.

　　(3)物理学探索和研究自然界最基本的运动规律,是以最简单的数学公式来表达基本规律,它追求对自然界的统一而完美的描述.因此它的公式和定理是美的,是对称与简单的和谐统一.读者在学习中要能发现这种美,增加学习的乐趣,使得学习物理学有理、有趣.掌握了自然的奥秘,读者不知不觉地也会变成有趣的人.

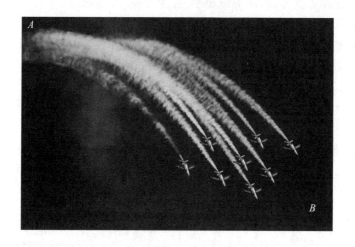

章 首 问 题

　　如图所示,一飞行表演队在高空飞行表演时在最高点 A 的水平速率为 1 920 km·h⁻¹,沿近似于圆弧的曲线俯冲到某位置 B,此时速率为 2 173 km·h⁻¹,所经历的时间为 3 s,设这段圆弧的半径约为 3 km,且飞机在这一俯冲过程中可视为匀变速率圆周运动,若不计重力加速度的影响,求:(1)飞机俯冲到 B 时的加速度;(2)飞机由 A 点到 B 点所经过的路程.

章首问题解答

第1章　质点运动学

自然界中的一切物体都在运动,大至太阳系、银河系,小至分子、原子、粒子等都无时无刻不在运动.所以,物体的运动是普遍的、绝对的.

物质世界存在多种多样的运动形式,机械运动是指物体间相对位置的变动,是众多运动中最简单、最基本的运动形式,它存在于一切运动形式之中.运动学的任务是描述物体位置随时间的变动,不涉及物体间相互作用与运动的关系.这一章讨论物体的理想模型之一———质点的运动及运动学规律.

1.1　质点运动的描述

1.1.1 质点　参考系　坐标系

1. 质点

将物体抽象为无大小、无形状,而只有质量的点,称为**质点**.质点是为了简化问题而引入的一种**理想模型**.任何物体都有一定的大小和形状,因此真实的质点是不存在的.那么什么情况下可将物体视为质点?例如,平直公路上行驶的汽车,其内部机械部分的运动十分复杂.但是如果研究汽车在多长时间内跑多远,在这种情况下,我们关心的是汽车的整体运动,这时就可以把汽车当作质点.当然,假如我们需要研究汽车轮胎的运动,由于轮胎上各部分运动情况不相同,那就不能把它视为质点了.另外,**质点具有相对性**,当物体的尺寸与问题中所讨论的距离相比甚小时,物体的大小、形状就无关紧要了,可以把整个物体当作质点.例如,同样是地球,当研究其自转时就不能将其视为质点,而研究它围绕太阳的公转时,就可以把它近似视为质点来处理.

质点是从客观实际中抽象出来的物理模型.把实际物体抽象

质点

理想模型

质点具有相对性

为质点的研究方法,在实践和理论上具有重要意义.在很多实际问题中,有些物体可近似地视为质点,有些物体可以视为是由大量质点所组成.这样,通过研究质点的运动,就可以弄清整个物体的运动规律.因此,研究质点的运动是研究实际物体运动的基础.

2. 参考系

虽然物体运动是绝对的,但对物体运动的描述却具有相对性.例如,房屋、桥梁相对于地面是静止的,但相对于太阳却是运动的;火车行驶时,乘客相对于车厢可以是静止的,但相对于地面却是运动的.为了确切地描述物体的运动,就必须选择其他物体作为参考,被选作参考的物体或物体系称为**参考系**.参考系的选择是任意的,主要根据问题的性质和研究方便而定.

当同一个物体采用不同的参考系描述时,其结果(轨迹、速度等)一般不同,这被称为运动描述的相对性.例如,在一个匀速直线运动的车厢中,有一个自由下落的物体,当以车厢为参考系描述时,物体作直线运动;如果以地面为参考系描述,物体作抛物线运动.所以在描述物体的运动时,必须指明参考系.若不指明参考系,则认为以地面为参考系.

3. 坐标系

选定参考系只是定性地描述物体的运动与否,为了定量地描述物体相对参考系的位置以及位置随时间的变化,还要在参考系上建立适当的坐标系.所谓**坐标系**就是固定在参考系中的一组坐标轴和用来规定一组坐标的方法.常用的坐标系有直角坐标系、自然坐标系等.

(1)直角坐标系:如图 1.1-1 所示,三个相互垂直的坐标轴不随时间变化,质点 P 的位置由质点在三个坐标轴上的投影(x,y,z)确定,三个沿坐标轴方向的单位矢量分别用 i、j、k 来表示.

(2)自然坐标系:如图 1.1-2 所示,r 为位置矢量.沿质点运动轨迹建立一弯曲的"坐标轴",选择轨迹上一点 O' 为"原点",

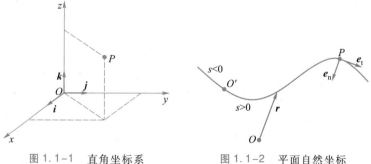

图 1.1-1   直角坐标系   图 1.1-2   平面自然坐标

并用由"原点"O'至质点位置的曲线长度s作为质点位置坐标,坐标增加的方向是人为规定的,一般以质点的运动方向为正方向.若轨迹限于平面内,曲线长度s称为平面自然坐标.根据原点与正方向的规定,s可正可负.

自然坐标

    使用自然坐标时,可将质点的运动沿着轨道的切向和法向进行正交分解.如图 1.1-2 所示,质点在 P 处,可在此处取一单位矢量沿曲线切线且沿自然坐标s增加的方向,称为切向单位矢量,记作e_t,矢量沿此方向的投影称为切向分量.另取一单位矢量沿曲线法线且指向曲线的凹侧,称为法向单位矢量,记作e_n,矢量沿此方向的投影称为法向分量.任何矢量都可沿e_t和e_n作正交分解,e_t和e_n就构成了一个随时间变动的坐标系,称为自然坐标系,或本征坐标系.

切向单位矢量
法向单位矢量

自然坐标系

思考

    1.1   1997 年 6 月 10 日,在我国西昌卫星发射中心用"长征一号"运载火箭成功发射的"风云二号 A"气象卫星,是我国研制成功的第一颗静止气象卫星,设计工作历时三年.2000 年 6 月 25 日,"长征三号"运载火箭又将我国自行研制的第二颗静止气象卫星"风云二号 B"成功发射上天,在太空中顺利完成与 A 星的"新老交替",最终定点在东经105°赤道上空,向地面传回中国及周边地区的高质量的气象资料.

    (1) 上述材料中的"静止气象卫星"最终定点在东经105°赤道上空,是以谁为参考系来描述卫星的运动的?

    (2) 具有上述特点的卫星称为"地球同步卫星".除了"气象卫星"外,"地球同步卫星"还有什么用途?

1.1.2 位置矢量 位移

1. 位置矢量

    如图 1.1-3 所示.由参考点 O 指向质点位置 P 的有向线段$\overrightarrow{OP}$,称为质点的位置矢量,简称位矢,记作 r.在直角坐标系 $O-xyz$中,O 为坐标原点,r 在三个坐标轴上的分量分别为 x、y、z.则位矢r 在直角坐标系中可以表示为

$$r = x\boldsymbol{i} + y\boldsymbol{j} + z\boldsymbol{k} \tag{1.1.1}$$

r 的大小为

$$r = |\boldsymbol{r}| = \sqrt{x^2 + y^2 + z^2}$$

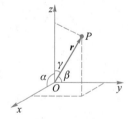

图 1.1-3 位置矢量

位置矢量

方向由位置矢量 $\boldsymbol{r}$ 与 $\boldsymbol{i}$、$\boldsymbol{j}$、$\boldsymbol{k}$ 三个方向的夹角 α、β、γ 确定,如图 1.1-3 所示.三个夹角之间满足如下关系:

$$\cos^2\alpha + \cos^2\beta + \cos^2\gamma = 1$$

质点运动时其位置将随时间变化.即位置矢量 $\boldsymbol{r}$ 为时间 t 的函数

$$\boldsymbol{r} = \boldsymbol{r}(t) \tag{1.1.2a}$$

在直角坐标系 $O\text{-}xyz$ 中

$$\boldsymbol{r}(t) = x(t)\boldsymbol{i} + y(t)\boldsymbol{j} + z(t)\boldsymbol{k} \tag{1.1.2b}$$

运动方程

式(1.1.2)称为质点的**运动方程**,它给出任意时刻质点的位置.

位置矢量不仅有大小,而且有方向.运动质点在不同时刻,其位置矢量不同,它具有瞬时性.选取不同的坐标系,同一质点相对不同坐标系原点的位置矢量,一般是不同的,它具有相对性.式(1.1.2b)在直角坐标系中的分量形式为

$$x = x(t), \quad y = y(t), \quad z = z(t) \tag{1.1.3}$$

轨迹

轨迹方程

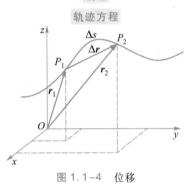

图 1.1-4 位移

位移矢量

质点运动时,在空间所经过的路径称为质点运动的**轨迹**或轨道.在式(1.1.3)中,消去 t 即得**轨迹方程**:

$$f(x, y, z) = 0 \tag{1.1.4}$$

而要注意的是,上述是以坐标原点为参考点引入的位置矢量,而实际上位置矢量的定义中并不一定有坐标系的存在.

2. 位移

为了描述质点在一定时间间隔内位置的变动,引入位移矢量.如图 1.1-4 所示,质点沿其轨道运动.设质点在 t 和 $t+\Delta t$ 时刻的位置分别为 P_1 和 P_2,其位矢分别为 $\boldsymbol{r}_1$ 和 $\boldsymbol{r}_2$,则由质点初位置 P_1 指向末位置 P_2 的有向线段 $\overrightarrow{P_1P_2}$ 称为时间 Δt 内的**位移矢量**,简称位移,记为 $\Delta\boldsymbol{r}$.

$$\Delta\boldsymbol{r} = \boldsymbol{r}(t+\Delta t) - \boldsymbol{r}(t) = \boldsymbol{r}_2 - \boldsymbol{r}_1 \tag{1.1.5}$$

即质点在某一时间内的位移等于同一段时间内位矢的增量,$\Delta\boldsymbol{r}$ 是矢量,其大小标志着在 Δt 内质点位置移动的多少,记为 $|\Delta\boldsymbol{r}|$;其方向表示质点的位置移动方向.

在直角坐标系中,

$$\Delta\boldsymbol{r} = (x_2 - x_1)\boldsymbol{i} + (y_2 - y_1)\boldsymbol{j} + (z_2 - z_1)\boldsymbol{k} = \Delta x\boldsymbol{i} + \Delta y\boldsymbol{j} + \Delta z\boldsymbol{k} \tag{1.1.6}$$

位移(位矢的增量)的大小

$$|\Delta\boldsymbol{r}| = \sqrt{\Delta x^2 + \Delta y^2 + \Delta z^2} \tag{1.1.7}$$

在一段时间内,质点在其轨迹上经过的路径的总长度称为**路程**,如图 1.1-4 所示.要特别注意,位移 Δr 的大小与路程 Δs 不同.

路程

思考

1.2 位移和路程有何区别?什么情况下位移的大小与路程相等?

1.3 位矢与位移有什么区别?

1.4 Δr 与 $|\Delta r|$ 有何区别?

1.5 质点位置矢量方向不变,质点是否作直线运动?质点沿直线运动,其位置矢量是否一定方向不变?

1.1.3 速度

位移反映了质点位置的变化,但质点位置的变化有快慢的不同,因此需要引入能够反映质点位置变化快慢的物理量——速度.

如图 1.1-4 所示,质点在 Δt 时间内发生的位移为 Δr,Δr 与 Δt 的比值反映了质点在 Δt 时间内位置变动的快慢和方向,此比值称为质点在 Δt 时间内的平均速度,记作 $\bar{v}$,

平均速度

$$\bar{v} = \frac{\Delta r}{\Delta t} \tag{1.1.8}$$

由于位移是矢量,故平均速度是矢量.平均速度的方向与位移 Δr 的方向一致.一般来说平均速度不仅随 t 而变,而且随 Δt 而变.因此,在计算平均速度时,必须指明是哪一段时间或哪一段位移上的平均速度.

在描述质点的运动时,常采用"速率"的概念,我们定义质点在 Δt 时间内所走过的路程 Δs 与所用的时间 Δt 的比值为质点在 Δt 时间内的平均速率,记作 $\bar{v}$,

平均速率

$$\bar{v} = \frac{\Delta s}{\Delta t} \tag{1.1.9}$$

要注意,平均速度是质点在 Δt 时间内的位移,是矢量;平均速率是质点在 Δt 时间内走过的路程,是标量,两者有本质差别.

平均速度仅是对质点运动状态的粗略描述,它只表示在一段时间内,质点位置变动的方向和快慢的平均效果,而不能描述质点运动的细微运动情况及质点在某时刻或某位置的真实运动状态.显然,观察的时间间隔 Δt 越短,其平均速度越接近运动的实际情况.因此,可以把 Δt 趋于零时平均速度的极限作为在时刻 t 质点运动方向和快慢的确切描述,这就是质点在 t 时刻的瞬时速

瞬时速度 速度

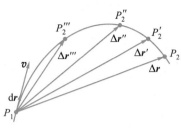

图 1.1-5　速度为平均速度(当时间间隔趋于零时的极限)

度,简称速度,记作 $\boldsymbol{v}$,

$$\boldsymbol{v} = \lim_{\Delta t \to 0} \frac{\Delta \boldsymbol{r}}{\Delta t} = \frac{\mathrm{d}\boldsymbol{r}}{\mathrm{d}t} \qquad (1.1.10)$$

速度 $\boldsymbol{v}$ 是位置矢量 $\boldsymbol{r}$ 对时间的导数,即速度是位置矢量对时间的变化率. 速度的方向就是 Δt 趋于零时位移 $\Delta \boldsymbol{r}$ 的方向. 如图1.1-5 所示,当 Δt 趋于零时,点 P_2 向点 P_1 靠近,而 $\Delta \boldsymbol{r}$ 的方向最后将与质点运动轨迹在点 P_1 的切线一致. 因此,质点在时刻 t 的速度方向沿质点在该时刻所在处的运动轨迹的切线方向,并指向质点前进方向.

速率　速度的大小称为速率,用 v 表示,即

$$v = |\boldsymbol{v}| = \left|\frac{\mathrm{d}\boldsymbol{r}}{\mathrm{d}t}\right| = \lim_{\Delta t \to 0} \frac{|\Delta \boldsymbol{r}|}{\Delta t} \qquad (1.1.11)$$

用 Δs 表示在 Δt 时间内质点沿着轨道所经过的路程,当 Δt 趋于零时,$|\Delta \boldsymbol{r}|$ 和 Δs 趋于相同,因此,可以得到

$$v = \lim_{\Delta t \to 0} \frac{|\Delta \boldsymbol{r}|}{\Delta t} = \lim_{\Delta t \to 0} \frac{\Delta s}{\Delta t} = \frac{\mathrm{d}s}{\mathrm{d}t} \qquad (1.1.12)$$

即速率的大小为质点所走过路程的时间变化率.

在直角坐标系中,速度正交分解式为

$$\boldsymbol{v} = \frac{\mathrm{d}x}{\mathrm{d}t}\boldsymbol{i} + \frac{\mathrm{d}y}{\mathrm{d}t}\boldsymbol{j} + \frac{\mathrm{d}z}{\mathrm{d}t}\boldsymbol{k} = v_x\boldsymbol{i} + v_y\boldsymbol{j} + v_z\boldsymbol{k} \qquad (1.1.13)$$

其中

$$v_x = \frac{\mathrm{d}x}{\mathrm{d}t}, \quad v_y = \frac{\mathrm{d}y}{\mathrm{d}t}, \quad v_z = \frac{\mathrm{d}z}{\mathrm{d}t}$$

v_x、v_y、v_z 分别为速度 $\boldsymbol{v}$ 在三个坐标方向上的分量,它们都是代数量,可正可负. 上式说明质点的速度 $\boldsymbol{v}$ 是各速度分量的矢量和,这一关系称为速度的叠加. 在直角坐标系中,速度的大小,即速率与各速度分量之间存在以下关系:

$$v = \sqrt{v_x^2 + v_y^2 + v_z^2} \qquad (1.1.14)$$

方向由速度矢量 $\boldsymbol{v}$ 与 $\boldsymbol{i}$、$\boldsymbol{j}$、$\boldsymbol{k}$ 三个方向的夹角 α_v、β_v、γ_v 确定。

1.1.4　加速度

当质点运动时,速度的大小和方向都可能发生变化,加速度就是描述质点运动速度随时间变化的物理量. 如图 1.1-6 所示,设质点在 t 和 $t+\Delta t$ 时刻分别位于点 P_1 和点 P_2,在两点的速度分别为 $\boldsymbol{v}(t)$ 和 $\boldsymbol{v}(t+\Delta t)$,质点从点 P_1 运动到点 P_2 时速度的增量 $\Delta \boldsymbol{v}$ 与 Δt 的比值,称为质点在这段时间内的**平均加速度**,记作 $\bar{\boldsymbol{a}}$,

$$\bar{\boldsymbol{a}} = \frac{\Delta \boldsymbol{v}}{\Delta t} \qquad (1.1.15)$$

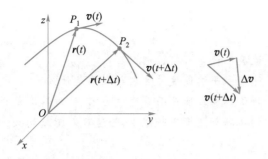

平均加速度粗略地反映了 Δt 时间内速度的变化情况,其方向沿速度增量的方向.显然,Δt 越短,平均加速度越能精确地描述某一时刻的变化.当 Δt 趋于零时,$\Delta \boldsymbol{v}/\Delta t$ 的极限值,就能描述质点在 t 时刻速度的变化,这个极限值称为瞬时加速度,简称加速度,记作 $\boldsymbol{a}$,

瞬时加速度

$$\boldsymbol{a} = \lim_{\Delta t \to 0} \frac{\Delta \boldsymbol{v}}{\Delta t} = \frac{\mathrm{d}\boldsymbol{v}}{\mathrm{d}t} \qquad (1.1.16)$$

在直角坐标系中,加速度的分量形式为

$$\boldsymbol{a} = a_x \boldsymbol{i} + a_y \boldsymbol{j} + a_z \boldsymbol{k} \qquad (1.1.17)$$

其中

$$a_x = \frac{\mathrm{d}v_x}{\mathrm{d}t} = \frac{\mathrm{d}^2 x}{\mathrm{d}t^2}$$

$$a_y = \frac{\mathrm{d}v_y}{\mathrm{d}t} = \frac{\mathrm{d}^2 y}{\mathrm{d}t^2}$$

$$a_z = \frac{\mathrm{d}v_z}{\mathrm{d}t} = \frac{\mathrm{d}^2 z}{\mathrm{d}t^2}$$

即加速度在坐标轴上的投影等于位置坐标对时间的二阶导数.加速度的大小为

$$a = \sqrt{a_x^2 + a_y^2 + a_z^2}$$

方向由加速度矢量 $\boldsymbol{a}$ 与 $\boldsymbol{i}$、$\boldsymbol{j}$、$\boldsymbol{k}$ 三个方向的夹角 α、β、γ 确定.

要特别注意,加速度是矢量,是速度对时间的变化率,这种变化既包括速度大小的变化,又包括速度方向的变化.加速度的方向是速度增量的极限方向,$\Delta \boldsymbol{v}$ 的方向与它的极限方向一般不同,因而加速度的方向一般与该时刻的速度方向不一致.当质点作曲线运动时,加速度的方向总是指向轨迹曲线的凹侧.

在应用位移、速度、加速度时,若质点是作一维运动,只需选取 x 轴方向的坐标系,质点的位移、速度、加速度都可以在一维坐标下用标量表示出来.此时,式(1.1.6)、式(1.1.13)和式(1.1.17)可简化为一维标量,即

$$\Delta x = x_2 - x_1, \quad v = \frac{\mathrm{d}x}{\mathrm{d}t}, \quad a = \frac{\mathrm{d}v}{\mathrm{d}t} \qquad (1.1.18)$$

思考

1.6 速度和速率有何区别?

1.7 速度和平均速度的区别与联系是什么?

1.8 物体具有加速度而其速度为零,这种情况是否可能?

1.9 物体的加速度不断减少,而速度却不断增大,这种情况可能吗?

1.10 物体能否有一个不变的速率而有一个变化的速度?

1.11 当物体具有大小、方向不变的加速度时,物体的速度方向能否改变?

例题 1-1

一质点沿 x 轴运动,坐标与时间的变化关系为 $x = 2 + 12t - t^3$,式中 x、t 分别以 m、s 为单位. 试计算:(1)质点在开始运动后 4 s 内的位移;(2)质点在 0～4 s 内所走的路程;(3)$t = 4$ s 时质点的速度和加速度.

解:质点作一维直线运动,各矢量可作标量处理,x 随 t 的三次方变化,所以 x、v 有极值. 应注意运动中质点的位移和速度将会改变方向.

(1)$\Delta x = x(4) - x(0) = (2 + 12 \times 4 - 4^3)\ \text{m} - 2\ \text{m} = -16\ \text{m}$

(2)由 $\dfrac{\mathrm{d}x}{\mathrm{d}t} = 12 - 3t^2 = 0$,得 $t = 2$ s 时质点换向.

质点从开始运动到 2 s 的位移为

$$\Delta x_{0-2} = x(2) - x(0)$$
$$= (2 + 12 \times 2 - 2^3)\ \text{m} - 2\ \text{m}$$
$$= 16\ \text{m}$$

质点从 2 s 到 4 s 的位移为

$$\Delta x_{2-4} = x(4) - x(2)$$
$$= (2 + 12 \times 4 - 4^3)\ \text{m} - (2 + 12 \times 2 - 2^3)\ \text{m}$$
$$= -32\ \text{m}$$

质点 0～4 s 走过的总路程

$$s = \Delta x_{0-2} + |\Delta x_{2-4}| = 16\ \text{m} + |-32|\ \text{m} = 48\ \text{m}$$

(3)质点速度

$$v = \frac{\mathrm{d}x}{\mathrm{d}t} = 12 - 3t^2 \quad (\text{SI 单位})$$

将 $t = 4$ s 代入得

$$v = (12 - 3 \times 4^2)\ \text{m/s} = -36\ \text{m/s}$$

质点加速度

$$a = \frac{\mathrm{d}v}{\mathrm{d}t} = -6t \quad (\text{SI 单位})$$

将 $t = 4$ s 代入得

$$a = -6 \times 4\ \text{m/s}^2 = -24\ \text{m/s}^2$$

例题 1-2

已知质点的运动方程 $x = R\cos \omega t$、$y = R\sin \omega t$,式中 R 和 ω 均为常量. 试求:(1)轨道方程;(2)任意时刻的速度和加速度.

解：（1）由 $x=R\cos \omega t$、$y=R\sin \omega t$ 消去时间 t，求得轨道方程，为

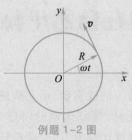

例题 1-2 图

$$x^2+y^2=R^2$$

可见，质点的轨道是以坐标原点为圆心、半径为 R 的圆.

（2）由质点的运动方程得在任一时刻位置矢量为

$$\boldsymbol{r}=R\cos \omega t\boldsymbol{i}+R\sin \omega t\boldsymbol{j}$$

质点在任一时刻速度矢量

$$\boldsymbol{v}=\frac{\mathrm{d}\boldsymbol{r}}{\mathrm{d}t}=-R\omega\sin \omega t\boldsymbol{i}+R\omega\cos \omega t\boldsymbol{j}$$

因此，速度大小

$$v=\sqrt{v_x^2+v_y^2}=\sqrt{(-R\omega\sin \omega t)^2+(R\omega\cos \omega t)^2}$$
$$=R\omega$$

速度方向可用 v 和 x 轴的夹角 θ 表示，

$$\tan \theta=\frac{v_y}{v_x}=\frac{R\omega\cos \omega t}{-R\omega\sin \omega t}=-\cot \omega t$$

由此可见，速度的方向与半径垂直，即沿圆上某点切线方向.

同样可求得质点的加速度

$$\boldsymbol{a}=\frac{\mathrm{d}\boldsymbol{v}}{\mathrm{d}t}=\frac{\mathrm{d}^2\boldsymbol{r}}{\mathrm{d}t^2}=R\omega^2\cos \omega t\boldsymbol{i}+R\omega^2\sin \omega t\boldsymbol{j}=-\omega^2\boldsymbol{r}$$

由此可见，加速度的方向指向圆心. 任一时刻加速度大小为

$$a=\sqrt{a_x^2+a_y^2}=\sqrt{(R\omega^2\cos \omega t)^2+(R\omega^2\sin \omega t)^2}$$
$$=R\omega^2$$

例题 1-3

一质点沿 x 轴运动，其速度和时间的关系为 $v(t)=t^2+\pi\cos\frac{\pi}{6}t$（SI 单位）. 在 $t_0=0$ 时，质点的位置 $x_0=-2$ m. $t=3$ s 时，试求：（1）质点的位置；（2）质点的加速度.

解：（1）根据题意

$$v(t)=\frac{\mathrm{d}x}{\mathrm{d}t}=t^2+\pi\cos\frac{\pi}{6}t$$

质点的位置

$$x=x_0+\int_{t_0}^t v\mathrm{d}t=x_0+\int_0^t\left(t^2+\pi\cos\frac{\pi}{6}t\right)\mathrm{d}t$$
$$=x_0+\left(\frac{1}{3}t^3+6\sin\frac{\pi}{6}t\right)\bigg|_0^3$$

代入数据得 $x=13$ m，即 $t=3$ s 时，质点的位置为 $x=13$ m.

（2）加速度

$$a=\frac{\mathrm{d}v}{\mathrm{d}t}=2t-\frac{\pi^2}{6}\sin\frac{\pi}{6}t$$

将 $t=3$ s 代入得

$$a=\left(6-\frac{\pi^2}{6}\right)\mathrm{m\cdot s^{-2}}$$

补充例题 1-1

补充例题 1-2

1.2 圆周运动在自然坐标系中的表示

物体运动轨迹是曲线的称为曲线运动.运动轨迹在一个平面内的曲线运动称为平面曲线运动.圆周运动的轨迹为圆,是在生产和生活中常见的一种平面曲线运动,例如电动机转子、车轮、皮带轮等都作圆周运动.

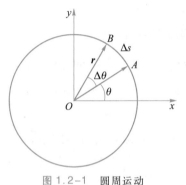

图 1.2-1   圆周运动

1.2.1 圆周运动的角速度、角加速度

图 1.2-1 表示一个质点绕点 O 作半径为 r 的圆周运动,t 时刻质点在点 A,其位矢 r 与 Ox 轴的夹角为 θ.角位置 θ 的单位为弧度,记作 rad.当质点在圆周上运动时,θ 随时间而改变,即 θ 是时间的函数 $\theta(t)$,为表示质点转动的快慢,定义角速度

$$\omega = \frac{\mathrm{d}\theta}{\mathrm{d}t} \tag{1.2.1}$$

角速度

称作**角速度**.角速度表示质点转动的快慢,其单位是弧度每秒,记作 $\mathrm{rad \cdot s^{-1}}$.

质点在 Δt 时间内经过路程 Δs,Δs 和角位移 $\Delta\theta$ 之间的关系为 $\Delta s = r\Delta\theta$,当 $\Delta t \rightarrow 0$ 时,$\Delta s/\Delta t$ 的极限为质点在点 A 的速率,即

$$v = \frac{\mathrm{d}s}{\mathrm{d}t} = r\frac{\mathrm{d}\theta}{\mathrm{d}t} = r\omega \tag{1.2.2}$$

式(1.2.2)就是质点作圆周运动时速率和角速度之间的瞬时关系.

角加速度

在变速圆周运动中,角速度 ω 随时间而变,为了表示质点的角速度随时间变化的快慢,引入**角加速度**,记作 α.其定义为角速度 ω 对时间的变化率,即

$$\alpha = \frac{\mathrm{d}\omega}{\mathrm{d}t} \tag{1.2.3}$$

1.2.2 圆周运动的切向加速度和法向加速度

质点作曲线运动时,在自然坐标系中,质点的运动方程可写为

$$s = s(t) \qquad (1.2.4)$$

其速度总是沿轨道的切向方向,故其速度矢量为

$$\boldsymbol{v} = v\boldsymbol{e}_t = \frac{\mathrm{d}s}{\mathrm{d}t}\boldsymbol{e}_t \qquad (1.2.5)$$

圆周运动是曲线运动的特例,所以式(1.2.5)也是质点作圆周运动的速度表达式.

式(1.2.5)对时间求导,得加速度

$$\boldsymbol{a} = \frac{\mathrm{d}(v\boldsymbol{e}_t)}{\mathrm{d}t} = \frac{\mathrm{d}v}{\mathrm{d}t}\boldsymbol{e}_t + v\frac{\mathrm{d}\boldsymbol{e}_t}{\mathrm{d}t} \qquad (1.2.6)$$

其中 $\dfrac{\mathrm{d}\boldsymbol{e}_t}{\mathrm{d}t}$ 是切向单位矢量对时间的变化率. 从图 1.2-2 中可看出:

$\Delta\boldsymbol{e}_t$ 与 $\boldsymbol{e}_t$ 的夹角 $\beta = \dfrac{\pi - \Delta\theta}{2}$,当 $\Delta\theta \to 0$ 时,$\Delta\boldsymbol{e}_t$ 与 $\boldsymbol{e}_t$ 的夹角 $\to \dfrac{\pi}{2}$,即

$\mathrm{d}\boldsymbol{e}_t \perp \boldsymbol{e}_t$,这说明 $\mathrm{d}\boldsymbol{e}_t$ 的方向为 $\boldsymbol{e}_n$ 的方向. 所以 $\mathrm{d}\boldsymbol{e}_t = \mathrm{d}\theta\boldsymbol{e}_n$,故有

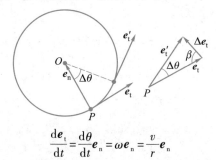

图 1.2-2 切向单位矢量随时间的变化率 $\mathrm{d}\boldsymbol{e}_t/\mathrm{d}t$

$$\frac{\mathrm{d}\boldsymbol{e}_t}{\mathrm{d}t} = \frac{\mathrm{d}\theta}{\mathrm{d}t}\boldsymbol{e}_n = \omega\boldsymbol{e}_n = \frac{v}{r}\boldsymbol{e}_n$$

自然坐标系中圆周运动的加速度

$$\boldsymbol{a} = \frac{\mathrm{d}v}{\mathrm{d}t}\boldsymbol{e}_t + \frac{v^2}{r}\boldsymbol{e}_n = \boldsymbol{a}_t + \boldsymbol{a}_n \qquad (1.2.7)$$

其中,$\boldsymbol{a}_t$ 和 $\boldsymbol{a}_n$ 分别称为切向加速度和法向加速度. 切向加速度的大小为 $a_t = \dfrac{\mathrm{d}v}{\mathrm{d}t}$,是由速度大小的变化而引起,法向加速度的大小为 $a_n = \dfrac{v^2}{r}$,是由速度方向的变化而引起.

在变速率圆周运动中,速度的大小和方向都在变化,加速度的方向不再指向圆心,如图 1.2-3 所示,加速度大小和方向为

$$a = \sqrt{a_t^2 + a_n^2}, \qquad \theta = \arctan\frac{a_n}{a_t} \qquad (1.2.8)$$

上述结果虽然是从变速率圆周运动中得出的,但对于一般的曲线运动,式(1.2.7)仍然适用,此时可将一段足够短的曲线视为一段圆弧,从而可用曲率半径 ρ 来代替圆的半径 r.

思考

1.12 圆周运动中质点的加速度是否一定和速度的方向垂

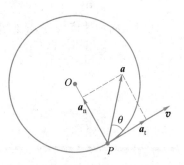

图 1.2-3 圆周运动的加速度

直？如不是,此加速度的方向在什么情况下偏向运动的前方？

1.13   任意平面曲线运动的加速度的方向总指向曲线凹侧,为什么？

1.14   物体作曲线运动时,速度方向一定沿运动轨迹的切线方向,法向分速度恒为零,因此其法向加速度也一定为零,此种说法对吗？

1.15   质点作匀加速圆周运动的过程中:(1) 切向加速度的大小、方向是否改变？(2) 法向加速度的大小、方向是否改变？(3) 总加速度的大小、方向是否改变？

例题 1—4

汽车在半径为 200 m 的圆弧形公路上刹车,刹车开始阶段的运动方程为 $s = 20t - 0.2t^3$ (SI 单位).求汽车在 $t = 1$ s 时的加速度.

解: 采用自然坐标

$$s = 20t - 0.2t^3$$

$$v = \frac{ds}{dt} = 20 - 0.6t^2$$

$$a_n = \frac{v^2}{r} = \frac{(20 - 0.6t^2)^2}{r}\Big|_{t=1\,s}$$

$$= \frac{(20 - 0.6)^2}{200} \text{ m} \cdot \text{s}^{-2} = 1.88 \text{ m} \cdot \text{s}^{-2}$$

$$a_t = \frac{dv}{dt} = -1.2t\big|_{t=1\,s} = -1.2 \text{ m} \cdot \text{s}^{-2}$$

$$a = \sqrt{a_n^2 + a_t^2} = \sqrt{1.88^2 + (-1.2)^2} \text{ m} \cdot \text{s}^{-2}$$

$$= 2.23 \text{ m} \cdot \text{s}^{-2}$$

$$\tan\theta = \frac{a_n}{a_t} = -\frac{1.88}{1.2} = -1.5667$$

$$\theta = 122°33'$$

例题 1—5

求斜抛物体轨道顶点处的曲率半径.设初速度大小为 v_0,与水平方向夹角为 θ.

解: 采用自然坐标.当质点在抛物线顶点时,质点只有水平方向运动的速度,

$$v = v_0\cos\theta$$

此时切向加速度为零,法向加速度

$$a_n = g$$

由 $a_n = \frac{v^2}{\rho}$,得曲率半径为

$$\rho = \frac{v^2}{a_n} = \frac{(v\cos\theta)^2}{g}$$

1.3   相对运动

在经典物理中,时间与空间的测量是绝对的,与参考系无关.

在不同参考系中观察的质点位移、速度、加速度和运动轨迹可能不同，即位移、速度、加速度和运动轨迹与参考系的选择有关，这称为运动的相对性．下面讨论在相对运动的不同参考系中，同一运动质点的速度、加速度之间的关系．

以二维运动为例，如图 1.3-1 所示．相对于观察者静止的参考系（基本参考系）S 和相对观察者运动的参考系（运动参考系）S′的坐标轴始终保持平行，且参考系 S′相对参考系 S 沿 x 轴以速度 $\boldsymbol{u}$ 作匀速直线运动，观察者分别从参考系 S′和参考系 S 的参考点（取为原点）观察质点 P 的运动．

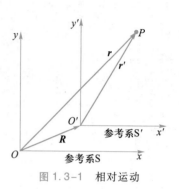

图 1.3-1　相对运动

设当两参考系的计时为零，即 $t = t' = 0$ 时，两参考系的坐标原点 O 与 O' 重合．运动过程中某一瞬间 S′系、S 系及质点 P 的位置如图 1.3-1 所示．该瞬间 S′相对于 S 的位矢为 $\boldsymbol{R}$，而质点 P 相对于 S 与 S′的位矢分别为 $\boldsymbol{r}$ 与 $\boldsymbol{r}'$，它们之间的关系为

$$\boldsymbol{r} = \boldsymbol{r}' + \boldsymbol{R} \tag{1.3.1}$$

式（1.3.1）对时间求导，得

$$\frac{\mathrm{d}\boldsymbol{r}}{\mathrm{d}t} = \frac{\mathrm{d}\boldsymbol{r}'}{\mathrm{d}t} + \frac{\mathrm{d}\boldsymbol{R}}{\mathrm{d}t}$$

用 $\boldsymbol{v}$ 和 $\boldsymbol{v}'$ 分别表示质点 P 在 S 系和 S′系中的速度，分别称为**绝对速度**与**相对速度**，$\boldsymbol{u}$ 称为**牵连速度**，则

$$\boldsymbol{v} = \boldsymbol{v}' + \boldsymbol{u} \tag{1.3.2}$$

矢量图如图 1.3-2 所示．

绝对速度　相对速度　牵连速度

将式（1.3.2）对时间求导，得

$$\frac{\mathrm{d}\boldsymbol{v}}{\mathrm{d}t} = \frac{\mathrm{d}\boldsymbol{v}'}{\mathrm{d}t} + \frac{\mathrm{d}\boldsymbol{u}}{\mathrm{d}t}$$

即

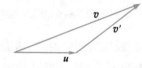

图 1.3-2　速度的相对性

$$\boldsymbol{a} = \boldsymbol{a}' + \boldsymbol{a}_0 \tag{1.3.3}$$

其中，$\boldsymbol{a}$ 和 $\boldsymbol{a}'$ 分别表示质点 P 在 S 系和在 S′系中的加速度，$\boldsymbol{a}_0$ 为 S′系相对于 S 系的加速度．如果 S′系相对于 S 系作匀速直线运动，即 $a_0 = 0$，则有

$$\boldsymbol{a} = \boldsymbol{a}' \tag{1.3.4}$$

这说明，一个质点在两个相对作匀速直线运动的参考系中的加速度是相同的．

应当指出，式（1.3.1）—式（1.3.4）都是在认为长度的测量、时间的测量与参考系无关的前提下得出的．这些变换式再加上时间变换 $t = t'$，总称为**伽利略变换式**，在经典力学中是不容置疑的．然而，直到 19 世纪末在相对论中它们被建立在新的时空观基础上的变换式所取代．

伽利略变换式

思考

1.16 一人在以恒定速度运动的火车上竖直向上抛出一石子,此石子能否落入人的手中? 如果石子抛出后,火车以恒定的加速度前进,结果又如何?

1.17 第一次世界大战期间的一次空战中,一个法国飞行员正在 2 000 m 高的空中飞行,忽然,他发现脸旁好像有一个小东西在飞舞,他以为是一只小昆虫,于是就伸手轻松地把它抓了过来,仔细一看,把他吓出一身冷汗来. 他抓住的不是别的,是德国飞机射向他的一颗子弹.

(1) 子弹飞得那么快(一般为几百米每秒),为什么没有把他的手打穿?

(2) 受类似现象的启发,人们实现了飞机在飞行途中的空中加油;在航天飞行中,宇宙飞船发射到太空和正在绕地球运动的空间站实行空中对接. 那么实现"空中加油"和"空中对接"应满足的基本条件是什么?

例题 1-6

某人骑摩托车向东前进,其速率为 10 m·s^{-1} 时觉得有南风,当其速率为 15 m·s^{-1} 时,又觉得有东南风. 试求风的速度.

解:取风为研究对象,地面作为 S 系,骑车人作为 S′系. 设风相对地的速度为 v,车的速度为 u,风相对车的速度为 v'. 依题意作速度矢量关系如例题 1-6 图所示. 由图可知

$$v_1' = |v_1'| = |u_2| - |u_1| = (15-10) \text{ m·s}^{-1}$$
$$= 5 \text{ m·s}^{-1}$$

风的速度大小

$$v = \sqrt{u_1^2 + v_1'^2} = \sqrt{10^2 + 5^2} \text{ m·s}^{-1} = 11.2 \text{ m·s}^{-1}$$

风速的方向

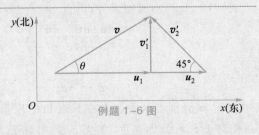

例题 1-6 图

$$\theta = \arctan \frac{v_1'}{u_1} = \arctan \frac{5}{10} = 26°34'$$

方向为东偏北 26°34′.

补充例题 1-3

（1）质点运动描述

运动方程 $\quad\quad\quad\quad r = r(t)$

位移 $\quad\quad\quad\quad \Delta r = r(t + \Delta t) - r(t)$

平均速度 $\quad\quad\quad \bar{v} = \dfrac{\Delta r}{\Delta t}$

平均速率 $\quad\quad\quad \bar{v} = \dfrac{\Delta s}{\Delta t} \neq |\bar{v}|$

速度 $\quad\quad\quad\quad v = \dfrac{\mathrm{d}r}{\mathrm{d}t}$

速率 $\quad\quad\quad\quad v = |v| = \dfrac{\mathrm{d}s}{\mathrm{d}t}$

加速度 $\quad\quad\quad a = \dfrac{\mathrm{d}v}{\mathrm{d}t}$

（2）直角坐标系中

运动方程 $\quad\quad r(t) = x(t)i + y(t)j + z(t)k$

位移 $\quad\quad\quad\quad \Delta r = \Delta x i + \Delta y j + \Delta z k$

速度 $\quad\quad v = \dfrac{\mathrm{d}x}{\mathrm{d}t}i + \dfrac{\mathrm{d}y}{\mathrm{d}t}j + \dfrac{\mathrm{d}z}{\mathrm{d}t}k = v_x i + v_y j + v_z k$

加速度 $\quad a = \dfrac{\mathrm{d}v_x}{\mathrm{d}t}i + \dfrac{\mathrm{d}v_y}{\mathrm{d}t}j + \dfrac{\mathrm{d}v_z}{\mathrm{d}t}k = a_x i + a_y j + a_z k$

（3）自然坐标系中

运动方程 $\quad\quad\quad s = s(t)$

速度 $\quad\quad\quad\quad v = v e_t = \dfrac{\mathrm{d}s}{\mathrm{d}t}e_t$

加速度 $\quad\quad a = \dfrac{\mathrm{d}v}{\mathrm{d}t}e_t + \dfrac{v^2}{R}e_n = a_t + a_n$

（4）圆周运动

角速度 $\quad\quad\quad\quad \omega = \dfrac{\mathrm{d}\theta}{\mathrm{d}t}$

角加速度 $\quad\quad\quad \alpha = \dfrac{\mathrm{d}\omega}{\mathrm{d}t}$

速率与角速度的关系 $v = r\omega$

切向加速度与角加速度的关系

$$a_\text{t} = \frac{\mathrm{d}v}{\mathrm{d}t} = R\frac{\mathrm{d}\omega}{\mathrm{d}t} = R\alpha$$

（5）相对运动

$$r = r' + R, \qquad v = v' + u, \qquad a = a' + a_0$$

习题

1-1   一运动质点在某瞬时位于径矢 $r(x,y)$ 的端点处，其速度大小为（   ）.

(A) $\dfrac{\mathrm{d}r}{\mathrm{d}t}$ (B) $\dfrac{\mathrm{d}\boldsymbol{r}}{\mathrm{d}t}$

(C) $\dfrac{\mathrm{d}\,|\,r\,|}{\mathrm{d}t}$ (D) $\sqrt{\left(\dfrac{\mathrm{d}x}{\mathrm{d}t}\right)^2 + \left(\dfrac{\mathrm{d}y}{\mathrm{d}t}\right)^2}$

1-2   质点作曲线运动，r 表示位置矢量，v 表示速度，a 表示加速度，s 表示路程，a_t 表示切向加速度，下列表达式中，正确的是（   ）.

(1) $\mathrm{d}v/\mathrm{d}t = a_\text{t}$ (2) $\mathrm{d}r/\mathrm{d}t = v$

(3) $\mathrm{d}s/\mathrm{d}t = v$ (4) $|\,\mathrm{d}\boldsymbol{v}/\mathrm{d}t\,| = a_\text{t}$

(A) 只有（1）、（4）是对的

(B) 只有（2）、（4）是对的

(C) 只有（2）是对的

(D) 只有（3）是对的

1-3   对于沿曲线运动的物体，以下几种说法中哪一种是正确的：（   ）.

(A) 切向加速度必不为零

(B) 法向加速度必不为零（拐点处除外）

(C) 由于速度沿切线方向，法向分速度必为零，因此法向加速度必为零

(D) 若物体作匀速率运动，其总加速度必为零

(E) 若物体的加速度 a 为常矢量，它一定作匀变速率运动

1-4   在相对地面静止的坐标系内，A、B 二船都以 $2\ \mathrm{m\cdot s^{-1}}$ 的速率匀速行驶，A 船沿 x 轴正向，B 船沿 y 轴正向。今在 B 船上设置与静止坐标系方向相同的坐标系（x、y 方向单位矢量用 i、j 表示），那么在 B 船上的坐标系中，A 船的速度为（   ）.

(A) $2i + 2j$ (B) $-2i + 2j$

(C) $-2i - 2j$ (D) $2i - 2j$

1-5   一质点沿直线运动，其运动学方程为 $x = 4t - t^2 + 2$（SI 单位）。求：（1）质点在开始后 3 s 内的位移大小；（2）质点在该时间内所通过的路程；（3）$t = 3$ s 时质点的速度大小和加速度大小.

1-6   有一质点沿 x 轴直线运动，t 时刻的坐标为 $x = 4.5t^2 - 2t^3$（SI 单位）。试求：（1）第 2 s 内的平均速度大小；（2）第 2 s 末的瞬时速度大小；（3）第 2 s 内的路程.

1-7   一质点在 Oxy 平面内运动。运动学方程为 $x = 2t$ 和 $y = 19 - 2t^2$（SI 单位），求：（1）质点的轨迹方程；（2）第 2 s 内质点的平均速度大小；（3）第 2 s 末的瞬时速度大小.

1-8   一质点的运动方程为 $r = i + 4t^2 j + tk$（SI 单位），求：（1）质点的速度和加速度；（2）质点的轨迹方程.

1-9   一质点以初速 $v = 5i$ 开始离开原点，其运动加速度为 $a = -2i - 2j$。求：（1）质点到达 x 坐标最大值时的速度；（2）此时质点的位置.

1-10   一支在星际空间飞行的火箭，当它以恒定速率燃烧它的燃料时，其运动函数可表示为 $x = ut + u\left(\dfrac{1}{b} - t\right)\ln(1 - bt)$，其中 u 是喷出气流相对于火箭体的喷射速度，是一个常量，b 是与燃烧速率成正比的常量.（1）求此火箭的速度表达式；（2）求此火箭的加速度

表达式;(3) 设 $u = 3.0 \times 10^3$ m·s^{-1},$b = 7.5 \times 10^{-3}$ s^{-1},并设燃料在 120 s 内燃烧完,求 $t = 0$ s、$t = 120$ s 时的速度.

1-11 一石子从空中由静止下落,由于空气阻力,石子运动的加速度 $a = A - Bv$,式中 A、B 为常量,试求石子的速度和运动方程.

1-12 一艘正在沿一直线行驶的电艇,在关闭发动机后,其加速度方向与速度方向相反,大小与速度大小的平方成正比,比例系数为 k,求电艇关闭发动机后又行驶 x 距离时的速率 v.(设电艇关闭发动机时的速率为 v_0.)

1-13 飞机以 100 m·s^{-1} 的速度沿水平直线飞行,在离地面 100 m 时,驾驶员要把物品空投到前方地面目标处,问:(1) 此时目标在飞机下前方多远?(2) 投放物品时,驾驶员看目标的视线与水平线成何角度?(3) 物品投出 2.0 s 后,它的法向加速度和切向加速度各为多少?

1-14 一足球运动员在正对球门前 25.0 m 处以 20.0 m·s^{-1} 的初速率罚任意球,已知球门高为 3.44 m,若要在垂直于球门的竖直平面内将足球直接踢进球门,问他应在与地面成什么角度的范围内踢出足球?(足球可视为质点.)

1-15 一质点沿半径为 R 的圆周运动.质点所经过的弧长与时间的关系为 $s = bt + \dfrac{1}{2}ct^2$,其中 b、c 是大于零的常量,求从 $t = 0$ 开始到切向加速度与法向加速度大小相等时所经历的时间.

1-16 河水自西向东流动,速度为 10 km·h^{-1}.一轮船在水中航行,船相对于河水的航向为北偏西 30°,相对于河水的航速为 20 km·h^{-1}.此时风向为正西,风速为 10 km·h^{-1}.试求在船上观察到的烟囱冒出的烟缕的飘向(设烟离开烟囱后很快就获得与风相同的速度).

1-17 一个无风的下雨天,一列火车以 $v_1 = 20.0$ m·s^{-1} 的速度匀速前进,在车内的旅客看见玻璃窗外的雨滴和竖直方向成 75° 角下降.求雨滴下落的速度 v_2.

本章计算题参考答案

章 首 问 题

  汽车或者火车在水平面内拐弯时,需要地面提供向心力.为了使车辆以较高速率拐弯,往往将公路或铁路转弯处修成具有一定倾角的圆弧.如果倾角为 θ,拐弯半径为 R,汽车与路面之间的静摩擦因数为 μ_0,要保证汽车无滑动地沿圆弧匀速率转弯,所允许的汽车速率范围为多少?

章首问题解答

第 2 章　牛顿运动定律

牛顿于 1687 年发表了他的不朽巨著《自然哲学的数学原理》,该书总结了伽利略等前人和自己关于力学以及微积分方面的研究成果,其中含有三条牛顿运动定律和万有引力定律,以及动量、质量、力和加速度等概念. 从牛顿运动定律可以推导出固体、液体等物体的运动规律,从而建立起整个经典力学的大厦.

第 1 章的质点运动学解释不了质点运动的原因,是什么因素使物体作各种运动? 这些因素是如何决定运动学量的? 回答质点运动原因的问题是动力学的问题,动力学研究作用于物体的力和物体机械运动状态变化之间的关系. 质点动力学的基本定律是牛顿运动定律,牛顿运动定律的内容学生在中学已经相当熟悉了,为了避免重复,本章仅用近代科学的语言和高等数学的知识,加深学生的认识.

2.1　牛顿运动定律

2.1.1　牛顿第一定律

不受其他物体作用或离其他一切物体都足够远的质点称孤立质点,它是个理想模型. 牛顿第一定律指出:孤立质点静止或作匀速直线运动,该定律也可陈述为:任何质点都保持静止或匀速直线运动状态,直到其他物体对其作用迫使它改变这种状态为止.

牛顿第一定律定律表明:一切物体都有保持其运动状态不变的性质,这种性质称为物体的惯性. 因此,第一定律也叫惯性定律.

静止或匀速直线运动都是相对某参考系而言的. 惯性定律成立的参考系称为惯性参考系,或说相对孤立质点静止或作匀速直

孤立质点

孤立质点静止或作匀速直线运动

惯性

惯性定律

惯性参考系

惯性系

线运动的参考系为惯性参考系.惯性参考系简称惯性系.并非任何参考系都是惯性系,相对惯性系静止或作匀速直线运动的参考系都是惯性系,而相对惯性系作加速运动的参考系是非惯性系.一个参考系是否为惯性系,要靠实验来判定.实验指出,对一般的力学现象来说,在相当高的实验精度内,地球是惯性系.然而,从更高的精度来看,地球并不是严格的惯性系.讨论人造地球卫星运动时,常选择以地心为原点,坐标轴指向恒星的地心-恒星参考系,这是比地球更精确的惯性参考系.在研究行星等天体的运动时,可选择以太阳中心为坐标原点,坐标轴自原点指向其他恒星的日心—恒星参考系,这是更精确的惯性参考系.

牛顿第一定律还阐明,其他物体的作用才是改变物体运动状态的原因,这种一个物体对另一个物体的作用我们称之为"力",记为 F.自然界中不可能有物体完全不受其他物体的作用,所以牛顿第一定律是理想化抽象思维的产物,不能直接地用实验加以验证.但是,从定律得出的一切推论,都经受住了实践的检验,因而人们公认牛顿第一定律的正确性.

质点处于静止或匀速直线运动状态,统称为质点处于平衡状态.观察表明,质点处于平衡状态时作用在质点上所有力的合力必为零.因此在实际应用中,牛顿第一定律的数学形式表示为

$$F = 0 \text{ 时,} \quad v = \text{常矢量} \tag{2.1.1}$$

2.1.2 牛顿第二定律

牛顿第二定律研究质点在不等于零的合力作用下,其运动状态如何变化的问题.

设质点的质量 m,某时刻的速度为 v,一个质点的质量与其速度的乘积定义为该质点的动量,记为 p;动量是矢量,其方向与速度的方向一致,即

动量

$$p = mv \tag{2.1.2}$$

在 SI 中,动量的单位为千克米每秒,记作 $\text{kg} \cdot \text{m} \cdot \text{s}^{-1}$.

动量是描述质点运动状态的物理量,当质点受到不为零的合力作用时,它的动量将会发生变化.设某时刻质点受到的合力为 $F = \sum F_i$,实验表明,

$$F = \frac{\mathrm{d}p}{\mathrm{d}t} = \frac{\mathrm{d}(mv)}{\mathrm{d}t} \tag{2.1.3}$$

即某时刻质点动量对时间的变化率等于该时刻作用于质点上所有力的合力.式(2.1.3)就是牛顿第二定律的数学表达式.

当质点运动的速度远小于光速时,质点的质量可以视为常量,此时式(2.1.3)可写成

$$\boldsymbol{F} = m\frac{\mathrm{d}\boldsymbol{v}}{\mathrm{d}t} = m\boldsymbol{a}$$

即
$$\boldsymbol{F} = m\boldsymbol{a} \tag{2.1.4}$$

这就是中学时所熟悉的牛顿第二定律的表示形式,即质点在受到力的作用时,在某时刻的加速度的大小与质点在该时刻所受合力的大小成正比,与质点的质量成反比;加速度的方向与合力的方向相同.

实验表明,当质点的质量随时间变化时,式(2.1.4)不再成立,但式(2.1.3)仍然成立,即式(2.1.3)更具普遍性.在质点高速运动的情况下,质量 m 将不再是常量,而是取决于速度的物理量了.

牛顿第一定律指出任何物体都有惯性,惯性大的物体,其运动状态难以改变;惯性小的物体,其运动状态易于改变.因而质量是物体惯性大小的量度.

式(2.1.4)是矢量形式,分析具体力学问题时,常常要根据问题的特点,选取适当的坐标系,写出它的投影形式.

在直角坐标系中,式(2.1.4)沿各坐标轴的投影式为

$$F_x = ma_x, \quad F_y = ma_y, \quad F_z = ma_z \tag{2.1.5}$$

在自然坐标系中,式(2.2.4)沿切向和法向的投影式为

$$F_t = m\frac{\mathrm{d}v}{\mathrm{d}t} = m\frac{\mathrm{d}^2s}{\mathrm{d}t^2}, \quad F_n = m\frac{v^2}{\rho} \tag{2.1.6}$$

2.1.3 牛顿第三定律

牛顿第三定律又称作用力与反作用力定律.其内容为:两个物体之间的作用力 F 和反作用力 F',大小相等,方向相反,沿同一直线,且分别作用在两个物体上.其数学表述为

$$\boldsymbol{F} = -\boldsymbol{F}' \tag{2.1.7}$$

在运用牛顿第三定律时需要注意的是:作用力与反作用力总是同时出现、同时消失、分别作用在两个相互作用着的物体上,没有主次之分.当一个力为作用力时,另一个力即为反作用力;这两个力一定属于同一性质的力.

牛顿第三定律反映了力的物质性,力是物体之间的相互作用,作用于物体,必然会同时反作用于物体.离开物体谈力是没有意义的.

力学相对性原理

思考

2.1   牛顿第一定律提出了哪些概念？

2.2   牛顿第二定律适用的条件是什么？

2.3   质点作圆周运动时受到的作用力中，指向圆心的力便是向心力，不指向圆心的力不是向心力．判断此说法是否正确．

2.2   力学中常见的力

目前，人类已经发现的自然界中最基本的相互作用有：引力相互作用、电磁相互作用、强相互作用和弱相互作用．其中强相互作用和弱相互作用的作用距离很短，属于短程相互作用，只有在微观现象中才发挥明显作用．经典力学中所接触到的力只涉及万有引力、电磁力和在微观机制上属于电磁相互作用力的弹性力和摩擦力．下面简单加以介绍．

2.2.1   万有引力

任何物体之间都存在一种遵循同一规律的相互吸引力，这种相互吸引的力称为万有引力．如果将物体视为质点，设两个质点的质量分别为 m_1、m_2，它们间的距离为 r，如图 2.2-1 所示，实验表明，两个质点间的万有引力与它们质量的乘积成正比，与它们之间距离 r 的平方成反比，方向是沿着两个质点之间的连线，其数学表达式为

$$F = -G \frac{m_1 m_2}{r^2} e_r \qquad (2.2.1)$$

式中，e_r 是施力物体指向受力物体的单位矢量，负号表示万有引力的方向始终与施力物体指向受力物体的方向相反．G 称为引力常量，由实验测定，在国际单位制中，

$$G \approx 6.67 \times 10^{-11} \ \mathrm{m^3 \cdot kg^{-1} \cdot s^{-2}}$$

通常，两个物体之间的万有引力与其所受的其他力相比极其微小，可以忽略不计．

万有引力

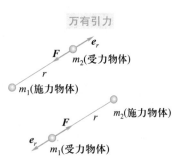

图 2.2-1   两物体间的万有引力

引力常量

2.2.2   重力

重力

地球对物体作用力的总和称为重力，记为 P．重力的大小称

为重量. 由于地球的自转角速度很小,在精度要求不高的情况下, 可以近似地认为重力等于地球与物体之间的万有引力.

设地球的质量为 m_E,物体与地球中心之间的距离为 r,由式 (2.2.1)可得质量为 m 的物体的重量为

$$P = G\frac{mm_E}{r^2} \qquad (2.2.2)$$

上式中令 $G\frac{m_E}{r^2} = g$,g 称重力加速度(在重力的作用下,物体具有的加速度),重力的方向在地面上总是竖直向下的. 由式(2.2.2)得质点所受的重力和本身质量 m 的关系为

$$P = mg$$

在地球表面附近,物体与地球中心的距离 r 与地球的半径 R 相差很小,即 $r-R \ll R$,故式 $g = G\frac{m_E}{r^2}$ 可近似表示为 $g = G\frac{m_E}{R^2}$. 把引力常量 G、地球质量 m_E 及地球半径 R 的量值代入,可得 $g \approx 9.8 \text{ m} \cdot \text{s}^{-2}$.

事实上,由于地球并不是一个质量均匀分布的球体,还因为地球的自转,地球表面不同地方的重力加速度的值会略有差异. 在密度较大的矿石附近地区,物体的重力和周围环境相比会出现异常,因此利用重力的差异可以探矿,这种方法叫重力探矿法.

2.2.3 弹性力

物体在力的作用下发生的形状或体积的改变称为形变. 两个相互接触并产生形变的物体试图恢复原形状而彼此互施作用力,这种力叫弹性力,简称弹力. 弹性力产生在直接接触的物体之间. 弹性力的产生与物体的形变相联系. 弹性力的方向始终与使物体发生形变的外力方向相反. 当物体受到的弹性力停止作用后,能够恢复原状的形变称为弹性形变. 但如果形变过大,超过一定限 度,物体的形状将不能完全恢复,这个限度称为弹性限度. 物体因形变而导致形状不能完全恢复的形变称为塑性形变,也称范性 形变.

比较常见的弹性力有:重物对支撑面的压力和支撑面作用于重物的支持力;弹簧被拉伸或者压缩时产生的弹性力;绳子拉物体在绳中产生的张力等. 对于绳中张力,要注意的是:当绳索的质量可忽略不计时,绳中各点张力可认为近似相等;但当绳索本身质量不可忽略时,绳中各点张力是随位置而变的,这一点在求解问题时,尤其应该注意.

弹簧在弹性形变范围内,弹性力 F 与形变量 x 之间的关系满足**胡克定律**,即

$$F = -kx \qquad (2.2.3)$$

负号表示弹性力的方向与位移方向相反,比例系数 k 称为弹簧的**弹性系数**,由弹簧本身的性质决定.

2.2.4 摩擦力

当两个相互接触的物体沿接触面发生相对运动或有相对运动趋势时,会在它们的接触面间产生一对阻碍相对运动或相对运动趋势的力,这种力称为**摩擦力**. 前者称为**滑动摩擦力**或动摩擦力,后者称为**静摩擦力**.

静摩擦力始终与合外力大小相等、方向相反,即与运动趋势相反. 其大小由物体所受外力和物体的运动状态而定,其值在零和最大静摩擦力之间. 当静摩擦力达到最大静摩擦力时,静摩擦力被滑动摩擦力所代替. 滑动摩擦力的方向与相对滑动方向相反.

用 F_{f0}、F_{f0max} 和 F_f 分别表示静摩擦力、最大静摩擦力和滑动摩擦力,用 μ_0 和 μ 分别表示静摩擦因数和动摩擦因数,用 F_N 表示接触面上正压力的大小,有

$$F_{f0} \leqslant F_{f0max} = \mu_0 F_N \qquad (2.2.4)$$

$$F_f = \mu F_N \qquad (2.2.5)$$

其中,μ_0 和 μ 与两物体的材料性质、接触面光滑程度、干湿度以及温度等多种因素有关,甚至并非常量. 对于给定的接触面,$\mu < \mu_0$,两者都小于 1. 在一般不需要精确计算的情况下,可以近似认为它们是相等的,即 $\mu = \mu_0$.

思考

2.4　弹簧秤下端系有一金属小球,当小球分别为竖直状态和在一水平面内作匀速圆周运动时,弹簧秤的读数是否相同? 并说明原因.

2.5　静摩擦力的大小与物体所受外力和物体的运动状态有关吗?

2.3 牛顿运动定律应用举例

牛顿运动定律作为牛顿力学的重要组成部分,在实践中有着广泛的应用.质点动力学讨论的问题主要是可视为质点的物体的周围"环境"与物体运动的相互关系.求解质点动力学的典型问题一般分为两类:一是已知作用于物体(质点)上的力,由牛顿运动定律求解其运动状态;另一是已知物体(质点)的运动状态,求作用于物体上的力.

运用牛顿运动定律解题的步骤一般是:

(1)确定研究对象,即确定研究的物体(质点).进行具体分析时,可以将物体从一切和它有牵连的其他物体中"隔离"出来,称为隔离体,隔离体可以是某个特定物体或几个物体的组合,也可以是某个物体的一部分,这主要由所研究问题的性质决定.

隔离体

(2)正确地分析物体的受力情况,画出隔离体示力图.作示力图时,将其他物体(接触的和不接触的)对该物体的作用归结为力,标明力的方向和物体的运动(加速度)方向,若力或加速度的方向事先不能判定,可先假设一个方向,最后由计算结果确定实际方向.

(3)选取坐标系.依据题意建立合适的坐标系,常用的坐标系有直角坐标系和自然坐标系,坐标系选取得适当可使运算简化.

(4)列方程求解.按照所选定的坐标系根据牛顿第二定律列出每一个隔离体的运动学方程(通常取投影式)和其他必要的方程,然后对方程求解.对给明数据的计算题应尽量用物理量符号进行推演,一般要在得出以物理量符号表示的结果以后再代入具体数据和单位进行计算.这样便于判断每一步的正误及合理分析,既简单明了,还可避免数字的重复运算.数值结果一般取三位有效数字.

(5)讨论结果的物理意义,判断是否合理和正确.

需要注意的是,牛顿三定律是一个整体,不能厚此薄彼.只注重应用牛顿第二定律,而把第一和第三定律忽略的思想是错误的.

例题 2-1

阿特伍德机. 英国剑桥大学数学家、物理学家阿特伍德,善于设计机巧的演示实验,他为验证牛顿第二定律设计的滑轮装置,称为"阿特伍德机". 物理学进行研究需要建立理想模型,物体可视为质点;滑轮是"理想的",即绳与滑轮的质量不计,绳不可伸长,轴承摩擦不计.

(1) 如例题 2-1 图(a)所示,一根细绳跨过定滑轮,在细绳两侧各悬挂质量分别为 m_1 和 m_2 的物体,且 $m_1>m_2$,求重物释放后物体的加速度及物体对绳的拉力.

(2) 若将上述装置固定在如例题 2-1 图(b)所示的电梯顶部,当电梯以加速度 $\boldsymbol{a}$ 相对地面竖直向上运动时,试求两物体相对电梯的加速度和细绳的张力.

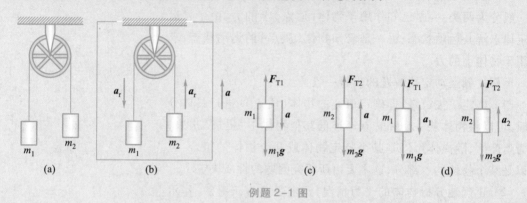

例题 2-1 图

解:(1) 取地面为参考系,取质点 m_1 和 m_2 为隔离体,受力和运动如例题 2-1 图(c)所示,两物体均受到向下的重力和向上的拉力. 由于滑轮和绳的质量不计,故两物体所受到的向上的拉力等于绳的张力,即 $F_{T1}=F_{T2}=F_T$,因绳不可伸长,故两质点加速度大小相等,即 $a_1=a_2=a$. 建立自然坐标系,根据牛顿第二定律,对 m_1 和 m_2 分别得到

$$m_1g-F_T=m_1a$$
$$F_T-m_2g=m_2a$$

将上两式联立,可得两物体的加速度

$$a=\frac{m_1-m_2}{m_1+m_2}g$$

以及轻绳的张力

$$F_T=\frac{2m_1m_2}{m_1+m_2}g$$

在阿特伍德机实验中,m_1 和 m_2 可提前测定,实验中测出物体上升或下降的距离以及通过这一距离所用的时间便可求出加速度. 若计算结果与实验一致,则牛顿第二定律得到验证.

想一想:若将物体换成两名质量相等、自同一高度爬绳的运动员,谁先到达滑轮呢?

结论是同时到达,这是为什么?

(2) 电梯以加速度 $\boldsymbol{a}$ 上升时,m_1 和 m_2 相对地的加速度大小不再相等. 设两物体相对电梯的加速度大小为 a_r,则 m_1 对地的加速度 $a_1=a-a_r$,m_2 对地的加速度为 $a_2=a+a_r$,如例题 2-1 图(d)所示,根据牛顿第二定律,对 m_1 和 m_2 分别得到

$$m_1g-F_T=m_1(a_r-a)$$
$$F_T-m_2g=m_2(a_r+a)$$

将上两式联立,可得

$$a_r = \frac{m_1 - m_2}{m_1 + m_2}(a + g)$$

$$F_T = \frac{2m_1 m_2}{m_1 + m_2}(a + g)$$

$a = 0$ 时即为电梯匀速上升时的状态.

想一想:若电梯匀加速下降时,上述问题的解又为何值? 请读者自证.

例题 2-2

一人在平地上拉一个质量为 m 的木箱匀速前进,如例题 2-2 图(a)所示,木箱与地面间的动摩擦因数 $\mu = 0.6$. 设此人前进时,肩上绳的支撑点距地面高度 $h = 1.5$ m,不计箱高,问绳长 l 为多长时最省力?

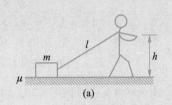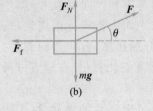

例题 2-2 图

解: 设绳子与水平方向的夹角为 θ,则 $\sin\theta = \frac{h}{l}$,以木箱为研究对象,受力如例题 2-2 图(b)所示,匀速前进时,拉力为 F,根据牛顿第二定律,有

$$F\cos\theta - F_f = 0$$
$$F\sin\theta + F_N - mg = 0$$
$$F_f = \mu F_N$$

联立得

$$F = \frac{\mu mg}{\cos\theta + \mu\sin\theta}$$

省力的条件是拉力 F 与水平面之间的夹角 θ 有极值,

令

$$\frac{dF}{d\theta} = -\frac{\mu mg(-\sin\theta + \mu\cos\theta)}{(\cos\theta + \mu\sin\theta)^2} = 0$$

所以 $\tan\theta = \mu = 0.6$, $\theta = 30°57'50''$

且

$$\frac{d^2 F}{d\theta^2} > 0$$

所以

$$l = \frac{h}{\sin\theta} = 2.92 \text{ m}$$

时,最省力.

例题 2-3

在长为 l 的细绳下端拴一个质量为 m 的小物体,绳子上端固定,设法使小物体在水平圆周上以大小恒定的速度旋转,细绳就掠过圆锥表面,此称圆锥摆. 如例题 2-3 图(a)所示,设绳长 $l = 0.5$ m,转速 $n = 1$ r·s^{-1},求绳和竖直方向所成的角度 θ.

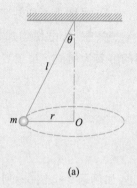

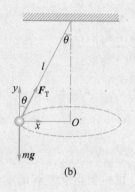

(a)   (b)

例题 2-3 图

解:以重物 m 为研究对象,对其进行受力分析,小球受到自身重力和绳的拉力 F_T 的作用,由于小球在水平面内作匀速圆周运动,故其加速度为向心加速度,方向指向圆心,向心力由拉力的水平分力提供. 在竖直方向上,重物受力平衡.

所以,建立直角坐标系如例题 2-3 图(b)所示,根据牛顿第二定律,有

$$F_T \sin \theta = m\omega^2 r = m\omega^2 l \sin \theta$$

$$F_T \cos \theta - mg = 0$$

而转速和角速度之间有 $\omega = 2\pi n$.

以上各式联立得

$$\cos \theta = \frac{g}{4\pi^2 n^2 l} = \frac{9.8}{4\pi^2 \times 1^2 \times 0.5} = 0.497$$

可知

$$\theta = 60°12'$$

由 $\cos \theta = \frac{g}{\omega^2 l}$ 可以看出,物体的转速 n 越大,即小球的速率越大,θ 也越大,而与重物的质量 m 无关. 在蒸汽机发展的早期,瓦特就是根据上述圆锥的摆角 θ 随角速度 ω 的改变而改变的原理制成蒸汽机的调速器的.

例题 2-4

一质量为 m 的物体(视为质点),在离地面某高处由静止开始沿竖直下落,设重力加速度始终保持一常量,物体所受空气阻力与其速率成正比,阻尼系数 γ 为正的常量. 求物体速度与时间的关系.

解:取物体为研究对象,物体下落中受重力 mg 和空气阻力 $F_f = -\gamma v$ 作用,取 $t = 0$ 时刻物体的位置为坐标原点,y 轴正方向竖直向下,如例题 2-4 图所示. 依题意 $t = 0$ 时,$y_0 = 0$,$v_0 = 0$,根据牛顿运动定律,有

$$mg - \gamma v = m \frac{\mathrm{d}v}{\mathrm{d}t} \qquad (1)$$

将上式分离变量并积分,得

$$\int_0^t \mathrm{d}t = \int_0^v \frac{m\,\mathrm{d}v}{mg - \gamma v} \qquad (2)$$

解得

$$v = \frac{mg}{\gamma}(1 - \mathrm{e}^{-\frac{\gamma t}{m}}) \qquad (3)$$

这就是物体下落随时间的变化关系. 由式(3)可以看出,当 $t \to \infty$ 时,$v = \frac{mg}{\gamma}$. 由于 $\mathrm{e}^{-\frac{\gamma t}{m}}$

F_f

O

mg

y

例题 2-4 图

随时间的增大而快速减小,故实际上经过一段时间后,物体即在竖直方向作匀速直线运动,其速度大小为$\dfrac{mg}{\gamma}$,称为终极速度.

对式(3)积分,可得物体下落过程中,位置坐标随时间的变化关系.

$$y = \int_0^t v\,\mathrm{d}t = \int_0^t \dfrac{mg}{\gamma}\left(1-\mathrm{e}^{-\frac{\gamma t}{m}}\right)\mathrm{d}t$$

$$= \dfrac{mg}{\gamma}t + \dfrac{m^2 g}{\gamma^2}\left(\mathrm{e}^{-\frac{\gamma t}{m}}-1\right)$$

这也是考虑空气阻力时,物体无初速度下落的运动学方程.

空气对自由落体的阻力取决于许多因素,本题假设物体所受空气阻力的大小与落体的速度成正比而方向相反,比例系数是大于零的常量,其数值与速度无关,而由其他因素确定. 这是一个有用的近似假设.

补充例题 2-1

思考

2.6 在例题 2-1 中,如果绳子的质量不可忽略,绳中各点的张力还相等吗?

2.7 物体速度很大时,其所受合外力是否也很大?

2.8 物体运动速率不变时,其所受合外力一定为零吗?

知识要点

(1)牛顿运动定律

牛顿第一定律 $\boldsymbol{F}=\boldsymbol{0}$ 时,$\boldsymbol{v}=$ 常矢量

牛顿第二定律 $\boldsymbol{F}=m\boldsymbol{a}$

牛顿第三定律 $\boldsymbol{F}=-\boldsymbol{F}'$

(2)常见的力

万有引力 $\boldsymbol{F}=-G\dfrac{m_1 m_2}{r^2}\boldsymbol{e}_r$

重力 $\boldsymbol{P}=m\boldsymbol{g}$

弹性力 $F=-kx$

静摩擦力 $F_{f0} \leqslant F_{f0\max} = \mu_0 F_N$

滑动摩擦力 $\qquad F_f = \mu F_N$

（3）解题步骤

确定研究对象，隔离物体，受力与运动分析，建坐标系，列方程，解方程，讨论.

习题

2-1 如习题 2-1 图所示，质量为 m 的物体 A 用平行于斜面的细线连接，置于光滑的斜面上，若斜面向左方作加速运动，当物体开始脱离斜面时，它的加速度的大小为（　　）.

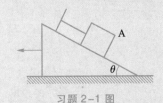

习题 2-1 图

(A) $g\sin\theta$ $\qquad$ (B) $g\cos\theta$

(C) $g\cot\theta$ $\qquad$ (D) $g\tan\theta$

2-2 如习题 2-2 图所示，质量分别为 m_A 和 m_B 的滑块 A 和 B，叠放在光滑水平桌面上. A、B 间静摩擦因数为 μ_0，动摩擦因数为 μ. 系统原处于静止，今有一水平力作用于 A 上，要使 A、B 不发生相对滑动，则应有（　　）.

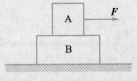

习题 2-2 图

(A) $F \leqslant \mu_0 m_A g$

(B) $F \leqslant \mu_0 (1 + m_A/m_B) m_A g$

(C) $F \leqslant \mu_0 (m_A + m_B) m_A g$

(D) $F \leqslant \mu \dfrac{m_B + m_A}{m_B} m_A g$

2-3 一个圆锥摆的摆线长为 l，摆线与竖直方向的夹角恒为 θ，如习题 2-3 图所示. 则摆锤转动的周期为（　　）.

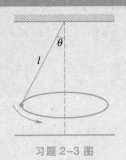

习题 2-3 图

(A) $\sqrt{\dfrac{l}{g}}$ $\qquad$ (B) $\sqrt{\dfrac{l\cos\theta}{g}}$

(C) $2\pi\sqrt{\dfrac{l}{g}}$ $\qquad$ (D) $2\pi\sqrt{\dfrac{l\cos\theta}{g}}$

2-4 竖直而立的细 U 形管里面装有密度均匀的某种液体. U 形管的横截面粗细均匀，两根竖直细管相距为 l，底下的连通管水平. 当 U 形管在如习题 2-4 图所示的水平的方向上以加速度 a 运动时，两竖直管内的液面将产生高度差 h. 若假定竖直管内各自的液面仍然可以认为是水平的，试求两液面的高度差 h.

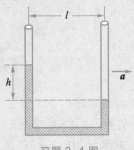

习题 2-4 图

2-5 水平面上有一质量 $m = 51$ kg 的小车 D，其上有一定滑轮 C. 通过绳在滑轮两侧分别连有质量为 $m_1 = 5$ kg 和 $m_2 = 4$ kg 的物体 A 和 B，其中物体 A 在小车的水平台面上，物体 B 被绳悬挂. 各接触面和滑轮轴均光滑. 系统处于静止时，各物体关系如习题 2-5 图所示. 现在让系统运动，求以多大的水平力 F 作用于小车上,才能使物体 A 与小车 D 之间无相对滑动.
(滑轮和绳的质量均不计,绳与滑轮间无相对滑动.)

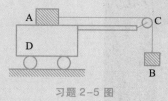

习题 2-5 图

2-6 月球质量是地球质量的 1/81,直径为地球直径的 3/11,计算一个质量为 65 kg 的人在月球上所受的月球引力大小.

2-7 质量为 m 的物体系于长度为 R 的绳子的一个端点上,在竖直平面内绕绳子另一端点(固定)作圆周运动.设 t 时刻物体瞬时速度的大小为 v,绳子与竖直向上的方向成 θ 角,如习题 2-7 图所示.(1)求 t 时刻绳中的张力 F_T 和物体的切向加速度 a_t;(2)说明在物体运动过程中 a_t 的大小和方向如何变化.

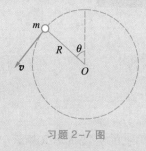

习题 2-7 图

2-8 如习题 2-8 图所示,质量分别为 m_1 和 m_2 的两个球,用弹簧连在一起,且用长为 L_1 的线拴在轴 O 上,m_1 与 m_2 均以角速度 ω 绕轴在光滑水平面上作匀速圆周运动.当两球之间的距离为 L_2 时,将线烧断.

试求线被烧断的瞬间两球的加速度 a_1 和 a_2 的大小.(弹簧和线的质量忽略不计.)

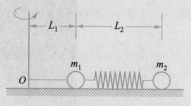

习题 2-8 图

2-9 一辆装有货物的汽车,设货物与车底板之间的静摩擦因数为 0.25,如汽车以 30 km·h⁻¹ 的速率行驶.则要使货物不发生滑动,汽车从刹车到完全静止所经过的最短路程是多少?

2-10 质量 $m=2.0$ kg 的均匀绳,长 $L=1.0$ m,两端分别连接重物 A 和 B,$m_A=8.0$ kg,$m_B=5.0$ kg,今在 B 端施以大小为 $F=180$ N 的竖直拉力,使绳和物体向上运动,求与绳的下端距离为 x 处绳中的张力 $F_T(x)$.

2-11 小球质量为 m,在水中受浮力 F(常量),当它从静止开始下降时,受到水的黏性力 $F_f=kv$(k 为常量),求任意时刻小球下降的速率.

2-12 摩托快艇以速率 v_0 行驶,它受到的阻力与速度平方成正比,$F_f=-kv^2$,设快艇质量为 m,求关闭发动机后,(1)速度对时间的变化规律;(2)位移对时间的变化规律;(3)证明速度与位移之间有如下关系:$v=v_0e^{-k'x}$,其中 $k'=\dfrac{k}{m}$.

本章计算题参考答案

章 首 问 题

　　2017 年 4 月 20 日 19 时 41 分，我国自主研制的首艘货运飞船天舟一号在海南文昌发射中心成功发射，天舟一号将与天宫二号空间实验室完成交会对接. 天舟一号货运飞船主要用于对中国未来空间站在轨运行期间，提供补给支持.

　　设火箭在外空间飞行，火箭在燃料燃烧时向后不断喷出大量的速度很快的气体，使火箭获得很大的向前的动量，从而推动其向前高速运动. 因为这一过程不需要依赖空气作用，所以火箭可以在宇宙空间中高速运行. 设气体相对火箭体以恒定的速度 u 喷出，火箭点火时质量为 m_1，初速为 v_1，燃料燃烧完后火箭质量是 m_2，燃料燃烧完后火箭的速度 v_2 理论上能达多少呢？

章首问题解答

第3章 动量守恒定律和机械能守恒定律

牛顿运动定律是经典力学的基础,原则上来说可解决任何动力学问题.然而,对于某些受力情况比较复杂或涉及多个质点的运动问题而言,若用牛顿运动定律求解,将会遇到许多实际困难.因此,人们希望找到一些在牛顿运动定律基础上推导出来的定理或定律,利用它们研究某些力学问题更加便利.本章以牛顿运动定律为基础,通过探讨力对时间、空间的积累效果,观察质点以及质点系动量和机械能的变化.在一定条件下,质点和质点系的动量或者机械能将保持守恒,通过实例将会看到,利用这些定律来研究某些质点力学问题是十分方便的.动量守恒定律和能量守恒定律不仅是力学的基本定律,而且通过某些变化后,还会广泛应用于物理学的各种运动形式中.动量守恒定律和能量守恒定律是自然界中已知的一些基本守恒定律中的两个.

3.1 质点和质点系的动量定理

3.1.1 力的冲量

我们知道,力是时间的函数,牛顿第二定律是关于力和质点运动的瞬时关系的.那么,如果有外力在质点上作用了一段时间,外力和运动的过程之间存在什么关系呢?

力在一段时间内的积累作用,称为力的冲量,记作 I. 力的冲量是矢量.如果作用于物体上的力是变力,可将力的作用时间分割成许多微小间隔 Δt,在 Δt 内可认为力 F 是恒力,则

$$\Delta I = F \Delta t \qquad (3.1.1)$$

称为作用力 F 在 Δt 时间内的元冲量.

力 F 在 t_0 到 t 的一段时间间隔内的冲量为力 F 在时间 $t_0 \sim t$ 内所有元冲量的矢量和,有

力的冲量

力的冲量是矢量

元冲量

$$I = \int_{t_0}^{t} \boldsymbol{F} \mathrm{d}t \qquad (3.1.2)$$

在国际单位制中,冲量单位为牛秒,记作 N·s.

在有些过程(如"打击"或"碰撞")中,作用力随时间急剧变化.为使问题简化,我们引入平均力,记作 $\overline{\boldsymbol{F}}$.定义平均力

$$\overline{\boldsymbol{F}} = \frac{\int_{t_0}^{t} \boldsymbol{F} \mathrm{d}t}{t - t_0} \qquad (3.1.3a)$$

或

$$I = \int_{t_0}^{t} \boldsymbol{F} \mathrm{d}t = \overline{\boldsymbol{F}}(t - t_0) \qquad (3.1.3b)$$

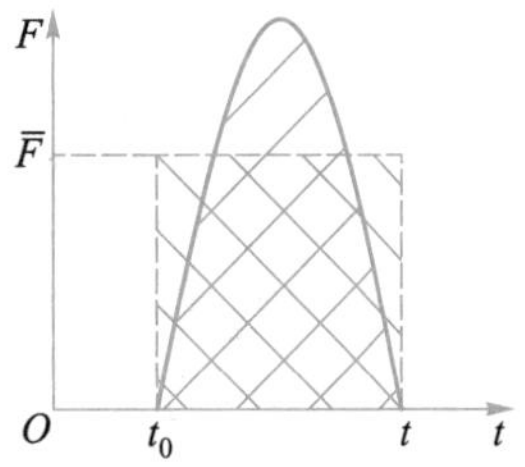

如图 3.1-1 所示,在 t_0 到 t 间的矩形面积等于曲线下的面积,矩形的高即为平均力.若力的作用时间很短,力的量值很大,则称 $\overline{\boldsymbol{F}}$ 为冲力.

平均力

图 3.1-1 平均力的冲量

冲力

3.1.2 质点的动量定理

根据牛顿第二定律

$$\boldsymbol{F} = \frac{\mathrm{d}\boldsymbol{p}}{\mathrm{d}t} = \frac{\mathrm{d}(m\boldsymbol{v})}{\mathrm{d}t}$$

上式可写成

$$\boldsymbol{F} \mathrm{d}t = \mathrm{d}\boldsymbol{p} = \mathrm{d}(m\boldsymbol{v}) \qquad (3.1.4)$$

式(3.1.4)也称质点的动量定理的微分形式.可表述为:作用在质点上合力的元冲量等于质点动量的微分.

质点的动量定理的微分形式

在牛顿力学范围内,当物体运动的速度远远小于光速时,物体的质量可以认为是不取决于速度的常量,此时式(3.1.4)可变形为

$$\boldsymbol{F} \mathrm{d}t = \mathrm{d}\boldsymbol{p} = m \mathrm{d}\boldsymbol{v}$$

在 t 到 t_0 的一段时间间隔 $\mathrm{d}t = t - t_0$ 内,上式两端积分,得

$$\int_{t_0}^{t} \boldsymbol{F} \mathrm{d}t = \boldsymbol{p} - \boldsymbol{p}_0 = m\boldsymbol{v} - m\boldsymbol{v}_0 \qquad (3.1.5)$$

式(3.1.5)中 $\boldsymbol{p}_0$、$\boldsymbol{v}_0$ 以及 $\boldsymbol{p}$、$\boldsymbol{v}$ 分别对应质点在 t_0、t 时刻的动量和速度.

质点的动量定理的积分形式

式(3.1.5)是质点的动量定理的积分形式.可表述为:在给定的时间间隔内,合外力作用在质点上的冲量,等于质点在此时间内动量的增量.一般情况下,冲量的方向和瞬时力 $\boldsymbol{F}$ 的方向不同,与动量的方向也不相同,而是与动量增量的方向相同.

式(3.1.5)是矢量式,在直角坐标系中,其分量式为

$$I_x = \int_{t_0}^{t} F_x \, dt = mv_x - mv_{0x}$$

$$I_y = \int_{t_0}^{t} F_y \, dt = mv_y - mv_{0y} \qquad (3.1.6)$$

$$I_z = \int_{t_0}^{t} F_z \, dt = mv_z - mv_{0z}$$

式(3.1.6)表明,某方向受到冲量时,该方向上动量就增加.即**动量定理在某一方向上成立**.

动量定理是由牛顿第二定律导出来的,因此,它只适用于惯性系.

3.1.3 质点系的动量定理

在许多实际问题中,通常需要研究由多个质点组成的系统的机械运动情况.这时系统内的质点,既要受到系统内各质点之间的相互作用,系统内质点间的相互作用力称为**内力**;又可能受到系统外的质点对系统内质点的作用,外界对系统内质点作用的力称为**外力**.

内力

外力

质点系内各质点动量的矢量和称为该质点系的动量.质点系在时刻 t 的动量为

$$\boldsymbol{p} = \sum m_i \boldsymbol{v}_i \qquad (3.1.7)$$

为了简单起见,先分析最简单的情况:设质点系由两个质点 1 和 2 组成,如图 3.1-2 所示,两个质点的质量分别为 m_1 和 m_2,设作用在这两个质点上的外力分别是 $\boldsymbol{F}_1$ 和 $\boldsymbol{F}_2$,两质点相互作用的内力分别为 $\boldsymbol{F}_{12}$ 和 $\boldsymbol{F}_{21}$,分别对两质点应用质点动量定理的微分式(3.1.4),有

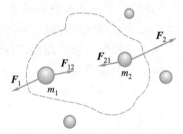

$$(\boldsymbol{F}_1 + \boldsymbol{F}_{12}) \, dt = d(m_1 \boldsymbol{v}_1)$$

$$(\boldsymbol{F}_2 + \boldsymbol{F}_{21}) \, dt = d(m_2 \boldsymbol{v}_2)$$

将上两式相加,并考虑 $\boldsymbol{F}_{12} = -\boldsymbol{F}_{21}$,有

$$(\boldsymbol{F}_1 + \boldsymbol{F}_2) \, dt = d(m_1 \boldsymbol{v}_1 + m_2 \boldsymbol{v}_2)$$

图 3.1-2　质点系的内力、外力

将上式推广到由多个质点组成的系统,系统所受到的合外力 $\boldsymbol{F} = \sum \boldsymbol{F}_i$,由于内力总是成对出现,且互为作用力与反作用力,其矢量和必为零,则

$$\sum \boldsymbol{F}_i \, dt = d\left(\sum_i m_i \boldsymbol{v}_i\right) \qquad (3.1.8)$$

式(3.1.8)就是**质点系动量定理的微分形式**.可表述为:作用在

质点系动量定理的微分形式

质点系上所有外力元冲量的矢量和,等于质点系动量的微分.

设系统的初末动量分别为 $\boldsymbol{p}_0$ 和 $\boldsymbol{p}$,将式(3.1.8)在时间 $t_0 \sim t$ 内积分,得

$$\int_{t_0}^{t} \left(\sum \boldsymbol{F}_i \right) \mathrm{d}t = \sum m_i \boldsymbol{v}_i - \sum m_i \boldsymbol{v}_{i0} = \boldsymbol{p} - \boldsymbol{p}_0 \qquad (3.1.9)$$

式(3.1.9)就是质点系动量定理的积分形式.可表述为:在一段时间内作用于系统的合外力的冲量等于系统动量的增量.

需要强调的是,系统受的合外力是作用于系统中每一质点的外力的矢量和,只有外力才对系统动量的变化有贡献,而系统中质点之间的内力仅能改变系统内各个物体的动量,但不能改变系统的总动量.即内力不改变系统的总动量.利用这个道理来研究多个质点组成的系统的动力学问题就变得简单了.

内力不改变系统的总动量

应该注意,在用质点系动量定理分析问题时,必须保证质点系所包括的所有质点在运动过程中没有增减,即保持系统的质量(组成)不变,否则就改变了内力的定义.

例题 3-1

在一次碰撞实验中,一质量为 1 200 kg 的汽车垂直冲向一固定壁,碰撞前速率为 15.0 m·s⁻¹,碰撞后以 1.50 m·s⁻¹ 的速率退回,碰撞时间为 0.12 s.求:(1)汽车受壁的冲量;(2)汽车受壁的平均冲力.

解:碰撞中力为变力,随时间变化的关系难以确定,所以无法直接应用冲量的定义,也就是力对时间的积分计算冲量,用动量定理水平方向的分量式即可.以汽车碰撞前的速度方向为正方向.

(1)汽车受壁的冲量为

$$I = \int_{t_1}^{t_2} F \mathrm{d}t = m v_2 - m v_1$$

$$= 1\ 200 \times (-1.50)\ \mathrm{N \cdot s} - 1\ 200 \times 15.0\ \mathrm{N \cdot s}$$

$$= -1.98 \times 10^4\ \mathrm{N \cdot s}$$

(2)汽车受壁的平均冲力

$$\overline{F} = \frac{I}{\Delta t} = \frac{-1.98 \times 10^4}{0.12}\ \mathrm{N} = -1.65 \times 10^5\ \mathrm{N}$$

负号表明汽车所受壁的冲量和平均冲力的方向都和汽车碰撞前的速度方向相反.

此题平均冲力的大小约为汽车本身重量的 14 倍,或者相当于一个约 16 t 重的物体所受的重力.瞬时最大冲力还要比这大得多.这种巨大的冲力是车祸的破坏性的根源.而冲力随时间的极速变化所引起的急动度也是造成人身伤害的原因之一.

例题 3-2

质量为 m 的小球自高为 y_0 处以速率 v_0 沿水平方向抛出,与地面碰撞后跳起的最大高度为 $\frac{1}{2} y_0$,水平速率为 $\frac{1}{2} v_0$,求此碰撞过程中:(1)地面对小球的水平冲量的大小;(2)地面对小球的竖直冲量的大小.

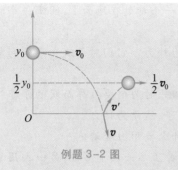

例题 3-2 图

解:(1) 如例题 3-2 图所示,设小球接触地面始末速度大小分别为 v 和 v',小球受到地面的水平冲量为

$$I_x = \frac{1}{2}mv_0 - mv_0 = -\frac{1}{2}mv_0$$

(2) 小球接触地面始末速度沿竖直方向的分量分别为 v_y 和 v_y',由运动学知识可得

$$v_y^2 = 2gy_0, \quad v_y = -\sqrt{2gy_0}$$

又

$$0 - v_y'^2 = -2g \cdot \frac{1}{2}y_0$$

$$v_y' = \sqrt{gy_0}$$

因此,其竖直方向所受到地面的冲量为

$$I_y = mv_y' - mv_y = m\sqrt{gy_0} - m(-\sqrt{2gy_0}) = (1+\sqrt{2})m\sqrt{gy_0}$$

例题 3-3

如例题 3-3 图所示,一列火车在平直铁轨上装煤,火车以速度 $\boldsymbol{v_1}$ 从煤斗下面通过,煤炭以速度 $\boldsymbol{v_2}$ 竖直流入车厢,每秒流入质量为 m_0.假设列车与轨道间无摩擦,若使火车速率不变,求火车的牵引力.

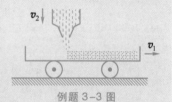

例题 3-3 图

解:用 m 代表在 t 时刻已经落入车厢的煤和火车的总质量,经过 dt 时间又有质量为 dm 的煤落入车厢.取 m 和 dm 作为研究对象,m 和 dm 组成质点系,以保证在 t 到 $t+dt$ 过程中系统的质量不变.因为火车与轨道间无摩擦,在火车运行方向上火车只受牵引力的作用,把火车运行方向设为正方向,在此方向上,系统在 t 时刻的动量为

$$mv_1 + dm \cdot 0 = mv_1$$

在 $t+dt$ 时刻的动量为

$$(m+dm)v_1$$

在 dt 时间内系统动量的增量

$$dp = (m+dm)v_1 - mv_1$$

设系统所受牵引力为 $\boldsymbol{F}$,由质点系动量定理得

$$F = \frac{dp}{dt} = \frac{v_1 dm}{dt} = \frac{v_1 m_0 dt}{dt} = m_0 v_1$$

思考

3.1 冲量的方向与合外力的方向相同吗?

3.2 冲量、动量与参考系的选取有关吗(不考虑相对论效应)?

3.3 两个质量相同的物体从同一高度自由下落,与水平地面相碰,一个反弹回去,另一个却贴在地面上,问哪一个物体给地面的冲量大?

3.4 何为内力?何为外力?它们对于改变质点和质点系的动量各有什么贡献?

3.5 棒球运动员在接球时为何要戴厚而软的手套?篮球运动员接急球时往往持球缩手,这是为什么?

3.6 人在跳高时为什么要用力蹬着地?

3.7 一人躺在地上,身上压一块重石板,另一人用重锤猛击石板,但见石块碎裂,而下面的人毫无损伤,为什么?

3.2 动量守恒定律

由质点系动量定理式(3.1.9)

$$\int_{t_0}^{t} \left(\sum \boldsymbol{F}_i \right) \mathrm{d}t = \sum m_i \boldsymbol{v}_i - \sum m_i \boldsymbol{v}_{i0} = \boldsymbol{p} - \boldsymbol{p}_0$$

得出,若系统所受合外力为零,系统的总动量的变化为零,即若

$$\sum \boldsymbol{F}_i = 0$$

则

$$\boldsymbol{p} = \sum m_i \boldsymbol{v}_i = \boldsymbol{p}_0 = 常矢量 \qquad (3.2.1)$$

动量守恒定律 这就是动量守恒定律,其文字表述为:在一段时间间隔内,若质点系所受外力矢量和始终为零,则在该时间间隔内质点系的总动量保持不变.

式(3.2.1)是矢量式,在直角坐标系中,其分量式为

$$\left. \begin{aligned} p_x &= \sum m_i v_{ix} = C_x \quad \left(\sum F_{ix} = 0 \right) \\ p_y &= \sum m_i v_{iy} = C_y \quad \left(\sum F_{iy} = 0 \right) \\ p_z &= \sum m_i v_{iz} = C_z \quad \left(\sum F_{iz} = 0 \right) \end{aligned} \right\} \qquad (3.2.2)$$

式中,C_x、C_y、C_z 均为常量. 式(3.2.2)说明质点系受到的外力矢量和可能不为零,但如果外力在某个方向分量的代数和为零,则系统的动量在这一方向的分量是守恒的,即动量守恒定律可在某一方向成立.

实践证明,利用动量守恒定律解决某些力学问题,要比直接用牛顿第二定律简便得多. 近代物理实验证明:动量守恒定律不仅对宏观过程成立,而且对微观过程也同样有效. 动量守恒定律是关于自然界的基本定律.

应用动量守恒定律时需要注意以下几点.

(1) 质点系动量守恒的条件是系统所受的合外力为零,但

在某些实际问题中,系统的合外力并不为零,但外力比系统内力小得多,并且作用时间又很短,外力的冲量极小,这时仍可近似地应用动量守恒定律来处理. 例如,在"碰撞""打击""爆炸"等过程中,外力是有限的,且作用时间极短,因而可利用动量守恒来研究体系内部各部分间的动量再分配问题.

（2）在动量守恒定律中,系统的总动量不改变,但并不意味着系统内某个质点的动量不改变. 内力不能改变系统的总动量,但却能改变系统内各质点的动量.

（3）系统内各质点的速度都是相对于同一惯性系的.

例题 3-4

质量为 m_2、长为 L 的船浮在静止水面上,一质量为 $m_1(m_1 \ll m_2)$ 的人站在船尾. 此人以时快时慢的不规则速率从船尾走到船头,问船相对于岸移动了多少距离? 设船与水之间的摩擦可以忽略.

解：如例题 3-4 图所示,设人相对于船的速度为 u,船相对于岸的速度为 v,取岸为参考系,选择人和船作为一个系统,由于其水平方向所受外力为零,所以系统在水平方向动量守恒,

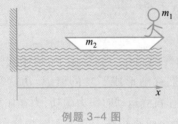

例题 3-4 图

$$m_2 v + m_1(v - u) = 0$$

得

$$v = \frac{m_1}{m_2 + m_1} u$$

船相对于岸的位移

$$\Delta x = \int v \mathrm{d}t = \frac{m_1}{m_1 + m_2} \int u \mathrm{d}t = \frac{m_1}{m_1 + m_2} L$$

可知,船的位移和人的行走速度无关. 不管人的行走速度如何变化,其结果是相同的.

例题 3-5

如例题 3-5 图所示,质量为 $m = 1.5$ kg 的物体,用一根长为 $l = 1.25$ m 的细绳悬挂在天花板上. 今有一质量为 $m_0 = 10$ g 的子弹以 $v_0 = 500$ m·s^{-1} 的水平速度射穿物体,刚穿出时子弹的速度大小 $v = 30$ m·s^{-1},设穿透时间极短. 求：(1) 子弹刚穿出时绳中张力的大小;(2) 子弹在穿透过程中所受的冲量.

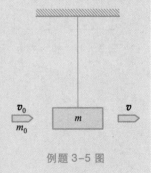

例题 3-5 图

解：(1) 因穿透时间极短,故可认为物体未离开平衡位置. 因此,作用于子弹、物体系统上的外力均在竖直方向,故系统在水

平方向上动量守恒. 令子弹穿出时物体的水平速度为 v', 所以

$$m_0 v_0 = m_0 v + m v'$$

$$v' = \frac{m_0(v_0 - v)}{m} = 3.13 \ \mathrm{m \cdot s^{-1}}$$

由牛顿第二定律知

$$F_T = mg + \frac{m v'^2}{l} = 26.5 \ \mathrm{N}$$

（2）设 $\boldsymbol{v}_0$ 方向为正方向，则

$$I = m_0 v - m_0 v_0 = -4.7 \ \mathrm{N \cdot s}$$

负号表示冲量方向与 $\boldsymbol{v}_0$ 方向相反.

同学们想想，本题中若将绳换成杆，水平方向的动量还守恒吗？

思考

3.8   在地面的上空停着一气球，气球下面吊着软梯，梯上站着一个人. 当人沿软梯往上爬时，气球是否运动？

3.9   能否利用装在小船上的风扇扇动空气使小船前进？

3.10   喷气式飞机能在真空中飞行吗？普通飞机呢？

3.11   一大一小两条船，距岸一样远，从哪条船跳到岸上容易些？为什么？

3.3   动能定理

3.3.1   功

人们在生产劳动时，经常遇到在力的作用下，物体发生位移的情况. 这种感性知识，使人们逐渐形成了功的概念. 功就是力对空间的积累. 在中学学过质点作直线运动时恒力的功，力在作用点位移方向的分量和作用点位移大小的乘积被定义为力对物体所做的功，记作 W. 如图 3.3-1 所示，物体在恒力 $\boldsymbol{F}$ 作用下位移为 $\Delta\boldsymbol{r}$，恒力 $\boldsymbol{F}$ 对物体所做的功

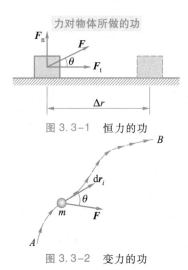

图 3.3-1   恒力的功

图 3.3-2   变力的功

$$W = F_t |\Delta\boldsymbol{r}| = F\cos\theta |\Delta\boldsymbol{r}|$$

θ 为 $\boldsymbol{F}$ 与 $\Delta\boldsymbol{r}$ 之间的夹角. 由矢量的点积定义上式可改写为

$$W = \boldsymbol{F} \cdot \Delta\boldsymbol{r} \qquad (3.3.1)$$

从上式可知，功是标量，但有正负，力和位移之间的夹角决定正负，当 $0 \leqslant \theta < 90°$ 时，力做正功；当 $90° < \theta \leqslant 180°$ 时，力做负功；当 $\theta = 90°$ 时，力不做功.

现在讨论质点作曲线运动时，力为变力的一般情况. 如图 3.3-2 所示，当质点由点 A 运动到点 B，由于在此过程中力 $\boldsymbol{F}$ 的大小和方向时刻都在变化，所以将受力质点的路径分成许多小段，每段

可视为一方向不变的小位移,小位移为无穷小量,称为元位移,
记为 d$\boldsymbol{r}$. 在元位移上可认为力 $\boldsymbol{F}$ 是恒力,力在元位移上的功称为元
功,记作 dW,在式(3.3.1)中,令位移 $\Delta\boldsymbol{r}$ 为元位移 d$\boldsymbol{r}$,则有

$$\mathrm{d}W = \boldsymbol{F} \cdot \mathrm{d}\boldsymbol{r}$$

元位移的大小 $|\mathrm{d}\boldsymbol{r}|$ 与弧长 ds 相等,即

$$|\mathrm{d}\boldsymbol{r}| = \mathrm{d}s$$

$$\mathrm{d}W = \boldsymbol{F} \cdot \mathrm{d}\boldsymbol{r}, \quad F\cos\theta|\mathrm{d}\boldsymbol{r}| = F\cos\theta\mathrm{d}s \qquad (3.3.2\mathrm{a})$$

质点从 A 运动到 B,变力所做的总功等于力在每段元位移上所做
的元功的代数和,即

$$W = \int \mathrm{d}W = \int_A^B \boldsymbol{F} \cdot \mathrm{d}\boldsymbol{r} \qquad (3.3.2\mathrm{b})$$

功也可用图示法计算,这种图称为示功图. 如图 3.3-3 所示,
图中的曲线表示力在位移方向的投影随路径变化的关系,曲线下的
面积等于变力所做的功的代数值. 功是一个和路径有关的过程量.

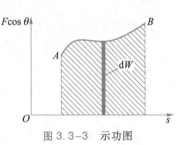

图 3.3-3 示功图

若有 n 个力 $\boldsymbol{F}_1, \boldsymbol{F}_2, \cdots, \boldsymbol{F}_n$ 同时作用在质点上,则其合力所做
的功为

$$W = \int \mathrm{d}W = \int_A^B \boldsymbol{F} \cdot \mathrm{d}\boldsymbol{r} = \int_A^B (\boldsymbol{F}_1 + \boldsymbol{F}_2 + \cdots + \boldsymbol{F}_n) \cdot \mathrm{d}\boldsymbol{r}$$

或

$$W = \int_A^B \boldsymbol{F} \cdot \mathrm{d}\boldsymbol{r} = \int_A^B \boldsymbol{F}_1 \cdot \mathrm{d}\boldsymbol{r} + \int_A^B \boldsymbol{F}_2 \cdot \mathrm{d}\boldsymbol{r} + \cdots + \int_A^B \boldsymbol{F}_n \cdot \mathrm{d}\boldsymbol{r} \qquad (3.3.3)$$

式(3.3.3)表明,合力对质点所做的功,等于各分力所做功的代数和.

在国际单位制中,功的单位是焦耳,记作 J.

$$1\ \mathrm{J} = 1\ \mathrm{N} \cdot \mathrm{m}$$

做功有快慢,功随时间的变化率,称为功率,记作 P. 有

$$P = \frac{\mathrm{d}W}{\mathrm{d}t} = \boldsymbol{F} \cdot \boldsymbol{v} \qquad (3.3.4)$$

在国际单位制中,功率的单位为瓦特,简称瓦,记作 W.

$$1\ \mathrm{W} = 1\ \mathrm{J} \cdot \mathrm{s}^{-1}$$

例题 3-6

一质点作圆周运动,有一力 $\boldsymbol{F} = F_0(x\boldsymbol{i} + y\boldsymbol{j})$ 作用于质点,如
例题 3-6 图所示. 在质点由原点至点 $P(0, 2R)$ 过程中,求力 $\boldsymbol{F}$
所做的功.

解:由题意,力用直角坐标系表示,所以在直
角坐标系中求解. 在直角坐标系中,位置
矢量

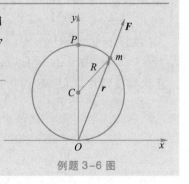

例题 3-6 图

元位移

$$r = xi + yj$$

$$dr = dxi + dyj$$

质点由原点至点 $P(0, 2R)$ 过程中,力 F 所做的功为

$$W = \int F \cdot dr = \int (F_x dx + F_y dy)$$

$$= \int_0^0 F_0 x dx + \int_0^{2R} F_0 y dy = 2F_0 R^2$$

例题 3-7

马拉雪橇水平前进,自起点 A 沿某一长为 L 的曲线路径拉至终点 B. 雪橇与雪地间的正压力为 F_N,动摩擦因数为 μ. 求摩擦力的功.

解:沿雪橇轨迹取自然坐标,雪橇前进方向为自然坐标增加的方向. 雪橇受力所做的元功为

$$dW = (F_t e_t + F_n e_n) \cdot dr = (F_t e_t + F_n e_n) \cdot ds e_t$$
$$= F_t ds$$

雪橇所受摩擦力沿切线方向,并且与运动方向相反,即 $F_t = -\mu F_N$,所以摩擦力的功

$$W = -\int_A^B \mu F_N ds = -\mu F_N s \Big|_0^L = -\mu F_N L$$

在本题中,可设想在 A 与 B 之间换另一条路径 L',$L' \neq L$,摩擦力的功亦将改变,说明摩擦力的功与路径有关.

质点作曲线运动时,先选取合适的坐标系,将力 F 和 dr 在相应的坐标系中分解,再代入功的定义式(3.3.2b)中求功.

例题 3-8

一人从 10 m 深的井中提水. 开始时桶中装有 10 kg 的水,桶的质量为 1 kg,由于水桶漏水,每升高 1 m 要漏去 0.2 kg 的水. 求水桶匀速地从井中提到井口过程中人所做的功.

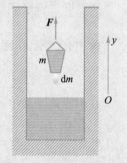

例题 3-8 图

解:画示意图如例题 3-8 图所示. 选竖直向上为坐标 y 轴的正方向,井中水面处为原点. 设桶每升高 1 m 漏去的水为 λ.

由题意知,人匀速提水,所以人所用的拉力 F 等于水桶的重量,即

$$F = (m - \Delta m)g = (m - \lambda y)g$$

人的拉力所做的元功为

$$dW = F \cdot dy = (m - \lambda y)g dy$$

将水桶提到井口人所做的功为

$$W = \int dW = \int_{y_1}^{y_2} (m - \lambda y)g dy = g\left(my - \frac{1}{2}\lambda y^2\right)\Big|_0^{10\ m}$$

$$= 9.8 \times \left(11 \times 10 - \frac{1}{2} \times 0.2 \times 10^2\right) J = 980\ J$$

3.3.2 质点的动能定理

人们从飞行的子弹能穿透木板、下落的铁锤能把木桩打进泥土中,知道运动的物体具有做功的本领. 物体由于有速度而具有的能量称为动能. 实验表明,当力对物体做功时,质点的动能会发生变化.

设一质量为 m 的质点在合外力 $\boldsymbol{F}$ 的作用下,自点 A 沿曲线运动到点 B,如图 3.3-4 所示. 质点在点 A 与点 B 的速率分别为 v_0 和 v. 力 $\boldsymbol{F}$ 与元位移 $\mathrm{d}\boldsymbol{r}$ 之间的夹角为 θ,合外力 $\boldsymbol{F}$ 对质点做的元功为

$$\mathrm{d}W = \boldsymbol{F} \cdot \mathrm{d}\boldsymbol{r} = F\cos\theta \,|\,\mathrm{d}\boldsymbol{r}\,| = F\cos\theta \mathrm{d}s$$

由牛顿第二定律及切向加速度 a_t 的定义,有

$$F\cos\theta = ma_\mathrm{t} = m\frac{\mathrm{d}v}{\mathrm{d}t}$$

上式两边同时乘以弧长 $\mathrm{d}s$,得元功

$$\mathrm{d}W = m\frac{\mathrm{d}v}{\mathrm{d}t} \cdot \mathrm{d}s = mv\mathrm{d}v$$

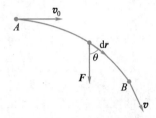

图 3.3-4 质点的动能定理

质点从点 A 移动到点 B 的过程中,合外力 $\boldsymbol{F}$ 对质点所做的功为

$$W = \int_{v_0}^{v} mv\mathrm{d}v = \frac{1}{2}mv^2 - \frac{1}{2}mv_0^2 \qquad (3.3.5)$$

定义运动物体的动能

$$E_\mathrm{k} = \frac{1}{2}mv^2$$

物体的动能

式(3.3.5)可写成

$$W = \frac{1}{2}mv^2 - \frac{1}{2}mv_0^2 = E_\mathrm{k} - E_\mathrm{k0} \qquad (3.3.6)$$

式(3.3.6)表明,质点在运动过程中,合力对质点所做的功等于质点动能的增量. 这一结论称为质点的动能定理. 当合力做正功时,质点动能增大;反之,质点动能减小,这时,质点依靠自身动能的减少来反抗外力做功.

质点的动能定理

应该指出,功和动能是两个不同的概念. 动能是描述物体运动状态的物理量,它是物体运动状态的单值函数,是一个状态量;功是力对空间的积累,积累的效果是物体的能量发生了变化. 功总是与能量的传递和转化过程相联系,因此,功是过程量,它是能量变化的量度. 动能定理则把功和动能的增量联系起来.

动能和动量都是描述运动状态的物理量,但也是有区别的,它们的主要区别是:动量是矢量,动能是标量. 物体动量的改变取

决于合外力的冲量,而动能的改变则取决于合外力的功.在研究机械运动与非机械运动之间的转化问题时,只能用动能,动能是物体的机械运动转化为其他运动形式的能力的一种量度.若研究的是机械运动之间的相互转移,通常用动量来描述.描述物体的运动状态,可以用动量,也可以用动能.

与牛顿第二定律一样,动能定理只适用于惯性系.由于在不同的惯性系中,质点的位移和速度不尽相同,因此,动能的量值与参考系有关.但是,对于不同的惯性系,动能定理的形式不变.

例题 3-9

有一长为 l,密度为 ρ,横截面积为 S 的细棒,用一细线吊在液体表面上,细棒下端紧贴着密度为 ρ' 的液体表面.现将细线剪断,试利用动能定理求细棒在恰好全部没入水中时的沉降速度.忽略水的黏性力.

解:建立如例题 3-9 图所示的坐标轴.细棒受到向下的重力 $m\boldsymbol{g}$ 和向上的浮力 $\boldsymbol{F}$ 的作用,合外力对细棒所做的功为

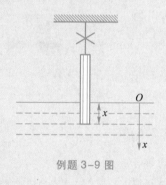

例题 3-9 图

$$W = \int_0^l (mg - F)\,\mathrm{d}x$$
$$= \int_0^l (\rho lS - \rho'xS)g\,\mathrm{d}x = \rho l^2 gS - \frac{1}{2}\rho'l^2 gS$$

初速度为 0,设末速度为 v,由动能定理有

$$\rho l^2 gS - \frac{1}{2}\rho'l^2 gS = \frac{1}{2}mv^2 - 0 = \frac{1}{2}\rho lSv^2$$

得

$$v = \sqrt{\frac{(2\rho l - \rho'l)}{\rho}g}$$

本题也可以用牛顿运动定律求解,但可以看出,应用动能定理解题更加简便.

例题 3-10

如例题 3-10 图所示,质量为 m 的物块置于粗糙水平面上,用橡皮绳系于墙上,橡皮绳原长为 a,拉伸时相当于弹性系数为 k 的弹簧.现将物块拉伸至橡皮绳长为 b 后再由静止释放.求物块击墙时的速度.物块与水平面间的动摩擦因数为 μ.

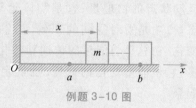

例题 3-10 图

解:将物块视为质点,弹性力只存在于 $b \to a$ 过程中,弹性力 $F = -k(x-a)$,摩擦力始终存在,物体由静止释放,即初速度 $v_0 = 0$,根据动能定理有

$$\frac{1}{2}mv^2 - 0 = -\mu mgb + \int_b^a -k(x-a)\,\mathrm{d}x$$

解得

$$v = \left[\frac{k}{m}(b-a)^2 - 2\mu gb \right]^{\frac{1}{2}}$$

思考

3.12 功、动能与参考系的选取有关吗?

3.13 动量和动能都与质量与速度有关,都是物体运动的量度,那么两者有什么不同呢?

3.14 一质点在几个外力的同时作用下运动,有人说"外力的冲量是零,外力的功一定为零",这句话对吗?也有人说"外力的功为零,外力的冲量一定为零",这种说法对吗?

3.15 将一货物从地面以速度 v 匀速搬上汽车所做的功与以 $2v$ 的速度把该物体匀速搬上汽车所做的功是否相同?在这两种情况下,它们的功率是否一样?

3.16 分析静摩擦力与滑动摩擦力做功的情况,它们一定做负功吗?

3.17 两个质量相等的小孩,分别从两个高度相同、倾角不同的光滑斜面的顶端由静止滑到底部,他们的动量和动能是否相同?

3.4 保守力与非保守力 势能

3.4.1 几种常见力的功

1. 重力的功

如图 3.4–1 所示,质量为 m 的质点,在地面附近的重力场中,从起始位置 A 沿曲线 II 运动到位置 B. 重力在这段路径上所做的功为

$$W = \int_A^B m\boldsymbol{g} \cdot \mathrm{d}\boldsymbol{r}$$

在直角坐标系中,重力的方向沿 y 轴负方向,则

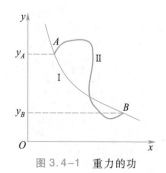

图 3.4–1 重力的功

$$W = \int_{y_A}^{y_B} -mg\boldsymbol{j} \cdot (\mathrm{d}x\boldsymbol{i} + \mathrm{d}y\boldsymbol{j}) = \int_{y_A}^{y_B} -mg\mathrm{d}y = mgy_A - mgy_B$$

$$(3.4.1)$$

同理,从起始位置 A 沿曲线 I 运动到位置 B. 重力在这段路径上所做的功同样为式(3.4.1).

2. 万有引力的功

如图 3.4-2 所示,两个质点的质量分别为 m_1 和 m_2,之间有万有引力作用. m_1 静止,以 m_1 的位置为原点 O 建立坐标系,研究 m_2 相对 m_1 的运动. m_1 对 m_2 的万有引力为

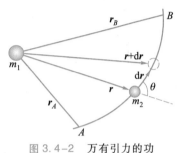

图 3.4-2　万有引力的功

$$\boldsymbol{F} = -G\frac{m_1 m_2}{r^2}\boldsymbol{e}_r$$

万有引力将质量为 m_2 的质点移动 $\mathrm{d}\boldsymbol{r}$ 时,所做的元功为

$$\mathrm{d}W = \boldsymbol{F} \cdot \mathrm{d}\boldsymbol{r} = -G\frac{m_1 m_2}{r^2}\boldsymbol{e}_r \cdot \mathrm{d}\boldsymbol{r}$$

由图 3.4-2 可看出

$$\boldsymbol{e}_r \cdot \mathrm{d}\boldsymbol{r} = |\boldsymbol{e}_r||\mathrm{d}\boldsymbol{r}|\cos\theta, \quad |\mathrm{d}\boldsymbol{r}|\cos\theta = \mathrm{d}r$$

因而

$$\mathrm{d}W = -G\frac{m_1 m_2}{r^2}\mathrm{d}r$$

质点 m_2 从点 A 沿路径运动到点 B 过程中万有引力做的总功为

$$W = \int_{r_A}^{r_B} -G\frac{m_1 m_2}{r^2}\mathrm{d}r = \left(-\frac{Gm_1 m_2}{r_A}\right) - \left(-\frac{Gm_1 m_2}{r_B}\right) \quad (3.4.2)$$

3. 弹性力的功

如图 3.4-3 所示是一放置在光滑平面上的弹簧,弹簧的一端固定,另一端与一质量为 m 的物体相连. 当弹簧在水平方向上不受外力作用时,弹簧不发生形变,此时,物体所在位置为点 O,这个位置称为弹簧的平衡位置,此时弹簧的伸缩量为零,现以平衡位置为坐标原点,取向右为正方向.

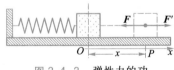

图 3.4-3　弹性力的功

设弹簧受到沿 x 轴正向的外力 $\boldsymbol{F}'$ 的作用后被拉伸,拉伸量为物体位移 x. 设弹簧的弹性力为 $\boldsymbol{F}$. 根据胡克定律,在弹簧的弹性范围内,有

$$\boldsymbol{F} = -kx\boldsymbol{i}$$

其中,k 为弹簧的弹性系数.

尽管在拉伸过程中,弹性力 $\boldsymbol{F}$ 是变力. 但是,对于无限小的位移 $\mathrm{d}x$,弹性力 $\boldsymbol{F}$ 可以近似视为不变. 所以,此时弹性力所做的

元功为

$$\mathrm{d}W = \boldsymbol{F} \cdot \mathrm{d}\boldsymbol{x} = -kx\boldsymbol{i} \cdot \mathrm{d}x\boldsymbol{i} = -kx\mathrm{d}x$$

当弹簧的伸长量由 x_A 变化到 x_B 时,弹性力所做的总功为

$$W = \int_{x_A}^{x_B} -kx\mathrm{d}x = \frac{1}{2}kx_A^2 - \frac{1}{2}kx_B^2 \qquad (3.4.3)$$

　　由式(3.4.1)、式(3.4.2)、式(3.4.3)可以看出,重力的功、万有引力的功及弹性力的功的共同特点是:力所做的功只与质点的始末位置有关,而与质点所经过的路径无关. 我们把这种做功只与始末位置有关,而与路径无关的力称为保守力. 如果力所做的功与物体所经过的路径有关,则称为非保守力. 重力、万有引力和弹性力均是保守力. 人们熟知的摩擦力则是最常见的非保守力.

保守力

非保守力

3.4.2 势能

　　从上面的讨论可知,在保守力作用下,只要质点的始末位置确定了,保守力做的功也就确定了. 因此,可以找到一个位置函数,并使这个函数在始末位置的增量恰好等于受力质点自初始位置通过任何路径达到终止位置过程中保守力做的功. 为此,我们引入势能的概念. 在具有保守力相互作用的系统内,只由质点间的相对位置决定的能量称为势能,用符号 E_p 表示. 势能是位置的状态函数.

　　用 $E_{\mathrm{p}A}$ 和 $E_{\mathrm{p}B}$ 分别表示质点在始、末位置的势能,用 W_c 表示自初始位置到终止位置保守力所做的功,综合式(3.4.1)、式(3.4.2)、式(3.4.3)有

$$W_\mathrm{c} = -(E_{\mathrm{p}B} - E_{\mathrm{p}A}) \qquad (3.4.4)$$

即保守力在某一过程中的功,等于该过程的始、末两个状态势能增量的负值,或者说保守力所做的正功等于势能函数的减少. 若保守力做负功,则势能增加. 例如,将物体举高,重力与物体运动方向相反,重力做负功,重力势能增加;若物体从高处下落,重力做正功,重力势能减少.

三种势能分别为　　重力势能　$E_\mathrm{p} = mgy$

　　　　　　　　　　引力势能　$E_\mathrm{p} = -\dfrac{Gmm'}{r}$

　　　　　　　　　　弹性势能　$E_\mathrm{p} = \dfrac{1}{2}kx^2$

　　需要指出:(1)势能是状态量. 在不同保守力作用下,尽管势

能的表达式各不相同,但都与所经历的路径无关.(2)势能是属于以保守力相互作用的整个系统.势能是由于系统内各物体之间具有保守力作用而产生的,离开系统谈单个质点的势能是没有意义的.例如重力势能属于地球和受重力作用的质点所共有,我们通常所说的地球附近某个质点的重力势能实际上是一种简化说法,是为了叙述上的方便.引力势能和弹性势能亦是如此.(3)势能的相对性.选取不同的势能零点,物体的势能将具有不同的值,所以势能的值总是相对的.当讲质点在某点的势能时,必须明确是相对哪个势能零点而言的.一般选取物体位于地面的重力势能为零势能;取无限远处为引力势能零点;取弹簧原长处为弹性势能零点.但是,无论势能零点选在何处,两点之间的势能差是绝对的.

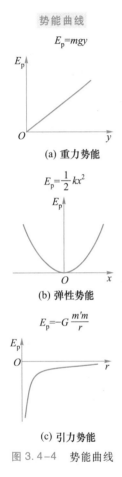

势能曲线

$E_p = mgy$

(a) 重力势能

$E_p = \dfrac{1}{2} kx^2$

(b) 弹性势能

$E_p = -G \dfrac{m'm}{r}$

(c) 引力势能

图 3.4-4　势能曲线

3.4.3 势能曲线

当零势能点和坐标系确定后,势能仅是坐标的函数.此时,我们可将势能与相对位置的关系绘成曲线,用来讨论质点在保守力作用下的运动,这些曲线称为势能曲线.图 3.4-4 给出了上述讨论的保守力的势能曲线.

图 3.4-4(a)所示为重力势能曲线,该曲线是一条直线.图 3.4-4(b)所示为弹性势能曲线,是一条抛物线,图中可以看出,其零势能点在其平衡位置,此时势能最小.图 3.4-4(c)所示为引力势能曲线,从图中亦可以看出,当 x 趋于无穷时,引力势能趋近于零.

利用已知的势能曲线可以求出质点在保守力场中各点所受保守力的大小和方向,还可以定性地讨论质点在保守力场中的运动情况及平衡的稳定性问题.

思考

3.18　保守力与非保守力做功有什么区别?为什么只有保守力才能引入与之相应的势能?

3.19　非保守力做功总是负的,对吗?举例说明.

3.20　势能具有相对性,动能也具有相对性,动能与重力势能的相对性在物理意义上是一样的吗?

3.21　势能与参考系的选取有关吗?

3.5 功能原理 机械能守恒定律

3.5.1 质点系的动能定理

以质点系为研究对象. 设质点系由 n 个质点组成,在运动过程中,作用在第 i 个质点合外力的功为 W_i^{ex},合内力的功为 W_i^{in},使质点 i 由初动能 E_{ki0} 改变为末动能 E_{ki},由质点的动能定理式(3.3.6)可得

$$W_i^{ex} + W_i^{in} = E_{ki} - E_{ki0}$$

对质点系中的每个质点都可写出上式,对一切质点求和,有

$$\sum W_i^{ex} + \sum W_i^{in} = \sum E_{ki} - \sum E_{ki0} \qquad (3.5.1a)$$

式中,$\sum W_i^{ex}$ 是一切外力对质点系所做的功之和,令 $\sum W_i^{ex} = W^{ex}$;$\sum W_i^{in}$ 是质点系内一切内力所做功之和,令 $\sum W_i^{in} = W^{in}$;将质点系内各质点动能之和称为**质点系的动能**,则式(3.5.1a)右方中 $\sum E_{ki0} = \sum_{i=1}^{n} \frac{1}{2} m_i v_{i0}^2$ 为质点系的初动能,令 $\sum E_{ki0} = E_{k0}$;$\sum E_{ki} = \sum_{i=1}^{n} \frac{1}{2} m_i v_i^2$ 为质点系的末动能,令 $\sum E_{ki} = E_k$. 则式(3.5.1a)化为

$$W^{ex} + W^{in} = E_k - E_{k0} \qquad (3.5.1b)$$

则式(3.5.1a)或式(3.5.1b)称为**质点系的动能定理**,它表明,质点系的动能的增量等于一切外力做的功与一切内力做的功之和.

值得注意的是:(1) W^{ex} 是作用于各质点的外力做功之和,而不是合外力的功;合外力之功不等于外力之功的和. W^{in} 也如此. (2) 内力和为零,内力之功的和不一定为零. (3) 内力的功也能改变系统的动能. 例:炸弹爆炸过程中内力和为零,但内力所做的功转化为弹片的动能. 即内力可以改变质点系的总动能.

3.5.2 质点系的功能原理

我们已经知道力可分为保守力和非保守力,作用于质点系的力,既有外力也有内力,而对于系统的内力来说,它们也有保守内力和非保守内力之分. 设质点系内各保守内力做功之和为 W_c^{in},质点系内各非保守内力做功之和为 W_d^{in},则质点系内一切内力所做的功为

$$W^{in} = W_c^{in} + W_d^{in}$$

从式(3.4.4)可知,保守内力的功可以用系统势能增量的负值来

表示,即

$$W_{\mathrm{c}}^{\mathrm{in}} = -(E_{\mathrm{p}} - E_{\mathrm{p0}})$$

考虑了以上两点,式(3.5.1b)可以写为

$$W^{\mathrm{ex}} + W_{\mathrm{d}}^{\mathrm{in}} = (E_{\mathrm{k}} + E_{\mathrm{p}}) - (E_{\mathrm{k0}} + E_{\mathrm{p0}}) \qquad (3.5.2\mathrm{a})$$

机械能

在力学中,动能和势能的和称为机械能,记为 E,即

$$E = E_{\mathrm{k}} + E_{\mathrm{p}}$$

以 E_0 和 E 分别表示质点系的初始机械能和末了机械能,式(3.5.2a)可写为

$$W^{\mathrm{ex}} + W_{\mathrm{d}}^{\mathrm{in}} = E - E_0 \qquad (3.5.2\mathrm{b})$$

上式表明:当系统从初状态变化到末状态时,系统机械能的增量等于外力的功与非保守内力的功的总和,这就是质点系的功能原理.

保守力做功不会引起质点系机械能的变化,只有外力的功和非保守力的功,才能使机械能发生变化.其实,功能原理和动能定理并无本质区别,它们的区别仅在于功能原理中引入了势能变化而无需讨论保守力的功,由于计算势能的增量常常比直接计算功方便,所以用功能原理计算较为简便.

补充例题 3-1

例题 3-11

如例题 3-11 图(a)所示,一质量均匀分布的链条,总长为 l,质量为 m,放在桌面上,并使其一端部分下垂.设链条与桌面之间的动摩擦因数为 μ.设下垂一段的长度为 a,链条由静止开始运动,则:(1) 到链条刚离开桌面的过程中,摩擦力对链条做了多少功?(2) 链条刚离开桌面时的速率是多少?

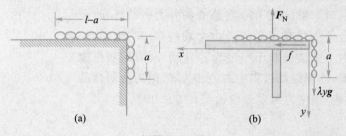

例题 3-11 图

解:(1) 建立如例题 3-11 图(b)所示的坐标系.某一时刻桌面上链条长为 x 时,桌面上的链条受摩擦力大小为 $F_{\mathrm{f}} = \mu \dfrac{m}{l} g x$,链条移动 $\mathrm{d}x$ 时,摩擦力的元功为

$$\mathrm{d}W_{\mathrm{f}} = F_{\mathrm{f}} \mathrm{d}x = \mu \frac{m}{l} g x \mathrm{d}x$$

链条刚离开桌面时摩擦力做功

$$W_{\mathrm{f}} = \int_{l-a}^{0} F_{\mathrm{f}} \mathrm{d}x = \int_{l-a}^{0} \mu \frac{m}{l} g x \mathrm{d}x$$

$$= \frac{\mu m g}{2l} x^2 \Big|_{l-a}^{0} = -\frac{\mu m g}{2l} (l-a)^2 \qquad (1)$$

(2) 本问题可用质点系的动能定理或

者是功能原理求解.

解法1:用质点系的动能定理求解.

设某时刻链条下垂部分的长度为 y,下垂部分受重力大小 $P = \dfrac{m}{l}yg$,这是一个变力,向下移动 $\mathrm{d}y$ 时,重力的元功为

$$\mathrm{d}W_g = \frac{m}{l}gy\mathrm{d}y$$

链条刚离开桌面时重力做功

$$W_g = \int_a^l \frac{m}{l}gy\mathrm{d}y = \frac{mg(l^2-a^2)}{2l} \quad (2)$$

根据质点系动能定理

$$W_f + W_g = \frac{1}{2}mv^2 - \frac{1}{2}mv_0^2 \quad (3)$$

链条是由静止开始下落,因而

$$v_0 = 0 \quad (4)$$

将式(1)、式(2)、式(4)代入式(3)联立求解,整理得链条刚离开桌面时的速率

$$v = \sqrt{\frac{g}{l}\left[(l^2-a^2)-\mu(l-a)^2\right]}$$

解法2:用功能原理求解.

以桌面为重力势能零点.系统的初始机械能为

$$E_1 = -\frac{m}{l}ag\frac{a}{2} \quad (5)$$

链条刚离开桌面时的系统机械能为

$$E_2 = -mg\frac{l}{2} + \frac{1}{2}mv^2 \quad (6)$$

由功能原理有

$$W_f = E_2 - E_1 \quad (7)$$

将式(1)、式(5)、式(6)代入式(7)中整理得

$$v = \sqrt{\frac{g}{l}\left[(l^2-a^2)-\mu(l-a)^2\right]}$$

用功能原理求解无需计算重力的功,求解较为简便.

3.5.3 机械能守恒定律

由式(3.5.2b)可知,当 $W^{ex}=0$,$W_d^{in}=0$ 时,有

$$E = E_0$$

即

$$E_k + E_p = E_{k0} + E_{p0} \quad (3.5.3)$$

或

$$E_k + E_p = 常量$$

它的物理意义是:若质点系内只有保守力做功,则系统内机械能的总值保持不变.这就是机械能守恒定律.

式(3.5.3)也可写成

$$E_k - E_{k0} = -(E_p - E_{p0})$$

或

$$\Delta E_k = -\Delta E_p \quad (3.5.4)$$

可以看出,在满足机械能守恒的条件下,系统内各质点的动能和势能可以互相转化,动能的增量等于势能的减少量,或动能的减少量等于势能的增量,但系统动能和势能之和保持不变.质点系内势能和动能之间的转化是通过质点系的保守内力做功来实现的.

值得注意的是:机械能守恒定律与参考系有关,在一个惯性系中守恒,但在另一惯性系中未必守恒,因为位移与参考系有关.

一个与外界无任何联系的系统称为 孤立系统. 对于孤立系统来说,外力做功为零. 此时,影响系统能量的只有系统的内力. 如果有非保守内力做功,系统的机械能就不再守恒,但是系统内部除了机械能之外,还存在其他形式的能量,比如热能、化学能、电能等,那么系统的机械能就要和其他形式的能量发生转化.实验表明,一个孤立系统经历任何变化时,该系统的所有能量的总和是不变的,能量只能从一种形式转化为另外一种形式,或从系统内一个物体传给另一个物体. 这就是能量守恒定律.

例题 3-12

一轻弹簧与质量为 m_1 和 m_2 的两个物体相连接,如例题 3-12 图(a)所示.至少用多大的力向下压 m_1 才能在此力撤除后弹簧把下面的物体带离地面? (弹簧质量不计.)

解:对 m_1 加的压力越大,弹簧压缩越大,松手后 m_1 弹起越高,弹簧越能达到较大的伸长. 当弹簧作用于 m_2 的拉力大于它的重力时,m_2 便被提起.

建立如例题 3-12 图(a)所示的坐标轴,原点取在弹簧原长上端所在高度,m_1 所受重力和弹簧支持力平衡时位于 y_1;设弹簧被压缩至 m_1 处于 y_2 时,撤除外力 F 可使 m_1 反弹并能提起 m_2;y_3 是刚能被提起时 m_1 的高度.

将 m_1 和 m_2 作为两个研究对象,受力分析如例题 3-12 图(b)所示,F_s 为弹簧的支持力,F_N 为桌面支持力. m_2 刚能提起时 $F_N=0$. 因而,m_2 刚能被提起的条件为

$$ky_3 - m_2 g = 0$$

m_1 平衡时

$$ky_2 - F - m_1 g = 0$$

系统无非保守力做功,机械能守恒. 取坐标原点为弹性势能和重力势能的零点,有

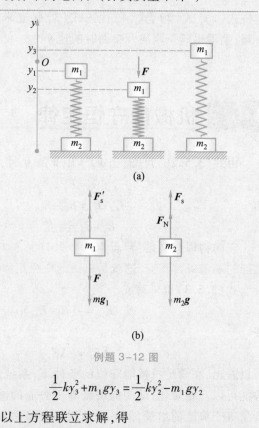

例题 3-12 图

$$\frac{1}{2}ky_3^2 + m_1 g y_3 = \frac{1}{2}ky_2^2 - m_1 g y_2$$

以上方程联立求解,得

$$F = (m_1 + m_2)g$$

例题 3-13

如例题 3-13 图所示，一质量为 m_1 的小球，沿质量为 m_2 的光滑圆弧形槽顶端自静止下滑，设圆弧形槽的半径为 R. 求：(1)小球刚离开圆弧形槽时，小球和圆弧形槽的速度；(2)小球滑到点 B 时对槽的压力；(3)小球从开始运动到最低点的过程中，圆弧形槽的支持力对小球所做的功.

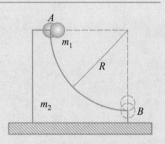

例题 3-13 图

解：设小球和圆弧形槽相对地的速度分别为 v_1 和 v_2.

（1）小球和圆弧形槽组成的系统，因水平方向不受外力作用，故系统水平方向动量守恒. 由题意知小球与槽的水平速度相反，故

$$m_1 v_1 - m_2 v_2 = 0$$

小球和圆弧形槽及地球组成的系统，无非保守力做功，系统机械能守恒，

$$\frac{1}{2}m_1 v_1^2 + \frac{1}{2}m_2 v_2^2 = m_1 g R$$

两式联立，解得

$$v_1 = \sqrt{\frac{2m_2 g R}{m_1 + m_2}} = m_2 \sqrt{\frac{2gR}{(m_1+m_2)m_2}}$$

$$v_2 = m_1 \sqrt{\frac{2gR}{(m_1+m_2)m_2}}$$

（2）小球相对槽的速度为

$$v = v_1 + v_2 = (m_2 + m_1)\sqrt{\frac{2gR}{(m_1+m_2)m_2}}$$

$$= \sqrt{\frac{2gR}{m_2}(m_1+m_2)}$$

当小球到达点 B 时，圆弧形槽以 v_2 运动，且对地加速度为零，可视为惯性系，以圆弧形槽为参考系，竖直方向对小球应用牛顿第二定律，有

$$F_N - m_1 g = m_1 \frac{v^2}{R}$$

由牛顿第三定律知，小球对槽的压力的大小等于槽对小球的支持力，有

$$F_N' = F_N = m_1 g + m_1 \frac{v^2}{R}$$

$$= m_1 g + \frac{2m_1 g(m_2 + m_1)}{m_2}$$

$$= \frac{2m_1 + 3m_2}{m_2} m_1 g$$

（3）槽的支持力对小球所做的功

$$W = \frac{1}{2}m_1 v_1^2 - m_1 g R = \frac{1}{2}m_1 m_2^2 \cdot \frac{2gR}{(m_1+m_2)m_2} -$$

$$m_1 g R = -\frac{m_1^2 g R}{m_1 + m_2}$$

或因为槽的支持力对小球所做的功等于小球压力对槽所做的功的负值. 小球压力对槽所做的功等于槽的动能增量，所以

$$W = -\frac{1}{2}m_2 v_2^2 = -\frac{1}{2}m_2 m_1^2 \cdot \frac{2gR}{(m_1+m_2)m_2}$$

$$= -\frac{m_1^2 g R}{m_1 + m_2}$$

思考

3.22　系统的内力和为零，内力的功的和是否一定为零？举例说明.

3.23　一物体能否只具有动量而无机械能？一物体能否只

具有机械能而无动量?

3.24 对于一个质点系来说,有人说"合外力为零时,系统的机械能一定守恒",这种说法对吗? 也有人说"合外力不做功时,系统的机械能一定守恒",这句话对吗?

3.25 一物体在惯性系中,机械能守恒,是否表明其在所有惯性系中机械能均守恒?

3.26 当质点系的动量守恒时,能否说系统的机械能必将守恒? 当系统的机械能守恒时,能否说动量必将守恒? 举例说明之.

3.27 功与能有何区别与联系?

3.6 对心碰撞

碰撞

两个或两个以上物体相遇、相互接近时,在极短的时间内发生较强的相互作用,这种作用称为碰撞. 两个或两个以上的物体发生相互作用,使它们的运动状态在极短的时间内发生了显著的变化. 碰撞的物体可以直接接触,例如宏观物体的碰撞,打夯、锻压、击球等;也可以不直接接触,例如微观粒子的碰撞,如原子、电子、核和亚原子粒子间的碰撞等.

碰撞问题在生产实际和科学研究中普遍存在. 碰撞的特点之一是由于物体相互作用时间极短,物体的运动速度又是有限的,因而一般可认为碰撞过程中物体来不及发生位移;其二是碰撞过程中物体间的相互作用的内力极大,其他力,如重力、摩擦力等与之相比可忽略不计. 因而,碰撞问题可用动量守恒求解.

对心碰撞　正碰
非对心碰撞
斜碰

如果两物体碰撞前速度沿两球中心连线,碰撞后冲力及两球速度也沿这一直线,这种碰撞称为对心碰撞或正碰. 如果两小球碰撞前的速度矢量不沿它们的球心连线,这种碰撞称为非对心碰撞或斜碰.

现讨论两个小球对心碰撞. 设两个质量分别为 m_1 和 m_2,速度分别为 v_{10} 和 v_{20} 的两小球作对心碰撞,碰撞后速度分别 v_1 和 v_2. 以球心连线为坐标轴,以 v_{10} 的正方向为轴的正方向,由动量守恒定律得

$$m_1 v_{10} + m_2 v_{20} = m_1 v_1 + m_2 v_2 \qquad (3.6.1)$$

由于各小球均在一条直线上运动,因而上式采用标量式. 实验表明,对于材料一定的小球,碰撞后分开的相对速度 $v_2 - v_1$ 与碰撞前接近的相对速度 $v_{10} - v_{20}$ 成正比,于是有

$$e = \frac{v_2 - v_1}{v_{10} - v_{20}} \qquad (3.6.2)$$

通常把 e 称为恢复系数,由两球的材料性质决定,与物体的形状和质量无关. 式(3.6.2)称为牛顿碰撞定律. 显然 $e = 0$ 时,是两物体碰撞后合为一体,以同一速度($v_2 = v_1$)运动,这种碰撞称为完全非弹性碰撞. $e = 1$ 时,分离速度等于接近速度,称为完全弹性碰撞,完全弹性碰撞中两碰撞物体碰撞后的动能之和完全没有损失,因而动量和动能均守恒. $0 < e < 1$ 时,两物体碰撞后彼此分开,碰撞过程系统动能有损失,称为非弹性碰撞.

恢复系数
牛顿碰撞定律

完全非弹性碰撞
完全弹性碰撞

非弹性碰撞

由式(3.6.1)和式(3.6.2)可知,两小球发生完全弹性碰撞时,满足

$$m_1 v_{10} + m_2 v_{20} = m_1 v_1 + m_2 v_2$$
$$v_2 - v_1 = v_{10} - v_{20}$$

解得

$$v_1 = \frac{(m_1 - m_2) v_{10} + 2 m_2 v_{20}}{m_1 + m_2}, \qquad v_2 = \frac{(m_2 - m_1) v_{20} + 2 m_1 v_{10}}{m_1 + m_2}$$

可以看出:

(1)若 $m_1 = m_2$,则 $v_1 = v_{20}$,$v_2 = v_{10}$;即两小球碰撞后交换速度.

(2)若 $m_2 \gg m_1$,且 $v_{20} = 0$,则 $v_1 \approx v_{10}$,$v_2 \approx 0$;相当于轻球碰撞重球,重球不动,轻球以原速率弹回. 例如乒乓球与墙面的碰撞.

(3)若 $m_2 \ll m_1$,且 $v_{20} = 0$,则 $v_1 \approx v_{10}$,$v_2 \approx 2 v_{10}$. 相当于重球碰撞轻球,表明重球几乎以原速前进,轻球则以两倍于重球的速率前进.

补充例题 3-2

在处理碰撞问题时一般可用动量守恒定律和碰撞定律来分析. 可用碰撞前后系统的状态(动量、动能、势能等)变化来反映碰撞过程,或用碰撞对系统所产生的效果来反映碰撞过程,从而回避了碰撞本身经历的实际过程,简化了问题.

例题 3-14

冲击摆是用来测定子弹速度的一种装置,如例题 3-14 图所示,此摆是一个悬在绳子下的砂箱. 摆长为 l,砂箱质量为 m,质量为 m_0 的子弹以水平初速度 $\boldsymbol{v}_0$ 冲击砂箱,并陷在砂箱内随砂箱一起运动,冲击摆摆过的最大偏角为 θ,求子弹的初速度 $\boldsymbol{v}_0$ 的大小.

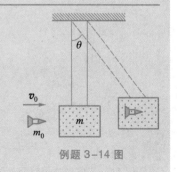

例题 3-14 图

解:把运动过程分为两个阶段.

（1）当子弹冲击砂箱时,子弹与砂箱以共同速度 v 运动.因为子弹射入砂箱内停止下来的过程为非弹性碰撞,所以在此过程中动量守恒而机械能不守恒,即

$$m_0 v_0 = (m+m_0) v$$

（2）摆从平衡位置摆到最高位置的过程中,冲击摆与子弹组成的系统只受重力与

张力的作用,由于张力不做功,所以系统机械能守恒,而重力与张力合力不为零,所以系统动量不守恒,即

$$(m+m_0) gl(1-\cos\theta) = \frac{1}{2}(m+m_0) v^2$$

解得

$$v_0 = \frac{m_0+m}{m_0} \sqrt{2gl(1-\cos\theta)}$$

例题 3-15

速度为 $\boldsymbol{v}_0$ 的小球与以速度 $\boldsymbol{v}$（$\boldsymbol{v}$ 与 $\boldsymbol{v}_0$ 方向相同,并且 $v<v_0$）滑行的车发生完全弹性碰撞,车的质量远大于小球的质量,求碰撞后小球的速度.

解:由于车的质量远大于小球的质量,碰撞后车的速度近似不变,因为是完全弹性碰撞,$e=1$,由式（3.6.2）可知,分离速度＝接近速度,设碰撞后小

球速度为 v_1,则

$$v-v_1 = v_0-v$$

所以

$$v_1 = 2v-v_0$$

思考

3.28 两个球在光滑的水平面上作对心碰撞,在碰撞后两球互换了速度,问:（1）它们属于什么碰撞?（2）它们的质量是否相同?（3）碰撞前它们的动能是否相同?

3.29 两个质量与速率都相等的黏土球相向碰撞后粘在一起,试问这过程中动量是否守恒? 动能是否守恒? 为什么?

*3.7 质心 质心运动定理

图 3.7-1 质心的运动轨迹

实际的物体为什么可以简化为质点模型? 这是因为物体中确实存在一个特殊点,该点的行为与质点的行为是一致的,这个特殊点就是质心.所谓质心就是物体的质量中心,指物质系统上被认为质量集中于此的一个假想点.如图 3.7-1 所示为一个在空中运动的物体,通过观察发现,尽管物体上各点的运动规律很复杂,但特殊点 C 的运动规律比较简单,就好像物体所受的外力（重力）都集中在点 C 一样,其运动轨迹在忽略阻力的情况下是一条抛物线.这一特殊点 C,就是物体的质心.

3.7.1 质心位置

任何物体都可以视为由许多质点组成的质点系. 如图 3.7-2 所示, 设质点系由 n 个质点组成, 用 m_i 表示系统中第 i 个质点的质量, $\boldsymbol{r}_i$ 表示其位矢, 而用 $\boldsymbol{r}_C$ 表示质心的位矢, 用 $m_总 = \sum m_i$ 表示质点系的总质量, 那么质心的位置可以由下式确定:

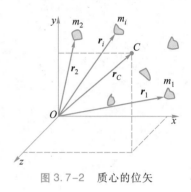

图 3.7-2 质心的位矢

$$\boldsymbol{r}_C = \frac{\sum m_i \boldsymbol{r}_i}{m_总} \qquad (3.7.1\text{a})$$

在直角坐标系中将其沿各坐标轴分解后, 有

$$x_C = \frac{\sum m_i x_i}{m_总}, \qquad y_C = \frac{\sum m_i y_i}{m_总}, \qquad z_C = \frac{\sum m_i z_i}{m_总} \qquad (3.7.1\text{b})$$

对于质量连续分布的物体, 可把物体分成无限多质量元 $\mathrm{d}m$, 再用积分的形式求其质心, 即

$$x_C = \frac{\int x \mathrm{d}m}{m_总}, \qquad y_C = \frac{\int y \mathrm{d}m}{m_总}, \qquad z_C = \frac{\int z \mathrm{d}m}{m_总} \qquad (3.7.2)$$

根据"对称性"分析的方法可以验证, 质量均匀分布、几何形状对称的物体, 其质心必在其几何中心上. 例如, 匀质圆环或圆盘的质心在圆心上, 匀质矩形板的质心在对角线的交点上.

例题 3-16

水分子 H_2O 的结构如例题 3-16 图所示. 每个氢原子和氧原子之间距离均为 $d = 1.0 \times 10^{-10}$ m, 氢原子和氧原子两条连线间的夹角为 $\theta = 104.6°$. 求水分子的质心位置.

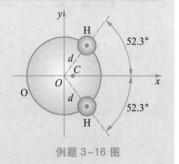

例题 3-16 图

解: 如例题 3-16 图所示, 建立坐标系, 由对称性知

$$y_C = 0$$

$$\begin{aligned} x_C &= \frac{\sum m_i x_i}{m_总} \\ &= \frac{m_H d \sin 37.7° + m_O \times 0 + m_H d \sin 37.7°}{m_H + m_O + m_H} \end{aligned}$$

$$\begin{aligned} &= \frac{2 \times 1.0 \times 1.0 \times 10^{-10} \times \sin 37.7°}{2 \times 1.0 + 16} \text{ m} \\ &= 6.8 \times 10^{-12} \text{ m} \end{aligned}$$

3.7.2 质心运动定理

系统运动时, 系统中的每个质点都参与了运动. 此时, 质心也要不可避免地参与运动. 由式(3.7.1a)对时间求导, 得质心速度

$$\boldsymbol{v}_C = \frac{\mathrm{d}\boldsymbol{r}_C}{\mathrm{d}t} = \frac{\mathrm{d}}{\mathrm{d}t}\left(\frac{\sum m_i \boldsymbol{r}_i}{m_{\text{总}}}\right) = \frac{\sum m_i \dfrac{\mathrm{d}\boldsymbol{r}_i}{\mathrm{d}t}}{m_{\text{总}}} = \frac{\sum m_i \boldsymbol{v}_i}{m_{\text{总}}}$$

所以

$$\boldsymbol{p} = \sum m_i \boldsymbol{v}_i = m_{\text{总}} \boldsymbol{v}_C \tag{3.7.3}$$

式(3.7.3)表明, 质点系的总动量等于质点系的总质量与质心速度的乘积.

将式(3.7.3)对时间求导, 得

$$\frac{\mathrm{d}\left(\sum m_i \boldsymbol{v}_i\right)}{\mathrm{d}t} = \frac{\mathrm{d}(m_{\text{总}} \boldsymbol{v}_C)}{\mathrm{d}t}$$

根据质点系的动量定理, 有

$$\sum \boldsymbol{F}_i = \frac{\mathrm{d}(m_{\text{总}} \boldsymbol{v}_C)}{\mathrm{d}t} = m_{\text{总}} \frac{\mathrm{d}\boldsymbol{v}_C}{\mathrm{d}t} = m_{\text{总}} \boldsymbol{a}_C$$

即

$$\sum \boldsymbol{F}_i = m_{\text{总}} \boldsymbol{a}_C \tag{3.7.4}$$

质心运动定理 式(3.7.4)表明, 作用在质点系上外力的矢量和等于质点系的总质量与其质心的加速度的乘积, 称为**质心运动定理**. 可以看出, 它与牛顿第二定律的形式完全一致, 不同的是: 质点系的质量集中于质心, 质点系所受的合外力也全部集中作用于其质心上. 质心的运动状态完全取决于质点系所受的外力, 内力不会改变质心的运动状态.

需要注意的是, 质心与重心是不同的概念. 质心的位置只与物体的质量和质量的分布有关, 而与作用在物体上的外力无关. 重心是作用在物体上各部分重力的合力的作用点. 在地面附近的局部范围内, 可认为重力场是均匀的, 一般都可认为质心和重心重合. 否则同一物体的质心与重心通常不在同一点上.

思考

3.30 有人说"质心是质量中心, 所以在质心处必定有质

量",这句话对吗?

3.31 "质心的定义是质点系质量集中的一点,它的运动即代表了质点系的运动,若掌握质点系质心的运动,质点系的运动状况就一目了然了."对否?

3.32 质心与重心有什么区别?

3.33 想想看,如何用质心运动定理求解例题3-4?

知识要点

(1) 力的冲量 $\qquad I = \int_{t_0}^{t} \boldsymbol{F} \mathrm{d}t$

(2) 质点动量定理 $\qquad \int_{t_0}^{t} \boldsymbol{F} \mathrm{d}t = m\boldsymbol{v} - m\boldsymbol{v}_0$

(3) 质点系动量定理

$$\int_{t_0}^{t} \left(\sum \boldsymbol{F}_i \right) \mathrm{d}t = \sum m_i \boldsymbol{v}_i - \sum m_i \boldsymbol{v}_{i0}$$

(4) 动量守恒定律

$$\sum \boldsymbol{F}_i = 0, \quad \boldsymbol{p} = \sum m_i \boldsymbol{v}_i = \boldsymbol{p}_0$$

(5) 功 $\qquad W = \int_A^B \boldsymbol{F} \cdot \mathrm{d}\boldsymbol{r}$

(6) 动能定理 $\qquad W = \dfrac{1}{2}mv^2 - \dfrac{1}{2}mv_0^2$

$$W^{\mathrm{ex}} + W^{\mathrm{in}} = \sum E_{ki} - \sum E_{ki0}$$

(7) 势能

$$E_p = mgy, \quad E_p = -\frac{Gmm'}{r}, \quad E_p = \frac{1}{2}kx^2$$

(8) 功能原理

$$W^{\mathrm{ex}} + W_d^{\mathrm{in}} = E - E_0, \quad \text{其中 } E = E_k + E_p$$

(9) 机械能守恒定律

$$E_k + E_p = E_{k0} + E_{p0}$$

(10) 碰撞定律 $\qquad e = \dfrac{v_2 - v_1}{v_{10} - v_{20}}$

(11) 质心位置 $\qquad \boldsymbol{r}_C = \dfrac{\sum m_i \boldsymbol{r}_i}{m_{总}}$

(12) 质心运动定理 $\qquad \sum \boldsymbol{F}_i = m_{总} \boldsymbol{a}_C$

习题

3-1   质量为 20 g 的子弹沿 x 轴正向以 500 m·s^{-1} 的速率射入一木块后,与木块一起仍沿 x 轴正向以 50 m·s^{-1} 的速率前进,在此过程中木块所受冲量的大小为(   ).

(A) 9 N·s   (B) –9 N·s
(C) 10 N·s   (D) –10 N·s.

3-2   质量为 m 的质点,以不变速率 v 沿习题 3-2 图中正三角形 ABC 的水平光滑轨道运动. 质点越过角 A 时,轨道作用于质点的冲量的大小为(   ).

习题 3-2 图

(A) mv (B) $\sqrt{2}\,mv$
(C) $\sqrt{3}\,mv$ (D) $2mv$

3-3   在水平冰面上以一定速度向东行驶的炮车,向东南(斜向上)方向发射一炮弹,对于炮车和炮弹这一系统,在此过程中(忽略冰面摩擦力及空气阻力)(   ).

(A) 总动量守恒

(B) 总动量在炮身前进的方向上的分量守恒,其他方向动量不守恒

(C) 总动量在水平面上任意方向的分量守恒,竖直方向分量不守恒

(D) 总动量在任何方向的分量均不守恒

3-4   下列物理量:质量、动量、冲量、动能、势能、功中与参考系的选取有关的物理量是 ＿＿＿＿＿＿＿ (不考虑相对论效应).

3-5   合外力 $F_x = 30 + 4t$(SI 单位)作用在质量 $m = 10$ kg 的物体上. (1) 求开始 2 s 内此力的冲量;(2) 若冲量 $I = 300$ N·s,求此力的作用时间;(3) 若

物体的初速度 $v_1 = 10$ m·s^{-1},方向与 F_x 相同,求 $t = 6.86$ s 时,物体的速度 v_2.

3-6   一小球在弹簧的作用下作振动,弹性力 $F = -kx$,而位移 $x = A\cos \omega t$,其中,k、A、ω 都是常量. 求在 $t = 0$ 到 $t = \pi/(2\omega)$ 的时间间隔内弹性力施于小球的冲量.

3-7   一个质量为 $m = 0.14$ kg 的垒球沿水平方向以 $v_1 = 50$ m·s^{-1} 的速率投来,经棒打击后,沿仰角 $\alpha = 45°$ 的方向飞回,速率变为 $v_2 = 80$ m·s^{-1}. 求棒给球的冲量的大小与方向. 如果球与棒接触的时间为 $\Delta t = 0.02$ s,求棒的平均冲力的大小,它是垒球本身重量的几倍?

3-8   如习题 3-8 图,用传送带 A 输送煤粉,料料口在 A 上方高 $h = 0.5$ m 处,煤粉自料斗口自由落在 A 上. 设料斗口连续卸煤的流量为 $q_m = 40$ kg·s^{-1},A 以 $v = 2.0$ m·s^{-1} 的水平速度匀速向右移动. 求装煤的过程中,煤粉对 A 的作用力的大小和方向. (不计相对传送带静止的煤粉质量.)

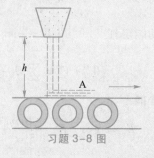

习题 3-8 图

3-9   两辆质量相同的汽车在十字路口垂直相撞,撞后二者连在一起又沿直线滑动了 $s = 25$ m 才停下. 设滑动时地面与车轮之间的动摩擦因数为 $\mu = 0.80$. 撞后两个司机都说在撞车前自己的车速没有超过限制(14 m·s^{-1}),他们的话可信吗?

3-10   一辆停在直轨道上质量为 m_1 的平板车上站着两个人,当他们从车上沿同方向跳下后,车获得了一定的速度. 设两个人的质量均为 m_2,跳下时相对

于车的水平速度均为 u,试比较两人同时跳下和两人依次跳下两种情况下,车所获得的速度的大小.

3-11 一架喷气式飞机以 $210 \mathrm{~m \cdot s^{-1}}$ 的速度飞行,它的发动机每秒钟吸入 75 kg 空气,在体内与 3.0 kg 燃料混合燃烧后以相对于飞机 $490 \mathrm{~m \cdot s^{-1}}$ 的速度向后喷出.求发动机对飞机的推力.

3-12 A、B 两船在平静的湖面上平行逆向航行,当两船擦肩相遇时,两船各自向对方平稳地传递 50 kg 的重物,结果是 A 船停了下来,而 B 船以 $3.4 \mathrm{~m \cdot s^{-1}}$ 的速度继续向前行驶.A、B 两船原有质量分别为 0.5×10^3 kg 和 1.0×10^3 kg,求在传递重物前两船的速度(忽略水对船的阻力).

3-13 一物体在介质中按规律 $x = ct^3$ 作直线运动,c 为一常量.设介质对物体的阻力正比于速度的平方,求物体由 $x = 0$ 运动到 $x = l$ 时,阻力所做的功.

3-14 如习题 3-14 图所示,传送机通过滑道将长为 L、质量为 m 的物体以初速度 v_0 向右送上水平台面,物体前端在台面上滑动距离 s 后停下来.滑道上的摩擦不计,物与台面间的动摩擦因数为 μ,且 $s > L$,计算物体的初速度 v_0.

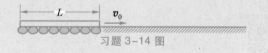

习题 3-14 图

3-15 如习题 3-15 图所示,质量为 m 的木块,从高为 h,倾角为 α 的光滑斜面上由静止开始下滑,滑入装着砂子的木箱中.砂子和木箱的总质量为 $m_{总}$,木箱与一端固定、弹性系数为 k 的水平轻弹簧连接,最初弹簧为原长,木块落入后,弹簧的最大压缩量为 l.试求木箱与水平面间的动摩擦因数 μ.

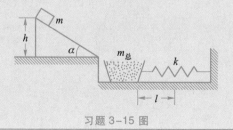

习题 3-15 图

3-16 质量为 2 kg 的质点受到力 $\boldsymbol{F} = (3\boldsymbol{i} + 5\boldsymbol{j})$ N 的作用.当质点从原点移动到位矢为 $\boldsymbol{r} = (2\boldsymbol{i} - 3\boldsymbol{j})$ m 处时,(1) 此力所做的功为多少?它与路径有无关系?(2) 如果此力是作用在质点上的唯一的力,则质点的动能将变化多少?

3-17 如习题 3-17 图所示,一轻质弹簧弹性系数为 k,两端各固定一质量均为 m 的物块,放在水平光滑桌面上静止.今有一质量为 m_0 的子弹沿弹簧的轴线方向以速度 v_0 射入一物块而不复出,求此后弹簧的最大压缩长度.

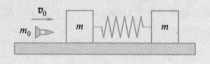

习题 3-17 图

3-18 如习题 3-18 图所示装置,光滑水平面与半径为 R 的竖直光滑半圆环轨道相接,两滑块 A、B 的质量均为 m,弹簧的弹性系数为 k,其一端固定在点 O,另一端与滑块 A 接触.开始时滑块 B 静止于半圆环轨道的底端.今用外力推滑块 A,使弹簧压缩一段距离 x 后再释放.滑块 A 脱离弹簧后与 B 作完全弹性碰撞,碰后 B 将沿半圆环轨道上升.升到点 C 与轨道脱离,$O'C$ 与竖直方向成 $\alpha = 60°$,求弹簧被压缩的距离 x.

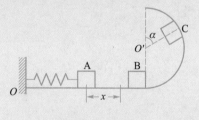

习题 3-18 图

3-19 如习题 3-19 图所示,在光滑水平面上有一质量为 m_B 的静止物体 B,在 B 上又有一个质量为 m_A 的静止物体 A.今有一小球从左边射到 A 上被弹回,此时 A 获得水平向右的速度为 v_A(对地),并逐渐带动 B,最后二者以相同速度一起运动.设 A、B 之间的动摩擦因数为 μ,问 A 从开始运动到相对于 B 静止时,在 B 上移动了多少距离?

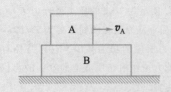

习题 3-19 图

3-20 如习题 3-20 图所示,一辆质量为 m 的平顶小车静止在光滑的水平轨道上,今有一质量为 m_0 的小物体以水平速度 v_0 滑向车顶。设物体与车顶之间的动摩擦因数为 μ,求:(1)从物体滑上车顶到相对车顶静止需多少时间?(2)要物体不滑下车顶,车长至少应为多少?

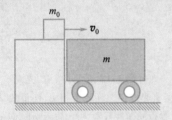

习题 3-20 图

3-21 如习题 3-21 图所示,将一块质量为 m 的光滑水平板 PQ 固定在弹性系数为 k 的轻弹簧上;质量为 m_0 的小球放在水平光滑桌面上,桌面与平板 PQ 的高度差为 h. 现给小球一个水平初速 v_0,使小球落到平板上,与平板发生弹性碰撞.求弹簧的最大压缩量是多少?

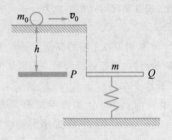

习题 3-21 图

3-22 一炮弹,竖直向上发射,初速度为 v_0,在发射后经时间 t 后在空中自动爆炸,假定分成质量相同的 A、B、C 三块碎块.其中,A 块的速度为零,B、C 两块的速度大小相同,且 B 块速度方向与水平成角 α,求 B、C 两碎块的速度(大小和方向).

本章计算题参考答案

章 首 问 题

在一些运动项目中,如棒球、垒球、敲鼓、武术器械运动等,用棒击球、鼓等时会感到手握的地方震动很强.能否找到一个既省力,手受的冲击又小的最佳点呢?答案是肯定的.可以将棒类的器械简化成一个刚体,当外力作用在刚体某特殊位置时,手握的地方震动最弱,感觉最舒服.这个特殊位置就是打击中心.那棒类器械的打击中心的位置在哪里呢?

章首问题解答

第4章 刚体的定轴转动

在前面的讨论中,是将运动的物体视为质点或质点系.而在1.1节中就已经指出,"质点"是具有质量的几何点,是一个理想模型.如果问题不涉及物体的转动及其形状和大小,可以将物体视为质点.否则,就要采取其他模型.

实验表明,任何物体在外力的作用下,都会发生程度不同的形变.如果在讨论一个物体的运动时,这种形变可以忽略,那么就可以将这个物体当作刚体处理.刚体是受力时不改变形状和大小的物体,是固态物体的理想化模型.物体可看成由大量质点组成,**质元** 每一个质点称为刚体的一个质元,因此,刚体是特殊的质点系,其内任意两点间的距离保持不变.既然是一个质点系,所以前面讲过的关于质点系的基本定律在这里都可以应用.

4.1 刚体的定轴转动

4.1.1 刚体运动描述

刚体的平动和定轴转动是刚体两种最基本的运动形式.刚体运动时,若在刚体内所作的任意一条直线在空间的指向始终保持彼此平行,这种运动就称为**刚体的平动**. 如图 4.1-1 所示,刚体内 **刚体的平动** 任意直线 *AB*,在运动过程中方向都将保持不变,刚体中所有质元在同一个时刻具有相同的速度、加速度及相同的运动轨迹.因而刚体在作平动时,实际上是质点平动的集中体现.因此,刚体平动时可用刚体中任意一点的运动代表刚体的整体运动.

当刚体内各质元都绕同一直线作半径不同的圆周运动时,这条直线称为转轴.如果转轴相对参考系是固定不动的,称转轴为 **固定转轴** **转动平面** 固定转轴,垂直于转轴的质点所在的平面称为转动平面,此时刚 **刚体的定轴转动** 体的运动称为刚体的定轴转动,如图 4.1-2 所示.反之,若转轴

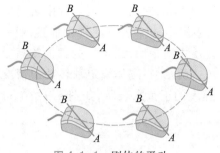

图 4.1-1　刚体的平动

图 4.1-2　刚体定轴转动

不固定,刚体作的就是非定轴转动.

　　如果刚体中各质元均在平面内运动,且这些平面均与一固定平面平行,则该运动称为刚体的平面运动.例如图 4.1-3 所示的车轮沿直线的运动,刚体平面运动可看成某点的平动(例如车轮中心)和相对于过此点垂直于平面的轴的转动.

刚体的平面运动

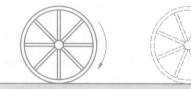

图 4.1-3　刚体的平面运动

　　刚体的运动还有定点转动(例如陀螺)、一般运动等,如图 4.1-4 所示.刚体的一般运动都可以视为平动和转动的结合.作为基础,本章重点讨论刚体的定轴转动.

图 4.1-4　刚体的一般运动

4.1.2 刚体定轴转动的角量和线量

　　刚体定轴转动时,刚体中所有质元围绕其转轴作半径不同的圆周运动,由于各质元的相对位置不变,具有相同的角位置、角位移、角速度和角加速度等物理量.因此,描述刚体的整体运动时,用角量(角位置、角位移、角速度、角加速度)描述最为方便.

角量

　　在定轴转动的刚体内选一转动平面为参考平面,在此平面上过转轴取一参考直线 Ox,如图 4.1-5 所示.刚体的方位可由原点 O 到参考平面上任意点 P 的位矢 r 与 Ox 轴的夹角 θ 来确定,角 θ 称为角坐标,规定逆时针为正方向.刚体绕定轴转动时,θ 是时间 t 的函数. $\mathrm{d}\theta$ 是刚体在 $\mathrm{d}t$ 时间内转过的角位移,$\mathrm{d}\theta = \theta(t+\mathrm{d}t) - \theta(t)$,由角速度的定义,刚体的角速度大小为

角坐标

$$\omega = \frac{\mathrm{d}\theta}{\mathrm{d}t} \qquad (4.1.1)$$

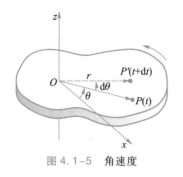

图 4.1-5　角速度

角速度可以定义为矢量,记为 **ω**. 它的方向规定为沿轴的方向,其指向与物体的转动成右手螺旋,也就是右手拇指伸直,四指弯曲,弯曲的方向与物体的转动方向相同,则拇指的方向就是角速度 ω 的方向. 如图 4.1-6(a)所示. 在刚体绕定轴转动的情况下,刚体转动的方向可用角速度的正负来表示,如图 4.1-6(b)所示.

图 4.1-6　刚体定轴转动的角速度方向

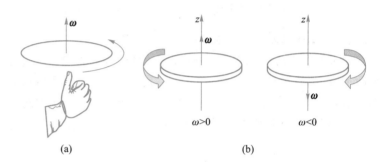

(a)　　　　　　　　　　(b)

刚体绕定轴转动时,如果其角速度发生了变化,刚体就具有了角加速度,刚体在 $\mathrm{d}t$ 时间内角速度改变量为 $\mathrm{d}\omega$,由角加速度的定义,刚体绕定轴转动的角加速度 α 大小为

$$\alpha = \frac{\mathrm{d}\omega}{\mathrm{d}t} \qquad (4.1.2)$$

角加速度也有正负. 如角加速度的符号与角速度相同,刚体作加速转动;若符号相反,作减速转动.

角速度和角加速度在描述刚体定轴转动中所起的作用与质点运动中速度和加速度的作用相似. 因此常把它们对应起来看待,速度与角速度相对应,加速度与角加速度相对应.

与质点运动学相似,已知刚体定轴转动的初始条件,可由式(4.1.1)和式(4.1.2)积分求得角坐标和角速度

$$\theta = \theta_0 + \int_0^t \omega \mathrm{d}t$$

$$\omega = \omega_0 + \int_0^t \alpha \mathrm{d}t$$

$$\omega^2 - \omega_0^2 = 2\int_{\theta_0}^{\theta} \alpha \mathrm{d}\theta$$

若刚体绕定轴转动的角加速度 α 恒定,其运动学方程的形式可由以上三式得到:

$$\omega = \omega_0 + \alpha t$$

$$\theta - \theta_0 = \omega_0 t + \frac{1}{2}\alpha t^2$$

$$\omega^2 - \omega_0^2 = 2\alpha(\theta - \theta_0)$$

与中学学过的匀变速率直线运动相比较,不难发现两者数学形式完全相同. 这说明在研究质点作圆周运动、刚体的定轴转动时采用 θ、ω、α 描述,可把平面二维圆周运动转化为一维运动形式,从而简化问题.

描述质点作圆周运动的物理量 r、v、a 称为**线量**. 可以参考 1.2 节中的质点角量和线量的关系来描述刚体定轴转动中的相应物理量. 如图 4.1-7 所示,质元 P 作圆周运动的弧长为 s,与转轴的距离为 r,则 s 及位矢 $\boldsymbol{r}$ 与 Ox 轴的夹角 θ 之间的关系为

$$s = \theta r \tag{4.1.3}$$

质元 P 的线速度大小 v 和刚体的角速度大小 ω 的关系为

$$v = r\omega \tag{4.1.4}$$

点 P 的切向加速度大小和法向加速度大小则分别为

$$a_t = r\alpha \tag{4.1.5}$$

$$a_n = r\omega^2 \tag{4.1.6}$$

总加速度为

$$\boldsymbol{a} = r\alpha\boldsymbol{e}_t + r\omega^2\boldsymbol{e}_n \tag{4.1.7}$$

由式(4.1.4)、式(4.1.5)和式(4.1.6)可知,对于绕定轴转动的刚体,距离轴越远,其角速度、切向加速度和法向加速度越大.

线量

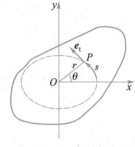

图 4.1-7 角量与线量

例题 4-1

一般电动机在启动后经历一段时间(2~8 s)即转入正常(匀角速)运转. 若某电动机启动后转速随时间变化的关系是 $\omega = \omega_0(1 - e^{-t/\tau})$,式中,$\omega_0 = 540$ r·min^{-1},$\tau = 2.0$ s. 求:(1) $t = 6.0$ s 后的转速;(2) 角加速度随时间 t 变化的规律;(3) 启动后 $t = 6.0$ s 内转过的圈数.

解:已知 $\omega_0 = 540$ r·min$^{-1} = \dfrac{2\pi n}{60}$ rad·s$^{-1} = \dfrac{2\pi \times 540}{60}$ rad·s$^{-1} = 18\pi$ rad·s^{-1}

(1) $t = 6.0$ s 时电动机的角速度为

$$\omega = \omega_0(1 - e^{-6\,\text{s}/2\,\text{s}}) = 0.95\omega_0 = 513 \text{ r·min}^{-1}$$

即 $t = 6.0$ s 时,转速已达到正常运转时转速的 95%,可以认为已达到正常运转.

(2) 角加速度为

$$\alpha = \frac{d\omega}{dt} = \frac{\omega_0}{\tau}e^{-t/\tau} = 9\pi e^{-t/2} \text{ rad·s}^{-2}$$

角加速度从 $t = 0$ 时刻的 9π rad·s^{-2} 按指数衰减至零,在 $t = 6.0$ s 时已减小到起始值的 $e^{-3} = 5\%$,可以认为已达到正常运转状态.

(3) $t = 6.0$ s 内转过的角度为

$$\theta = \int_0^{6\,\text{s}} \omega\,dt = \int_0^{6\,\text{s}} \omega_0(1 - e^{-t/\tau})\,dt$$

$$= 18\pi[6 - 2(1 - e^{-3})] \text{ rad}$$

$$n = \frac{\theta}{2\pi} = 36.9 \text{ r}$$

即电动机在启动后 6 s 内约转过 37 r,即进入正常运转状态.

思考

4.1 刚体的平动具有什么特点？有人说，刚体运动时，刚体上各点运动轨迹都是直线，其运动不一定是平动；刚体上各点运动轨迹都是曲线，其运动不可能是平动.你认为对吗？试举例说明.

4.2 试根据角速度 ω 与角加速度 α 的正负，讨论定轴转动的刚体在什么情况下是加速转动，什么情况下是减速转动.

4.2 力矩 转动惯量 定轴转动定律

4.2.1 力矩

力是引起质点或平动物体运动状态(用动量描述)发生变化的原因.实验表明，物体转动状态的改变，不仅和力的大小有关，而且与力的作用点及力的方向有关.力矩则是引起物体转动运动状态(用角动量描述)发生变化的原因.

设一刚体可绕 z 轴转动，假设作用在刚体内点 P 上的力 $\boldsymbol{F}$ 在垂直于 z 轴的平面内，点 O 为转轴 z 与力所在平面的交点，如图 4.2-1(a)所示.从点 O 到力 $\boldsymbol{F}$ 的作用线的垂直距离为 d，d 为力对转轴的力臂.力 $\boldsymbol{F}$ 的大小和力臂 d 的乘积，称为力 $\boldsymbol{F}$ 对转轴 z 的力矩，用 M 表示力矩的大小，则有

力臂
力矩

$$M = Fd \tag{4.2.1}$$

设点 P 相对于点 O 的位矢为 $\boldsymbol{r}$，$\boldsymbol{r}$ 和力 $\boldsymbol{F}$ 之间的夹角为 θ，由图 4.2-1(a)可见，$d = r\sin\theta$，因此力矩的大小又可写为

$$M = Fr\sin\theta \tag{4.2.2}$$

力矩是矢量

力矩是矢量，不仅有大小，还有方向.在定轴转动中力矩 $\boldsymbol{M}$ 的方向沿转轴，与力矩所产生的物体的转动趋势成右手螺旋关系.具体可如下确定:右手拇指伸直，四指弯曲，弯曲的方向为由径矢 $\boldsymbol{r}$ 的方向经小于 $180°$ 的角 θ 转到力 $\boldsymbol{F}$ 的方向，则此时拇指的方向就是力矩 $\boldsymbol{M}$ 的方向，如图 4.2-1(b)所示.因此，力矩可用径矢 $\boldsymbol{r}$ 和力 $\boldsymbol{F}$ 的矢积来表示:

$$\boldsymbol{M} = \boldsymbol{r} \times \boldsymbol{F} \tag{4.2.3}$$

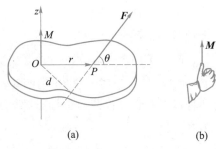

图 4.2-1　力矩

(a)　　　　　(b)

在国际单位制中,力矩的单位为牛米,记为 N·m.

　　若外力 $\boldsymbol{F}$ 不在转动平面内,则可将 $\boldsymbol{F}$ 分解为平行于转轴的分力 $\boldsymbol{F}_z$ 和垂直于转轴并在转动平面内的分力 $\boldsymbol{F}_\perp$,如图 4.2-2 所示.其中只有分力 $\boldsymbol{F}_\perp$ 才能改变定轴转动刚体的转动状态,因此,式(4.2.1)、式(4.2.2)和式(4.2.3)中的力 $\boldsymbol{F}$ 应理解成上述中的 $\boldsymbol{F}_\perp$.

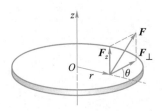

图 4.2-2　不在转动平面内的力的力矩

　　由于刚体中的内力成对出现,而且每对内力大小相等、方向相反、作用在同一直线上,且两作用点之间的距离保持不变,如图 4.2-3 所示,因此,刚体中内力的力矩之和等于零.

　　若有几个外力同时作用在绕定轴转动的刚体上,它们的力矩分别为 $\boldsymbol{M}_1,\boldsymbol{M}_2,\cdots,\boldsymbol{M}_n$,它们作用的总效果相当于某个力矩的作用,这个力矩称为这些力的合力矩 $\boldsymbol{M}$.实验表明,合力矩等于各个外力对同一转轴各自产生力矩的矢量和,即

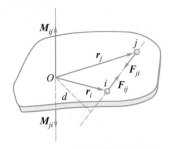

图 4.2-3　内力对转轴的力矩

矢量和

$$\boldsymbol{M} = \boldsymbol{M}_1 + \boldsymbol{M}_2 + \cdots + \boldsymbol{M}_n = \sum_i \boldsymbol{M}_i \qquad (4.2.4)$$

　　若这几个力都在转动平面内或平行于转动平面,各个力的力矩方向要么同向,要么反向,此时,其合力矩等于这几个力的力矩的代数和.

代数和

4.2.2　转动定律

　　在力的作用下运动的质点,其速度会发生变化而具有加速度,力与加速度之间的数量关系满足牛顿第二定律.在外力矩作用下绕定轴转动的刚体,其角速度也会发生变化而具有角加速度.下面来讨论外力矩和角加速度之间的关系.

　　如图 4.2-4 所示,刚体绕定轴 z 转动,某时刻 t,角速度为 $\boldsymbol{\omega}$,角加速度为 α.设想此刚体是由无限多个线度非常小的质元所组成,现研究质量为 Δm_i、与转轴的距离为 r_i 的任意质元 i.作用在质元 i 上的力可分为两类:$\boldsymbol{F}_{ei}$ 表示来自刚体以外一切力的合力(称为外力),$\boldsymbol{F}_i$ 表示来自刚体以内各质元对质元 i 的合力(称为

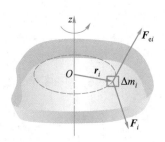

图 4.2-4　转动定律的推导

内力). 在刚体绕定轴 z 转动的过程中,质元 i 以 r_i 为半径绕 z 轴作圆周运动,由牛顿第二定律有

$$F_{ei} + F_i = \Delta m_i a_i$$

式中, a_i 为质元 i 的加速度,对于质元绕 Oz 轴的转动有贡献的只有力的切向分力,将以上矢量方程两边都投影到质元 i 的圆周轨迹切线方向上,则有

$$F_{eit} + F_{it} = \Delta m_i a_{it} = \Delta m_i r_i \alpha$$

F_{eit} 和 F_{it} 分别表示外力和内力沿切线方向的分力,因为只有力矩产生转动作用,故在等式两边同时乘以 r_i,可得

$$F_{eit} r_i + F_{it} r_i = \Delta m_i r_i^2 \alpha$$

式中, $F_{eit} r_i$ 和 $F_{it} r_i$ 分别为外力 F_{ei} 和内力 F_i 对转轴力矩的大小. 对整个刚体求和,有

$$\sum_i F_{eit} r_i + \sum_i F_{it} r_i = \sum_i \Delta m_i r_i^2 \alpha \qquad (4.2.5)$$

等式(4.2.5)左边第一项为所有作用在刚体上的外力对转轴 z 的力矩的总和,称为合外力矩,用 M 表示;第二项为所有内力对 z 轴力矩的总和,而刚体中内力的力矩之和为零. 令

$$J = \sum_i \Delta m_i r_i^2 \qquad (4.2.6)$$

转动惯量

称为刚体对 z 轴的**转动惯量**,则式(4.2.5)可以写为

$$M = J\alpha \qquad (4.2.7)$$

式(4.2.7)表明,刚体绕定轴转动时,刚体对该轴的转动惯量与角加速度的乘积,等于作用在刚体上所有外力对该轴力矩的代数和. 这称为刚体绕定轴转动时的转动定律,简称**转动定律**. 转动定律是解决刚体定轴转动动力学问题的基本方程.

转动定律

对于绕给定转轴转动的刚体,转动惯量 J 一定. 将转动定律式(4.2.7)与牛顿第二定律式(2.1.4)类比可以看出,转动定律和牛顿第二定律形式相似:刚体受的合外力矩之和与质点所受的合力相对应,刚体的角加速度与质点的加速度相对应,那么刚体的转动惯量就与质点的质量相对应. 可以说,转动惯量表示刚体在转动过程中表现出的惯性. 对给定的外力矩 M,转动惯量越大,刚体获得的角加速度越小,即刚体绕定轴转动的运动状态越难改变. 反之,转动惯量小的刚体获得的角加速度大,即其转动状态容易改变. 由此可见,**转动惯量是描述刚体对轴转动惯性大小的物理量**.

4.2.3 转动惯量及其计算

式(4.2.6)表明,刚体对转轴的转动惯量,等于刚体上各质元的质量与该质元到转轴垂直距离平方的乘积之和,即

$$J = \sum_i \Delta m_i r_i^2$$

对于质量连续分布的刚体,上述求和应以积分代替,即

$$J = \int r^2 \, \mathrm{d}m \qquad (4.2.8)$$

式中,$\mathrm{d}m$ 为质元的质量,r 为质元到转轴的垂直距离.

在国际单位制中,转动惯量的单位是千克二次方米,记为 $\mathrm{kg \cdot m^2}$.

刚体对轴转动惯量的大小取决于三个因素,即刚体的转轴位置、刚体的质量和质量对轴分布情况.绕定轴转动的刚体一旦确定,其转动惯量即为一常量.

对于形状复杂的刚体,例如求一架飞机相对于轮轴或某轴的转动惯量,用式(4.2.8)计算求解是困难的,实际中多用实验方法测定.只有几何形状简单、质量连续且均匀分布的刚体才用式(4.2.8)计算转动惯量.表4-1列出了几种常见刚体的转动惯量.

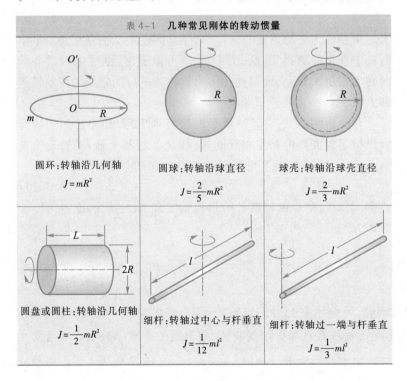

表4-1　几种常见刚体的转动惯量

圆环:转轴沿几何轴 $J = mR^2$	圆球:转轴沿球直径 $J = \frac{2}{5}mR^2$	球壳:转轴沿球壳直径 $J = \frac{2}{3}mR^2$
圆盘或圆柱:转轴沿几何轴 $J = \frac{1}{2}mR^2$	细杆:转轴过中心与杆垂直 $J = \frac{1}{12}ml^2$	细杆:转轴过一端与杆垂直 $J = \frac{1}{3}ml^2$

例题 4-2

均匀细杆长为 l、质量为 m，求对几种与杆垂直的相互平行轴的转动惯量，如例题 4-2 图所示.（1）通过杆中心；（2）通过杆的一端；（3）与中心相距 d.

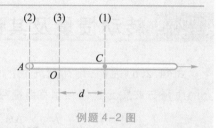

例题 4-2 图

解：如例题 4-2 图所示，设棒的质量线密度为 λ，与转轴距离为 r 处取一质量元 $dm = \lambda\, dr$，则此质量元对转轴的转动惯量为 $dJ = r^2 dm = \lambda r^2 dr$.

（1）由于细杆两端关于其中心 C 对称且通过杆中心，故可求其总的转动惯量为

$$J_C = 2\lambda \int_0^{\frac{l}{2}} r^2 dr = \frac{1}{12}\lambda l^3 = \frac{1}{12}ml^2$$

（2）同理，若转轴过端点 A 垂直于棒，

则其对转轴的转动惯量为

$$J_A = \lambda \int_0^l r^2 dr = \frac{1}{3}\lambda r^3 \Big|_0^l = \frac{1}{3}ml^2$$

（3）轴过距中心 d 一点 O 且与杆垂直，则

$$J_O = \lambda \int_{-\left(\frac{l}{2}-d\right)}^{\frac{l}{2}+d} r^2 dr = \frac{1}{3}\lambda r^3 \Big|_{-\left(\frac{l}{2}-d\right)}^{\frac{l}{2}+d} = \frac{1}{12}ml^2 + md^2$$

本例题的结果说明，对于不同的转轴，同一刚体的转动惯量不同. 理论与实验证明，若质量为 m 的刚体围绕通过其质心的轴转动，刚体的转动惯量为 J_C. 则对任一与该轴平行、相距为 d 的转轴的转动惯量为

$$J = J_C + md^2 \tag{4.2.9}$$

上述关系称为转动惯量的 平行轴定理. 例题 4-2 的结果是验证平行轴定理很好的例子. 从式（4.2.9）可以看出，刚体通过质心轴的转动惯量 J_C 最小，而其他任何与质心轴平行的轴线的转动惯量都大于 J_C.

对薄板刚体，还有转动惯量的垂直轴定理. 如果已知一块薄板绕位于板面内两相互垂直的轴（设为 x 轴和 y 轴）的转动惯量为 J_x 和 J_y，则薄板绕与它垂直的坐标 z 轴的转动惯量为

$$J_z = J_x + J_y \tag{4.2.10}$$

式（4.2.10）就是转动惯量的垂直轴定理. 此定理的证明留给读者作为练习（见图 4.2-5）.

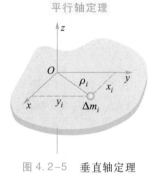

平行轴定理

图 4.2-5   垂直轴定理

例题 4-3

质量为 $m_1 = 24$ kg 的匀质圆轮，可绕水平光滑固定轴转动，一轻绳缠绕于轮上，另一端通过质量为 $m_2 = 5$ kg 的圆盘形定滑轮悬有 $m = 10$ kg 的物体. 如例题 4-3 图（a）所示. 求当重

物由静止开始下降了 $h=0.5$ m 时,(1) 物体的速度;(2) 绳中张力. (设绳与定滑轮间无相对

滑动,圆轮、定滑轮绕通过轮心且垂直于横截面的水平光滑轴的转动惯量分别为 $J_1=\dfrac{1}{2}m_1R^2$,

$J_2=\dfrac{1}{2}m_2r^2$.)

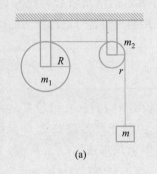

(a)

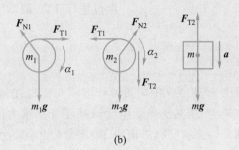

(b)

例题 4-3 图

解:在实际情况中,滑轮具有质量,有几何尺寸. 根据题意,滑轮与绳间无滑动,这一方面表明滑轮与绳间有摩擦,正是这一摩擦力在绳运动过程中带动滑轮转动,另一方面还表明,在滑轮两边绳的张力并不相等. 物体作平动,其加速度分别由其所受的合外力决定. 而滑轮转动,其角加速度由其所受的合外力矩决定. 因此,我们用隔离法分别对各物体作受力分析,如例题 4-2 图(b)所示,以角加速度顺时针为正方向、物体加速度向下为正方向建立坐标系.

由于不考虑绳索的伸长,因此,对物体,可由牛顿第二定律,有

$$mg-F_{T2}=ma$$

对于滑轮 m_2,有

$$F_{T2}r-F_{T1}r=J_2\alpha_2=\frac{1}{2}m_2r^2\alpha_2$$

对圆轮 m_1,有

$$F_{T1}R=J_1\alpha_1=\frac{1}{2}m_1R^2\alpha_1$$

由于绳索无滑动,各轮边缘上一点的切向加速度与绳索和物体的线加速度大小相等,即角量和线量有如下的关系:

$$a=R\alpha_1=r\alpha_2$$

物体中加速度与时间无关,故物体下降 h 时速度的大小为 $v^2=2ah$. 以上各式联立求解得

$$a=\frac{mg}{\frac{1}{2}(m_1+m_2)+m}=\frac{10\times9.8}{\frac{1}{2}(24+5)+10}\ \text{m}\cdot\text{s}^{-2}$$

$$=4\ \text{m}\cdot\text{s}^{-2}$$

$$v=\sqrt{2ah}=\sqrt{2\times4\times0.5}\ \text{m}\cdot\text{s}^{-1}=2\ \text{m}\cdot\text{s}^{-1}$$

$$F_{T2}=m(g-a)=10\times(9.8-4)\ \text{N}=58\ \text{N}$$

$$F_{T1}=\frac{1}{2}m_1a=\frac{1}{2}\times24\times4\ \text{N}=48\ \text{N}$$

从本例题的求解过程可以看出,包括定轴转动刚体在内的系统的力学问题和由若干质点组成系统的力学问题,在处理方法上是基本相同的,即:选取研究对象;分析隔离体的受力情况;对定

轴转动的刚体,分析力矩情况;选定坐标系和角坐标的正方向;写出刚体绕定轴转动的动力学方程和其他有关方程;解方程求得结果.需要指出的是,在求解这些方程之前,要根据题设条件找出所选各隔离体之间的联系,例如本题两刚体角加速度 α_1 和 α_2 之间的关系,以及各角加速度与物体加速度 a 的关系等.还要指出的是,本题给明了物理量的具体数据,计算时我们是用物理量符号进行推演,在得出以物理量符号表示的结果以后再代入具体数据和单位进行计算.同学们要养成用物理量符号进行推演的良好习惯.

例题 4-4

质量为 m、长为 l 的匀质细杆下端与固定在地面上的铰链 O 相接,并可绕其转动.一开始杆竖直放置,当其受到微小扰动时便可在重力的作用下由静止开始绕铰链 O 自由转动,试计算细杆转至与竖直方向成 30°夹角时和到达水平位置时的角加速度.

解:细杆受到自身重力和固定端的约束力的作用,因为细杆是匀质的,所以重力可以视为集中于杆的中心处,当杆与竖直方向成角度 θ 时,其重力力矩为 $mg\dfrac{l}{2}\sin\theta$,因为约束力过转轴,所以其力矩为零,如例题 4-4 图所示.由转动定律 $M=J\alpha$,得

$$M=mg\frac{l}{2}\sin\theta=J\alpha=\frac{1}{3}ml^2\alpha$$

式中,$J=\dfrac{1}{3}ml^2$ 为杆绕一端转动时的转动惯量.杆的角加速度为

$$\alpha=\frac{M}{J}=\frac{3g\sin\theta}{2l}$$

$\theta=30°$时,

$$\alpha=\frac{3g\sin 30°}{2l}=\frac{3g}{4l}$$

$\theta=90°$时,

$$\alpha=\frac{3g\sin 90°}{2l}=\frac{3g}{2l}$$

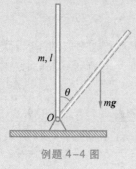

例题 4-4 图

补充例题 4-1

思考

4.3 刚体在力矩作用下绕定轴转动,当力矩增大或减小时,其角速度和角加速度将如何变化?

4.4 平行于 z 轴的力对 z 轴的力矩一定是零,垂直于 z 轴的力对 z 轴的力矩一定不是零,这两种说法都对吗?

4.5 一个有固定轴的刚体,受到两个力作用,当这两个力的矢量和为零时,它们对轴的合力矩也一定为零吗?举例说明之.

4.6　影响刚体转动惯量的因素有哪些？"一个确定的刚体有确定的转动惯量"，这句话对吗？

4.3　角动量　角动量定理　角动量守恒定律

在研究物体的平动时,可用动量来描述物体的运动状态.当研究物体的转动问题,例如匀质滑轮绕通过其中心并垂直于滑轮平面的定轴转动时,虽然滑轮在转动,但按质点系动量的定义,它的总动量为零.这说明仅用动量来描述物体的机械运动是不够的.描述物体转动状态时,还有必要引入另一个物理量——角动量,也称动量矩.角动量也是物理学最重要的概念之一,可用于大到天体、小到微观粒子运动的描述和研究,其运用是极为广泛的.

4.3.1　质点的角动量　角动量定理和角动量守恒定律

1. 质点的角动量

一个动量为 p 的质点,对惯性参考系某一参考点 O 的角动量 L 的定义为

$$L = r \times p = r \times mv \tag{4.3.1}$$

式中, r 为质点相对于参考点 O 的径矢,如图 4.3-1(a)所示,根据矢积的定义,可知角动量的大小为

$$L = rp\sin\theta = rmv\sin\theta \tag{4.3.2}$$

式(4.3.2)中 θ 为径矢 r 和动量 p (或速度 v)之间的夹角.

角动量是一个矢量,其方向垂直于 r 和 v 组成的平面,并遵守右手螺旋定则:右手的拇指伸直,四指弯曲的方向为由 r 通过小于 $180°$ 的角转到 v 的方向,此时,拇指的方向为角动量 L 的方向,如图 4.3-1(b)所示.

在国际单位制中,角动量的单位为千克平方米每秒,记为 $\mathrm{kg \cdot m^2 \cdot s^{-1}}$.

由式(4.3.1)可知,质点的角动量不仅同质点的动量有关,而且还与质点的位矢有关.因而,角动量还取决于参考点的选择,同一质点相对于不同的参考点,它的角动量不同.因此,在讨论质

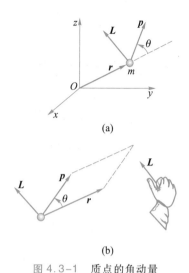

(a)

(b)

图 4.3-1　质点的角动量

点的角动量时,必须指明它是对哪一个参考点来说的.

式(4.3.1)定义的是单个质点的角动量.一个质点系对某参考点的角动量定义为质点系中各个质点对同一参考点角动量的矢量和,即

$$L = \sum_i L_i = \sum_i r_i \times p_i \qquad (4.3.3)$$

2. 角动量定理

对式(4.3.1)两边求时间导数有

$$\frac{dL}{dt} = \frac{d}{dt}(r \times p) = r \times \frac{dp}{dt} + \frac{dr}{dt} \times p$$

等式右面第二项中,由于 $\frac{dr}{dt} = v$,而 $v \times p = 0$,因此其第二项为零.同时,$\frac{dp}{dt} = F$.所以有

$$\frac{dL}{dt} = r \times \frac{dp}{dt} = r \times F \qquad (4.3.4)$$

式中,$r \times F$ 为合外力 F 对参考点 O 的合力矩 M,于是上式可写作

$$M = \frac{dL}{dt} \qquad (4.3.5)$$

式(4.3.5)表明,作用于质点的合力对参考点 O 的力矩,等于质点对该点的角动量随时间的变化率.这就是质点的角动量定理的微分形式.

3. 角动量守恒定律

从质点角动量定理式(4.3.4)或式(4.3.5)可看出,当作用在质点上的合力对参考点 O 的力矩为零时,质点对该参考点 O 的角动量为一常矢量.即

当 $M = 0$ 时,　$L =$ 常矢量　　　(4.3.6)

质点角动量守恒定律 　这就是质点角动量守恒定律.

例题 4-5

质量为 m 的火箭 A,以水平速度 v_0 沿地球表面发射出去,如例题 4-5 图所示.火箭 A 到达与 O 距离为 $3R$ 的点 C.不考虑地球的自转和空气阻力,求火箭在点 C 的速度与地轴 OO' 之间的夹角 θ(设地球的质量为 m'、半径为 R,引力常量为 G).

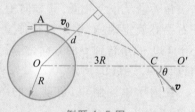

例题 4-5 图

解:火箭只受地球万有引力(保守力)作用,故地球与火箭系统机械能守恒:

$$\frac{1}{2}mv_0^2 - G\frac{m'm}{R} = \frac{1}{2}mv^2 - G\frac{m'm}{3R}$$

由于万有引力为有心力,故火箭对点 O 的角动量守恒:

$$mv_0R = 3mvR\sin\theta$$

联立求解得

$$\sin\theta = \sqrt{\frac{Rv_0^2}{3(3Rv_0^2 - 4Gm')}}$$

1. 刚体绕定轴转动的角动量

当刚体以角速度 $\boldsymbol{\omega}$ 绕固定轴 Oz 转动时,刚体上任意一点均在各自的转动平面内作圆周运动,如图 4.3-2 所示. 取刚体上任意质元 i,其质量为 m_i,速度为 $\boldsymbol{v}_i$,到转轴距离为 r_i. 其关于转轴的角动量为 $m_ir_iv_i = m_ir_i^2\omega$. 由于刚体上任意质点对转轴的角动量方向都相同,因此,刚体上所有质点对转轴 Oz 的角动量应为各个质点对转轴 Oz 的角动量之和,即

$$L = \left(\sum_i m_ir_i^2\right)\omega$$

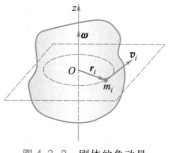

图 4.3-2 刚体的角动量

由于 $\sum_i m_ir_i^2$ 为刚体绕转轴 Oz 的转动惯量,即 $J = \sum_i m_ir_i^2$. 因此,上式可写成

$$L = J\omega \qquad (4.3.7)$$

即刚体绕定轴转动的角动量,等于刚体对该轴的转动惯量与角速度的乘积.

2. 刚体绕定轴转动的角动量定理

由于刚体绕固定轴转动的转动惯量为常量,故转动定律式(4.2.7)可写成

$$M = J\alpha = J\frac{d\omega}{dt} = \frac{d(J\omega)}{dt}$$

而定轴转动刚体角动量 $L = J\omega$,因而

$$M = \frac{dL}{dt} \qquad (4.3.8)$$

这就是刚体绕定轴转动的角动量定理:刚体绕定轴转动时,作用于转轴上刚体的合外力矩等于刚体绕此轴的角动量随时间的变化率.

刚体的角动量定理也可用积分形式表示,力矩在一段时间内的积累称为冲量矩. 若在合外力矩作用下,绕定轴转动的刚体角动量在 t_1 到 t_2 时间间隔内,由 $L_1 = J\omega_1$ 变为 $L_2 = J\omega_2$,则其所受合外力对给定轴的冲量矩为

$$\int_{t_1}^{t_2} M \mathrm{d}t = J\omega_2 - J\omega_1 \tag{4.3.9a}$$

若物体在转动过程中,其内部各质点对于转轴的距离或位置发生了变化,此时物体的转动惯量也要相应发生变化,设在 t_1 到 t_2 时间间隔内,转动惯量由 J_1 变为 J_2,则式(4.3.9a)应写为

$$\int_{t_1}^{t_2} M \mathrm{d}t = J_2\omega_2 - J_1\omega_1 \tag{4.3.9b}$$

式(4.3.9b)在由多个离散质点组成的质点系中表现得尤为明显.

式(4.3.9)表明,定轴转动物体的角动量在某一段时间间隔内的增量,等于同一段时间间隔内作用在物体上的冲量矩.

3. 刚体定轴转动的角动量守恒定律

当作用在绕定轴转动物体上的合外力矩为零时,由式(4.3.9)可得

$$M = 0, \quad L = J\omega = 常量 \tag{4.3.10}$$

上式表明,如果物体所受对转轴的合外力矩为零,或者不受外力矩的作用,物体对转轴的角动量保持不变. 这个结论称为**刚体对轴的角动量守恒定律**.

刚体对轴的角动量守恒定律

由于物体对轴的角动量等于物体的转动惯量和角速度的乘积,因此对轴的角动量守恒有两种可能. 一种是转动惯量和角速度都保持不变的情况,例如,一个正在转动的刚体,当所受的摩擦阻力矩可忽略不计时,可以一直保持转动状态,就近似这种情况;另一种情况是转动惯量和角速度都同时改变但乘积保持不变,即 $J_2\omega_2 = J_1\omega_1$,例如滑冰运动员在作旋转动作时,往往先将双臂展开旋转,然后迅速将双臂收拢靠近身体而使转动惯量减小,这样运动员就获得了更快的旋转角速度;又如跳水运动员的"团身—展体"动作,运动员在空中时往往将手臂和腿蜷缩起来,以减小其转动惯量,从而获得更大的角速度. 在快入水时,又将手臂和腿伸展开增大转动惯量,从而减小转动的角速度,保证其能以一定的方向入水.

能量守恒定律、动量守恒定律和角动量守恒定律是自然界的普遍规律,它们不仅在宏观世界,而且在微观领域同样成立,是人们认识自然的强有力工具.

例题 4-6

如例题 4-6 图所示,A 和 B 两飞轮的轴杆在同一中心线上,设两轮的转动惯量分别为 $J_A = 10 \text{ kg} \cdot \text{m}^2$ 和 $J_B = 20 \text{ kg} \cdot \text{m}^2$. 开始时,A 轮转速为 $600 \text{ r} \cdot \text{min}^{-1}$,B 轮静止. C 为摩擦啮合器,其转动惯量可忽略不计. A、B 分别与 C 的左右两个组件相连,当 C 的左右组件啮合时,B 轮加速而 A 轮减速,直到两轮的转速相等为止. 设轴光滑,求:(1) 两轮啮合后的角速度 ω;(2) 两轮各自所受的冲量矩.

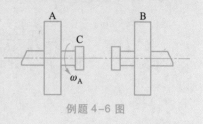

例题 4-6 图

解:(1) 选择 A、B 两轮为系统,啮合过程中只有内力矩作用,故系统角动量守恒.

$$J_A \omega_A + J_B \omega_B = (J_A + J_B)\omega$$

又由 $\omega_B = 0$ 得

$$\omega = \frac{J_A \omega_A}{J_A + J_B} = \frac{10 \times (2\pi \times 600)/60}{10 + 20} \text{ rad} \cdot \text{s}^{-1}$$

$$= 20.94 \text{ rad} \cdot \text{s}^{-1}$$

(2) A 轮受到的冲量矩为

$$\int M_A \mathrm{d}t = J_A(\omega - \omega_A)$$

$$= 10 \times \left(20.94 - \frac{2\pi \times 600}{60}\right) \text{ m} \cdot \text{N} \cdot \text{s}$$

$$= -4.19 \times 10^2 \text{ m} \cdot \text{N} \cdot \text{s}$$

负号表示与 ω_A 方向相反.

B 轮受到的冲量矩

$$\int M_B \mathrm{d}t = J_B(\omega - 0) = 20 \times (20.93 - 0) \text{ m} \cdot \text{N} \cdot \text{s}$$

$$= 4.19 \times 10^2 \text{ m} \cdot \text{N} \cdot \text{s}$$

方向与 ω_A 相同.

例题 4-7

如例题 4-7 图所示,一杂技演员 M 由距水平跷板高为 h 处自由下落到跷板的一端 A,并把跷板另一端 B 的演员 N 弹了起来. 设跷板是匀质的,长度为 l,质量为 m',支撑点在板的中心点 C,跷板可绕 C 在竖直平面内转动. 演员的质量均为 m. 假定演员 M 落在跷板上,与跷板的碰撞是完全非弹性碰撞. 问演员 N 可弹起多高?

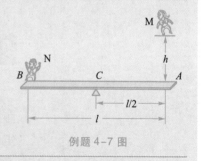

例题 4-7 图

解:为将讨论简化,视演员为质点,板为窄长条形. 演员 M 与点 A 碰撞前的速率为 $v_M = (2gh)^{1/2}$,在碰撞后的瞬间,M、N 具有相同的线速率 u,其数值为 $u = \frac{l}{2}\omega$,ω 为演员和板绕点 C 的角速度. 把两个演员和板视为一个系统,并以通过点 C、垂直纸面的轴为转轴,板绕点 C 的转动惯量为 $J = \frac{1}{12}m'l^2\omega$.

由于两演员的质量相等,所以当演员 M 碰撞板 A 处时,作用在系统上的合外力矩为零,故系统的角动量守恒,有

$$mv_M \frac{l}{2} = J\omega + 2mu\frac{l}{2} = \frac{1}{12}m'l^2\omega + \frac{1}{2}ml^2\omega$$

可解得

$$\omega = \frac{mv_M \dfrac{l}{2}}{\dfrac{1}{12}m'l^2 + \dfrac{1}{2}ml^2} = \frac{6m(2gh)^{1/2}}{(m'+6m)l}$$

演员 N 以 u 起跳,达到的高度为

$$h' = \frac{u^2}{2g} = \frac{l^2\omega^2}{8g} = \left(\frac{3m}{m'+6m}\right)^2 h$$

思考

4.7 有的矢量是相对于一定点(或轴)来确定的,有的矢量是与定点(或轴)的选择无关的.请指出下列矢量各属于哪一类:(1)位置矢量;(2)位移;(3)速度;(4)动量;(5)角动量;(6)力;(7)力矩.

4.8 一个系统动量守恒和角动量守恒的条件有何不同?

4.9 如果地球两极的冰"帽"都融化了,而且水都回归海洋.试分析这对地球自转角速度会有什么影响?一昼夜的时间会变长吗?

4.4 力矩的功 刚体定轴转动的动能定理

4.4.1 力矩的功和功率

质点在力的作用下发生位移时,我们说力对质点做了功.当刚体在外力矩的作用下绕定轴转动而发生角位移时,我们说外力矩对刚体做了功.这就是力矩对空间的积累效应.力矩功的计算方法,可以从力和受力作用的质元的位移的点积及力矩的定义导出.

设刚体在外力矩的作用下,在 dt 时间内绕固定轴 O 转过一微小的角位移 $d\theta$,力的作用点 P 沿半径为 r 的圆周经过弧长 ds,$ds = rd\theta$,如图 4.4-1 所示.按功的定义,力 F 在位移 ds 上所做的元功为

$$dW = F_t ds = F_t rd\theta$$

由于力 F_t 对转轴的力矩为 $M = F_t r$，所以

$$dW = M d\theta$$

上式表明，力矩所做的元功等于力矩 M 与角位移 $d\theta$ 的乘积.

当刚体在恒定外力矩作用下转过角 θ 时，力矩的功为

$$W = M\theta \qquad (4.4.1)$$

当刚体在变力矩作用下从角坐标 θ_1 转到角坐标 θ_2 时，外力矩做的总功为

$$W = \int_{\theta_1}^{\theta_2} M d\theta \qquad (4.4.2)$$

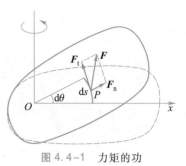

图 4.4-1 力矩的功

若刚体受到几个力的作用，则上面各式中的 M 应理解为这几个力对同一转轴的合力矩.

单位时间力矩对刚体所做的功称为力的**功率**，记为 P. 力矩的功率为

功率

$$P = \frac{dW}{dt} = M\frac{d\theta}{dt} = M\omega \qquad (4.4.3)$$

即力矩的瞬时功率等于力矩和角速度的乘积.

当力矩与角速度同向时，力矩的功和功率为正值，这时的力矩被称为动力矩；当力矩与角速度反向时，力矩的功和功率为负值，这时的力矩被称为阻力矩.

4.4.2 转动动能

刚体绕定轴转动时，动能为刚体内所有质元动能的总和，称为**转动动能**. 把刚体作平动时具有的动能称为**平动动能**. 设刚体中各质元的质量分别为 $\Delta m_1, \Delta m_2, \cdots, \Delta m_i, \cdots$，其线速率分别为 $v_1, v_2, \cdots, v_i, \cdots$，各质元到转轴的垂直距离分别为 $r_1, r_2, \cdots, r_i, \cdots$，当刚体以角速度 ω 转动时，第 i 个质元的动能为

转动动能 平动动能

$$E_{ki} = \frac{1}{2}\Delta m_i v_i^2 = \frac{1}{2}\Delta m_i r_i^2 \omega^2$$

所以整个刚体的转动动能为

$$E_k = \sum_{i=1}^{n} \frac{1}{2}\Delta m_i r_i^2 \omega^2 = \frac{1}{2}\left(\sum_{i=1}^{n}\Delta m_i r_i^2\right)\omega^2$$

式中，$\sum_{i=1}^{n}\Delta m_i r_i^2$ 即为刚体绕定轴的转动惯量，所以上式可写为

$$E_k = \frac{1}{2}J\omega^2 \qquad (4.4.4)$$

上式表明，刚体绕定轴转动的转动动能等于刚体对转轴的转动惯量与其角速度的平方的乘积的一半.

4.4.3 刚体绕定轴转动的动能定理

在刚体定轴转动中,根据转动定律,刚体的合外力矩 $M = J\alpha = J\dfrac{\mathrm{d}\omega}{\mathrm{d}t}$,在 $\mathrm{d}t$ 时间内绕定轴转过角位移 $\mathrm{d}\theta = \omega\mathrm{d}t$,因此合外力矩的元功为

$$\mathrm{d}W = M\mathrm{d}\theta = J\frac{\mathrm{d}\omega}{\mathrm{d}t} \cdot \omega\mathrm{d}t = J\omega\mathrm{d}\omega$$

当刚体的角速度从初始的 ω_0 变到终了的 ω 时,在此过程中合外力矩做的总功为

$$W = \int \mathrm{d}W = \int_{\omega_0}^{\omega} J\omega\mathrm{d}\omega$$

即

$$W = \frac{1}{2}J\omega^2 - \frac{1}{2}J\omega_0^2 \qquad (4.4.5)$$

刚体绕定轴转动的动能定理　式(4.4.5)称为刚体绕定轴转动的动能定理. 它表明,合外力矩对绕定轴转动的刚体所做功的代数和等于刚体转动动能的增量.

系统的机械能守恒定律　当系统中既有平动的物体又有转动的刚体,且系统中只有保守力做功,其他力与力矩不做功时,系统的机械能守恒. 这被称为系统的机械能守恒定律. 此时,系统的机械能包括质点的平动动能、刚体的转动动能、势能等,具体情况可以具体分析.

例题 4-8

装置如例题 4-8 图所示,转轮可视为匀质圆柱体,其质量为 m_1,半径为 R,重锤质量为 m_2,最初静止,后将重锤释放下落并带动圆柱体旋转.求重锤下落 h 高度时的速率 v. 不计阻力,不计绳的质量及伸长.

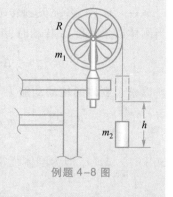

例题 4-8 图

解:用两种方法求解.

(1) 用质点和刚体的动能定理求解.

对于质点 m_2,重力做正功 m_2gh,绳的拉力 $\boldsymbol{F}_T$ 做负功 $F_T h$,按质点动能定理,有

$$m_2gh - F_T h = \frac{1}{2}m_2v^2 - 0$$

若不计阻力,圆柱体仅受力矩 $F_T R$,并做正功 $F_T R\theta$,θ 为 m_2 下落 h 时圆柱的角位移,圆柱体转动惯量为 $\dfrac{1}{2}m_1R^2$,根据刚体绕定轴转动的动能定理,得

$$F_{\text{T}}R\theta = \frac{1}{2}J\omega^2 - 0 = \frac{1}{2}\cdot\frac{1}{2}m_1R^2\omega^2 = \frac{1}{4}m_1R^2\omega^2$$

因绳不可伸长,有

$$R\theta = h \quad \text{且} \quad v = R\omega$$

联立解得

$$v = 2\sqrt{\frac{m_2gh}{m_1+2m_2}}$$

（2）利用质点系动能定理求解.

将转动圆柱体、下落物体视为质点系.在作用于圆柱体的力中,重力和轴的支持力不做功,只有绳拉力做功.作用于下落物体

的力中,绳的拉力做负功,重力做正功.因绳不可伸长且不计绳的质量,作用于圆柱体和下落物体的拉力大小相等且所做的功等值反号,故绳拉力做功的和为零,仅需考虑重力对下落物体做的功.对于所选的质点系,内力的功为零.根据质点系的动能定理,得

$$m_2gh = \frac{1}{2}m_2v^2 + \frac{1}{2}J\omega^2 = \frac{1}{2}m_2v^2 + \frac{1}{2}\left(\frac{1}{2}m_1R^2\right)\omega^2$$

因绳不可伸长,有 $v = R\omega$,求得与（1）相同的结果.

本题也可以用转动定理求解,请同学们自己完成.

补充例题 4-2

补充例题 4-3

例题 4-9

一质量为 m_1、长为 l 的均匀细杆,以点 O 为轴,从静止在与竖直方向成 θ 角处自由下摆,到竖直位置时,与光滑桌面上一质量为 m_2 的静止物体（质点）发生弹性碰撞.求碰撞后杆的角速度和物体的线速度.

解:杆自由下摆,杆与地球组成的系统机械能守恒.设杆摆到竖直位置时角速度为 ω_0,

$$m_1g\frac{l}{2}(1-\cos\theta) = \frac{1}{2}J\omega_0^2$$

$$J = \frac{1}{3}m_1l^2$$

得

$$\omega_0 = \sqrt{\frac{3g}{l}(1-\cos\theta)} \quad (1)$$

杆与物体弹性碰撞过程中,杆与物体组成的系统对转轴的角动量守恒、机械能守恒.设碰撞后杆的角速度为 ω,物体的线速度为 v,

$$J\omega_0 = J\omega + m_2lv \tag{2}$$

$$\frac{1}{2}J\omega_0^2 = \frac{1}{2}J\omega^2 + \frac{1}{2}m_2v^2 \tag{3}$$

式（1）、式（2）、式（3）联立解得

$$\omega = \frac{m_1-3m_2}{m_1+3m_2}\sqrt{\frac{3g}{l}(1-\cos\theta)}$$

$$v = \frac{2m_1}{3m_2+m_1}\sqrt{3gl(1-\cos\theta)}$$

例题 4-9 图

思考

进动简介

4.10 两个重量相同的球分别用密度为 ρ_1、ρ_2 的金属制成,今分别以角速度 ω_1 和 ω_2 绕通过球心的轴旋转,试问这两个球的动能之比为多大?

4.11 刚体定轴转动时,它的动能的增量只取决于外力对它做的功而与内力的作用无关.对于非刚体也是这样吗?为什么?

4.12 细线一端连接一质量为 m 的小球,另一端穿过水平桌面上的光滑小孔,小球以角速度 ω_0 转动,用力 F 拉线,使转动半径从 r_0 减小到 $r_0/2$,则拉力做功是否为零?为什么?

4.13 骑自行车前进时,车轮的角动量指向什么方向?你身体向左侧倾斜时,对轮子加了什么方向的力矩?试根据进动的原理说明这时你的车为什么要向左转弯.

知识要点

(1) 刚体定轴转动的描述

角量
$$\omega = \frac{\mathrm{d}\theta}{\mathrm{d}t}, \quad \alpha = \frac{\mathrm{d}\omega}{\mathrm{d}t}$$

角量与线量的关系
$$v = r\omega, \quad a_t = ra, \quad a_n = r\omega^2$$

(2) 力矩和转动惯量

力矩
$$M = r \times F$$

转动惯量
$$J = \sum \Delta m_i r_i^2, \quad J = \int r^2 \, \mathrm{d}m$$

平行轴定理
$$J = J_c + md^2$$

(3) 刚体定轴转动定律 $M = J\alpha$

(4) 角动量定理

质点角动量
$$L = r \times p = r \times mv$$

刚体对轴角动量 $\quad L = J\omega$

角动量定理
$$M = \frac{\mathrm{d}L}{\mathrm{d}t}, \quad \int_{t_1}^{t_2} M \, \mathrm{d}t = L_2 - L_1$$

角动量守恒定律 $\quad M = 0$ 时, $\quad L = $ 常矢量

(5) 刚体定轴转动的动能定理

力矩的功
$$W = \int_{\theta_1}^{\theta_2} M \, \mathrm{d}\theta$$

转动动能
$$E_k = \frac{1}{2} J\omega^2$$

转动定理
$$W = \frac{1}{2} J\omega^2 - \frac{1}{2} J\omega_0^2$$

习题

4-1 一圆盘绕过盘心且与盘面垂直的光滑固定轴 O 以角速度 ω 按图示方向转动. 若如习题 4-1 图所示的情况那样, 将两个大小相等、方向相反但不在同一条直线的力 F 沿盘面同时作用到圆盘上,则圆盘的角速度 ω (   ).

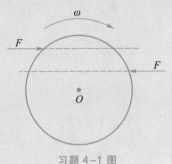

习题 4-1 图

(A) 必然增大   (B) 必然减少
(C) 不会改变   (D) 如何变化,不能确定

4-2 匀质细棒 OA 可绕通过其一端 O 而与棒垂直的水平固定光滑轴转动,如习题 4-2 图所示. 今使棒从水平位置由静止开始自由下落,在棒摆动到竖直位置的过程中,下述说法 (   ) 是正确的.

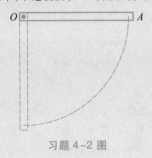

习题 4-2 图

(A) 角速度从小到大,角加速度从大到小
(B) 角速度从小到大,角加速度从小到大
(C) 角速度从大到小,角加速度从大到小
(D) 角速度从大到小,角加速度从小到大

4-3 一轻绳跨过一具有水平光滑轴、质量为 m 的定滑轮,绳的两端分别悬有质量为 m_1 和 m_2 的物体($m_1 <$ m_2),如习题 4-3 图所示. 绳与轮之间无相对滑动. 若某时刻滑轮沿逆时针方向转动,则绳中的张力(   ).

(A) 处处相等   (B) 左边大于右边
(C) 右边大于左边   (D) 哪边大无法判断

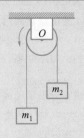

习题 4-3 图

4-4 一水平圆盘可绕通过其中心的固定竖直轴转动,盘上站着一个人. 把人和圆盘取作系统,当此人在盘上随意走动时,若忽略轴的摩擦,此系统(   ).

(A) 动量守恒
(B) 机械能守恒
(C) 对转轴的角动量守恒
(D) 动量、机械能和角动量都守恒
(E) 动量、机械能和角动量都不守恒

4-5 用三根长度为 l、质量为 m_0 的匀质细杆,将四个质量为 m 的质点连接起来,成一条直线,如习题 4-5 图所示. 这一系统对通过端点 O 并垂直于杆的轴的转动惯量为 _____.

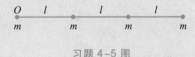

习题 4-5 图

4-6 一长为 l,质量可以忽略的直杆,两端分别固定有质量为 $2m$ 和 m 的小球,杆可绕通过其中心 O 且与杆垂直的水平光滑固定轴在竖直平面内转动. 开始杆与水平方向成某一角度 θ,处于静止状态,如习题 4-6 图所示. 释放后,杆绕 O 轴转动. 则当杆转到水平位置时,该系统所受到的合外力矩的大小 $M =$ _____, 此时该系统角加速度的大小 $\alpha =$ _____.

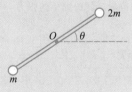

习题 4-6 图

4-7 一因受制动而均匀减速的飞轮半径为 0.2 m,减速前转速为 150 r·min⁻¹,经 30 s 停止转动.求:(1) 角加速度以及在此时间内飞轮所转的圈数;(2) 制动开始后 $t=6$ s 时飞轮的角速度;(3) $t=6$ s 时飞轮边缘上一点的线速度、切向加速度和法向加速度大小.

4-8 一轻绳绕在有水平轴的定滑轮上,滑轮质量为 m,绳下端挂一物体,物体所受重力为 mg,滑轮的角加速度为 α_1,若将物体去掉而以与 mg 相等的力直接向下拉绳子,试比较滑轮的角加速度 α_2 与 α_1 的大小.

4-9 如习题 4-9 图所示,一个质量为 m 的物体与绕在定滑轮上的绳子相连,绳子质量可以忽略,它与定滑轮之间无滑动.假设定滑轮质量为 m_0、半径为 r,其转动惯量 $J=\dfrac{1}{2}m_0 r^2$,滑轮轴光滑.试求该物体由静止开始下落的过程中,下落速度与时间的关系.

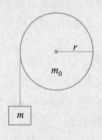

习题 4-9 图

4-10 物体 A 和 B 叠放在水平桌面上,由跨过定滑轮的轻质细绳相互连接,如习题 4-10 图所示.今用大小为 F 的水平力拉 A.设 A、B 和滑轮的质量都为 m,滑轮的半径为 R,对轴的转动惯量 $J=\dfrac{1}{2}mR^2$. A、B 之间、A 与桌面之间、滑轮与其轴之间的摩擦都可以忽略不计,绳与滑轮之间无相对的滑动且绳不可伸长.已知 $F=10$ N,$m=8.0$ kg,$R=0.050$ m.求:(1) 滑轮的角加速度;(2) 物体 A 与滑轮之间的绳中的张力;(3) 物体 B 与滑轮之间的绳中的张力.

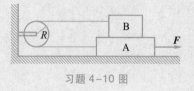

习题 4-10 图

4-11 质量分别为 m 和 $2m$、半径分别为 r 和 $2r$ 的两个匀质圆盘,同轴地黏在一起,可以绕通过盘心且垂直盘面的水平光滑固定轴转动,对转轴的转动惯量 $J=\dfrac{9}{2}mr^2$,大小圆盘边缘都绕有绳子,绳子下端都挂一质量为 m 的重物,如习题 4-11 图所示.求盘的角加速度的大小.

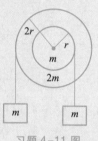

习题 4-11 图

4-12 如习题 4-12 图所示,一根长为 l 的轻质杆,端部固结一小球 m_1,另一小球 m_2 以水平速度 v_0 碰撞杆中部并与杆黏合.求碰撞后杆的角速度 ω.

习题 4-12 图

4-13 质量为 $m=0.03$ kg、长为 $l=0.2$ m 的均匀细棒,在一水平面内绕通过棒中心并与棒垂直的光滑固定轴自由转动.细棒上套有两个可沿棒滑动的小物体,每个质量都为 $m_0=0.02$ kg. 开始时,两个小物体分别被固定在棒中心的两侧且距棒中心各为 $r=0.05$ m,此系统以 $n_1=15$ r·min⁻¹ 的转速转动.若将小物体松开,设它们在滑动过程中受到的阻力正比于它们相对棒的速度.求:(1) 当两个小物体到达棒端时系统的角速度;(2) 当两个小物体飞离棒端时棒的角速度.

4-14 在光滑水平桌面上放置一个静止的、质量为 m_1、长为 $2l$、可绕中心转动的匀质细杆,有一质量为 m_2 的小球以速度 v_0 在垂直于杆长度的方向上与杆的一端发生完全弹性碰撞,求小球碰后的速度 v 及杆的转动角速度 ω.

4-15 如习题 4-15 图所示,质量为 m,半径为 R 并以角速度 ω_0 旋转的飞轮可视为匀质圆盘,在某一瞬间,突然有一片质量为 m' 的碎片从轮的边缘飞出.假定碎片脱离飞轮时的速度正好竖直向上.求:(1) 碎片上升的高度;(2) 余下部分的角速度、角动量及动能.

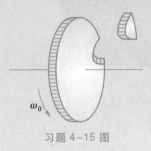

习题 4-15 图

4-16 在光滑的水平桌面上有一小孔 O,一细绳穿过小孔,其一端系一小球放在桌面上,另一端用手拉绳,开始时小球绕孔运动,半径为 r_1,速度为 v_1,当半径变为 r_2 时,求拉力做的功.

4-17 人和转盘的转动惯量为 J_0,哑铃质量为 m,初始转速为 ω_1,求双臂收缩由 r_1 变为 r_2 时的角速度及机械能增量.

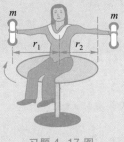

习题 4-17 图

4-18 一匀质细棒长为 $2L$,质量为 m,以与棒长方向相垂直的速度 v_0 在光滑水平面内平动时,与前方一固定的光滑支点 O 发生完全非弹性碰撞.碰撞点位于棒中心的一侧 $L/2$ 处,如习题 4-18 图所示.求棒在碰撞后的瞬时绕点 O 转动的角速度.

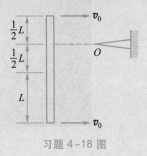

习题 4-18 图

4-19 如习题 4-19 图所示,质量为 2.97 kg、长为 1.0 m 的匀质等截面细杆可绕水平光滑的轴线 O 转动,最初杆静止于竖直方向.一弹片质量为 10 g,以水平速度 200 $\mathrm{m \cdot s^{-1}}$ 射出并嵌入杆的下端,和杆一起运动,求杆的最大摆角 θ.

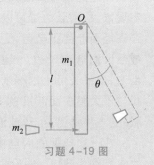

习题 4-19 图

4-20 行星在椭圆轨道上绕太阳运动,太阳质量为 m_1,行星质量为 m_2,行星在近日点和远日点时与太阳中心的距离分别为 r_1 和 r_2,求行星在轨道上运动的总能量.

本章计算题参考答案

章 首 问 题

　　闪电是云与云之间、云与地之间或者云体内各部位之间的强烈放电现象.积雨云通常可以产生电荷,底层带负电荷,顶层带正电荷,而且还在地面产生正电荷,正、负电荷彼此相吸,克服空气的阻碍而连接形成巨大的电流,产生一道明亮夺目的闪电.一道闪电的长度可能只有数百米,但最长可达数千米.闪电的温度从 17 000 ℃ 至 28 000 ℃ 不等,相当于太阳表面温度的 3 ~5 倍.闪电的极度高热使沿途空气剧烈膨胀.空气移动迅速,形成波浪并发出声音,就形成了雷声.

　　在一次典型的闪电中,两个放电点间的电势差约为 10^9 V,被迁移的电荷约为 30 C.假设每一个家庭一年消耗的能量为 3 000 kW·h,则一次闪电可为多少个家庭提供一年的能量消耗?

章首问题解答

第5章 静 电 场

电磁运动是物质的基本运动形式之一,电磁相互作用也是人们认识的最为深入的四种基本相互作用之一,所以理解和掌握电磁运动的基本规律,在理论和实践中都有着极其重要的意义.

相对于观察者静止的电荷所激发的电场,称为静电场.本章主要介绍真空中静电场的基本定律——库仑定律,并从电荷在静电场中受力和电场力对电荷做功两个方面,引入描述电场性质的两个重要物理量——电场强度和电势,讨论电场强度和电势二者的关系,同时介绍反映静电场基本性质的高斯定理和环路定理.

静电场

5.1 电荷 电荷守恒定律

人们对电的认识,最初来自于摩擦起电现象和自然界的雷电现象.例如许多物体经过毛皮或丝绸等摩擦后,都能够吸引轻小的物体.把处于这种状态的物体称为带电体,并说它们分别带有电荷.实验证明物体所带的电荷有两种,而且自然界中也只存在这两种电荷,分别称为正电荷和负电荷,且同性电荷相互排斥、异性电荷相互吸引.宏观带电体所带电荷种类的不同取决于组成它们的微观粒子所带电荷种类的不同:电子带负电荷,质子带正电荷,中子不带电.

带电体
电荷

5.1.1 电荷

1897 年,J. J. 汤姆孙在测量阴极射线粒子的电荷与质量之比的实验中,得出阴极射线粒子的电荷与质量之比与氢离子相比要大约 2 000 倍,从而发现了电子.直到 1913 年,R. A. 密立根通过著名的油滴实验,测出所有电子都具有相同的电荷,所有油滴所

带电荷都是电子电荷的整数倍.电荷的基本单元就是一个电子所

带电荷量的绝对值,称为 元电荷,记为 e,带电体所带电荷的多少
称为 电荷量,记为 q,则

$$q = \pm ne \quad (n = 1, 2, 3, \cdots)$$

电荷的这种只能取离散的、不连续的量值的性质,称为 电荷

的量子化,式中 n 称为量子数.

在国际单位制中电荷的单位为库仑,简称库,记为 C,2018 年
国际推荐的电子电荷绝对值为

$$e = 1.602\ 176\ 634 \times 10^{-19}\ \text{C}$$

在通常的计算中,元电荷的近似值为

$$e = 1.602 \times 10^{-19}\ \text{C}$$

自然界中的微观粒子,包括电子、质子、中子等,已有几百种,
其中带电粒子所带电荷或者是 $+e$、$-e$,或者是它们的整数倍,所以
电荷的量子化是一个普遍的量子化规则.量子化是微观世界的一
个基本概念.

5.1.2　电荷守恒定律

物质的电结构理论告诉我们:正、负电荷是每个原子的组成
部分.常见的宏观物体(实物)是由分子、原子构成的,原子含有
带正电的质子、不带电的中子组成的原子核和绕核运动带负电的
电子.在正常状态下,原子核外的电子数目等于原子核内的质子
数目,所以原子呈现电中性,宏观物体也处于电中性状态.如果在
一个系统中有两个电中性的物体,由于某些原因,使一些电子从
一个物体移到另一个物体上,则前者带正电,后者带负电,只是两
物体正、负电荷的代数和仍为零.因此,在一个封闭系统内,不管
系统中的电荷如何迁移,系统内正、负电荷的电荷量的代数和保

持不变,这一规律称为 电荷守恒定律.电荷守恒定律是自然界
的基本守恒定律之一,无论在宏观领域,还是在微观领域都是
成立的.

5.2　库仑定律

在静电现象的研究中,经常用到点电荷的概念,它是从实际
宏观带电体抽象出来的理想模型.当一个带电体的自身线度远小

于作用距离时,带电体的几何形状、大小及电荷分布都可以忽略不计,即可将它视为一个几何点,则这种带电的几何点称为**点电荷**. 由此可见,点电荷是相对概念. 如果两个带电体满足点电荷的条件,那么这两个带电体之间的作用力只取决于各自所带的总电荷量和它们之间的距离,问题就将大为简化.

点电荷

实验证明,电荷与电荷之间有相互作用力. 1785 年,法国物理学家库仑总结出了两个点电荷之间相互作用的规律,即**库仑定律**. 库仑定律的表述如下:

库仑定律

在真空中,两个静止点电荷之间的相互作用力,其大小与这两个点电荷电荷量的乘积成正比,与它们之间距离的平方成反比,作用力的方向沿着这两点电荷的连线,同号电荷相斥,异号电荷相吸.

如图 5.2−1 所示,q_1 和 q_2 分别表示两个点电荷的电荷量,r 是两点电荷之间的距离,e_r 是施力电荷指向受力电荷的单位矢量,则受力电荷所受到的库仑力为

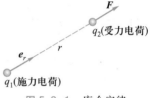

$$F = \frac{1}{4\pi\varepsilon_0} \frac{q_1 q_2}{r^2} e_r \qquad (5.2.1)$$

图 5.2−1 库仑定律

式中,ε_0 称为真空电容率,是电学中常用到的一个物理量,在国际单位制中其值为

$$\varepsilon_0 \approx 8.85 \times 10^{-12} \ \mathrm{C}^2 \cdot \mathrm{N}^{-1} \cdot \mathrm{m}^{-2}$$

库仑定律是真空中点电荷之间作用力的规律,也是一条实验定律,是静电学的基础. 静止电荷间的电作用力,又称为**库仑力**. 两静止点电荷之间的库仑力遵守牛顿第三定律.

库仑力

实验证明,当空间存在两个以上的点电荷时,两个点电荷之间的作用力并不因为第三个电荷的存在而有所改变. 因此,作用在其中任意一个点电荷上的力是各个点电荷对其作用力的矢量和,这个结论叫**电场力的叠加原理**.

电场力的叠加原理

如果空间中有 n 个点电荷 $q_1, q_2, q_3, \cdots, q_n$,令 $q_2, q_3, \cdots, q_n$ 作用在 q_1 上的力分别为 $F_{21}, F_{31}, \cdots, F_{n1}$,则电荷 q_1 受到的库仑力为

$$F_1 = F_{21} + F_{31} + \cdots + F_{n1} = \sum_{i=2}^{n} F_{i1} \qquad (5.2.2)$$

利用库仑定律和库仑力的叠加原理,可以求解任意带电体之间的静电场力.

思考

5.1 比较库仑定律和万有引力定律,简述它们的相似之处和不同之处.

5.3 电场 电场强度

5.3.1 静电场

凡是有电荷的地方,电荷周围空间都存在电场,即电荷在其周围空间激发场,电荷间的相互作用就是通过电场对电荷的作用来实现的. 场是一种特殊形态的物质,它和物质的另一种形态——实物一起构成了物质世界. 场和实物的最大区别是:场的分布范围非常广泛,具有分散性,而实物则聚集在有限的范围内,具有集中性. 所以对场的描述需要逐点进行,不能像对实物那样只作整体描述. 静电场是静止电荷产生的,存在于静止电荷周围的空间,静电场对处于其中的电荷有电场力的作用,这是电场的一个重要的性质. 静电场的另一个重要特性是电荷在电场中移动时,电场力要对电荷做功. 所以,我们从施力和做功这两个方面来研究静电场的性质,分别引出描述电场性质的两个重要的物理量——电场强度和电势.

5.3.2 电场强度

为了描述电场对处于其中的电荷有作用力的性质,在静止电荷 Q 产生的静电场中,放入一个试验电荷 q_0,讨论试验电荷 q_0 的受力情况. 试验电荷应满足以下条件:(1) 试验电荷 q_0 的电荷量应足够小,以至对原来的电场影响很小,从而可以测定原来电场的性质;(2) 试验电荷 q_0 的尺度应尽可能小,可被视为点电荷,从而可以描述电场逐点的性质.

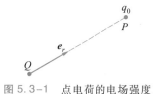

图 5.3-1 点电荷的电场强度

电场强度

实验发现,试验电荷放在不同位置处受到的电场力的大小和方向都不同,说明电荷 Q 附近的不同点电场的强弱和方向都不同. 对电场中的任一点,如图 5.3-1 所示,场点 P 处放置试验电荷,实验发现比值 F/q_0 只与电场各点的位置有关,与试验电荷无关,即与试验电荷的大小、正负无关. 因此,这个矢量反映了电场本身的性质. 把这个矢量定义为电场强度,用 E 表示.

$$E = \frac{F}{q_0} \qquad (5.3.1)$$

式(5.3.1)为电场强度的定义式.该式表明电场中某点的电场强度等于该点处的单位试验正电荷所受的电场力.电场强度在数值上等于位于该点的单位试验电荷所受的电场力,其方向与正电荷在该点所受电场力的方向一致.

在国际单位制(SI)中,电场强度的单位为牛顿每库仑,记为 $N \cdot C^{-1}$;也可表示为伏特每米,记为 $V \cdot m^{-1}$.本章 5.6 节中将说明 $V \cdot m^{-1}$ 与 $N \cdot C^{-1}$ 是一样的,不过 $V \cdot m^{-1}$ 较 $N \cdot C^{-1}$ 使用得更为普遍.

应当指出,当电场强度分布已知时,电荷 q 在电场中某点处受到的电场力 $\boldsymbol{F}$ 为

$$\boldsymbol{F} = q\boldsymbol{E} \tag{5.3.2}$$

5.3.3 点电荷的电场强度

由库仑定律和电场强度的定义式,可求得真空中点电荷周围电场的电场强度.

如图 5.3-1 所示,若在真空中,点电荷 Q 位于坐标原点,在与电荷 Q 距离为 r 处任取一点 P,设想把一个试验电荷 q_0 放在点 P,由库仑定律可知试验电荷受到的电场力 $\boldsymbol{F}$ 为

$$\boldsymbol{F} = \frac{Qq_0}{4\pi\varepsilon_0 r^2}\boldsymbol{e}_r$$

$\boldsymbol{e}_r$ 是 Q 指向 q_0 方向的单位矢量.由电场强度的定义式(5.3.1),得到点 P 的电场强度为

$$\boldsymbol{E} = \frac{\boldsymbol{F}}{q_0} = \frac{Q}{4\pi\varepsilon_0 r^2}\boldsymbol{e}_r \tag{5.3.3}$$

这就是点电荷产生的电场强度公式.当 Q 为正电荷时,$\boldsymbol{E}$ 的方向与 $\boldsymbol{e}_r$ 的方向相同;当 Q 为负电荷时,$\boldsymbol{E}$ 的方向与 $\boldsymbol{e}_r$ 的方向相反.电场强度 $\boldsymbol{E}$ 的大小与点电荷 Q 所带电荷量成正比,与距离 r 的平方成反比,在以 Q 为中心的各个球面上的电场强度大小相等,所以点电荷的电场具有球对称性.

5.3.4 电场强度叠加原理

如果电场是由 n 个点电荷 $Q_1, Q_2, \cdots, Q_n$ 共同激发的,这些电荷的总体称为点电荷系.根据电场力的叠加原理,试验电荷 q_0 在点电荷系中某点 P 所受的作用力等于各个点电荷单独存在时对

点电荷系

q_0 作用力的矢量和,即

$$F = F_1 + F_2 + \cdots + F_n = \sum_{i=1}^{n} F_i$$

按电场强度的定义式(5.3.1),可得点电荷系在点 P 产生的电场强度为

$$E = \frac{F}{q_0} = \frac{F_1}{q_0} + \frac{F_2}{q_0} + \cdots + \frac{F_n}{q_0} = E_1 + E_2 + \cdots + E_n = \sum_{i=1}^{n} E_i = \sum_{i=1}^{n} \frac{Q_i e_{ri}}{4\pi\varepsilon_0 r_i^2}$$

$$(5.3.4)$$

上式说明,点电荷系在空间任一点所激发的总电场强度等于各个点电荷单独存在时在该点各自激发的电场强度的矢量和,这就是 **电场强度的叠加原理**,是电场的基本性质之一.

利用这一原理,可以计算任意带电体所激发的电场强度,因为任意带电体都可以视为许多点电荷的集合.这样就将带电体分成许多 **电荷元** dq,每个电荷元可视为点电荷,如图 5.3-2 所示.电荷元在点 P 处产生的电场强度为

$$dE = \frac{dq}{4\pi\varepsilon_0 r^2} e_r$$

整个带电体在点 P 处产生的电场强度为各个电荷元在点 P 处产生的电场强度的矢量和.由于电荷是连续分布的,求和应用矢量积分得

$$E = \int dE = \int \frac{dq}{4\pi\varepsilon_0 r^2} e_r \qquad (5.3.5)$$

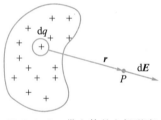

图 5.3-2 带电体的电场强度

这是一个矢量积分.例如在直角坐标系中,具体计算时,往往先写出 dE 在 x、y、z 三个坐标轴方向上的分量 dE_x、dE_y、dE_z,然后对各分量分别进行积分运算求出 E_x、E_y、E_z,从而得出合矢量 E.

5.3.5 电偶极子的电场强度

由两个电荷量相等、电性相反、相距为 l 的点电荷 $+q$ 和 $-q$ 构成的电荷系,若场点到这两个电荷的距离比 l 大得多时,则该电荷系称为 **电偶极子**.定义从 $-q$ 指向 $+q$ 的矢量为 l,则电偶极子的 **电偶极矩**(简称电矩)用 p_e 表示,定义为 $p_e = ql$.电偶极子是一个重要的物理模型,在研究电介质的极化等问题时,常常要用到电偶极子模型,以及电偶极子对电场的影响.下面分别讨论电偶极子在轴线中垂线上一点和轴线延长线上一点的电场强度.

如图 5.3-3 所示,取电偶极子轴线的中点为坐标原点 O,沿

极轴的延长线为 Ox 轴,场点 A 在轴线中垂线上,与坐标原点的距离为 r,则 $+q$ 和 $-q$ 在中垂线上点 A 处产生的电场强度分别为

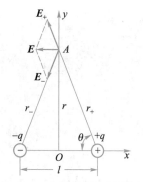

图 5.3-3　电偶极子在轴线中垂线上一点的电场强度

$$E_+ = \frac{1}{4\pi\varepsilon_0} \frac{q}{r^2 + \left(\dfrac{l}{2}\right)^2} e_+$$

$$E_- = -\frac{1}{4\pi\varepsilon_0} \frac{q}{r^2 + \left(\dfrac{l}{2}\right)^2} e_-$$

式中,e_+ 和 e_- 分别为从 $+q$ 和 $-q$ 指向点 P 的单位矢量,根据电场强度叠加原理,点 A 的合电场强度 $E = E_+ + E_-$,方向如图 5.3-3 所示,点 A 的合电场强度 E 为

$$E = -2E_+ \cos\theta i = -2 \frac{1}{4\pi\varepsilon_0} \cdot \frac{q}{r^2 + \left(\dfrac{l}{2}\right)^2} \cdot \frac{l/2}{\left[r^2 + \left(\dfrac{l}{2}\right)^2\right]^{\frac{1}{2}}} i$$

$$= -\frac{1}{4\pi\varepsilon_0} \frac{p}{\left(r^2 + \dfrac{l^2}{4}\right)^{\frac{3}{2}}}$$

当场点到电偶极子的距离 $r \gg l$ 时,$r^2 + l^2/4 \approx r^2$,上式可简化为

$$E = -\frac{p}{4\pi\varepsilon_0 r^3}$$

上式表明,电偶极子中垂线上任意点的电场强度的大小,与电偶极子的电偶极矩大小成正比,与电偶极子中心到场点的距离 r 的三次方成反比;电场强度的方向与电偶极矩的方向相反.

同理可求,电偶极子在轴线延长线上一点的电场强度为

$$E = \frac{1}{4\pi\varepsilon_0} \frac{2p}{r^3}$$

上式表明,电偶极子轴线延长线上任意点的电场强度的大小,与电偶极子的电偶极矩的大小成正比,与电偶极子中心到场点的距离 r 的三次方成反比;电场强度的方向与电偶极矩的方向相同.

如果将电偶极子置于均匀电场之中,电偶极子在电场的作用下将会发生偏转,如图 5.3-4 所示.电偶极矩的方向最终将与电场强度的方向一致.

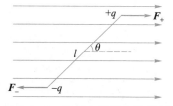

图 5.3-4　均匀电场对电偶极子的作用

例题 5-1

如例题 5-1 图所示,正电荷 q 均匀分布在半径为 R 的圆环上,计算带电圆环轴线上任一给定点 P 处的电场强度.

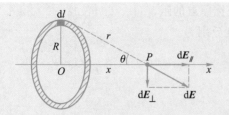

例题 5-1 图 均匀带电圆环在轴线上的电场强度

解:设坐标原点与环心重合,点 P 与环心 O 的距离为 x. 已知圆环均匀带电,故其电荷线密度 $\lambda = q/(2\pi R)$. 在环上任取线元 $\mathrm{d}l$, 其电荷元 $\mathrm{d}q = \lambda \mathrm{d}l$. 该电荷元在点 P 处激发的电场强度大小为

$$\mathrm{d}E = \frac{1}{4\pi\varepsilon_0} \frac{\lambda \mathrm{d}l}{r^2} = \frac{1}{4\pi\varepsilon_0} \frac{q}{2\pi R} \frac{\mathrm{d}l}{r^2}$$

$\mathrm{d}E$ 的方向如例题 5-1 图所示. 把 $\mathrm{d}E$ 分解为平行于轴线的分量 $\mathrm{d}E_{//}$ 和垂直于轴线的分量 $\mathrm{d}E_\perp$. 则由圆环上电荷分布的对称性可知,圆环上各电荷元在点 P 处激发的电场强度 $\mathrm{d}E$ 的分布也具有对称性,使垂直于轴线的分量 $\mathrm{d}E_\perp$ 互相抵消,即 $\int \mathrm{d}E_\perp = 0$, 平行于轴线的分量 $\mathrm{d}E_{//} = \mathrm{d}E\cos\theta$, 式中 θ 为 $\mathrm{d}E$ 与 x 轴的夹角. 则总的电场强度为平行分量之和,即

$$E = \int \mathrm{d}E\cos\theta = \oint_l \frac{1}{4\pi\varepsilon_0} \frac{q}{2\pi R} \frac{\mathrm{d}l}{r^2} \cdot \cos\theta$$

$$= \frac{1}{4\pi\varepsilon_0} \frac{q}{2\pi R} \frac{\cos\theta}{r^2} \cdot \oint_l \mathrm{d}l = \frac{1}{4\pi\varepsilon_0} \frac{q\cos\theta}{r^2}$$

因为 $\cos\theta = x/r, r = \sqrt{R^2 + x^2}$, 所以可得

$$E = \frac{qx}{4\pi\varepsilon_0 r^3} = \frac{qx}{4\pi\varepsilon_0 (R^2 + x^2)^{\frac{3}{2}}}$$

上式表明,均匀带电圆环在轴线上任一点的电场强度是该点距环心 O 的距离 x 的函数, 即 $E = E(x)$.

下面分两种情况作一些讨论.

(1) 当 $x \gg R$ 时,则 $(R^2 + x^2)^{\frac{3}{2}} \approx x^3$, 此时有

$$E \approx \frac{q}{4\pi\varepsilon_0 x^2}$$

即在距圆环足够远的轴线上,环上电荷产生的电场强度可视为全部集中在环心处的一个点电荷产生的;

(2) 当 $x = 0$ 时,$E = 0$, 即圆环中心处的电场强度为零.

利用本例题的结果,可以很容易求出均匀带电圆盘轴线上任一点的电场强度. 请同学们课后思考.

思考

5.2 在地球表面上通常有一竖直方向的电场,电子在此电场中受到一个向上的力,电场强度的方向朝上还是朝下?

5.3 有两个相距为 r 的同号点电荷 q 和 $2q$. 在它们激发的电场中,电场强度为零的场点在何处? 如上述两点电荷为异号电荷 $+q$ 和 $-2q$,电场强度为零的点又在何处?

5.4 电场强度通量 高斯定理

上一节研究了静电场的电场强度,并用叠加原理求解了不同

带电体电场的电场强度. 本节为了形象地描述电场强度在空间中的分布情况,引入电场线的概念,并且定义电场强度通量的概念,从而导出静电场的高斯定理.

5.4.1 电场线

电场线的概念是法拉第首先提出来的. 因为电场中每一点的电场强度都有大小和方向,所以可以在电场中画一簇有方向的曲线,使曲线上每一点的切线方向与该点的电场强度方向一致,曲线的疏密表示电场强度的大小. 这簇曲线称为电场线. 图 5.4-1 给出了几种常见电荷静止分布时电场的电场线图.

电场线

由图 5.4-1 可以看出,静电场的电场线有两个性质:(1) 电

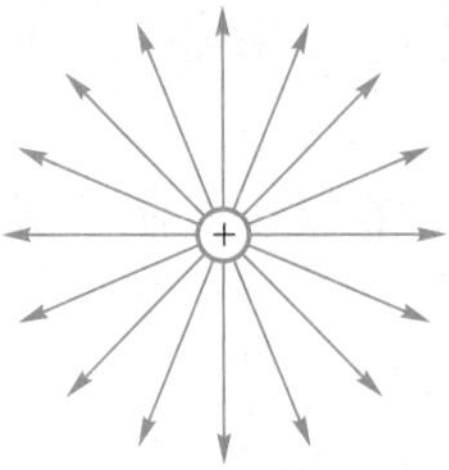

(a) 正电荷

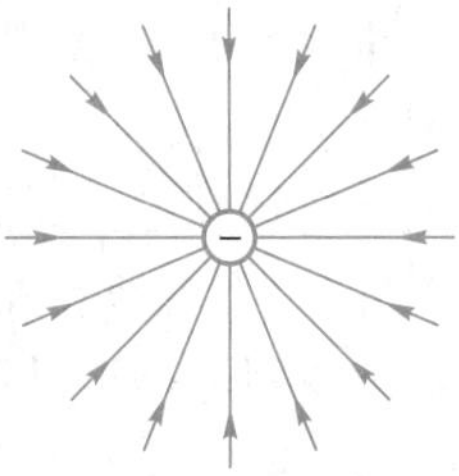

(b) 负电荷

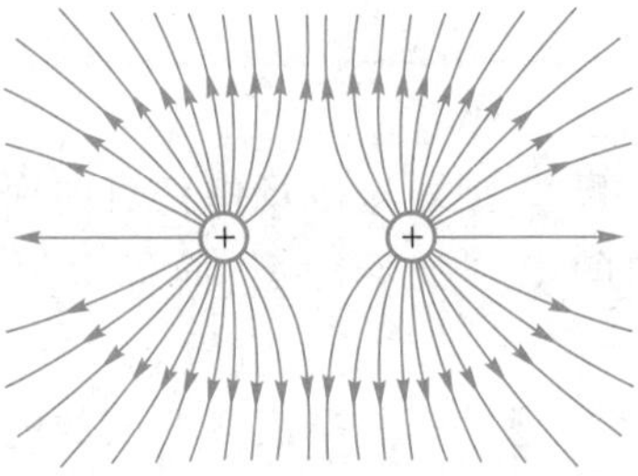

(c) 两个等量正电荷

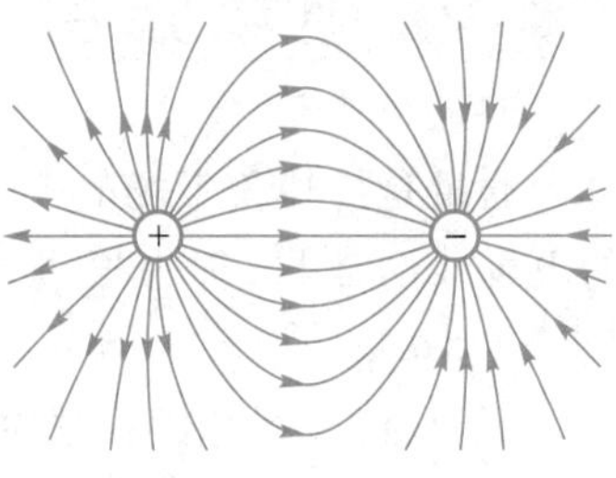

(d) 两个等量异号电荷

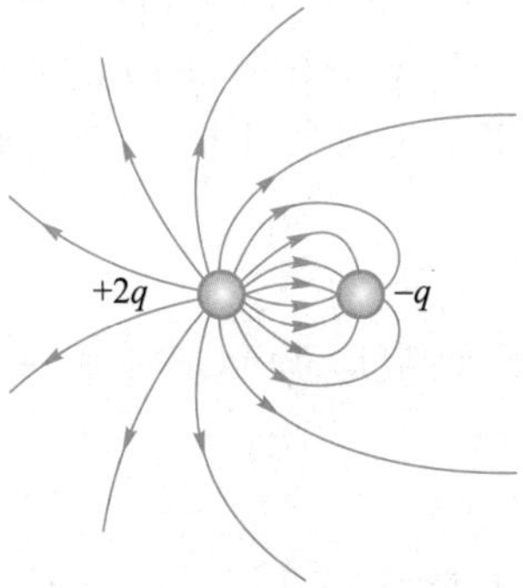

图 5.4-1 几种常见电荷静止分布时电场的电场线图

$+2q$ $-q$

(e) 两上不等量异号电荷

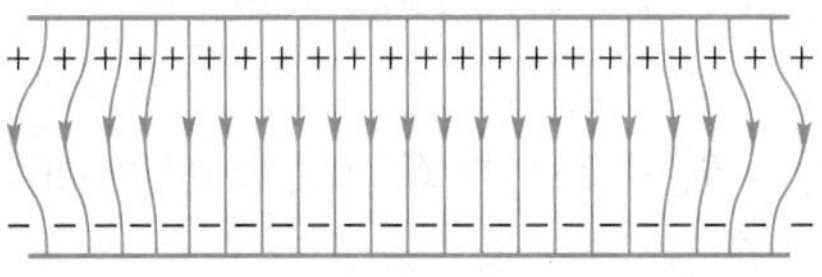

(f) 带等值异号电荷的两平行板

场线总是起始于正电荷(或来自于无限远处),终止于负电荷(或终止于无限远处),不形成闭合曲线,也不会在没有电荷的地方中断;(2)任何两条电场线都不能相交,这是因为电场中每一点处的电场强度只能有一个确定的方向.

定量地说,为了使电场线不仅表示电场中电场强度的方向,而且表示电场强度的大小,规定:在电场中任一点处,取一垂直于该点电场强度方向的面积元 dS,通过此面积元的电场线条数 dN,使得

$$E = \frac{dN}{dS} \tag{5.4.1}$$

电场线数密度

$\frac{dN}{dS}$ 也称电场线数密度. 即电场中某点电场强度的大小等于该点处的电场线数密度,也就是在该点附近垂直于电场方向的单位面积所通过的电场线的数目. 在某区域内,电场线的密度较大,该处的电场强度就较强;电场线的密度较小,该处的电场强度就较弱.

虽然电场线是人为画出的,在实际电场中并不存在,但电场线可以形象、直观地表现电场的总体情况,对分析电场很有帮助,而且电场线图形是可以用实验演示出来的.

5.4.2 电场强度通量

通量是描述矢量场的一个重要概念. 把通过电场中任意曲面的电场线的数目,称为通过该曲面的电场强度通量,简称 E 通量,记为 Φ_e.

电场强度通量
E 通量

下面讨论均匀电场、非均匀电场中通过任一平面或曲面的电场强度通量.

在均匀电场中,取一平面 S,如图 5.4-2(a)所示,若平面的空间方位与电场强度 E 垂直,即平面 S 与 E 平行时,由于均匀电场的电场强度处处相等,所以电场线密度也应处处相等. 这样通过面 S 的电场强度通量 Φ_e 为

$$\Phi_e = ES$$

若平面 S 与 E 有夹角 θ 时,如图 5.4-2(b)所示,即平面法线与 E 不平行,则

$$\Phi_e = ES\cos\theta = E \cdot S$$

对非均匀电场,且 S 是任意曲面的情形,如图 5.4-2(c)所示,要求出通过曲面 S 的电场强度通量,可以把 S 分成无限多个

面积元 dS,每个面积元 dS 都可以视为一个小平面,在面积元 dS 上 E 也可以视为处处相等,则通过该面积元 dS 的电场强度通量为

$$d\Phi_e = EdS\cos\theta = E \cdot dS \tag{5.4.2}$$

所以对整个曲面积分即可求出通过任意曲面 S 的电场强度通量为

$$\Phi_e = \int d\Phi_e = \int_S E \cdot dS \tag{5.4.3}$$

若 S 为闭合曲面,如图 5.4-2(d)所示,则通过闭合曲面 S 的电场强度通量为

$$\Phi_e = \oint_S E \cdot dS \tag{5.4.4}$$

必须指出,无论平面还是曲面,都有正反两面,面的法线正方向都有两种取法.但对闭合曲面,通常规定自内向外的方向为面积元法线的正方向.如图 5.4-2(d)所示,这样在电场线从曲面里向外穿出的地方,$\theta<90°$,$d\Phi_e>0$;在电场线从曲面外向内穿入的地方,$\theta>90°$,$d\Phi_e<0$;而在电场线与曲面相切的地方,$\theta=90°$,$d\Phi_e=0$.

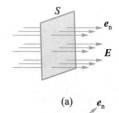

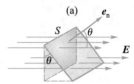

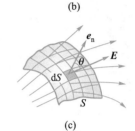

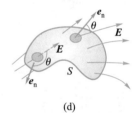

图 5.4-2 电场强度通量的计算

5.4.3 高斯定理

高斯是德国数学家、天文学家和物理学家,在数学上的建树颇丰,有"数学王子"的美称.他导出的高斯定理是电磁学的基本定理之一.高斯定理给出了穿过任意闭合曲面的电场强度通量与曲面所包围的所有电荷之间在量值上的关系.

高斯定理可表述为:在真空静电场中,通过任一闭合曲面的电场强度通量,等于该闭合曲面所包围的所有电荷的代数和除以 ε_0,与闭合曲面外的电荷无关.

高斯定理

如图 5.4-3 所示,设真空中有一个正点电荷 q,以 q 为球心,以任意 r 为半径作一个球面 S,那么 S 上任一点处的电场强度 E 的大小均为

$$E = \frac{q}{4\pi\varepsilon_0 r^2}$$

E 的方向沿径向,处处与球面垂直,在球面上任取一面积元 dS,其方向与该处 E 的方向相同,由式(5.4.2),通过 dS 的电场强度通量为

$$d\Phi_e = E \cdot dS = EdS = \frac{1}{4\pi\varepsilon_0}\frac{q}{r^2}dS$$

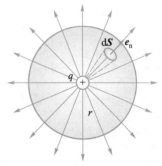

图 5.4-3 在球心的点电荷通过球面的电场强度通量

由式(5.4.4),通过闭合曲面 S 的电场强度通量为

$$\Phi_e = \oint_S \boldsymbol{E} \cdot \mathrm{d}\boldsymbol{S} = \frac{q}{4\pi\varepsilon_0 r^2} \oint_S \mathrm{d}S = \frac{q}{4\pi\varepsilon_0 r^2} 4\pi r^2 = \frac{q}{\varepsilon_0}$$

这一结果与球面半径 r 无关,即对以点电荷 q 为球心的任意球面来说,通过它们的电场强度通量都等于 q/ε_0. 从电场线的观点来看,若 q 为正电荷,则从 $+q$ 穿出球面的电场线条数为 q/ε_0;若 q 为负电荷,则穿入球面并会聚于负电荷的电场线条数为 q/ε_0.

上面讨论的情况比较特殊,下面推导点电荷电场中,通过包围 q 的任意闭合曲面 S 的电场强度通量都等于 q/ε_0.

如图 5.4-4(a),在包围 $+q$ 的任意闭合曲面 S 内作一个以 $+q$ 为球心,半径为 r 的闭合球面 S_1,由前面可知,通过 S_1 的电场强度通量为 q/ε_0. 由于电场线连续,所以通过 S_1 的电场线必通过 S,即此时 $\Phi_{e1} = \Phi_e$,则通过 S 的电场强度通量为

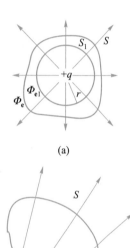

(a)

$$\Phi_e = \oint_S \boldsymbol{E} \cdot \mathrm{d}\boldsymbol{S} = \frac{q}{\varepsilon_0}$$

如图 5.4-4(b),若点电荷 $+q$ 不在闭合曲面内,由图中可以看出,$+q$ 所发出的某根电场线,从某处进入面 S,必从另一处穿出面 S,即穿入与穿出面 S 的电场线条数相等,通过面 S 的电场强度通量为零. 所以,闭合曲面 S 外的电荷对通过该闭合曲面的电场强度通量无贡献. 不难推断,若电场中所取的闭合曲面内不含有电荷,或所含电荷的代数和为零,穿过此闭合曲面的电场强度通量必为零,即

(b)

图 5.4-4　高斯定理的推导用图

$$\Phi_e = \oint_S \boldsymbol{E} \cdot \mathrm{d}\boldsymbol{S} = 0 \quad (\text{闭合曲面内不含净电荷})$$

最后来讨论点电荷系的情况,在点电荷 $q_1, q_2, q_3, \cdots, q_n$ 组成的点电荷系的电场中,根据电场强度叠加原理,任一点的电场强度为

$$\boldsymbol{E} = \boldsymbol{E}_1 + \boldsymbol{E}_2 + \boldsymbol{E}_3 + \cdots + \boldsymbol{E}_n$$

因此,通过电场中任意闭合曲面的电场强度通量为

$$\Phi_e = \oint_S \boldsymbol{E} \cdot \mathrm{d}\boldsymbol{S} = \oint_S (\boldsymbol{E}_1 + \boldsymbol{E}_2 + \boldsymbol{E}_3 + \cdots + \boldsymbol{E}_n) \cdot \mathrm{d}\boldsymbol{S}$$

$$= \oint_S \boldsymbol{E}_1 \cdot \mathrm{d}\boldsymbol{S} + \oint_S \boldsymbol{E}_2 \cdot \mathrm{d}\boldsymbol{S} + \cdots + \oint_S \boldsymbol{E}_n \cdot \mathrm{d}\boldsymbol{S}$$

$$= \Phi_{e1} + \Phi_{e2} + \cdots + \Phi_{en}$$

式中,$\Phi_{e1}, \Phi_{e2}, \cdots, \Phi_{en}$ 是电荷 $q_1, q_2, \cdots, q_n$ 各自激发的电场通过闭合曲面的电场强度通量. 由上面的讨论可知,当电荷 q_i 在闭合曲面内时,电场强度通量 $\Phi_{ei} = q_i/\varepsilon_0$;当电荷 q_i 在闭合曲面外时,电场强度通量 $\Phi_{ei} = 0$. 所以,通过闭合曲面的电场强度通量仅与

此闭合曲面内的电荷有关,即

$$\Phi_e = \oint_S \boldsymbol{E} \cdot \mathrm{d}\boldsymbol{S} = \frac{1}{\varepsilon_0} \sum_{\substack{i=1 \\ S内}}^{n} q_i \qquad (5.4.5)$$

上式就是高斯定理的数学表达式,高斯定理中的闭合曲面称为
高斯面.式(5.4.5)表示在真空中的静电场,通过任意闭合曲面
的电场强度通量等于该闭合曲面所包围的所有电荷的代数和
除以 ε_0,这就是真空中静电场的高斯定理.所以,穿过任意高斯
面的电场强度通量只与高斯面所包围的电荷量有关,与高斯面
的形状无关,也与高斯面内外电荷的分布无关,高斯面内外的
电荷分布影响的是高斯面上各点的电场强度,不影响通过高斯
面的通量.

　　虽然高斯定理是在库仑定律基础上得到的,但是高斯定理适
用范围比库仑定律更广泛.库仑定律只适用于真空中的静电场,
而高斯定理适用于静电场和随时间变化的场,高斯定理是电磁理
论的基本方程之一.高斯定理的重要意义在于把电场与产生电场
的源电荷联系起来了,它反映了静电场的一个基本性质,即:静电
场是有源场.当然,单靠高斯定理描述静电场是不完备的,只有和
反映静电场另一性质的定理——静电场的环路定理结合起来,才
能完整地描述静电场.

高斯定理的数学表达式

真空中静电场的高斯定理

5.4.4 高斯定理的应用举例

　　高斯定理的一个重要应用就是用来计算某些所带电荷具有
对称性分布的带电体的电场强度.求解的步骤一般为:(1)首先
由电荷分布的对称性,分析电场强度分布的对称性,判断能否用
高斯定理来求电场强度的分布;(2)根据电场强度分布的特点,
选取合适的高斯面,应使选取的高斯面通过待求电场强度的场
点,要求高斯面上各点或者部分点的 $\boldsymbol{E}$ 的大小处处相等,同时各
面元的法线矢量 $\boldsymbol{e}_n$ 与 $\boldsymbol{E}$ 平行或垂直,从而使面积分变得简单易
算.下面通过几个例子,说明如何用高斯定理计算对称分布的电
场的电场强度.

例题 5-2

　　如例题 5-2 图所示,一均匀带电球面,电荷为 $Q(Q>0)$,半径为 R,求球面内外任一点的
电场强度.

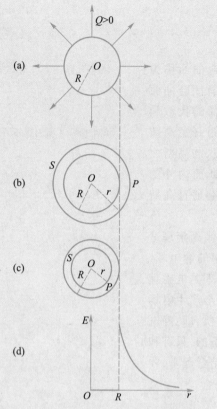

(a)

(b)

(c)

(d)

例题 5-2 图 均匀带电球面的电场强度分布

解: 由于电荷分布是球对称的,所以产生的电场分布也是球对称的,电场强度方向沿半径向外.如例题 5-2 图所示,以 O 为球心、R 为半径作一球面,则在同一球面上的各点电场强度大小处处相等,且 E 的方向与球面

上各处的面积元 dS 的方向相同.

若点 P 在如例题 5-2 图(a)所示的带电球面外部,则以 O 为圆心,通过点 P 以半径 r 作一球面 S 作为高斯面,如例题 5-2 图(b)所示,它所包围的电荷为 Q,由高斯定理可得

$$\oint_S \boldsymbol{E} \cdot d\boldsymbol{S} = E \cdot 4\pi r^2 = \frac{Q}{\varepsilon_0}$$

于是,点 P 的电场强度为

$$E = \frac{Q}{4\pi\varepsilon_0 r^2} \quad (r > R)$$

上式表明均匀带电球面外部的电场强度与电荷全部集中在球心处的等量电荷在该点产生的电场强度相等.

若点 P 在如例题 5-2 图(a)所示的带电球面内部,则以 O 为圆心,通过点 P 以半径 r 作一球面 S 作为高斯面,如例题 5-2 图(c)所示,它所包围的电荷为 0,由高斯定理可得

$$\oint_S \boldsymbol{E} \cdot d\boldsymbol{S} = E \cdot 4\pi r^2 = 0$$

于是,点 P 的电场强度为

$$E = 0 \quad (r < R)$$

上式表明均匀带电球面内部的电场强度处处为零.

例题 5-2 图(d)给出了电场强度随距离变化的 E-r 分布曲线,可以看出,电场强度值在球面($r = R$)上是不连续的.

例题 5-3

如例题 5-3 图所示,求无限长均匀带电直线的电场强度分布,设电荷线密度为 λ($\lambda > 0$).

解: 如例题 5-3 图所示,由于无限长均匀带电直线产生的电场强度分布具有轴对称性,E 的方向垂直于直线,且在以直线为轴的任一圆柱面的侧面上的各点电场强度大小都相等.所以,以直线为轴线,过场点 P 作半径为 r,高为 l 的圆柱形高斯面,由于 E

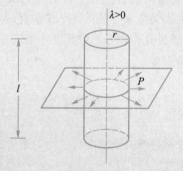

例题 5-3 图 无限长均匀带电直线的电场

与上、下底面的法线垂直,所以通过圆柱两个底面的电场强度通量为零.则通过整个柱面的电场强度通量为

$$\Phi_e = \oint_S \boldsymbol{E} \cdot d\boldsymbol{S} = \int_{侧面} \boldsymbol{E} \cdot d\boldsymbol{S} = E \cdot 2\pi rl$$

此高斯面所包围的电荷为 λl,所以,由高斯定理得

$$E \cdot 2\pi rl = \frac{1}{\varepsilon_0} \lambda l$$

由此可得

$$E = \frac{\lambda}{2\pi\varepsilon_0 r}$$

即无限长均匀带电直线外一点的电场强度与该点距带电直线的垂直距离 r 成反比,与电荷线密度 λ 成正比. $\boldsymbol{E}$ 的方向垂直于带电直线且由带电直线指向场点 P(若 $\lambda < 0$,则 $\boldsymbol{E}$ 由场点指向带电直线).

例题 5-4

如例题 5-4 图所示,无限大均匀带电平面,电荷面密度为 σ,求平面外任一点的电场强度.

解: 由于平面是无限大均匀带电平面,其产生的电场分布是关于平面对称的,电场强度方向垂直于平面,距平面两侧等距离处电场强度的大小相等,且垂直于该平面. 如例题 5-4 图所示,设 P 为场点,过点 P 作一底面平行于平面且关于平面对称的圆柱形高斯面,由高斯定理可得

$$\oint_S \boldsymbol{E} \cdot d\boldsymbol{S} = \int_{S_{左底面}} \boldsymbol{E} \cdot d\boldsymbol{S} + \int_{S_{右底面}} \boldsymbol{E} \cdot d\boldsymbol{S}$$

$$= ES + ES = \frac{\sigma S}{\varepsilon_0}$$

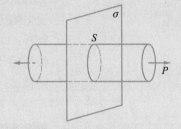

例题 5-4 图　无限大均匀带电平面的电场

$$E = \frac{\sigma}{2\varepsilon_0}$$

上式表明,无限大均匀带电平面产生的电场是均匀电场,$\boldsymbol{E}$ 的方向与带电平面垂直.

从上面几个例子看出,用高斯定理求电场强度是比较简单的.但是在用高斯定理求电场强度时,要求带电体必须具有一定的对称性,使高斯面上电场分布具有一定的对称性,在具有某种对称性时,才能选出合适的高斯面,从而很简便地计算出电场强度.

思考

5.4　在空间里的电场线为什么不相交?

5.5　如果穿过曲面的电场强度通量为零,那么,能否说此曲面上每一点的电场强度也必为零呢?

5.6　若穿过一闭合曲面的电场强度通量不为零,是否在此闭合曲面上每一点的电场强度一定都不为零?

5.7 一点电荷放在球形高斯面的球心处,试讨论下列情形下电场强度通量的变化情况:(1) 若此球形高斯面被一与它相切的正方体表面所代替;(2) 点电荷离开球心,但仍在球内;(3) 有另一个电荷放在球面外;(4) 有另一个电荷放在球面内.

5.5 静电场的环路定理 电势能

在前几节中,从电荷在电场中受到电场力这一事实出发,研究了静电场的性质,并引入电场强度作为描述电场性质的物理量,高斯定理揭示了静电场是一个有源场.既然电荷在电场中要受电场力的作用,那么电荷在电场中移动时,电场一定会对电荷做功.本节将从电场力做功的角度入手,导出反映静电场另一个性质的环路定理,从而揭示静电场是一个保守力场,引出电势能的概念.

5.5.1 静电场力所做的功

在力学中,引进了保守力和非保守力的概念.保守力的特征是做功只与始末位置有关,与路径无关.在保守力场中可以引进势能的概念.在此,我们研究静电力做功的特点,判断静电力是否为保守力.

首先讨论点电荷产生电场的情况,如图5.5-1所示,正点电荷 q 放置于点 O,试验电荷 q_0 在点电荷 q 所激发的电场中沿任意路径由点 a 运动到点 b.设路径上任一点处的电场强度为 E,任取一位移元 dl,静电场力 F 对 q_0 所做的元功为

$$dW = q_0 E \cdot dl = q_0 E \cos \theta dl$$

式中,θ 是 E 与 dl 之间的夹角,由图5.5-1可知 $dl\cos\theta = dr$,于是

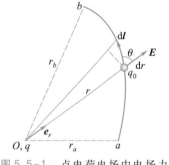

图5.5-1 点电荷电场中电场力的功

$$dW = \frac{qq_0}{4\pi\varepsilon_0 r^2}\cos\theta dl = \frac{qq_0}{4\pi\varepsilon_0 r^2}dr$$

在试验电荷 q_0 沿任意路径从点 a 移动到点 b 的过程中,电场力所做的总功为

$$W = \int_a^b dW = \frac{qq_0}{4\pi\varepsilon_0}\int_{r_a}^{r_b}\frac{1}{r^2}dr = \frac{qq_0}{4\pi\varepsilon_0}\left(\frac{1}{r_a} - \frac{1}{r_b}\right) \quad (5.5.1)$$

式中,r_a 和 r_b 分别为起点 a 和终点 b 与点电荷 q 的距离.上式表明,在静止点电荷 q 的电场中,电场力对试验电荷 q_0 所做的功与

路径无关,只与试验电荷 q_0 的始末位置有关.

电场一般是由点电荷系或任意带电体激发的,而任意带电体可以视为由无限多个点电荷组成的点电荷系. 由电场强度的叠加原理可知,点电荷系的电场强度为各个点电荷单独存在时在该点产生的电场强度的矢量和,即 $E = E_1 + E_2 + \cdots + E_n$. 因此,任意点电荷系的电场力对试验电荷 q_0 所做的功,等于点电荷系中各个点电荷的电场力做功的代数和,即

$$W = q_0 \int_l E \cdot dl = q_0 \int_l E_1 \cdot dl + q_0 \int_l E_2 \cdot dl + \cdots + q_0 \int_l E_n \cdot dl$$

上式中每一项均与路径无关,所以它们的代数和也必然与路径无关. 由此得出如下结论:试验电荷在静电场中移动时,电场力所做的功只与该试验电荷的大小以及路径起点和终点的位置有关,与该路径无关. 所以,静电场力做功与路径无关,静电场力是保守力,静电场是保守力场.

5.5.2 静电场的环路定理

静电场力做功与路径无关这一结论还可以用另一种形式表达. 试验电荷在电场中从某点出发,经过闭合路线 L 又回到原来位置,由式(5.5.1)可知电场力做功为零,即

$$W = q_0 \oint_L E \cdot dl = 0$$

因为试验电荷 $q_0 \neq 0$,所以上式可写成

$$\oint_L E \cdot dl = 0 \tag{5.5.2}$$

任何矢量沿闭合路径的线积分称为该矢量的环流. 上式表明,静电场中电场强度的环流为零,这一结论称为静电场的环路定理. 与高斯定理一样,环路定理也是表述静电场性质的一个重要定理,静电场的环路定理表明,静电场的电场线不可能是闭合的,静电场是保守力场,因此可以引入电势能的概念.

静电场的环路定理

5.5.3 电势能

力学中,引入了重力势能、弹性势能的概念,同样静电力也是保守力,可以引入电势能的概念,所以静电场力对电荷所做的功等于电荷电势能的减少量. 用 E_{pa} 和 E_{pb} 表示试验电荷在电场中的

点 a 和点 b 的电势能,则试验电荷从点 a 移动到点 b,静电场力对它所做的功为

$$W = \int_a^b q_0 \boldsymbol{E} \cdot \mathrm{d}\boldsymbol{l} = E_{\mathrm{p}a} - E_{\mathrm{p}b} \tag{5.5.3}$$

电势能与重力势能、弹性势能相似,是一个相对的量.为了确定电荷在电场中某点的电势能的大小,必须选一个参考点作为电势能的零点.电势能的零点与其他势能零点一样,也是可以任意选的.对于电荷分布在有限空间的带电体来说,一般选无限远处的电势能为零.选 $E_{\mathrm{p}b} = 0$,令点 b 在无限远处,由式(5.5.3),试验电荷 q_0 在点 a 的电势能为

$$E_{\mathrm{p}a} = q_0 \int_a^\infty \boldsymbol{E} \cdot \mathrm{d}\boldsymbol{l} \tag{5.5.4}$$

上式表明,试验电荷 q_0 在电场中某点处的电势能等于把它从该点移到电势能零点处电场力所做的功.

在国际单位制中,电势能的单位是焦耳,记为 J,还可以用电子伏,记为 eV.1 eV 表示 1 个电子通过 1 V 电势差时所获得的能量,即

$$1 \text{ eV} = 1.602 \times 10^{-19} \text{ J}$$

思考

5.8 简述电场力做功的特点,判断静电场的电场线能否闭合.

5.6 电势

5.6.1 电势 电势差

由式(5.5.4)可知,试验电荷 q_0 在电场中某点 a 处的电势能与 q_0 的大小成正比,而比值 $E_{\mathrm{p}a}/q_0$ 却与 q_0 无关,只取决于电场的性质及场点 a 的位置,所以这一比值是反映电场自身性质的物理量,称为电势.用 V_a 来表示点 a 的电势,即

$$V_a = \frac{E_{\mathrm{p}a}}{q_0} = \int_a^{\text{电势零点}} \boldsymbol{E} \cdot \mathrm{d}\boldsymbol{l} \tag{5.6.1}$$

上式表明,电场中某一点的电势,在数值上等于单位正电荷在该点的电势能,也等于把单位正电荷从该点移到电势能零点时,电

场力所做的功.

电势是标量,在国际单位制中,电势的单位是伏特,简称伏,记为 V. 所以,电场强度的单位也可表示为伏特每米,记为 $V \cdot m^{-1}$.

为确定电场中各点的电势,也必须选一个参考点作为电势零点.电势零点的选择是任意的,可以视研究问题的方便而定.在具体计算中,当电荷分布在有限区域时,通常选择无限远处的电势为零;但是对于"无限大"或"无限长"的带电体,就不能将无限远处作为电势的零点,这时只能在有限的范围内选取某点为电势零点.而在实际工作中,通常选择大地的电势为零.这样,任何导体接地后,都可以认为它的电势为零.在电子仪器中,常取机壳或公共地线为电势零点.

在静电场中,任意两点 a 和 b 之间的电势之差称为电势差,也称为电压,记为 U_{ab}. 即

$$U_{ab} = V_a - V_b = \int_a^\infty \boldsymbol{E} \cdot \mathrm{d}\boldsymbol{l} - \int_b^\infty \boldsymbol{E} \cdot \mathrm{d}\boldsymbol{l} = \int_a^b \boldsymbol{E} \cdot \mathrm{d}\boldsymbol{l} \qquad (5.6.2)$$

上式表明,静电场中任意两点 a、b 之间的电势差,在数值上等于把单位正电荷从点 a 移到点 b 时,电场力所做的功.因此,如果已知点 a 和点 b 的电势,就可以很方便地求得把电荷 q_0 从点 a 移到点 b 电场力所做的功,为

$$W = q_0 \int_a^b \boldsymbol{E} \cdot \mathrm{d}\boldsymbol{l} = q_0 U_{ab} = q_0 (V_a - V_b) \qquad (5.6.3)$$

5.6.2 点电荷电场的电势

在点电荷 q 的电场中,选无限远处为电势零点,距 q 为 r 处的点 a 处的电势由式(5.6.1)和式(5.3.3)可知为

$$V_a = \int_r^\infty \boldsymbol{E} \cdot \mathrm{d}\boldsymbol{l} = \int_r^\infty \frac{q}{4\pi\varepsilon_0 r^2} \mathrm{d}r = \frac{q}{4\pi\varepsilon_0 r} \qquad (5.6.4)$$

上式表明,在点电荷周围空间任一点的电势与该点离点电荷 q 的距离 r 成反比.当 $q>0$ 时,电势都是正值,随着 r 的增加而减小,至无限远处为零;当 $q<0$ 时,电势都是负值,虽然无限远处电势为零,但却最大.

5.6.3 电势的叠加原理

如果电场是由 n 个点电荷 $q_1, q_2, \cdots, q_n$ 组成的点电荷系所激发的,每个点电荷单独存在时产生的电场为 $E_1, E_2, \cdots, E_n$,则某点 a 的电势由电场强度叠加原理和电势的定义式(5.6.1)可得

$$V_a = \int_a^\infty \boldsymbol{E} \cdot \mathrm{d}\boldsymbol{l} = \int_a^\infty \sum_{i=1}^n \boldsymbol{E}_i \cdot \mathrm{d}\boldsymbol{l} = \sum_{i=1}^n \int_a^\infty \boldsymbol{E}_i \cdot \mathrm{d}\boldsymbol{l}$$

$$= \sum_{i=1}^n V_{ai} = \sum_{i=1}^n \frac{q_i}{4\pi\varepsilon_0 r_i} \qquad (5.6.5)$$

上式表明,点电荷系所激发的电场中某点 a 的电势,等于各点电荷单独存在时在该点的电势的代数和. 这一结论称为**静电场的电势叠加原理**.

如果电场是由电荷连续分布的带电体所激发,可以把带电体分为无限多个电荷元 $\mathrm{d}q$,每个电荷元都可以视为点电荷,电荷元 $\mathrm{d}q$ 在电场中与 $\mathrm{d}q$ 距离为 r 处的某点产生的电势为

$$\mathrm{d}V = \frac{\mathrm{d}q}{4\pi\varepsilon_0 r}$$

而整个电荷连续分布的带电体在该点的电势则为这些电荷元电势的叠加,即

$$V = \int \mathrm{d}V = \int \frac{\mathrm{d}q}{4\pi\varepsilon_0 r} \qquad (5.6.6)$$

积分遍及整个带电体. 因为电势是标量,所以只需作标量积分,显然电势的叠加原理要比电场强度的叠加原理计算简单些.

这样,得到了两种计算电势的方法:定义法和叠加原理法.

(1) 定义法

已知电场强度分布,由电势与电场强度的积分关系 $V_a = \int_a^{\text{电势零点}} \boldsymbol{E} \cdot \mathrm{d}\boldsymbol{l}$ 计算.

(2) 叠加原理法

已知电荷分布,由电势叠加原理 $V = \int \frac{\mathrm{d}q}{4\pi\varepsilon_0 r}$ 来计算.

下面通过几个例子,用不同的方法来计算电势,供大家分析比较.

例题 5-5

如例题 5-5 图所示,均匀带电球面的半径为 R,电荷为 q,求球面内外任一点的电势.

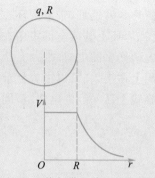

例题 5-5 图 均匀带电球面的电势分布

解:由例题 5-2 的结论可知均匀带电球面的电场强度分布为

$$\begin{cases} E = \dfrac{Q}{4\pi\varepsilon_0 r^2} & (r>R) \\[2mm] E = 0 & (r<R) \end{cases}$$

由电势定义式,在球面外,当 $r>R$ 时,与球心距离为 r 的点 P 处的电势为

$$V_P = \int_r^\infty \boldsymbol{E} \cdot \mathrm{d}\boldsymbol{r} = \int_r^\infty \frac{q}{4\pi\varepsilon_0 r^2}\mathrm{d}r = \frac{q}{4\pi\varepsilon_0 r}$$

上式表明,均匀带电球面在球面外任一点的电势和把全部电荷集中于球心的一个点电荷在该点的电势相同.

在球面内,当 $r<R$ 时,由于球内外的电场强度函数关系不同,求电势时积分必须分段进行,则与球心距离为 r 的点 Q 处的电势为

$$\begin{aligned} V_Q &= \int_r^R \boldsymbol{E}_{球内} \cdot \mathrm{d}\boldsymbol{r} + \int_R^\infty \boldsymbol{E}_{球外} \cdot \mathrm{d}\boldsymbol{r} \\ &= 0 + \int_R^\infty \frac{q}{4\pi\varepsilon_0 r^2}\mathrm{d}r = \frac{q}{4\pi\varepsilon_0 R} \end{aligned}$$

上式表明,均匀带电球面内任一点的电势与球面上的电势相等,故球面及其内部是一个等电势的区域. 这是由于球面内任一点 $\boldsymbol{E}=0$,在球面内移动电荷电场力不做功,即电势差等于零,所以有上面的结论. 均匀带电球面内外电势分布曲线如例题 5-5 图所示.

例题 5-6

如例题 5-6 图所示,均匀带电圆环电荷为 q,半径为 R,求其轴线上任一点的电势.

解:如例题 5-6 图所示,取圆环轴线为 x 轴,坐标原点与圆心 O 重合,在轴线上任取一点 P,其坐标为 x. 在圆环上取一线元 $\mathrm{d}l$,其电荷线密度 $\lambda = q/(2\pi R)$,对应的电荷元 $\mathrm{d}q = \lambda\,\mathrm{d}l$,每个电荷元到场点的距离都为 $r = \sqrt{R^2+x^2}$,所以电荷元 $\mathrm{d}q$ 在点 P 处的电势为

$$\mathrm{d}V_P = \frac{\mathrm{d}q}{4\pi\varepsilon_0 r} = \frac{\lambda\,\mathrm{d}l}{4\pi\varepsilon_0\sqrt{R^2+x^2}}$$

则整个圆环在点 P 的电势为

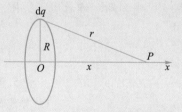

例题 5-6 图 均匀带电圆环的电势分布

$$\begin{aligned} V_P &= \int \mathrm{d}V_P = \oint_l \frac{\lambda\,\mathrm{d}l}{4\pi\varepsilon_0\sqrt{R^2+x^2}} = \frac{2\pi\lambda R}{4\pi\varepsilon_0\sqrt{R^2+x^2}} \\ &= \frac{q}{4\pi\varepsilon_0\sqrt{R^2+x^2}} \end{aligned}$$

上式表明,均匀带电圆环在轴线上任一点的电势是该点与环心 O 的距离 x 的函数,即

$V=V(x)$. 下面分两种情况进行讨论.

(1) 当 $x=0$ 时,圆环中心处的电势为

$$V_0 = \frac{q}{4\pi\varepsilon_0 R}$$

(2) 当 $x \gg R$ 时,则 $(R^2+x^2)^{1/2} \approx x$,此时有

$$V_P = \frac{q}{4\pi\varepsilon_0 x}$$

即在距圆环足够远处,带电圆环在轴线上的电势,可视为环上电荷全部集中在环心处的一个点电荷产生的电势.

利用上述结果,可以很容易求出均匀带电圆盘轴线上任一点的电势. 请同学们课后思考.

例题 5-7

如例题 5-7 图所示,已知无限长均匀带电直线的电荷线密度为 λ,求直线外任一点 P 处的电势.

解: 对于无限长均匀带电直线,由于电荷分布不是有限分布,而是扩展到无限远的,所以不能选无限远处为电势零点,必须另外选一个零电势参考点. 如例题 5-7 图所示,本题中可取电场中任一点 b(距直线距离为 r_0)为电势零点,即 $V_{b(r=r_0)}=0$,则由定义法求解点 P 的电势为

$$V = \int_r^{r_0} \boldsymbol{E} \cdot \mathrm{d}\boldsymbol{l}$$

例题 5-3 已由高斯定理求出了无限长均匀

带电直线外任一点电场强度为

$$E = \frac{\lambda}{2\pi\varepsilon_0 r}$$

所以得到点 P 的电势为

例题 5-7 图 均匀带电直线的电势分布

$$V = \int_r^{r_0} \boldsymbol{E} \cdot \mathrm{d}\boldsymbol{l} = \int_r^{r_0} \frac{\lambda}{2\pi\varepsilon_0 r}\mathrm{d}r = \frac{\lambda}{2\pi\varepsilon_0}(\ln r_0 - \ln r)$$

思考

5.9 电场中两点电势的高低是否与试验电荷的正负有关? 电势能的高低呢? 沿着电场线移动负试验电荷时,电势是升高还是降低? 它的电势能增加还是减少?

5.10 电场中,有两点的电势差为零,如在两点间选一路径,在这路径上,电场强度也处处为零吗? 试说明.

5.7 等势面

前面用电场线形象地描述了电场强度的分布情况,现在用等势面形象地描述电势的分布,并指出两者的联系.

一般来说,静电场中各点的电势是逐点变化的,但是场中有许多点的电势值是相等的.把电场中电势相等的点连接起来构成的曲面称为**等势面**.

静电场中,在等势面上移动电荷时,电场力不做功.若点电荷 q_0 在等势面上移动 $\mathrm{d}l$ 时,即 $q_0 \boldsymbol{E} \cdot \mathrm{d}\boldsymbol{l} = 0$. 由于 q_0、$\boldsymbol{E}$、$\mathrm{d}\boldsymbol{l}$ 均不为零,所以只能是 $\boldsymbol{E} \perp \mathrm{d}\boldsymbol{l}$,即某点的电场强度与通过该点的等势面垂直,这就是电场线和等势面处处正交的重要结论.

前面曾用电场线的疏密表示电场的强弱,现在也可以用等势面的疏密来表示电场的强弱.因此,对等势面的疏密作了这样的规定:电场中任意两个相邻等势面之间的电势差都相等.根据这一规定,图 5.7-1 给出了几种典型电场的等势面和电场线分布图.图中实线代表电场线,虚线代表等势面.从图中可以看出,等势面越密的地方,电场强度越大.这样就将电场中电场强度与电势之间的关系直观、形象地表示出来了.例如图 5.7-1(a),在点电荷的电场中,等势面是以点电荷为球心的一系列同心球面.显然,电场线与等势面处处正交,电场线的方向指向电势降落的方向.

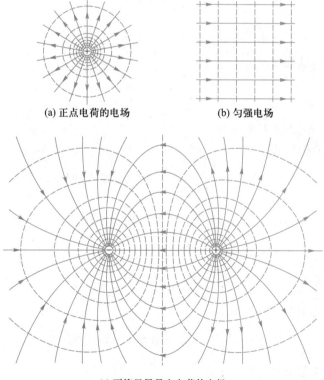

(a) 正点电荷的电场　　　(b) 匀强电场

(c) 两等量异号点电荷的电场

图 5.7-1　电场线与等势面

电场强度与电势梯度

电场强度和电势是描述电场性质的两个重要物理量,它们之间应有一定的关系.前面已学过电场强度 $\boldsymbol{E}$ 与电势 V 之间的积分关系. 电势 V 与电场强度 E 的关系还可以用微分形式 $E = -\left(\dfrac{\partial V}{\partial x}\boldsymbol{i} + \dfrac{\partial V}{\partial y}\boldsymbol{j} + \dfrac{\partial V}{\partial z}\boldsymbol{k}\right)$ 表示,即已知电势分布 $V(x,y,z)$,就可求出电场中各点的电场强度.

思考

5.11 在电场中,电场强度为零的点,电势是否一定为零? 电势为零的点,电场强度是否一定为零? 试举例说明.

知识要点

（1）基本定律

电荷守恒定律:在一个封闭系统内,不论系统中的电荷如何迁移,系统内正、负电荷的电荷量的代数和保持不变.

库仑定律 $\qquad F = \dfrac{1}{4\pi\varepsilon_0}\dfrac{q_1 q_2}{r^2}\boldsymbol{e}_r$

（2）两个场量

电场强度 $\qquad E = \dfrac{F}{q_0}$

电势 $\qquad V_a = \displaystyle\int_a^{电势零点} \boldsymbol{E} \cdot \mathrm{d}\boldsymbol{l}$

（3）两条基本定理

高斯定理

$$\oint_S \boldsymbol{E} \cdot \mathrm{d}\boldsymbol{S} = \dfrac{1}{\varepsilon_0}\sum_{\substack{i=1 \\ S内}}^{n} q_i \quad 静电场是有源场$$

环路定理 $\quad \displaystyle\oint_L \boldsymbol{E} \cdot \mathrm{d}\boldsymbol{l} = 0 \quad$ 静电场是保守力场

（4）典型电场

点电荷 $\qquad E = \dfrac{Q}{4\pi\varepsilon_0 r^2}\boldsymbol{e}_r$

无限长均匀带电直线

$$E = \dfrac{\lambda}{2\pi\varepsilon_0 r} \quad （方向垂直于带电直线）$$

无限大均匀带电平面

$$E = \dfrac{\sigma}{2\varepsilon_0} \quad （方向垂直于带电平面）$$

均匀带电球面

$$E = \frac{Q}{4\pi\varepsilon_0 r^2} e_r \quad (r>R), \quad E = 0 \, (r<R)$$

（5）静电场力的功 $W = q_0 \int_a^b \boldsymbol{E} \cdot \mathrm{d}\boldsymbol{l} = q_0 U_{ab}$
$$= q_0 (V_a - V_b)$$

习题

5-1 下列说法中正确的是（　　）.

（A）电场中某点电场强度的方向,就是将点电荷放在该点所受电场力的方向

（B）在以点电荷为中心的球面上,由该点电荷产生的电场强度处处相同

（C）电场强度方向可由 $\boldsymbol{E} = \boldsymbol{F}/q$ 定出,其中 q 为试验电荷的电荷量,q 可正、可负,$\boldsymbol{F}$ 为试验电荷所受的电场力

（D）以上说法都不正确

5-2 在一个带负电的带电棒附近有一对电偶极子,其电偶极矩 $\boldsymbol{p}$ 的方向如习题 5-2 图所示. 当电偶极子被释放后,该电偶极子将（　　）.

习题 5-2 图

（A）沿逆时针方向旋转,直到电偶极矩 $\boldsymbol{p}$ 水平指向棒尖端为止

（B）沿逆时针方向旋转至电偶极矩 $\boldsymbol{p}$ 水平指向棒尖端,同时沿电场线方向朝着棒尖端移动

（C）沿逆时针方向旋转至电偶极矩 $\boldsymbol{p}$ 水平指向棒尖端,同时逆电场线方向远离棒尖端移动

（D）沿顺时针方向旋转至电偶极矩 $\boldsymbol{p}$ 水平方向沿棒尖端朝外,同时沿电场线方向朝着棒尖端移动

5-3 下列说法正确的是（　　）.

（A）闭合曲面上各点电场强度都为零时,曲面内一定没有电荷

（B）闭合曲面上各点电场强度都为零时,曲面内电荷的代数和必定为零

（C）闭合曲面的电场强度通量为零时,曲面上各点的电场强度必定为零

（D）闭合曲面的电场强度通量不为零时,曲面上任意一点的电场强度都不可能为零

5-4 下列说法正确的是（　　）.

（A）电场强度为零的点,电势也一定为零

（B）电场强度不为零的点,电势也一定不为零

（C）电势为零的点,电场强度也一定为零

（D）电势在某一区域内为常量,则电场强度在该区域内必定为零

5-5 有一个球形的橡皮气球,电荷均匀分布在表面上. 在此气球被吹大的过程中,下列各处的电场强度怎样变化?

（1）始终在气球内部的点;（2）始终在气球外部的点;（3）被气球表面掠过的点.

5-6 两小球的质量都是 m,都用长为 l 的细绳挂在同一点,它们带有相同电荷量,静止时两线夹角为 2θ,如习题 5-6 图所示. 设小球的半径和线的质量都可以忽略不计,求每个小球所带的电荷量.

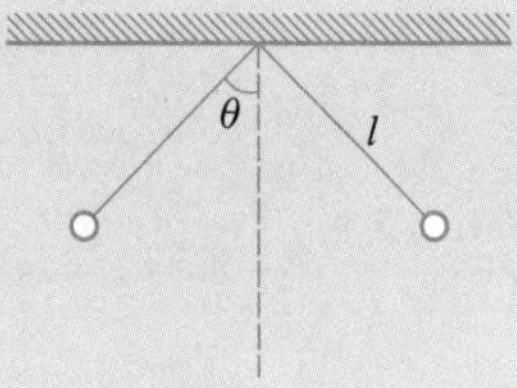

习题 5-6 图

5-7 一个半径为 R 的均匀带电半圆环,电荷线密度为 λ,求环心处点 O 的电场强度.

5-8 有一半径为 R 的均匀带电球体,电荷体密度为 ρ,（1）求电场强度分布;（2）画出电场强度随距离 r 变化的曲线.

5-9 地球周围的大气犹如一部大电机,由于雷雨云和大气气流的作用,在晴天区域大气电离层总是

带有大量的正电荷,云层下地球表面必然带有负电荷.晴天大气电场平均电场强度约为 $120 \text{ V} \cdot \text{m}^{-1}$,方向指向地面.试求地球表面单位面积所带的电荷(以每平方厘米内的电子数表示).

5-10 两条无限长平行直线相距 r_0,均匀带有等量异号电荷,电荷线密度为 λ.(1) 求两线构成的平面上任一点的电场强度(设该点到其中一线的垂直距离为 x);(2) 求每一根直线上单位长度直线受到另一根直线上电荷作用的电场力.

5-11 在电荷体密度为 ρ 的均匀带电球体中,存在一个球形空腔,若将带电体球心 O 指向球形空腔球心 O' 的矢量用 $\boldsymbol{a}$ 表示,如习题 5-11 图所示.试证明球形空腔中任一点的电场强度为

$$E = \frac{\rho}{3\varepsilon_0}\boldsymbol{a}$$

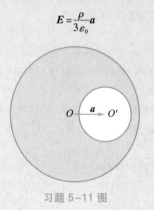

习题 5-11 图

5-12 两个带有等量异号电荷的无限长同轴圆柱面,半径分别为 R_1 和 $R_2(R_2 > R_1)$,电荷线密度分别为 $+\lambda$ 和 $-\lambda$,求离轴线为 r 处的电场强度大小,r 分别满足:(1) $r \leq R_1$;(2) $R_1 < r < R_2$;(3) $r \geq R_2$.

5-13 两个同心球面的半径分别为 R_1 和 R_2,各自带有电荷 Q_1 和 Q_2.求:(1) 各区域电场强度的分布;(2) 各区域电势的分布.

5-14 如习题 5-14 图所示,有三个点电荷 Q_1、Q_2、Q_3 沿一条直线等间距分布,且 $Q_1 = Q_3 = Q$.已知其中任一点电荷所受合力均为零,求在固定 Q_1、Q_3 的情况下,将 Q_2 从点 O 移到无穷远处外力所做的功.

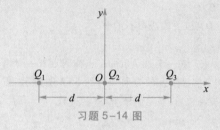

习题 5-14 图

5-15 一圆盘半径 $R = 3.00 \times 10^{-2} \text{ m}$,圆盘均匀带电,电荷面密度 $\sigma = 2.00 \times 10^{-5} \text{ C} \cdot \text{m}^{-2}$.(1) 求轴线上的电势分布;(2) 计算离盘心 30.0 cm 处的电势.

本章计算题参考答案

章 首 问 题

　　如图所示是在山东省科技馆看到的静电游戏"怒发冲冠",大家知道女孩的头发为什么会竖起来吗? 为什么让头发竖起来的静电球的电压能够达到 10^6 V 而不致人受伤害?

章首问题解答

第6章 电场中的导体与电介质

上一章,讨论了真空中的静电场.实际上,在静电场中总是存在着导体或者电介质,置于电场中的导体或电介质,其上的电荷分布将发生变化,而导体或电介质反过来又会影响静电场的分布.本章将讨论静电场中有导体和电介质存在时的各种问题,介绍几个新的物理量来描述电场,主要内容有:静电场中导体的静电平衡条件及性质,电介质的极化及有介质时的高斯定理,电容及电容器,静电场的能量等.

6.1 静电场中的导体

6.1.1 静电平衡条件

在中学已经学过,导体处于静电场中时,会产生静电感应现象.当导体内部的电场强度处处为零,导体内没有电荷作定向运动时,导体达到静电平衡状态.

静电感应现象
静电平衡状态

当导体达到静电平衡状态时,导体内部和表面都没有电荷的定向运动,这就要求导体表面电场强度的方向垂直于表面,从而自由电子不会沿表面运动.否则电场强度沿表面有切向分量,自由电子在切向力的作用下,将沿导体表面作宏观定向运动,这样导体就未达到静电平衡状态.所以当导体处于静电平衡状态时,必须满足以下两个条件:

(1)导体内部任一点的电场强度为零;

(2)导体表面处电场强度的方向,处处与导体表面垂直.

由于导体在静电平衡时,导体内部任一点的电场强度为零,所以在导体内任意取两点 P、Q,这两点间的电势差为

$$U_{PQ} = \int_P^Q \boldsymbol{E} \cdot \mathrm{d}\boldsymbol{l} = 0$$

这样,导体的静电平衡条件也可以用电势表述:在静电平衡时,导体内任意两点的电势是相等的.而导体的表面,因为电场强度的方向处处与导体表面垂直,所以导体表面是一等势面.不言而喻,在静电平衡时,导体内部和导体表面的电势是相等的,否则就会发生电荷的定向运动.总之,当导体处于静电平衡状态时,导体上的电势处处相等,导体是一等势体,与导体表面等势.

6.1.2 静电平衡时导体上的电荷分布

1. 导体处在静电平衡时,导体内部处处没有净电荷存在,电荷只能分布在导体表面.

如图 6.1-1 所示,有一实心带电导体处于静电平衡状态,在导体内部作任意闭合高斯面 S,由于导体内部的电场强度处处为零,所以通过导体内部任意闭合高斯面的电场强度通量必为零,即

$$\oint_S \boldsymbol{E} \cdot \mathrm{d}\boldsymbol{S} = \frac{1}{\varepsilon_0} \sum_{S内} q_i = 0$$

这说明,此高斯面内所包围的电荷的代数和为零.因为高斯面是任意作出的,所以可以得到如下结论:在静电平衡时,导体所带的电荷只能分布在导体的表面上,导体内部没有净电荷.

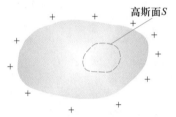

图 6.1-1 带电导体的电荷分布在导体表面

如果是空腔带电导体,且空腔内没有电荷,则在静电平衡时,空腔内表面不带任何电荷,电荷只能分布在外表面.

上述结论也可用高斯定理证明.如图 6.1-2 所示,在导体内作一图示高斯面 S,根据静电平衡时,导体内部电场强度处处为零,则有

$$\oint_S \boldsymbol{E} \cdot \mathrm{d}\boldsymbol{S} = \frac{1}{\varepsilon_0} \sum_{S内} q_i = 0$$

这说明导体内表面电荷的代数和为零.如果是空腔内表面上出现符号相反的等量电荷,那么内表面某处电荷面密度 $\sigma_e > 0$,则必有另一处 $\sigma_e < 0$,两者之间就必有电场线相连,就有电势差存在,这与导体是一等势体相矛盾.所以,导体内表面处处 $\sigma_e = 0$,电荷只能分布在外表面.

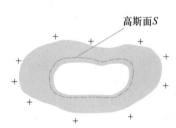

图 6.1-2 腔内不带电的导体腔的电荷只分布在外表面

如果是空腔带电导体,且空腔内有电荷 Q,则在静电平衡时,空腔内表面一定带等量异号电荷 $-Q$,外表面所带的电荷量取决于电荷守恒定律,读者可试用高斯定理和静电平衡条件予以证明.

2. 导体表面处电场强度的大小与该表面处电荷面密度 σ 成正比.

如图 6.1-3 所示,在导体表面取面积元 ΔS,当 ΔS 足够小时,

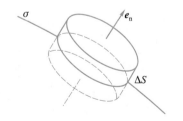

图 6.1-3 带电导体表面

其上的电荷分布可当作是均匀的,设其电荷面密度为 σ,则面积元 ΔS 上的电荷量为 $\Delta q = \sigma \Delta S.$ 在导体表面以面积元 ΔS 为底面积作扁圆柱形高斯面,下底面处于导体内,所以下底面电场强度处处为零,通过下底面的电场强度的通量也为零;在侧面上,电场强度或为零,或与侧面的法线垂直,所以通过侧面的电场强度通量也为零;上底面紧贴导体表面,上底面处的电场可以近似视为导体表面处的场,导体表面处的电场处处与表面垂直,故通过上底面的电场强度通量就是通过整个高斯面的电场强度的通量,为

$$\oint_S \boldsymbol{E} \cdot \mathrm{d}\boldsymbol{S} = E\Delta S = \frac{\sigma \Delta S}{\varepsilon_0}$$

得

$$E = \frac{\sigma}{\varepsilon_0} \tag{6.1.1}$$

上式表明,带电导体处于静电平衡时,导体表面之外非常邻近表面处的电场强度,其数值与该处电荷面密度成正比,其方向与导体表面垂直.电荷面密度大的地方,电场强度也大,电荷面密度小的地方,电场强度也小.当导体带正电时,电场强度的方向垂直表面向外;当导体带负电时,电场强度的方向垂直表面指向导体.应该注意的是,导体表面附近处的电场强度不单是该表面处的电荷所激发,而是导体表面上所有电荷以及空间其他带电体上的电荷所激发的合电场强度.外界是通过影响该表面处的电荷面密度 σ 来改变该表面处的电场强度的.

3. 处于静电平衡态的孤立导体,其表面上电荷面密度的大小与表面的曲率有关.

对于孤立导体,表面附近的电场强度也与电荷面密度成正比.而孤立导体表面处的电荷常常和曲率半径 ρ 有关.导体表面曲率半径较大的地方,电荷面密度较小,因此电场强度较小;导体表面曲率半径较小的地方,电荷面密度较大,因此电场强度较大,即导体尖端附近电场强度较大,平坦的地方次之,凹进去的地方最弱.在导体尖端附近电场强度特别大,当电场强度达到一定的程度时,可以使空气分子电离,产生尖端放电现象.例如,阴雨天气时,可在高压输电线表面附近看到淡蓝色辉光的电晕,就是尖端放电的结果.

尖端放电不仅浪费电能,还会损坏设备,引发事故.为此,高压线路上所有导体表面都尽量做成球形,并使导体表面尽可能地光滑来防止尖端放电.

尖端放电也有有用的一面,避雷针就是根据尖端放电的原理做成的,在高大建筑物顶端安装一个金属棒,用金属线将其与埋

在地下的一块金属板连接起来,在雷电发生时,利用尖端放电原理使强大的放电电流从和避雷针连接并接地良好的粗导线中流过,从而避免建筑物遭受雷击的破坏.

6.1.3 静电屏蔽

在静电平衡状态下,对空腔导体来说,不论导体空腔是否接地,腔内空间都不受外电场的影响,而接地的导体空腔将使外部空间不受腔内电场的影响,这就是空腔导体的静电屏蔽作用.

如图 6.1-4 所示,接地空腔导体内部带有电荷+Q,因为导体内部电场强度处处为零,则内表面上一定感应等量异号电荷-Q,而外表面感应的同号电荷+Q 则和大地的电荷中和,空腔外面的电场也就消失了,这样空腔内的带电体对空腔外就不会产生任何影响. 但是若空腔外表面不接地,则在空腔外表面还有与空腔内表面等量异号的感应电荷,其电场对外界会产生影响.

静电屏蔽作用在实际工作中有很多应用,例如屏蔽服、屏蔽线、金属网等都是常见的应用实例.

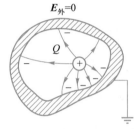

图 6.1-4　接地空腔导体的屏蔽作用

例题 6-1

一金属球壳的内、外半径分别为 R_1 和 R_2,所带电荷量为 Q. 在球心处有一电荷为 q 的点电荷,求球壳内表面上的电荷面密度 σ 和球壳的电势.

解:球壳内表面出现感应电荷-q,由于 q 位于球心,所以内表面的感应电荷均匀分布,则电荷面密度 $\sigma = -\dfrac{q}{4\pi R_1^2}$.

由电荷守恒定律和静电平衡性质,电荷仅分布在导体表面上,因而球壳外表面上均匀带电量为 Q+q. 电荷的分布已知后,可求出电场分布以及电势分布. 在球壳外部,电

场强度分布为

$$E = \frac{Q+q}{4\pi\varepsilon_0 r^2}$$

则球壳的电势为

$$V = \int \boldsymbol{E} \cdot \mathrm{d}\boldsymbol{l} = \int_{R_2}^{\infty} \frac{Q+q}{4\pi\varepsilon_0 r^2}\mathrm{d}r = \frac{Q+q}{4\pi\varepsilon_0 R_2}$$

读者也可以试用电势叠加原理求出球壳的电势.

思考

6.1　若有一个带电荷量为 Q 的孤立导体球,则电荷 Q 在其表面上如何分布? 导体内任一点的电场强度是多少? 导体球外

表面的电场强度沿什么方向? 导体球表面是否等电势?

6.2 将一带正电的导体 A 移近一个接地的导体 B 时,导体 B 是否维持零电势? 其上是否带电?

6.3 把一个带电物体移近一个导体壳,带电体单独在导体空腔内产生的电场强度是否等于零? 静电屏蔽效应是怎样体现的?

6.2 静电场中的电介质

电介质

上一节讨论了静电场中的导体的静电性质,本节将讨论电介质的静电性质. 电介质是电阻率很大、导电能力很弱的物质,如瓷、玻璃、纯水等. 在静电问题中,常常忽略电介质微弱的导电性,把它视为理想的绝缘体. 电介质除了具有电气绝缘性能,在电场作用下的电极化也是它的一个重要特性. 随着科学技术的发展,发现某些固体电介质具有许多与极化相关的特殊性能,称为电介质的功能特性,例如电致伸缩、压电性、热释电性、铁电性等,这些特性引起广泛的重视和研究. 下面将介绍电介质的极化机理和有介质时的高斯定理.

6.2.1 电介质的极化

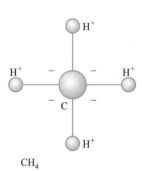

CH₄
图 6.2-1 甲烷分子

无极分子电介质

有极分子电介质

在电介质分子中,电子和原子核结合得较紧密,处于被束缚状态. 当把电介质放到外电场中时,电介质中的电子等带电粒子,在电场力作用下只能作微小的相对位移. 这就是电介质与导体在电学性能上的主要差别.

各向同性的电介质,按照分子内部电结构的不同,可分为两类:一类如氢、甲烷、石蜡等,它们的分子正、负电荷中心在无外电场时是重合的,如图 6.2-1 所示的甲烷分子,由这种分子构成的电介质称为无极分子电介质;另一类如水、有机玻璃、纤维素等,它们的分子正、负电荷中心在无外电场时也是不重合的,相当于有着固定电偶极矩的电偶极子,如图 6.2-2 所示的水分子,相当于一个电偶极子,由这种分子构成的电介质称为有极分子电介质.

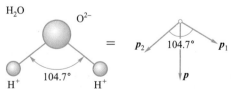

图 6.2-2 水分子

将电介质放在均匀外电场中,电介质的分子将受到电场的作用而发生变化. 对无极分子来说,由于分子中的正、负电荷受到相反方向的电场力,因而正、负电荷中心将发生微小位移,形成一个电偶极子,其电偶极矩排列方向大致与外电场方向相同,以至在电介质与外电场垂直的两个表面上分别出现正电荷和负电荷,如图 6.2-3(a)所示. 这种电荷不能在电介质内自由移动,也不能脱离电介质而单独存在,所以把它们称为**极化电荷**或**束缚电荷**. 在外电场作用下,电介质分子的电偶极矩趋于外电场方向排列,以至在电介质表面出现极化电荷的现象称为电介质的**极化现象**. 无极分子电介质的极化是正、负电荷中心发生位移形成的,称为**位移极化**. 当撤去外电场后,无极分子的正、负电荷中心因不再受电场力而重合,极化现象消失.

有极分子电介质虽然在没有外电场时,每个分子都可视为一个有一定固有电偶极矩的电偶极子,但由于分子无规则的热运动,每个电偶极子的电偶极矩的排列是无序的,所以电介质对外并不呈现电性. 当有极分子电介质处在外电场中时,介质中各分子的电偶极子都将受到外电场力矩的作用. 在此力矩的作用下,电介质中的电偶极子将转向外电场的方向. 由于分子的热运动,各分子电偶极子的排列不可能十分整齐,如图 6.2-3(b)所示. 但是,对于整个电介质来说,这种转向排列的结果,使电介质在垂直于电场方向的两个表面上,也将产生极化电荷. 有极分子电介质的这种极化称为**取向极化**. 当撤去外电场后,电偶极子的电偶极矩由于分子热运动又恢复了无序的状态,极化现象消失.

综上所述,虽然这两类电介质极化的微观机理不同,但是宏观效果却是一样的,都表现为电介质的两个相对表面上出现异号的极化电荷,在电介质内部有沿电场方向的电偶极矩. 因此下面从宏观上描述电介质的极化现象时,就不再分类讨论了.

当外电场不太强时,只是引起电介质的**极化**,在强场中,电介质中的一些电子能解除束缚而作宏观定向运动,电介质的绝缘性受到破坏,这种过程称为**电介质的击穿**. 一种电介质所能承受的最大电场强度称为这种电介质的**介电强度**,也叫**击穿电场强度**.

极化电荷　束缚电荷

极化现象

位移极化

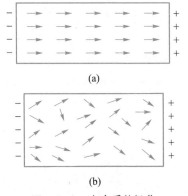

图 6.2-3　电介质的极化

取向极化

极化

电介质的击穿

介电强度　击穿电场强度

6.2.2 电介质中的电场强度 极化电荷与自由电荷的关系

既然电介质极化后会产生极化电荷,那么极化电荷产生的电场就会影响原来的电场. 如图 6.2-4 所示,在板面积为 S、板间距为 d 的平行平板之间,放入均匀电介质,不计边缘效应,两板上自由电荷面密度分别为 $\pm\sigma_0$,电介质表面极化电荷的电荷面密度为 $\pm\sigma'$. 电介质中任意一点的电场强度 E,应等于自由电荷在该点激发的电场强度 E_0 与极化电荷在该点激发的电场强度 E' 的矢量和,即

图 6.2-4 电介质中的电场强度 E 是自由电荷电场强度 E_0 和极化电荷电场强度 E' 的叠加

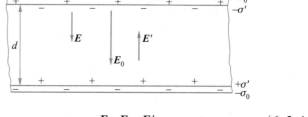

$$E = E_0 + E' \tag{6.2.1}$$

自由电荷与极化电荷产生的电场强度的大小分别为

$$E_0 = \frac{\sigma_0}{\varepsilon_0}, \quad E' = \frac{\sigma'}{\varepsilon_0} \tag{6.2.2}$$

E_0 的方向与 E' 的方向相反,如图 6.2-4 所示.

实验表明,两极板间电介质中的电场强度 E 仅是真空时电场强度 E_0 的 $1/\varepsilon_r$(此处 ε_r 为大于 1 的纯数),即

$$E = \frac{E_0}{\varepsilon_r} \tag{6.2.3}$$

相对电容率
电容率

ε_r 称为电介质的相对电容率;相对电容率 ε_r 与真空电容率 ε_0 的乘积称为电容率 ε,即 $\varepsilon = \varepsilon_0\varepsilon_r$. 由式(6.2.1)、式(6.2.2)及式(6.2.3)联立可得

$$\sigma' = \frac{\varepsilon_r - 1}{\varepsilon_r}\sigma_0 \tag{6.2.4}$$

式(6.2.4)给出了电介质中极化电荷的电荷面密度 σ' 与自由电荷的电荷面密度 σ_0 和电介质的相对电容率 ε_r 之间的关系,电介质的 ε_r 总是大于 1,所以总是有 $\sigma' < \sigma_0$.

有兴趣的同学课后可以推导一下极化电荷的电荷面密度 σ' 与介质中的电场强度 E 的关系为

$$\sigma' = (\varepsilon_r - 1)\varepsilon_0 E$$

顺便指出,上面讨论的是电介质在静电场中极化的情况,在交变电场中,情形就有些不同. 以有极分子为例,由于电偶极子的转向需要时间,在外电场变化频率较低时,电偶极子还来得及跟上电场的变化而不断转向,故 ε_r 的值和在恒定电场下的数值相比差别不大. 但当频率大到某一程度时,电偶极子就来不及跟随电场方向的改变而转向,这时 ε_r 就要下降. 所以在高频条件下,电介质的相对电容率 ε_r 是和外电场的频率有关的.

6.2.3 电位移 有电介质时的高斯定理

上一章已经讨论过真空中的高斯定理,那么当静电场中有电介质时,在高斯面内不仅会有自由电荷,而且还会有极化电荷,这时的高斯定理会有些什么变化呢? 现在推导有电介质存在时静电场中的高斯定理.

为简单起见,还是以两平行带电平板中充满各向同性的均匀电介质为例来讨论. 如图 6.2-5 所示,取一闭合的圆柱面作为高斯面,高斯面的两底面与极板平行,且一个底面在导体板内,另一个在电介质内,底面的面积为 S. 设极板上的自由电荷的电荷面密度为 σ_0,电介质表面上极化电荷的电荷面密度为 $-\sigma'$,根据高斯定理得

图 6.2-5 有电介质时的高斯定理

$$\oint_S \boldsymbol{E} \cdot \mathrm{d}\boldsymbol{S} = \frac{S}{\varepsilon_0}(\sigma_0 - \sigma') \qquad (6.2.5)$$

其中,$\boldsymbol{E}$ 为自由电荷和极化电荷共同产生的电场强度. 由于 σ' 通常不能预先得知,且 $\boldsymbol{E}$ 又与 σ' 有关,因此式(6.2.5)应用起来是很困难的. 如果设法使 σ' 不在上式中出现,问题就较容易解决. 将式(6.2.4)代入式(6.2.5)有

$$\oint_S \boldsymbol{E} \cdot \mathrm{d}\boldsymbol{S} = \frac{\sigma_0 S}{\varepsilon_0 \varepsilon_r}$$

或

$$\oint_S \varepsilon_0 \varepsilon_r \boldsymbol{E} \cdot \mathrm{d}\boldsymbol{S} = Q_0 \qquad (6.2.6)$$

令

$$\boldsymbol{D} = \varepsilon_0 \varepsilon_r \boldsymbol{E} = \varepsilon \boldsymbol{E} \qquad (6.2.7)$$

$\boldsymbol{D}$ 称为电位移,$\varepsilon_0 \varepsilon_r = \varepsilon$ 为电介质的电容率,则式(6.2.6)可写成

电位移

$$\oint_S \boldsymbol{D} \cdot \mathrm{d}\boldsymbol{S} = Q_0 \qquad (6.2.8)$$

电位移通量

D 的单位为库仑每平方米,记为 $C \cdot m^{-2}$. 仿照电场强度通量的定义,式(6.2.8)中 $\oint_S D \cdot dS$ 则是通过任意闭合曲面 S 的电位移通量. 式(6.2.8)虽然是从两平行带电平板这一特例中得出的,但理论可以证明对一般情况也是成立的. 所以,有电介质时的高斯定理可表述如下:在静电场中,通过任意闭合曲面的总电位移通量,等于该闭合曲面内所包围的自由电荷的电荷量的代数和,与面内、外极化电荷以及闭合曲面之外的自由电荷无关. 其数学表达式为

$$\oint_S D \cdot dS = \sum_{\substack{i=1 \\ S内}}^{n} Q_{0i} \qquad (6.2.9)$$

在静电场中放入电介质后,电介质中电场强度的分布既和自由电荷分布有关,又和极化电荷分布有关,而极化电荷分布常是很复杂的. 现在引入电位移后,在求解电介质中的电场强度问题时,仅知自由电荷分布,就可以直接用式(6.2.9)求出电位移 D,然后根据式(6.2.7)求出电场强度 E 的分布,使求解大为简化. 但要注意,从表述有电介质时的电场规律来说,D 只是一个辅助矢量,描述电场性质的物理量仍是电场强度 E 和电势 V. 若把一试验电荷 q_0 放到电场中去,决定它受力的是电场强度 E,而不是电位移 D.

例题 6-2

如例题 6-2 图所示,在半径为 R 的金属球外,有一外半径为 R' 的同心均匀电介质层,其相对电容率为 ε_r,金属球所带电荷量为 q_0,试求电介质内外的电场强度和电位移.

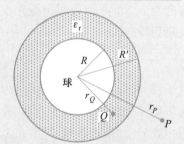

例题 6-2 图　带电金属球在电介质内外的 D 和 E

解:由于自由电荷分布具有球对称性,可知电介质表面上的极化电荷也具有球对称性,电介质内外任一点的电位移 D 和电场强度 E 的方向均沿径向,与球心等距离处的各点,电位移 D 和电场强度 E 的大小均相等. 于是可以作以球心为原点、r 为半径的球形高斯面 S,由介质中的高斯定理得

$$\oint_S D \cdot dS = D \cdot 4\pi r^2 = q_0$$

在 $r < R$ 的球内

$$D \cdot 4\pi r^2 = 0, \quad D = 0, \quad E = 0$$

在 $R < r < R'$ 的电介质中

$$D \cdot 4\pi r^2 = q_0, \quad D = \frac{q_0}{4\pi r^2}, \quad E = \frac{q_0}{4\pi \varepsilon_0 \varepsilon_r r^2}$$

在 $r > R'$ 的电介质外

$$D \cdot 4\pi r^2 = q_0, \quad D = \frac{q_0}{4\pi r^2}, \quad E = \frac{q_0}{4\pi \varepsilon_0 r^2}$$

思考

6.4 电介质的极化现象和导体的静电感应现象有哪些区别?

6.3 电容器的电容

如图 6.3-1 所示,两个带等量异号电荷的导体以及它们之间的电介质所组成的系统,称为电容器. 导体称为极板,当两极板 A、B 所带的电荷分别为 $+Q$ 和 $-Q$,两极板之间的电势差为 U 时,定义电容器的电容为

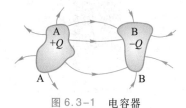

$$C = \frac{Q}{U} \qquad (6.3.1)$$

图 6.3-1 电容器

在国际单位制中,电容的单位是法拉,记为 F,在实际应用中,常用微法(μF)、皮法(pF)等作为电容的单位,$1\ F = 10^6\ \mu F = 10^{12}\ pF$.

电容器可以储存电荷和电场能量,是现代电工技术和电子技术中的重要元件. 根据不同的需要,常见的有平板、球形和圆柱形的电容器,两极板间可以是真空,也可以填充电介质. 下面举例介绍平板电容器电容的计算.

例题 6-3

平板电容器. 如例题 6-3 图所示,平板电容器是由两个彼此靠得很近的平行导体薄板 A、B 组成,设两极板的面积均为 S,极板间距离为 $d\ (d \ll$ 极板的线度$)$,极板间为真空,求此电容器的电容.

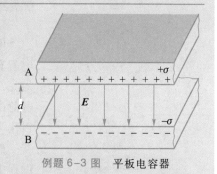

例题 6-3 图 平板电容器

解:设两极板分别带有 $+Q$、$-Q$ 的电荷,于是极板上的电荷面密度为 $\sigma = Q/S$,又因为 $d \ll$ 极板的线度,故两极板之间的电场可视为均匀电场,其电场强度为

$$E = \frac{\sigma}{\varepsilon_0} = \frac{Q}{\varepsilon_0 S}$$

两极板间的电势差为

$$U_{AB} = \int_{AB} \boldsymbol{E} \cdot \mathrm{d}\boldsymbol{l} = Ed = \frac{Qd}{\varepsilon_0 S}$$

根据电容的定义,得平板电容器的电容为

$$C = \frac{Q}{U_{AB}} = \frac{\varepsilon_0 S}{d}$$

可见,平板电容器的电容与极板面积成正比,与极板间的距离成反比. 大家可以思考,例题 6-3 中两平板间如果充满相对电容率为 ε_r 的电介质,对电容值会有何影响?

补充例题 6-1

补充例题 6-2

电容器的串联和并联

思考

6.5 在下列情况下,平板电容器的电势差、电荷、电场强度将如何变化? (1) 断开电源,并使极板间距加倍,此时极板间为真空;(2) 保持电源与电容器两极相连,使极板间距加倍,此时极板间为真空.

6.6 增大电容器电容值的方法有哪些?

6.4 静电场的能量 能量密度

本节将以平行平板电容器的带电过程为例,讨论通过外力做功把其他形式的能量转化为电能的机理,从而得出电容器储存的能量即为电场能.

6.4.1 电容器的储能

电容器的基本功能是储存电荷,如果给电容器充电,电容器中就有了电场,因而电容器就储存了能量. 这种能量是从哪里来的呢? 其实,在电容器的充电过程中,外力克服静电力做功,把正电荷由带负电的负极板搬运到带正电的正极板,外力所做的功就转化为电容器所储存的静电能了.

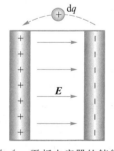

图 6.4-1 平板电容器的储能过程

如图 6.4-1 所示,有一电容为 C 的平板电容器正处于充电过程中,在带电过程中,平板电容器内建立起电场,设在某时刻两极板之间的电势差为 u,此时若继续把电荷 $+\mathrm{d}q$ 从带负电的极板移到带正电的极板时,则外力克服静电力做的功为

$$\mathrm{d}W = u\mathrm{d}q = \frac{q}{C}\mathrm{d}q$$

当充电至电容器两极板的电势差为 U,并分别带有 $\pm Q$ 的电荷时,外力所做的总功为

$$W = \int \mathrm{d}W = \int_0^Q \frac{q}{C}\mathrm{d}q = \frac{Q^2}{2C} = \frac{1}{2}QU = \frac{1}{2}CU^2 \tag{6.4.1}$$

由此可见,在电容器的充电过程中,外力通过克服静电场力做功,把非静电能转化为电容器的电能了.

6.4.2 静电场的能量 能量密度

电容器的能量储存在哪里呢? 仍以平行平板电容器为例进行讨论.

对于极板面积为 S、极板间距为 d 的平板电容器,两个极板间充满了相对电容率为 ε_r 的电介质,如果忽略边缘效应,则两极板间的电场可认为是均匀的,电场所占有的空间体积为 Sd,于是电容器储存的电能也可以写成

$$W_e = \frac{1}{2}CU^2 = \frac{1}{2}\frac{\varepsilon_0\varepsilon_r S}{d}(Ed)^2 = \frac{1}{2}\varepsilon_0\varepsilon_r SE^2 d = \frac{1}{2}\varepsilon_0\varepsilon_r E^2 V$$

$$(6.4.2)$$

式(6.4.1)和式(6.4.2)的物理意义是不同的. 式(6.4.1)表明,电容器之所以储存能量,是因为在外力作用下将电荷 Q 从一个极板移至另一极板,因此电容器能量的携带者是电荷. 而式(6.4.2)却表明,在外力做功的情况下,使原来没有电场的电容器的两极板间建立了有确定电场强度的静电场,因此电容器能量的携带者应当是电场,从式中也看到该能量确实和电场的电场强度以及电场所存在的空间体积有关,所以,电容器储存的静电能就是电场的能量. 在静电学的范围内,静电场总是伴随着静止电荷而产生,所以上述两种观点是等效的. 但对于变化的电磁场来说,情况就不是这样了. 我们知道电磁波是变化的电场和磁场在空间的传播,电磁波不仅含有电场能量而且还含有磁场能量,理论和实验都已确认,在电磁波的传播过程中,并没有电荷伴随着传播,所以不能说电磁波能量的携带者是电荷,而只能说电磁波能量的携带者是电场和磁场. 因此,如果某一空间具有电场,那么该空间就具有电场能量. 电场强度是描述电场性质的物理量,电场的能量应以电场强度来表述. 基于上述理由,式(6.4.2)比式(6.4.1)更具有普遍的意义.

单位体积电场内所具有的电场能量

$$w_e = \frac{1}{2}\varepsilon_0\varepsilon_r E^2 = \frac{1}{2}DE \qquad (6.4.3)$$

称为电场的能量密度. 式(6.4.3)表明电场的能量密度与电场强度的平方成正比. 虽然该式是从平板电容器这个特例求得的,但可以证明,对于任意电场,这个结论也是正确的.

电场的能量密度

在不均匀电场中,任取一体积元 dV,则体积元 dV 中储存的电场能量为

$$dW_e = w_e dV = \frac{1}{2}\varepsilon_0 \varepsilon_r E^2 dV$$

所以,整个电场储存的电场能量为

$$W_e = \int dW_e = \int_{V_{\text{场}}} \frac{1}{2}\varepsilon_0 \varepsilon_r E^2 dV \qquad (6.4.4)$$

例题 6-4

如例题 6-4 图所示,半径分别为 R_1 和 R_2 的同心导体球壳组成球形电容器. 两球壳所带的电荷分别为 $\pm Q$,在两球壳之间充满相对电容率为 ε_r 的各向同性均匀电介质,问此电容器储存的电场能量为多少?

例题 6-4 图　球形电容器储存的电场能量

解:球形电容器极板上电荷的分布是均匀的,球壳间的电场也是球对称的. 由高斯定理可求得球壳间的电场强度的大小为

$$E = \frac{Q}{4\pi\varepsilon_0 \varepsilon_r r^2}$$

电场的能量密度为

$$w_e = \frac{1}{2}\varepsilon_0 \varepsilon_r E^2 = \frac{Q^2}{32\pi^2 \varepsilon_0 \varepsilon_r r^4}$$

取半径为 r、厚为 dr 的球壳,其体积元为 $dV = 4\pi r^2 dr$. 所以,此体积元内电场的能量为

$$dW_e = w_e dV$$

$$= \frac{Q^2}{32\pi^2 \varepsilon_0 \varepsilon_r r^4} 4\pi r^2 dr$$

$$= \frac{Q^2}{8\pi \varepsilon_0 \varepsilon_r r^2} dr$$

所以电容器储存的电场总能量为

$$W_e = \int_{V_{\text{场}}} w_e dV = \int_{R_1}^{R_2} \frac{Q^2}{8\pi \varepsilon_0 \varepsilon_r r^2} dr$$

$$= \frac{Q^2}{8\pi \varepsilon_0 \varepsilon_r}\left(\frac{1}{R_1} - \frac{1}{R_2}\right)$$

思考

6.7　一空气平板电容器被一电源充电后,将电源断开,然后将一厚度为两极板间距一半的金属板放在两极板之间. 试问下述各量如何变化?(1)电容;(2)极板上的电荷;(3)极板间的电势差;(4)极板间的电场强度;(5)电场的能量.

知识要点

(1)导体的静电平衡

导体内　$E = 0$

导体表面　$E = \dfrac{\sigma}{\varepsilon_0} e_n$

导体是一等势体,与导体表面等势

导体内处处没有净电荷,净电荷只能分布在导体表面

空腔
导体
$\begin{cases} \text{若腔内无带电体,则腔内 } E = 0, U = \text{常量,空腔内表面不带电} \\ \text{若腔内有带电体,则空腔内表面带电,与腔内带电体等量异号} \\ \text{接地的空腔导体有静电屏蔽的作用} \end{cases}$

(2) 电介质的极化

有介质时的高斯定理

$$\oint_S \boldsymbol{D} \cdot \mathrm{d}\boldsymbol{S} = \sum_{\substack{i=1 \\ S内}}^{n} Q_{0i}, \quad \text{式中 } \boldsymbol{D} = \varepsilon_0 \varepsilon_r \boldsymbol{E}$$

(3) 电容　　　　　$C = \dfrac{Q}{U}$

平板空气电容器电容　$C = \dfrac{\varepsilon_0 S}{d}$

电容器的储能　$W = \dfrac{Q^2}{2C} = \dfrac{1}{2} QU = \dfrac{1}{2} CU^2$

(4) 电场能量

能量密度　$w_e = \dfrac{1}{2} \varepsilon_0 \varepsilon_r E^2 = \dfrac{1}{2} DE$

电场能量　$W_e = \displaystyle\int_{V_场} \dfrac{1}{2} \varepsilon_0 \varepsilon_r E^2 \mathrm{d}V$

习题

6-1　将一个带正电的带电体 A 从远处移到一个不带电的导体 B 附近,则导体 B 的电势将(　　).

(A) 升高　　　　　(B) 降低

(C) 不会发生变化　(D) 无法确定

6-2　将一带负电的物体 M 靠近一不带电的导体 N,在 N 的左端感应出正电荷,右端感应出负电荷. 若将导体 N 的左端接地,如习题 6-2 图所示,则(　　).

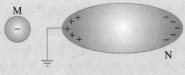

习题 6-2 图

(A) N 上的负电荷入地

(B) N 上的正电荷入地

(C) N 上的所有电荷入地

(D) N 上的所有电荷不变

6-3　如习题 6-3 图所示,将一个电荷量为 q 的点电荷放在一个半径为 R 的不带电的导体球附近,点电荷距导体球球心为 d. 设无穷远处为零电势,则在导体球球心 O 有(　　).

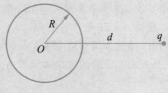

习题 6-3 图

(A) $E=0, V=\dfrac{q}{4\pi\varepsilon_0 d}$

(B) $E=\dfrac{q}{4\pi\varepsilon_0 d^2}, V=\dfrac{q}{4\pi\varepsilon_0 d}$

(C) $E=0, V=0$

(D) $E=\dfrac{q}{4\pi\varepsilon_0 d^2}, V=\dfrac{q}{4\pi\varepsilon_0 R}$

6-4　根据电介质中的高斯定理,在电介质中电位移沿任意一个闭合曲面的积分等于这个曲面所包围自由电荷的代数和.下列推论正确的是(　　).

(A) 若电位移沿任意一个闭合曲面的积分等于零,曲面内一定没有自由电荷

(B) 若电位移沿任意一个闭合曲面的积分等于零,曲面内电荷的代数和一定等于零

(C) 若电位移沿任意一个闭合曲面的积分不等于零,曲面内一定有极化电荷

(D) 介质中的高斯定理表明电位移仅仅与自由电荷的分布有关

(E) 介质中的电位移与自由电荷和极化电荷的分布有关

6-5　一平行板电容器充电后仍与电源连接,若用绝缘手柄将电容器两极板间距离拉大,则极板上的电荷 Q、电场强度的大小 E 和电场能量 W 将发生如下变化:(　　).

(A) Q 增大,E 增大,W 增大

(B) Q 减小,E 减小,W 减小

(C) Q 增大,E 减小,W 增大

(D) Q 增大,E 增大,W 减小

6-6　如习题 6-6 图所示,在一半径为 R_1 的金属球 A 外面套有一个同心的金属球壳 B.已知球壳 B 的内、外半径分别为 R_2 和 R_3.设球 A 带有总电荷 Q_A,球壳 B 带有总电荷 Q_B.(1) 求球壳 B 内、外表面上所带的电荷以及球 A 和球壳 B 的电势;(2) 将球壳 B 接地,求金属球 A 和球壳 B 内、外表面上所带的电荷以及球 A 和球壳 B 的电势;(3) 将球壳 B 接地然后断开,再把金属球 A 接地,求金属球 A 和球壳 B 内、外表面上所带的电荷以及球 A 和球壳 B 的电势.

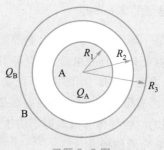

习题 6-6 图

6-7　两块带电荷量分别为 Q_1、Q_2 的导体平板平行相对放置,如习题 6-7 图所示,假设导体平板面积为 S,两块导体平板间距为 d,且 $d\ll$ 极板的线度.试证明:(1) 相向的两面电荷面密度大小相等、符号相反;(2) 相背的两面电荷面密度大小相等、符号相同.

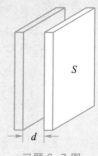

习题 6-7 图

6-8　设半径 $R_1=0.01$ m 和 $R_2=0.02$ m 的两个导体小球各带有电荷量 $q=1.00\times10^{-8}$ C 的正电荷,两球中心相距 $d=1$ m.今用一根导线将两球相连,忽略导线上的电荷分布,求:(1) 每个小球所带电荷量;(2) 每个小球的电势(以无穷远为电势零点).

6-9　在一半径为 R_1 的长直导线外,套有氯丁橡胶绝缘护套,护套外半径为 R_2,相对电容率为 ε_r.设沿轴线单位长度上导线的电荷线密度为 λ,试求介质层内的 D、E.

6-10　一片二氧化钛晶片,其面积为 1.0 cm^2,厚度为 0.10 mm,已知二氧化钛的相对电容率为 $\varepsilon_r=173$,把平行平板电容器的两极板紧贴在晶片两侧.(1) 求电容器的电容;(2) 当在电容器的两极间加上 12 V 电压时,极板上的电荷为多少?(3) 求电容器内的电场强度.

6-11 半径为 $R_1 = 2.0$ cm 的导体球,外套有一同心的导体球壳,壳的内、外半径分别为 $R_2 = 4.0$ cm 和 $R_3 = 5.0$ cm,当内球带电荷 $Q = 3.0 \times 10^{-8}$ C 时,(1)求整个电场储存的能量;(2)如果将导体壳接地,计算此电容器的电容和储存的能量.

6-12 一平行板空气电容器,极板面积为 S,极板间距为 d,充电至带电荷 Q 后与电源断开,然后用外力缓缓地把两极板间距拉开到 $2d$.(1)求电容器能量的改变;(2)求此过程中外力所做的功,并讨论此过程中的功能转化关系.

本章计算题参考答案

章 首 问 题

　　北极光浩瀚、神秘,令人望而生叹,顿感人的渺小,宇宙无限.北极附近的阿拉斯加、北加拿大是观赏北极光的最佳地点.我国最北的漠河,也可以观测到北极光.这种绚丽多彩的发光现象究竟是怎样产生的?

章首问题解答

第7章 恒定磁场

第 5 章讨论了静电场的性质和规律,本章讨论由恒定电流产生的磁场的性质和规律.这种磁场的空间分布不随时间变化,因而称为恒定磁场.恒定磁场和静电场是性质不同的两种场,但在研究方法上有很多相同之处,所以在学习中要注意和静电场类比.

7.1 恒定电流 电流密度 电动势

7.1.1 电流 电流密度

电流是由大量电荷作定向运动形成的.一般说,电荷的携带者可以是自由电子、质子、正负离子,这些带电粒子亦称为载流子.由带电粒子定向运动形成的电流称为传导电流,而带电物体作机械运动形成的电流称为运流电流. 载流子
传导电流
运流电流

电流的强弱用电流大小来描述.如果在 $\mathrm{d}t$ 时间内,通过导体某一横截面的电荷量是 $\mathrm{d}q$,则通过该面的电流 I 可表示为

$$I = \frac{\mathrm{d}q}{\mathrm{d}t} \tag{7.1.1}$$

显然,电流就是单位时间内通过导体任一横截面的电荷量,习惯上规定正电荷定向运动的方向为电流的方向.如果电流的大小和方向都不随时间变化,这种电流称为恒定电流.

在国际单位制中,电流是一个基本物理量,单位为安培,记为 A.

当电流在大块导体中流动时,导体内各处的电流分布将是不均匀的.为了细致地描述导体内各点的电流分布情况,引入一个新的物理量——电流密度.电流密度是矢量,其方向定义为该点电流的方向,其大小等于通过该点且与电流方向垂直的单位面积 电流密度

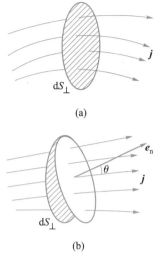

图 7.1-1 电流密度矢量

的电流,即单位时间内通过单位垂直截面的电荷量. 设想在导体中取一个与电流方向垂直的截面元 $dS_\perp$,如图 7.1-1(a)所示,则通过该面元的电流 dI 与该点电流密度 j 的大小之间的关系为

$$j=\frac{dI}{dS_\perp}$$

或

$$dI=jdS_\perp$$

如果截面元的法线与该处电流方向成 θ 角,如图 7.1-1(b)所示,则

$$dI=jdS_\perp=jdS\cos\theta=j\cdot dS$$

于是,通过导体中任意曲面的电流为

$$I=\int_S j\cdot dS$$

一般情况下,电流密度是空间位置和时间的函数,这样就构成了一个矢量场,即电流场. 电流场可以用电流线来形象地描绘,电流线上每一点的切线方向和该点的电流密度的方向一致,电流线的疏密程度反映了该点电流密度的大小. 对于恒定电流,电流密度的大小和方向不随时间变化.

在国际单位制中,电流密度的单位是安培每平方米,记为 $A\cdot m^{-2}$.

7.1.2 电流的连续性方程　恒定电流条件

设想在导体内任取一闭合曲面 S,并规定外法线方向为正方向. 则通过闭合曲面向外的电流(即电流密度)对该闭合曲面的通量 $\oint_S j\cdot dS$ 为单位时间内闭合曲面流出的电荷量. 设面内电荷量为 q,根据电荷守恒定律,单位时间内从闭合曲面流出的电荷量,必等于闭合曲面内单位时间减少的电荷量,则

$$\oint_S j\cdot dS=-\frac{dq}{dt} \tag{7.1.2}$$

电流的连续性方程

这就是电流的连续性方程.

对于恒定电流,电流场是不随时间变化的. 这就要求电荷的分布不随时间变化. 因此,导体中任一闭合曲面 S 内电荷量不随时间变化,即 $dq/dt=0$,于是由式(7.1.2)得

$$\oint_S j\cdot dS=0 \tag{7.1.3}$$

此式称为**恒定电流条件**.它表明从闭合曲面 S 某一部分流入的电荷量,等于从闭合曲面 S 其他部分流出的电荷量.

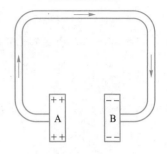

(a) 导体中的短暂电流

7.1.3 电源　电动势

如图 7.1-2(a) 所示的导电回路中,若极板 A、B 分别带有正、负电荷,由于 A、B 间存在电势差,这时导线中有电场,结果在导线中形成了电流.在电场力作用下,正电荷从极板 A 通过导线移到极板 B,并与极板 B 上的负电荷中和,直到两极板间的电势差消失,此时导线中电流就终止了.

要维持导线中有恒定的电流,必须把正电荷不断从负极板 B 移到正极板 A 上,使两极板间维持正、负电荷不变,这样两极板间就有恒定的电势差,导线中也就有恒定的电流通过.显然,要把正电荷从负极板 B 移到正极板 A,依靠静电力 $\boldsymbol{F}$ 是不行的,必须有非静电力 $\boldsymbol{F}_k$ 作用才行,如图 7.1-2(b) 所示.依靠非静电力 $\boldsymbol{F}_k$ 克服静电力 $\boldsymbol{F}$ 对正电荷做功,使正电荷从极板 B 输送到极板 A.可见,非静电力做功的过程,就是把其他形式的能量转化为电能的过程.

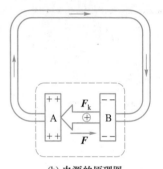

(b) 电源的原理图

图 7.1-2

能够提供非静电力的装置称为**电源**.电源有两个极,电势高的叫正极,电势低的叫负极.若用场的概念,亦可以将非静电力的作用视为"非静电场"的作用.可见,非静电场是一种等效说法,用 $\boldsymbol{E}_k$ 表示,是指作用在单位正电荷上的非静电力.在电源内部,非静电场 $\boldsymbol{E}_k$ 与静电场 $\boldsymbol{E}$ 的方向相反.为了描述电源的这种能量转化本领,引入电动势这一物理量.电源**电动势** $\mathscr{E}$ 定义为**把单位正电荷从负极通过电源内部移到正极时非静电力所做的功**,即

$$\mathscr{E} = \int_{-(\text{电源内})}^{+} \boldsymbol{E}_k \cdot \mathrm{d}\boldsymbol{l} \qquad (7.1.4)$$

由定义可知,电动势和电势的单位相同,也是伏特.电动势是表征电源特征的物理量,反映了电源中非静电力做功的本领.通常把电源内电势升高的方向,即从负极经内电路指向正极的方向,规定为电动势的方向.

思考

7.1 如思考 7.1 题图所示,两根材料相同而截面积不同的导体串联在一起,两端加上一定的电压,问通过这两根导体的电流密度是否相同?两导体内的电场强度是否相同?如果两导体的长度相等,两导体上的电压是否相同?

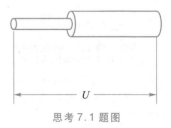

思考 7.1 题图

7.2 电流是电荷的流动,在电流密度 $j \neq 0$ 的地方电荷体密度 ρ 是否可以等于 0?

7.3 在通常情况下,导体中电子漂移的速率很小.例如,在半径为 0.81 mm 的铜导线中通过导线的电流大小为 15 A,则电子的漂移速率只有 5.36×10^{-4} m·s^{-1}.但为什么开关接通后,室内的灯会亮得那样快呢?

7.4 电源所起的作用与静电场有何不同?

7.2 磁场 磁感应强度

从静电场的研究中已经知道,在静止电荷周围的空间存在着电场,静止电荷间的相互作用是通过电场来传递的.电流间(包括运动电荷间)的相互作用也是通过场来传递的,这种场称为磁场.磁场是存在于运动电荷周围空间的一种特殊物质,磁场对位于其中的运动电荷有力的作用.因此,运动电荷与运动电荷之间、电流与电流之间、电流(或运动电荷)与磁铁之间的相互作用,都可以视为它们中任意一个所激发的磁场对另一个施加作用力的结果.

在静电场中,曾利用电场对试探电荷的作用定义了电场强度 E.现在通过磁场对运动电荷的作用来引入描述磁场性质的物理量——磁感应强度 B.实验发现,电荷在磁场中运动时,所受的磁场力不仅与电荷的正负有关,而且还与电荷运动速度的大小和方向有密切关系.依此,定义磁感应强度 B 的方向和大小如下:

(1)将小磁针放在磁场中某点 P 时,小磁针的 N 极总指向一个确定的方向.当试探电荷 $+q$ 沿此方向运动时,受到的磁场力为零,如图 7.2-1(a)所示.定义该方向(小磁针 N 极的指向)为点 P 的磁感应强度 B 的方向.

(2)当电荷 $+q$ 以速度 v 偏离磁场方向通过某点 P 时,电荷 $+q$ 将受到磁场力 F 的作用,F 的方向垂直于 B 和 v 的方向,如图 7.2-1(b)所示,其大小正比于 qv.电荷沿垂直磁场的方向经过某点 P 时受到的磁场力 $F_\perp$ 最大.虽然电荷经过此处的速率不同,$F_\perp$ 值也不同,但是对该点来说,比值 $F_\perp/qv$ 却是一定的,它反映了该点处磁场的性质.于是把该点磁感应强度的大小定义为

$$B = \frac{F_\perp}{qv} \tag{7.2.1}$$

由上面的讨论可知,磁场力 F 既与运动电荷的速度 v 垂直,又与磁感应强度 B 垂直,且构成右手螺旋关系,故它们间的矢量

磁场 磁感应强度

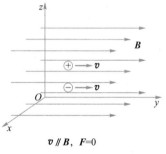

$v \parallel B$, $F=0$

(a)电荷的运动方向与磁场方向一致时,电荷所受的磁场力为零

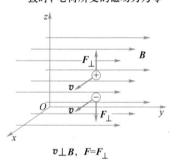

$v \perp B$, $F=F_\perp$

(b)电荷的运动方向与磁场方向垂直时,电荷所受的磁场力最大

图 7.2-1 运动电荷在磁场中受的磁场力与电荷的符号及运动方向有关

关系可写成

$$F_{\mathrm{m}} = q\boldsymbol{v} \times \boldsymbol{B} \tag{7.2.2}$$

F_{m} 称为洛伦兹力. 洛伦兹力 F_{m} 的方向垂直于运动电荷的速度 $\boldsymbol{v}$ 和磁感应强度 $\boldsymbol{B}$ 所组成的平面, 且满足右手螺旋定则. 当电荷为正 $(q>0)$ 时, 洛伦兹力的方向与 $\boldsymbol{v} \times \boldsymbol{B}$ 的方向相同, 如图 7.2-2(a) 所示; 当电荷为负 $(q<0)$ 时, 洛伦兹力的方向与 $\boldsymbol{v} \times \boldsymbol{B}$ 的方向相反, 如图 7.2-2(b) 所示.

在国际单位制中, 磁感应强度的单位为特斯拉, 记为 T, $1\ \mathrm{T} = 1\ \mathrm{N \cdot A^{-1} \cdot m^{-1}}$.

一些磁场的近似值			单位:T
中子星(估算)	10^8	地球两极附近	6×10^{-5}
超导电磁铁	$5 \sim 40$	太阳在地球轨道上的磁场	3×10^{-9}
大型电磁铁	$1 \sim 2$	人体磁场	10^{-12}
地球赤道附近	3×10^{-5}		

顺便指出, 如果磁场中某一区域内各点的磁感应强度 $\boldsymbol{B}$ 都相同, 即该区域内各点 $\boldsymbol{B}$ 的大小相等、方向相同, 那么, 该区域内的磁场就称为均匀磁场, 不符合上述条件的磁场就是非均匀磁场. 下面将讨论的长直密绕螺线管内部的磁场, 它是常见的均匀磁场.

洛伦兹力

(a) $q>0$

(b) $q<0$

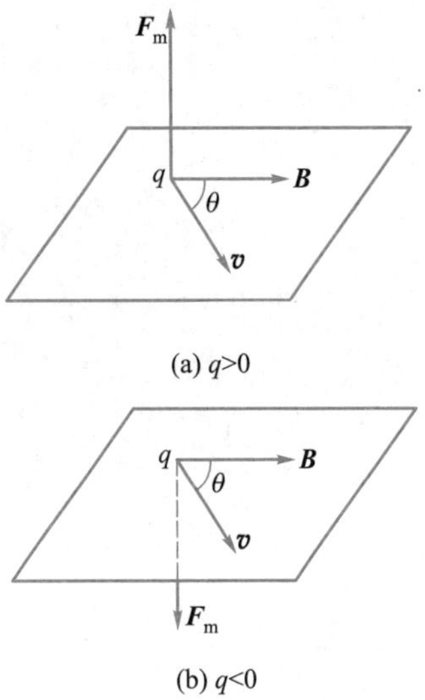

图 7.2-2　运动的带电粒子在磁场中受到洛伦兹力作用

思考

7.5　在同一磁感线上, 各点磁感应强度 $\boldsymbol{B}$ 的数值是否都相等? 为何不把作用于运动电荷的磁场力方向定义为磁感应强度 $\boldsymbol{B}$ 的方向?

7.6　均匀磁场与非均匀磁场的磁感线分布有何不同?

7.3　毕奥-萨伐尔定律

在讨论任意带电体激发的电场时, 可把带电体分割成许多个电荷元 $\mathrm{d}q$, 写出电荷元在任一点产生的电场强度 $\mathrm{d}\boldsymbol{E}$, 再根据电场强度叠加原理, 求出带电体的电场强度分布. 与此类似, 对于任意恒定电流产生的磁场, 也可把电流分割成许多小段电流, 称为电流元, 用 $I\mathrm{d}\boldsymbol{l}$ ($I\mathrm{d}\boldsymbol{l}$ 为矢量, 其大小为 I 与线元 $\mathrm{d}l$ 的乘积, 方向沿电流方向) 表示. 如果知道每一电流元产生磁场的规律后, 就可以根据叠加原理求出任意形状的电流所产生的磁场.

7.3.1 毕奥-萨伐尔定律

法国物理学家毕奥和萨伐尔等人在大量实验的基础上,总结出电流元 $Id\boldsymbol{l}$ 在空间任一点 P 产生磁场的规律,用公式表示为

$$d\boldsymbol{B} = \frac{\mu_0}{4\pi} \frac{Id\boldsymbol{l} \times \boldsymbol{e}_r}{r^2} \tag{7.3.1a}$$

毕奥-萨伐尔定律

上式称为毕奥-萨伐尔定律,其中 $\mu_0 = 4\pi \times 10^{-7}$ N · A^{-2} 为真空磁导率,$\boldsymbol{e}_r$ 为电流元指向场点 P 的单位矢量. 该定律可表述为:载流导线中任一电流元 $Id\boldsymbol{l}$ 在空间某点 P 产生的磁感应强度 $d\boldsymbol{B}$ 的大小与电流元 $Id\boldsymbol{l}$ 的大小成正比,与电流元 $Id\boldsymbol{l}$ 和电流元到点 P 的位置矢量 $\boldsymbol{r}$ 之间的夹角 θ 的正弦成正比,与电流元到点 P 的距离 r 的平方成反比;$d\boldsymbol{B}$ 的方向垂直于 $Id\boldsymbol{l}$ 和 $\boldsymbol{r}$ 组成的平面,其指向遵循右手螺旋定则,如图 7.3-1 所示.

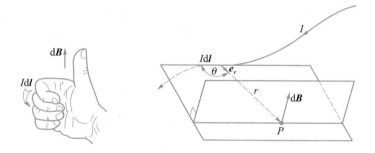

图 7.3-1 电流元 $Id\boldsymbol{l}$ 激发的磁场

这样,任意载流导线在点 P 产生的磁感应强度 $\boldsymbol{B}$ 为

$$\boldsymbol{B} = \int d\boldsymbol{B} = \int \frac{\mu_0}{4\pi} \frac{Id\boldsymbol{l} \times \boldsymbol{e}_r}{r^2} \tag{7.3.1b}$$

毕奥-萨伐尔定律是在实验的基础上科学抽象出来的. 由于电流元不能孤立存在,故不能直接由实验来验证. 但是,它的正确性可以从它所推出的结果与实验相符得到确认.

7.3.2 运动电荷的磁场

导体中的电流是由导体中大量自由电子作定向运动形成的,因此,可以认为电流所激发的磁场,其实是由运动电荷所激发的. 运动电荷激发磁场已为许多实验所证实.

设有一电流元 $Id\boldsymbol{l}$,其截面积为 S. 设此电流元中单位体积内

有 n 个作定向运动的电荷,为简便,这里以正电荷为研究对象,每个电荷均为 q,且定向运动速度为 $\boldsymbol{v}$,则

$$I\mathrm{d}\boldsymbol{l}=nq\boldsymbol{v}S\mathrm{d}l$$

于是,毕奥–萨伐尔定律的表达式(7.3.1a)可写成

$$\mathrm{d}\boldsymbol{B}=\frac{\mu_0}{4\pi}\frac{nS\mathrm{d}lq\boldsymbol{v}\times\boldsymbol{e}_r}{r^2}$$

式中,$S\mathrm{d}l=\mathrm{d}V$ 为电流元的体积,$n\mathrm{d}V=\mathrm{d}N$ 为电流元中作定向运动的电荷数. 那么,一个以速度 $\boldsymbol{v}$ 运动的电荷,在与它距离为 r 处激发的磁感应强度为

$$\boldsymbol{B}=\frac{\mathrm{d}\boldsymbol{B}}{\mathrm{d}N}=\frac{\mu_0}{4\pi}\frac{q\boldsymbol{v}\times\boldsymbol{e}_r}{r^2} \tag{7.3.2}$$

显然,$\boldsymbol{B}$ 的方向垂直于 $\boldsymbol{v}$ 和 $\boldsymbol{e}_r$ 组成的平面. 当为正电荷($q>0$)时,$\boldsymbol{B}$ 的方向为 $\boldsymbol{v}\times\boldsymbol{e}_r$ 的方向;当为负电荷($q<0$)时,$\boldsymbol{B}$ 的方向与 $\boldsymbol{v}\times\boldsymbol{e}_r$ 的方向相反.

应当指出,运动电荷的磁感应强度表达式只适用于运动电荷的速率远小于光速的情况. 当运动电荷的速率接近光速时,应当考虑相对论效应.

7.3.3 毕奥–萨伐尔定律应用举例

例题 7–1

长为 L 的载流直导线中通有电流 I,求与导线距离为 a 的点 P 的磁场.

解:建立如例题 7–1 图所示的 xOy 坐标系,在与原点距离为 y 处取线元 $\mathrm{d}y$,则电流元 $I\mathrm{d}y$ 在点 P 产生的磁场为

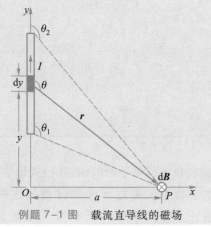

例题 7–1 图　载流直导线的磁场

$$\mathrm{d}B=\frac{\mu_0}{4\pi}\frac{I\mathrm{d}y\sin\theta}{r^2}$$

式中,θ 为电流元 $I\mathrm{d}y$ 与位矢 r 之间的夹角. $\mathrm{d}\boldsymbol{B}$ 的方向垂直纸面向里. 由于直导线上所有电流元在点 P 产生的磁感应强度 $\mathrm{d}\boldsymbol{B}$ 都具有相同的方向,所以计算总磁感应强度的矢量积分就可归结为标量积分,即

$$B=\int\mathrm{d}B=\int\frac{\mu_0}{4\pi}\frac{I\mathrm{d}y\sin\theta}{r^2} \tag{1}$$

由于上式中 y、θ、r 都是变量,因此在进行积分运算前必须统一到同一变量. 由几何关系知,

$$r=a\csc\theta,\quad y=-a\cot\theta,\quad \mathrm{d}y=a\csc^2\theta\mathrm{d}\theta$$

代入式(1),并取积分下限为 θ_1,上限为

θ_2,得

$$B=\frac{\mu_0 I}{4\pi a}\int_{\theta_1}^{\theta_2}\sin\theta\mathrm{d}\theta=\frac{\mu_0 I}{4\pi a}(\cos\theta_1-\cos\theta_2)\tag{2}$$

若载流导线为无限长,则 $\theta_1=0$、$\theta_2=\pi$,由式(2)可得

$$B=\frac{\mu_0 I}{2\pi a}\tag{3}$$

例题 7-2

半径为 R 的圆电流通有电流 I,求轴线上任一点 P 的磁场.

解:建立如例题 7-2 图所示的 xOy 坐标系,在圆电流上任取一电流元 $I\mathrm{d}l$. 已知电流元与电流元到点 P 的位矢 r 之间的夹角为 $90°$. 根据毕奥-萨伐尔定律,该电流元在点 P 产生的磁场为

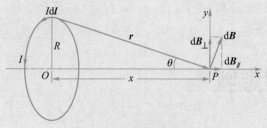

例题 7-2 图　圆电流轴线上的磁场

$$\mathrm{d}B=\frac{\mu_0}{4\pi}\frac{I\mathrm{d}l\sin(\mathrm{d}l,r)}{r^2}=\frac{\mu_0 I\mathrm{d}l}{4\pi r^2}$$

方向如图所示. 显然,圆电流上各电流元在点 P 产生的磁场方向是各不相同的. 因此,把 $\mathrm{d}B$ 分解成平行 x 轴的分量 $\mathrm{d}B_{//}$ 与垂直于 x 轴分量 $\mathrm{d}B_\perp$. 由对称性可知,所有 $\mathrm{d}B_\perp$ 相互抵消,所以

$$\mathrm{d}B_{//}=\mathrm{d}B\sin\theta=\frac{\mu_0 I\mathrm{d}l}{4\pi r^2}\sin\theta=\frac{\mu_0 I\mathrm{d}l}{4\pi r^2}\cdot\frac{R}{r}$$

$$B=\int\mathrm{d}B_{//}=\frac{\mu_0}{4\pi}\cdot\frac{IR}{r^3}\int\mathrm{d}l=\frac{\mu_0}{4\pi}\cdot\frac{IR}{r^3}\cdot 2\pi R$$

$$=\frac{\mu_0}{2}\cdot\frac{IR^2}{(R^2+x^2)^{3/2}}\tag{1}$$

B 的方向垂直于圆电流平面,沿 x 轴正向.

当 $x=0$ 时,则圆电流在圆心处的磁感应强度为

$$B=\frac{\mu_0 I}{2R}\tag{2}$$

当 $x\gg R$,即场点 P 在远离原点的轴线上时,$(R^2+x^2)^{3/2}\approx x^3$,由式(1)可得

$$B=\frac{\mu_0 IR^2}{2x^3}$$

若令圆电流的面积 $S=\pi R^2$,上式可写成

$$B=\frac{\mu_0}{4\pi}\cdot\frac{2IS}{x^3}\tag{3}$$

7.3.4 磁矩

磁矩

在静电场中,我们曾讨论电偶极子的电场,并引入电矩 p_e 这一物理量. 与此相似,本节将引入磁矩 m 来描述载流线圈的性质. 如图 7.3-2 所示,有一平面圆电流,其面积为 S,电流为 I,e_n

为平面正法线方向的单位矢量,它与电流 I 的流向遵守右手螺旋定则.定义圆电流的磁矩 $\boldsymbol{m}$ 为

$$\boldsymbol{m} = IS\boldsymbol{e}_n \qquad (7.3.3)$$

$\boldsymbol{m}$ 的方向与平面正法线方向的单位矢量 $\boldsymbol{e}_n$ 的方向相同,大小为 IS. 应当指出,上式对于任意形状的载流线圈都是适用的.

因此,例题 7-2 中圆电流的磁场式可写成如下矢量形式:

$$\boldsymbol{B} = \frac{\mu_0}{4\pi} \cdot \frac{2\boldsymbol{m}}{x^3}$$

上式与电偶极子在其轴线上产生的电场强度公式具有相似的形式.

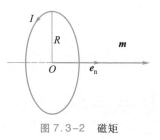

图 7.3-2　磁矩

例题 7-3

已知密绕直螺线管的长度为 L,电流为 I,螺线管的单位长度上的匝数,即匝密度为 n,求螺线管轴线上任一点 P 的磁场.

解: 由于直螺线管上线圈是密绕的,每匝线圈可近似当作闭合的圆形电流.于是轴线上任一点 P 的磁感应强度可以视为许多圆电流在该点各自产生的磁感应强度的叠加.现取轴线上的点 P 为坐标原点 O,并以轴线为 Ox 轴.在与点 P 距离为 x 处取长为 $\mathrm{d}x$ 的一小段,该段载流线圈相当于通有电流为 $\mathrm{d}I = In\mathrm{d}x$ 的圆形线圈.根据例题 7-2 中的式(1),它们在点 P 处产生的磁场为

$$\mathrm{d}B = \frac{\mu_0}{2} \frac{R^2\,\mathrm{d}I}{(R^2+x^2)^{3/2}} = \frac{\mu_0}{2} \frac{R^2 In\,\mathrm{d}x}{(R^2+x^2)^{3/2}}$$

方向沿 Ox 轴正向.由于各任意小段圆形线圈在点 P 产生的磁场方向相同,所以整个螺线管在点 P 产生的总磁感应强度为

$$B = \int \mathrm{d}B = \int \frac{\mu_0}{2} \frac{R^2 In\,\mathrm{d}x}{(R^2+x^2)^{3/2}}$$

为了便于积分,引入参变量 θ,由图中几何关系可知

$$x = R\cot\theta, \quad \mathrm{d}x = -R\csc^2\theta\,\mathrm{d}\theta$$
$$R^2+x^2 = R^2 \cdot \csc^2\theta$$

代入上式,得

$$B = -\frac{\mu_0 nI}{2} \int_{\theta_1}^{\theta_2} \sin\theta\,\mathrm{d}\theta \qquad (1)$$
$$= \frac{\mu_0 nI}{2}(\cos\theta_2 - \cos\theta_1)$$

如果螺线管为"无限长",即当 $L \gg R$ 时,$\theta_1 = \pi$,$\theta_2 = 0$,所以

$$B = \mu_0 nI \qquad (2)$$

结果表明,密绕无限长直螺线管轴线上的磁场是均匀的.可以证明,不仅轴线上,而且整个螺线管内部的磁场都是均匀的,方向与螺线管中电流方向成右手螺旋关系.

例题 7-3 图　载流密绕直螺线管的磁场

思考 7.8 题图

思考

7.7 你能说出电流元 Idl 激发磁场 dB 与电荷元 dq 激发电场 dE 有何异同吗?

7.8 设在水平面内有许多根长直载流导线彼此紧挨着排成一行,每根导线中的电流相同,如思考 7.8 题图所示.你能求出邻近平面中部 A、B 两点的磁感应强度吗? A、B 两点附近的磁场可视为均匀磁场吗?

7.4 磁通量 磁场的高斯定理

7.4.1 磁感线

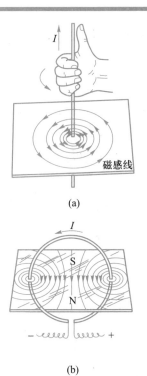

(a)

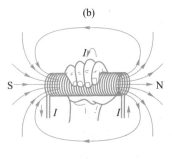

(b)

图 7.4-1 几种典型电流的磁感线示意图

(c)

在静电场中可以用电场线来形象地描述电场的分布.与此类似,在恒定磁场中也可以用磁感线来形象地描述磁场的分布.规定:(1) 磁感线上任一点切线的方向即为磁感应强度 B 的方向;(2) 磁场中某点处垂直于 B 的单位面积上通过的磁感线条数等于该点磁感应强度 B 的大小.因此,磁感线的疏密程度表示该点 B 的大小.B 大的地方,磁感线就密集;B 小的地方,磁感线就稀疏.对均匀磁场来说,磁场中的磁感线相互平行,各处磁感线密度相等.

如图 7.4-1 所示是载流长直导线、圆电流、载流长螺线管等几种典型电流的磁感线分布的示意图.

可以看出,磁感线的绕行方向与电流流向遵守右手螺旋定则,磁感线具有以下特性:

(1) 磁感线是环绕电流的无头无尾的闭合曲线,没有起点和终点.磁感线的这个特性和描述静电场的电场线不同,静电场的电场线起始于正电荷,终止于负电荷.

(2) 任意两条磁感线不会相交,这一性质与电场线是一样的.

7.4.2 磁通量 磁场的高斯定理

与在电场中引入电场强度通量相似,可在磁场中引入磁通量,它表示通过磁场中某一曲面的磁感线条数,用 $\varPhi_m$ 表示.

如图 7.4-2(a)所示,在均匀磁场 $\boldsymbol{B}$ 中,取一面积矢量 $\boldsymbol{S}$,其大小为 S,其方向用正法线方向的单位矢量 $\boldsymbol{e}_n$ 来表示,有 $\boldsymbol{S}=S\boldsymbol{e}_n$,在图中 $\boldsymbol{e}_n$ 与 $\boldsymbol{B}$ 之间的夹角为 θ. 按照磁通量的定义,则通过面 $\boldsymbol{S}$ 的磁通量为

$$\Phi_m = BS\cos\theta = \boldsymbol{B} \cdot \boldsymbol{S}$$

若为非均匀磁场,在如图 7.4-2(b)所示的曲面上取一面积矢量元 $\mathrm{d}\boldsymbol{S}$,它所在处的磁感应强度 $\boldsymbol{B}$ 与单位法线矢量 $\boldsymbol{e}_n$ 之间的夹角为 θ,则通过面积元 $\mathrm{d}\boldsymbol{S}$ 的磁通量为

$$\mathrm{d}\Phi_m = B\mathrm{d}S\cos\theta = \boldsymbol{B} \cdot \mathrm{d}\boldsymbol{S}$$

所以,通过有限曲面 S 的磁通量为

$$\Phi_m = \int_S B\mathrm{d}S\cos\theta = \int_S \boldsymbol{B} \cdot \mathrm{d}\boldsymbol{S} \qquad (7.4.1)$$

在国际单位制中,磁通量 Φ_m 的单位为韦伯,记为 Wb,有

$$1 \text{ Wb} = 1 \text{ T} \cdot \text{m}^2$$

对闭合曲面来说,一般取向外的指向为正法线方向. 这样,从闭合曲面内穿出的磁通量为正,穿入的磁通量为负. 由于磁感线是闭合曲线,因此穿入闭合曲面的磁感线条数必然等于穿出闭合曲面的磁感线条数,所以通过任一闭合曲面的总磁通量必为零,即

$$\oint_S \boldsymbol{B} \cdot \mathrm{d}\boldsymbol{S} = 0 \qquad (7.4.2)$$

这就是磁场中的高斯定理,是描述电磁场性质的基本方程之一,它表明磁场中没有发出磁感线的地方,磁感线是无头无尾的闭合曲线,即恒定磁场是无源场. 这一点与静电场不同,静电场是有源场,正电荷所在处就是场的源头.

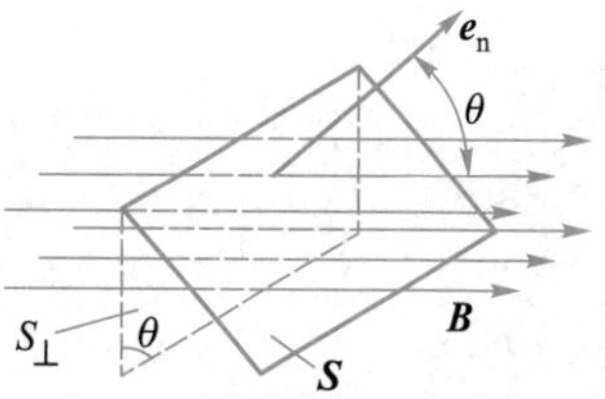

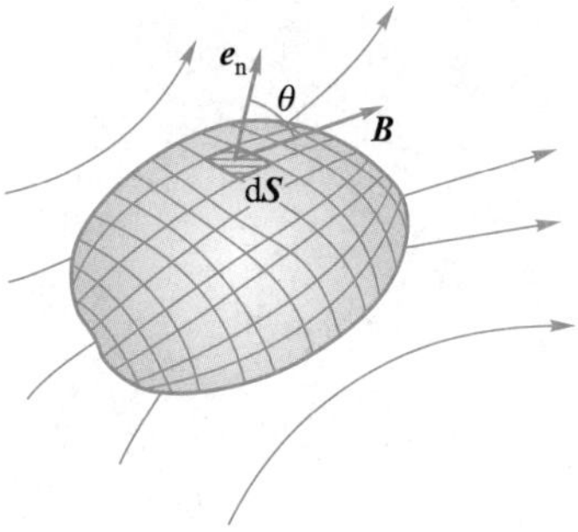

图 7.4-2 磁通量

磁通量　　磁场中的高斯定理

思考

7.9　在磁场中,若穿过某一闭合曲面的磁通量为零,那么,穿过另一非闭合曲面的磁通量是否也为零呢?

7.10　为什么 $\oint_S \boldsymbol{B} \cdot \mathrm{d}\boldsymbol{S} = 0$,而 $\oint_S \boldsymbol{E} \cdot \mathrm{d}\boldsymbol{S} = \dfrac{q}{\varepsilon_0}$? 这说明静电场和恒定磁场的性质有何不同?

7.5　安培环路定理

7.5.1 安培环路定理内容

在静电场中,电场强度 $\boldsymbol{E}$ 的环流(沿任一闭合路径的线积

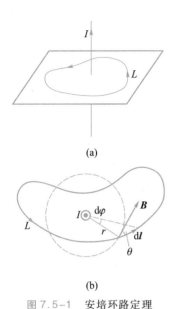

(a)

(b)

图 7.5-1　安培环路定理

分)恒等于零,即 $\oint_L \boldsymbol{E} \cdot \mathrm{d}\boldsymbol{l} = 0$,表明静电场是保守场.对恒定磁场,也可以通过讨论磁感应强度 $\boldsymbol{B}$ 的环流,得到磁场的某些特性.

下面先研究无限长载流直导线的磁场.在垂直于导线的平面内任意选一包围电流的闭合环路 L,如图 7.5-1(a)所示.在 L 上任意点 P 处沿 L 切线方向取一线元 $\mathrm{d}\boldsymbol{l}$,由图 7.5-1(b)中的几何关系 $\cos\theta\mathrm{d}l = r\mathrm{d}\varphi$,则

$$\boldsymbol{B} \cdot \mathrm{d}\boldsymbol{l} = B\cos\theta\mathrm{d}l = Br\mathrm{d}\varphi = \frac{\mu_0 I}{2\pi}\mathrm{d}\varphi$$

沿闭合环路 L 积分一周,角 φ 将由 0 增至 2π,所以

$$\oint_L \boldsymbol{B} \cdot \mathrm{d}\boldsymbol{l} = \frac{\mu_0 I}{2\pi}\oint_L \mathrm{d}\varphi = \mu_0 I$$

当闭合路径反向绕行,即积分方向反向时,这时 $\mathrm{d}\boldsymbol{l}$ 与 $\boldsymbol{B}$ 之间的夹角为 $\pi-\theta$,$\mathrm{d}l\cos(\pi-\theta) = -r\mathrm{d}\varphi$,于是有

$$\oint_L \boldsymbol{B} \cdot \mathrm{d}\boldsymbol{l} = -\mu_0 I = \mu_0(-I)$$

如果闭合环路 L 不包围载流导线时,沿闭合环路 L 积分一周,角 φ 的净增量为 0,则

$$\oint_L \boldsymbol{B} \cdot \mathrm{d}\boldsymbol{l} = 0$$

如果闭合环路 L 不在垂直于长直导线的平面内,可将 L 上的每一个线元分解为平行于该平面的分量 $\mathrm{d}\boldsymbol{l}_{//}$ 和垂直于该平面的分量 $\mathrm{d}\boldsymbol{l}_{\perp}$,而 $\oint_L \boldsymbol{B} \cdot \mathrm{d}\boldsymbol{l}_{\perp} = 0$,所以将得到与上面相同的结论.

以上结果虽然是由长直载流导线产生的磁场导出,但结果具有普遍性,对任意形状的载流导线产生的磁场都是适用的,对多根载流导线产生的磁场也同样适用,故一般可写为

$$\oint_L \boldsymbol{B} \cdot \mathrm{d}\boldsymbol{l} = \mu_0 \sum I_i \qquad (7.5.1)$$

安培环路定理

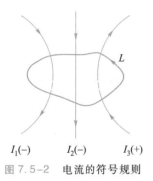

$I_1(-)$　　$I_2(-)$　　$I_3(+)$

图 7.5-2　电流的符号规则

上式称为安培环路定理,可表述为:在恒定磁场中,磁感应强度 $\boldsymbol{B}$ 沿任一闭合路径的线积分(即 $\boldsymbol{B}$ 的环流),等于 μ_0 乘以该闭合路径包围的所有电流的代数和.若电流流向与积分路径满足右手螺旋定则,电流取正值,反之则取负值,如图 7.5-2 所示.

应该注意,$\boldsymbol{B}$ 的环流只与闭合环路 L 内包围的电流有关,而与闭合环路外的电流无关.但是,环路上任一点的磁感应强度 $\boldsymbol{B}$ 却是所有电流(无论是否被环路包围)共同激发的.

安培环路定理是描述磁场性质的一个重要定理,它反映了电流与磁场之间的关系,表明恒定磁场与静电场是不同的,静电场是保守场,而磁场是涡旋场.

7.5.2 安培环路定理的应用

例题 7-4

设圆柱导体的半径为 R,均匀电流 I 沿轴线方向,求无限长均匀载流圆柱导体的磁场.

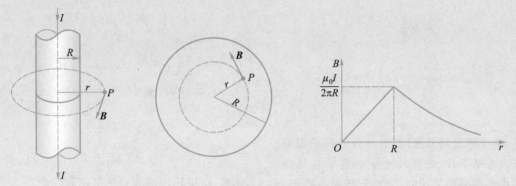

例题 7-4 图　无限长均匀载流圆柱导体的磁场

解:由于电流分布有轴对称性,而且圆柱体很长,所以磁场对圆柱导体轴线同样是有对称性的.磁感线是在垂直于轴线平面内以该平面与轴线交点为圆心的一系列同心圆.

(1) 圆柱体外 ($r>R$) 的磁场. 选取通过场点 P、半径为 r 的圆形积分回路,绕行方向与电流满足右手螺旋定则,因此在每一个圆周上 $\boldsymbol{B}$ 的大小相同,方向与该点 $\mathrm{d}\boldsymbol{l}$ 的方向相同. 由安培环路定理有

$$\oint_L \boldsymbol{B} \cdot \mathrm{d}\boldsymbol{l} = B \cdot 2\pi r = \mu_0 \sum_i I_i$$

此时,圆形积分路径包围的电流为 $\sum_i I = I$,可得

$$B = \frac{\mu_0 I}{2\pi r} \quad (r>R)$$

结果表明,在圆柱体外部,磁场分布与全部电流集中在圆柱导体轴线上的无限长直载流导线磁场分布相同.

(2) 圆柱体内 ($r<R$) 的磁场. 圆形积分路径包围的电流为总电流 I 的一部分,由于电流均匀分布,则 $\sum I_i = \dfrac{I}{\pi R^2} \pi r^2 = \dfrac{Ir^2}{R^2}$,由安培环路定理有

$$\oint_L \boldsymbol{B} \cdot \mathrm{d}\boldsymbol{l} = B \cdot 2\pi r = \mu_0 \frac{Ir^2}{R^2}$$

得

$$B = \frac{\mu_0 Ir}{2\pi R^2} \quad (r<R)$$

结果表明,在圆柱体内部,磁感应强度 $\boldsymbol{B}$ 的大小与 r 成正比.

想一想,若为无限长均匀圆柱面电流,结果如何?

例题 7–5

设螺绕环上均匀地密绕 N 匝线圈，线圈中通有电流 I，求螺绕环内的磁场.

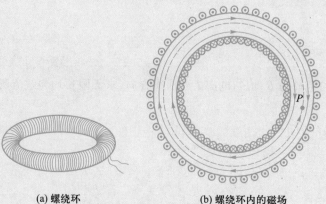

(a) 螺绕环　　　　　　(b) 螺绕环内的磁场

例题 7–5 图　螺绕环及内部磁场

解：由于螺绕环是密绕的，环外的磁场很弱，可以忽略不计，磁场几乎全部集中在环内. 环内的磁感线形成同心圆环，且同一圆周上 $\boldsymbol{B}$ 的大小相等，方向沿圆周的切向. 选取过点 P、半径为 r 的圆形积分回路，由安培环路定理有

$$\oint_L \boldsymbol{B} \cdot \mathrm{d}\boldsymbol{l} = B \cdot 2\pi r = \mu_0 NI$$

可得

$$B = \frac{\mu_0 NI}{2\pi r}$$

显然，螺绕环内部的磁场是不均匀的.

设用 L 表示螺绕环中心线的周长，则此圆周上 $B = \dfrac{\mu_0 NI}{L} = \mu_0 nI$，$n = \dfrac{N}{L}$ 为单位长度上的匝数. 当环中心线的直径比线圈直径大得多，即 $2R \gg d$ 时，环内磁场可近似视为均匀磁场.

思考

7.11　在下面三种情况下，能否用安培环路定理来求磁感应强度？为什么？（1）有限长载流直导线产生的磁场；（2）圆电流产生的磁场；（3）两根无限长同轴圆柱面之间的磁场.

7.12　如思考 7.12 题图所示，在一圆形电流的平面内有一个同心的圆形闭合回路，使这两个圆同轴且互相平行. 由于此闭合回路内不包围电流，所以把安培环路定理用于上述闭合回路，可得 $\oint_L \boldsymbol{B} \cdot \mathrm{d}\boldsymbol{l} = 0$，此结果能否说明在闭合回路上各点的磁感应强度为零？

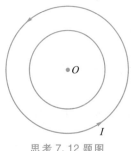

思考 7.12 题图

7.6　带电粒子在电场和磁场中的运动

这一节在介绍运动电荷在电场和磁场中受力的基础上,分别讨论带电粒子在磁场中运动以及在电场和磁场中运动的一些例子.通过这些例子,了解电磁学的一些基本原理在科学技术上的应用.

一般情况下,当带电粒子既在电场又在磁场中运动时,则作用在带电粒子上的力应为电场力和洛伦兹力的和,即

$$F = qE + qv \times B \qquad (7.6.1)$$

7.6.1　带电粒子在均匀磁场中运动

根据洛伦兹力公式(7.2.2),分三种情况讨论带电粒子在均匀磁场中的运动.

(1) $v // B$,即带电粒子沿着或逆着磁场方向运动时,带电粒子不受磁场力作用,以速度 v 作匀速直线运动.

(2) $v \perp B$,即粒子垂直磁场运动,带电粒子所受的洛伦兹力的大小为 $F_m = qvB$,方向与速度 v 垂直,所以洛伦兹力只改变速度的方向,不改变速度的大小,带电粒子在磁场中作匀速圆周运动,其向心力就是洛伦兹力,如图 7.6-1 所示.根据牛顿第二定律容易求得带电粒子作圆周运动的半径,

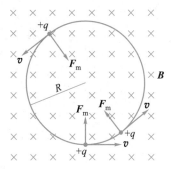

图 7.6-1　带电粒子在均匀磁场的运动

$$qvB = m\frac{v^2}{R}$$

式中 R 称为带电粒子作匀速圆周运动的轨道半径,也称回旋半径.由上式得

回旋半径

$$R = \frac{mv}{qB} \qquad (7.6.2)$$

粒子运行一周所需要的时间称为回旋周期,用符号 T 表示,有

回旋周期

$$T = \frac{2\pi R}{v} = \frac{2\pi m}{qB} \qquad (7.6.3)$$

可见,周期 T 与带电粒子的速率无关,但回旋半径 R 与速率有关,

速率越大的粒子,其回旋半径也越大.

(3)v 与 B 之间的夹角为 θ 时,可以把速度 v 分解为平行于 B 的分量 $v_{/\!/}$ 和垂直于 B 的分量 $v_\perp$,如图 7.6-2 所示,则

$$v_{/\!/} = v\cos\theta, \quad v_\perp = v\sin\theta$$

图 7.6-2 带电粒子在匀强磁场中的螺旋线运动

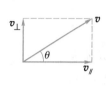
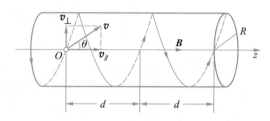

前面已经讨论过,速度的垂直分量 $v_\perp$ 在磁场的作用下将使粒子在垂直于 B 的平面内作匀速圆周运动;而速度的水平分量 $v_{/\!/}$ 不受磁场的影响,粒子在水平方向上作匀速直线运动. 带电粒子同时参与两个运动,结果它将沿螺旋线向前运动. 显然,螺旋线的半径为

$$R = \frac{mv_\perp}{qB}$$

回旋周期为

$$T = \frac{2\pi R}{v_\perp} = \frac{2\pi m}{qB}$$

螺距

而且,如果把粒子回旋一周前进的距离称为螺距 d,则

$$d = v_{/\!/}T = \frac{2\pi mv_{/\!/}}{qB} \tag{7.6.4}$$

上式表明,螺距 d 与 $v_\perp$ 无关,只与 $v_{/\!/}$ 成正比.

利用上述结果可实现磁聚焦. 如图 7.6-3 所示,在均匀磁场中某点 A 发射一束初速度相差不大的带电粒子流,它们的 v_0 与 B 之间的夹角 θ 不尽相同,但都很小,于是这些粒子的 $v_\perp$ 略有差异,而 $v_{/\!/}$ 却近似相等. 这些带电粒子沿半径不同的螺旋线运动,但其螺距是近似相等的,每经过一个回旋周期粒子又会重新会聚到

磁聚焦

同一点 P,这种现象称为磁聚焦. 这个现象与光束通过光学透镜的现象相似,在电子光学中有着广泛的应用.

图 7.6-3 磁聚焦的原理

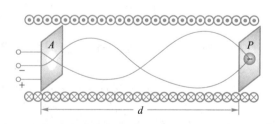

7.6.2 质谱仪

质谱仪是用物理方法分析同位素的仪器,是由英国实验化学家和物理学家阿斯顿(F. W. Aston,1877—1945)在 1919 年发明的.当年他用它发现了氯和汞的同位素,以后几年内又发现了许多种同位素,特别是一些非放射性的同位素.为此,阿斯顿于 1922 年获诺贝尔化学奖.阿斯顿仅拥有学士学位,他的成才主要得益于在长期的实验室平凡工作中力求进步的精神和毅力.

图 7.6-4 是质谱仪的示意图.离子源 S 产生的离子经过狭缝 S_1、S_2 之间的加速电场后,进入 P_1、P_2 两极板间,其间的电场、磁场叠加构成速度选择器.从离子源出来的离子以不同的速率进入选择器,P_1、P_2 两板之间的均匀电场 E 垂直于平板向右,均匀磁场 B 垂直纸面向外.离子同时受到电场力和磁场力的作用,当电荷为+q 的离子速率满足 $v = E/B$ 时,才能穿过 P_1、P_2,从狭缝 S_3 射出.离子由 S_3 射出后,进入另一个垂直纸面向外的均匀磁场 B' 区域,但在此区域中没有电场.这时离子在磁场力的作用下,将以半径 R 作匀速圆周运动.若离子的质量为 m,则有

$$qvB' = m\frac{v^2}{R}$$

所以

$$m = \frac{qB'R}{v}$$

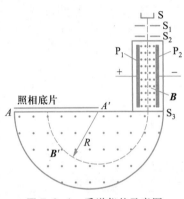

图 7.6-4　质谱仪的示意图

由于 B' 和离子的速度 v 是已知的,且假定每个离子的电荷都是相等的,从上式可以看出,离子的质量和它的轨道半径成正比.

如果这些离子中有不同质量的同位素,它们的轨道半径就不一样,将分别射到照相底片上不同的位置,形成若干线状谱的细条纹,每一条纹对应一定质量的离子.从条纹的位置可以推算出轨道半径 R,从而算出它们相应的质量.图 7.6-5 为锗的质谱,条纹表示质量数为 70,72,…的锗的同位素 $^{70}G_e$,$^{72}G_e$,….

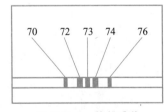

图 7.6-5　锗的质谱

回旋加速器

7.6.3 霍耳效应

把一块宽为 b、厚为 d 的导体(或半导体)板置于均匀磁场 B 中,并在板中通有纵向电流 I,如图 7.6-6 所示,此时在板的横向

两侧面 A、A′之间呈现一定的电势差 U_H，这种现象叫霍耳效应，产生的电势差 U_H 称为霍耳电压. 实验表明，霍耳电压的值为

$$U_H = K \frac{IB}{d} \tag{7.6.5}$$

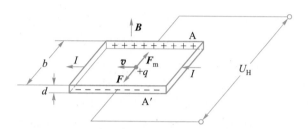

例题 7.6-6　霍耳效应示意图

霍耳效应　霍耳电压

其中，K 称为霍耳系数，它是与导体（或半导体）材料有关的常量.

霍耳效应可以用洛伦兹力来解释. 设板中的载流子是正电荷 $+q$，其漂移速度为 v，则在磁场中载流子所受的洛伦兹力的大小为 $F_m = qvB$. 在洛伦兹力的作用下，载流子将向板的 A 端移动，从而在 A、A′两侧面上分别有正、负电荷的积累. 这样，便在 A、A′之间建立起静电场 E，载流子受到一个与洛伦兹力方向相反的电场力 F 作用. 随着 A、A′上电荷的积累，F 也不断增大. 当电场力增大到正好等于洛伦兹力时，就达到了动态平衡. 这时 A、A′两侧面

霍耳电场

之间的电场称为霍耳电场 E_H，它与霍耳电压 U_H 之间的关系为

$$U_H = E_H b$$

由于动态平衡时电场力与洛伦兹力相等，有

$$qE_H = qvB$$

于是

$$U_H = vBb \tag{7.6.6}$$

设单位体积内载流子数为 n，则根据电流的定义有

$$I = nqvbd$$

代入式（7.6.6）可得

$$U_H = \frac{1}{nq} \frac{IB}{d} \tag{7.6.7}$$

上式与式（7.6.5）比较，可得霍耳系数为

$$K = \frac{1}{nq} \tag{7.6.8}$$

以上讨论了载流子带正电的情形，所得霍耳电压和霍耳系数是正的. 如果载流子带负电，则霍耳电压和霍耳系数是负的. 所以从霍耳电压的正负，可以判断载流子带的是正电还是负电.

在金属导体中，由于自由电子密度很大，因此金属导体的霍耳系数很小，相应的霍耳电压也就很弱. 在半导体中，载流子密度

要低得多,因而半导体能产生很强的霍耳效应.

利用霍耳效应制成的霍耳元件,作为一种特殊的半导体器件,在生产和科研中得到了广泛应用,如判断材料的导电类型,测定载流子密度、温度、磁场、电流等.

7.7 磁场对载流导线的作用

导线中的电流是电子作定向运动形成的,当把载流导线置于磁场中时,运动的载流子要受到洛伦兹力的作用,所以载流导线在磁场中受到的磁场力本质上是在洛伦兹力作用下,导体中作定向运动的电子与金属导体中晶格上的正离子不断地碰撞,把动量传给了导体,从而使整个载流导体在磁场中受到磁场力的作用.

7.7.1 安培力

如图 7.7-1(a)所示,在载流导线上取一电流元 $I\mathrm{d}l$,此电流元与磁感应强度 $\boldsymbol{B}$ 之间的夹角为 φ,假设电流元中自由电子的定向漂移速度为 $\boldsymbol{v}$,且 $\boldsymbol{v}$ 与磁感应强度 $\boldsymbol{B}$ 之间的夹角为 θ,则 $\theta = \pi - \varphi$.

电流元中的每一个自由电子受到的洛伦兹力的大小为 $F_\mathrm{m} = evB\sin\theta$,方向垂直纸面向里.若电流元的截面积为 S,单位体积内的自由电子数为 n,则电流元中的自由电子数为 $nS\mathrm{d}l$,这样,电流元所受的力等于电流元中 $nS\mathrm{d}l$ 个电子所受洛伦兹力的总和.由于作用在每个电子上的力的大小及方向都相同,所以磁场作用于电流元上的力为

$$\mathrm{d}F = nS\mathrm{d}l \cdot evB\sin\theta$$

又因为 $I = nevS$,所以上式可写成

$$\mathrm{d}F = I\mathrm{d}l \cdot B\sin\theta = I\mathrm{d}l \cdot B\sin\varphi$$

写成矢量形式

$$\mathrm{d}\boldsymbol{F} = I\mathrm{d}\boldsymbol{l} \times \boldsymbol{B} \tag{7.7.1}$$

上式称为安培定律.磁场对电流元的作用力,通常叫安培力.显然,安培力 $\mathrm{d}\boldsymbol{F}$ 的方向垂直于 $I\mathrm{d}\boldsymbol{l}$ 和 $\boldsymbol{B}$ 组成的平面,其指向满足右手螺旋定则,如图 7.7-1(b)所示.

安培定律　安培力

有限长载流导线所受的安培力,等于各电流元所受安培力的矢量叠加,即

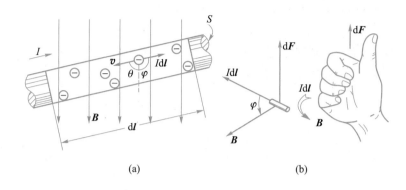

图 7.7-1　磁场对电流元的作用力

$$F = \int_L \mathrm{d}F = \int_L I\mathrm{d}l \times B \qquad (7.7.2)$$

例题 7-6

一段长为 L 的载流直导线,置于均匀磁场 B 中,电流流向与 B 夹角为 θ,如例题 7-6 图所示,求导线受到的安培力.

解:取电流元 $I\mathrm{d}l$,由安培定律知,电流元受到的安培力大小为

$$\mathrm{d}F = IB\sin\theta\mathrm{d}l$$

方向为垂直纸面向里,且导线上所有电流元受力方向相同. 所以整段导线受到的安培力为

$$F = \int_0^L IB\sin\theta\mathrm{d}l = IBL\sin\theta \quad (7.7.3)$$

当导线与磁场平行,即 $\theta = 0$ 时,$F = 0$;当导线与磁场垂直,即 $\theta = \pi/2$ 时,$F = F_{\max} = IBL$,此时导线受到的安培力最大.

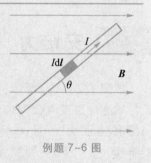

例题 7-6 图

例题 7-7

在 xOy 平面有一根形状不规则的载流导线,通有电流为 I,导线置于均匀磁场 B 中,方向垂直纸面向里. 求作用在此导线上的安培力.

解:建立如例题 7-7 图所示的 xOy 坐标系,取电流元 $I\mathrm{d}l$,其所受安培力为 $\mathrm{d}F = I\mathrm{d}l \times B$,在 x 轴和 y 轴的分量分别为

$$\mathrm{d}F_x = \mathrm{d}F\sin\theta = IB\mathrm{d}l\sin\theta = IB\mathrm{d}y$$

$$\mathrm{d}F_y = \mathrm{d}F\cos\theta = IB\mathrm{d}l\cos\theta = IB\mathrm{d}x$$

积分可得

$$F_x = \int \mathrm{d}F_x = \int_0^0 IB\mathrm{d}y = 0$$

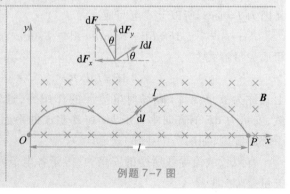

例题 7-7 图

$$F_y = \int dF_y = \int_0^l IB dx = IBl$$

于是,载流导线所受的安培力为

$$F = IBl\boldsymbol{j}$$

结果表明,在均匀磁场中,任意形状的载流导线所受的安培力,与和它起点和终点

相同的载流直导线所受的安培力是相等的.另外,若导线的起点和终点重合,导线就构成了一个闭合回路,此时起点和终点的连线长为零.由上式可知,此闭合回路所受的安培力为零.

7.7.2 磁场作用于载流线圈的磁力矩

如图 7.7-2 所示,匀强磁场 $\boldsymbol{B}$ 水平向右,磁场有一刚性矩形载流线圈 $abcd$,边长分别为 l_1 和 l_2,电流为 I,流向为 $a \to b \to c \to d$,磁场方向与线圈平面成 φ 角.

由式(7.7.3)知,作用于导线 bc、ad 两边的安培力大小分别为

$$F_1 = IBl_1 \sin \varphi$$

$$F_1' = IBl_1 \sin (\pi - \varphi) = IBl_1 \sin \varphi$$

$\boldsymbol{F}_1$ 和 $\boldsymbol{F}_1'$ 两者大小相等、方向相反,且在同一直线上,所以对整个线圈来讲,它们合力及合力矩都为零.

而导线 ab、cd 两边受到的安培力的大小为 $F_2 = F_2' = IBl_2$,这两个力大小相等,方向亦相反,但不在一条线上,它们的合力虽然为零,但对线圈要产生磁力矩.

$$M = F_2 l_1 \cos \varphi = IBl_2 l_1 \cos (\pi/2 - \theta) = IBS \sin \theta$$

式中,$S = l_1 l_2$ 是矩形线圈的面积,θ 是线圈法线 $\boldsymbol{e}_n$ 与磁场之间的夹角.由于线圈的磁矩 $\boldsymbol{m} = IS\boldsymbol{e}_n$,所以上式写成矢量形式

$$\boldsymbol{M} = \boldsymbol{m} \times \boldsymbol{B} \tag{7.7.4}$$

下面分几种情况讨论:

(1)当 $\theta = 0$,即线圈法线与磁场 $\boldsymbol{B}$ 方向相同时,磁力矩 $M = 0$,此时线圈处于稳定平衡状态,如图 7.7-3(a)所示;

(2)当 $\theta = \pi/2$,即线圈法线与磁场 $\boldsymbol{B}$ 垂直时,线圈所受的磁力矩最大,$M_{max} = ISB$,如图 7.7-3(b)所示;

(3)当 $\theta = \pi$,即线圈法线与磁场 $\boldsymbol{B}$ 方向相反时,磁力矩 $M = 0$,这时线圈处于不稳定的平衡状态,如图 7.7-3(c)所示,即此时只要线圈稍微偏过一个微小角度,它就会在磁力矩的作用下离开这个位置,回到稳定平衡状态.总之,磁场对载流线圈作用的磁力矩,总是倾向于使线圈的磁矩方向转向外磁场方向.

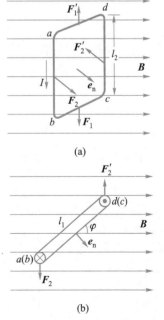

图 7.7-2 矩形载流线圈在磁场中所受的磁力矩

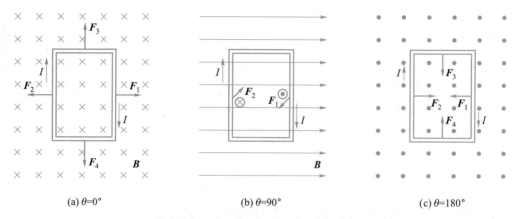

(a) $\theta=0°$　　　　　(b) $\theta=90°$　　　　　(c) $\theta=180°$

图 7.7-3　载流线圈法线方向与磁场方向成不同角度时的磁力矩

　　磁电式电流表就是利用载流线圈在磁场中受磁力矩的作用发生偏转而制作的. 磁电式电流表的结构如图 7.7-4 所示. 在永久磁铁的两极和圆柱体铁芯之间的空气空隙内,放一可绕固定转轴 OO' 转动的铝制框架,框架上绕有线圈,转轴的两端各有一个游丝,且在转轴的一端固定指针. 当电流通过线圈时,由于磁场对载流线圈的磁力矩作用,使指针跟随线圈一起发生偏转,从偏转角的大小,就可以测出通过线圈的电流.

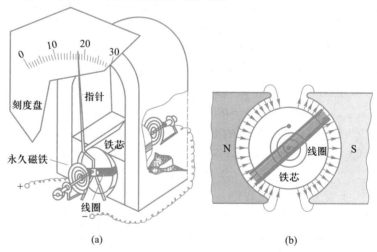

图 7.7-4　磁电式电流表

(a)　　　　　(b)

　　在永久磁铁与圆柱之间空隙内的磁场是径向的,所以线圈平面的法线方向总是与线圈所在处的磁场垂直,因而线圈所受的磁力矩为

$$M = NIBS$$

当线圈转动时,游丝旋紧,产生一个反抗力矩

$$M' = k\theta$$

其中 k 为游丝的扭转常量,θ 为线圈转过的角度. 平衡时有

$$M = NIBS = k\theta$$

所以

$$I = \frac{k\theta}{NBS} \qquad (7.7.5)$$

思考

7.13 如果一个电子在通过空间某一区域时不偏转,能否肯定这个区域中没有磁场?如果它发生偏转,能否肯定那个区域中存在着磁场?

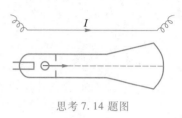

7.14 在阴极射线管上方平行管轴处放置一根载流直导线,电流方向如思考 7.14 题图所示,射线朝什么方向偏转?电流反向后情况又怎样?

思考 7.14 题图

7.15 在均匀磁场中,有两个面积相等、通过电流相同的线圈,一个是三角形,另一个是矩形.这两个线圈所受的最大磁力矩是否相等?磁力的合力是否相等?

7.16 在均匀磁场中,载流线圈的取向与其所受磁力矩有何关系?在什么情况下,磁力矩最大?什么情况下,磁力矩最小?载流线圈处于稳定平衡时,其取向又如何?

7.8 磁场中的磁介质

7.8.1 磁介质的分类

由于磁场和物质之间的相互作用,外加磁场使物质处于一种磁化状态.一切能够被磁化的物质称为**磁介质**.磁化了的磁介质也要激起附加磁场,从而改变原磁场的分布.

磁介质

假设在真空中某点的磁感应强度为 $\boldsymbol{B}_0$,放入磁介质后,因磁介质被磁化而建立的附加磁感应强度为 $\boldsymbol{B}'$,那么该点的磁感应强度 $\boldsymbol{B}$ 应为这两个磁感应强度的矢量和,即

$$\boldsymbol{B} = \boldsymbol{B}_0 + \boldsymbol{B}' \qquad (7.8.1)$$

理论与实验表明,在各向同性均匀介质中的磁感应强度 $\boldsymbol{B}$ 与真空中原磁感应强度 $\boldsymbol{B}_0$ 的关系为

$$\boldsymbol{B} = \frac{\mu}{\mu_0}\boldsymbol{B}_0 = \mu_r \boldsymbol{B}_0 \qquad (7.8.2)$$

$\mu = \mu_0 \mu_r$ 为磁介质的磁导率,μ_r 称为磁介质的相对磁导率.根据磁

介质在磁场中的表现,一般可将其分为三类.

顺磁质

（1）顺磁质 顺磁质的 $\mu_r > 1$, $B > B_0$,即有磁介质时的磁感应强度 B 大于无介质时的磁感应强度 B_0.顺磁质产生的附加磁场 B' 的方向与原磁场 B_0 的方向相同.顺磁质有锰、铬、铂等.

抗磁质

（2）抗磁质 抗磁质的 $\mu_r < 1$, $B < B_0$,即有磁介质时的磁感应强度 B 小于无介质时的磁感应强度 B_0.抗磁质产生的附加磁场 B' 的方向与原磁场 B_0 的方向相反.抗磁质有金、银、铜等.

铁磁质

（3）铁磁质 铁磁质的 $\mu_r \gg 1$, $B \gg B_0$,即有磁介质时的磁感应强度 B 远远大于无介质时的磁感应强度 B_0.铁磁质产生的附加磁场 B' 的方向与原磁场 B_0 的方向也相同.铁磁质有铁、钴、镍及其合金等.

但无论是顺磁质还是抗磁质,相对磁导率 $\mu_r \approx 1$ 且为常量,附加磁感应强度的值 B' 都较 B_0 要小得多(约几万分之一或几十万分之一),它对原磁场的影响极为微弱.所以,顺磁质和抗磁质

弱磁性物质

称为弱磁性物质.虽然铁磁质附加磁感应强度 B' 的方向与顺磁质一样,和 B_0 的方向相同,但 B' 的值却要比 B_0 的值大得多, μ_r 的数量级为 $10^2 \sim 10^3$,甚至 10^6 以上,且不是常量.由于铁磁质能显

强磁性物质

著地增强磁场,通常称它为强磁性物质.当撤掉外磁场 B_0 后,铁磁质中仍有部分磁场,这种现象称为剩磁现象.铁磁质按性能和应用,又可分为软磁材料和硬磁材料两大类.磁化后容易消除磁性的物质称为软磁材料,常用来制作电机、变压器、电感器等电子元件的铁芯;不容易消除磁性的物质称为硬磁材料,适用于制造永久磁铁.各种不同铁磁质都有一临界温度 T_c,称为居里温度,当工作温度高于居里温度时,铁磁质将丧失其铁磁性而成为一般顺磁质.

7.8.2 磁介质中的安培环路定理

1. 磁介质的磁化 磁化电流

在物质的分子中,每个电子都绕原子核作轨道运动,从而使之具有轨道磁矩;此外,电子本身还有自旋,因而也会具有自旋磁

分子固有磁矩

矩.一个分子内所有电子全部磁矩的矢量和,称为分子固有磁矩,

分子磁矩

简称分子磁矩,记为 $\boldsymbol{m}$.

以图 7.8-1 所示的长直螺线管为例,导出磁介质中的安培环路定理.设在单位长度上有 n 匝线圈的无限长直螺线管内充满着各向同性均匀顺磁质,当线圈内通有电流 I 时,螺线管激发的磁感应强度 B_0 将使磁介质内的分子磁矩有规则地排列起来.这时磁介质就被磁化了,从图 7.8-1(a)中可以看出,在磁介质内部各

处的相邻分子圆电流总是方向相反,相互抵消,只有在横截面边缘上的各点,分子圆电流不能抵消,形成了沿横截面边缘的环形电流,这个电流称为**磁化电流**或**束缚电流**,记为 I',如图 7.8-1(b)所示.把垂直流过磁介质表面单位长度的磁化电流,称为**磁化电流面密度**,记为 i'.磁化电流 I' 沿着磁介质芯圆柱表面流动,可想象为绕在磁芯表面上另一组密绕线圈中的电流.对于顺磁质,I' 方向与螺线管中的电流 I 方向一致;如果是抗磁质芯,则 I' 与 I 方向相反.

束缚电流
磁化电流面密度

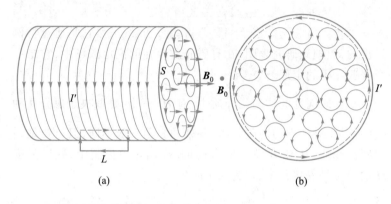

(a)   (b)

图 7.8-1 磁化电流

2. 磁介质中的安培环路定理

将安培环路定理应用到磁介质中,取长为 Δl 的矩形环路 L,如图 7.8-1(a)所示,由于长直螺线管内是沿轴向的均匀磁场,外部无磁场,因此有

$$\oint_L \boldsymbol{B} \cdot \mathrm{d}\boldsymbol{l} = \mu_0 (nI + i') \Delta l \qquad (7.8.3)$$

即 $\qquad\qquad\qquad B\Delta l = \mu_0 (nI + i') \Delta l$

式中 $\boldsymbol{B} = \boldsymbol{B}_0 + \boldsymbol{B}'$,为线圈中传导电流和磁化电流在磁介质中产生的总磁感应强度.之所以能像式(7.8.3)那样将真空中的安培环路定理应用到磁介质中,是因为磁介质磁化后,对外产生的磁效应能完全由磁化电流的磁效应所代替.因此,计及磁化电流就可以把长直螺线管中的磁介质视为已不存在.

另一方面,对真空中的长直螺线管有

$$B_0 \Delta l = \mu_0 nI \Delta l$$

以上两式相除可得磁介质的相对磁导率为

$$\mu_r = \frac{B}{B_0} = \frac{\mu_0(nI + i')}{\mu_0 nI} = \frac{nI + i'}{nI}$$

将此结果代入式(7.8.3)得

$$\oint_L \boldsymbol{B} \cdot \mathrm{d}\boldsymbol{l} = \mu_0 \mu_r nI \Delta l = \mu nI \Delta l$$

式中,$nI\Delta l$ 为矩形环路 L 所包围的传导电流的代数和,改写成 $\sum I_i$,则上式可改写为

$$\oint_L \frac{\boldsymbol{B}}{\mu} \cdot \mathrm{d}\boldsymbol{l} = \sum I_i \qquad (7.8.4)$$

令
$$\frac{\boldsymbol{B}}{\mu} = \boldsymbol{H}, \quad \boldsymbol{B} = \mu \boldsymbol{H} \qquad (7.8.5)$$

式中 $\boldsymbol{H}$ 为磁场强度. 式(7.8.4)可表示为

$$\oint_L \boldsymbol{H} \cdot \mathrm{d}\boldsymbol{l} = \sum I_i \qquad (7.8.6)$$

磁介质中的安培环路定理 这就是磁介质中的安培环路定理,即磁场强度矢量 $\boldsymbol{H}$ 沿任一闭合路径的线积分,等于该闭合路径所包围传导电流的代数和,与磁化电流以及闭合路径之外的传导电流无关. 虽然它是通过特例导出的,但理论研究表明,在有磁介质存在的恒定磁场中,它是一个普遍适用的定理.

在各向同性的均匀磁介质中,有 $\boldsymbol{H} = \dfrac{\boldsymbol{B}}{\mu}$,$\mu$ 是取决于磁介质种类的常量. 对于不均匀磁介质,各处的 μ 值一般不同,但只要是各向同性介质,$\boldsymbol{H}$ 和 $\boldsymbol{B}$ 总是同方向的. 在国际单位制中,磁场强度 $\boldsymbol{H}$ 的单位是安培每米,记为 $\mathrm{A \cdot m^{-1}}$.

例题 7-8

如例题 7-8 图所示,有两个半径分别为 R_1 和 R_2 的"无限长"同轴圆筒形导体,在它们之间充以相对磁导率为 μ_r 的磁介质. 当两圆筒通有相反方向的电流 I 时,试求同轴圆筒形导体内外任意点的磁感应强度的大小.

解:在垂直于轴线的平面内,以该平面与轴线的交点为圆心作圆,当导线通有电流时,因具有对称性,故该圆的圆周上,磁场强度 $\boldsymbol{H}$ 和磁感应强度 $\boldsymbol{B}$ 的大小均为常量,方向都沿圆周切线方向,因此可用安培环路定理求解.

选择以圆柱轴线上一点为圆心、半径为 r 的圆周为积分环路,则由

$$\oint_L \boldsymbol{H} \cdot \mathrm{d}\boldsymbol{l} = \sum I_i$$

可得
$$2H\pi r = \sum I_i$$

即
$$H = \frac{\sum I_i}{2\pi r}, B = \mu H = \frac{\mu \sum I_i}{2\pi r}$$

当 $r < R_1$ 时,$\sum I_i = 0$,所以 $H = 0$,$B = \mu H = 0$.

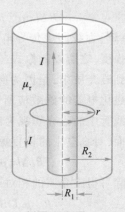

例题 7-8 图

当 $R_1 < r < R_2$ 时,$\sum I_i = I$,$H = \dfrac{I}{2\pi r}$,$B = \mu H = \dfrac{\mu_0 \mu_r I}{2\pi r}$.

当 $r > R_2$ 时,$\sum I_i = I - I = 0$,$H = 0$,$B = \mu H = 0$.

思考

7.17　描述磁场性质的物理量是磁感应强度 B 还是磁场强度 H?

知识要点

（1）电流与电流密度矢量

$$I = \frac{dq}{dt}, \quad I = \int_S \boldsymbol{j} \cdot d\boldsymbol{S}$$

（2）电动势
$$\mathcal{E} = \int_{-\atop(\text{电源内})}^{+} \boldsymbol{E}_k \cdot d\boldsymbol{l}$$

（3）磁感应强度

大小：
$$B = \frac{F_\perp}{qv}$$

方向：磁场中小磁针 N 极的指向

（4）毕奥–萨伐尔定律　　　　　　　　$d\boldsymbol{B} = \frac{\mu_0}{4\pi} \frac{I d\boldsymbol{l} \times \boldsymbol{e}_r}{r^2}$

（5）运动电荷磁场　　　　　　　　　$\boldsymbol{B} = \frac{\mu_0}{4\pi} \frac{q\boldsymbol{v} \times \boldsymbol{e}_r}{r^2}$

（6）磁场的高斯定理　　　　　　　　$\oint_S \boldsymbol{B} \cdot d\boldsymbol{S} = 0$

（7）磁场的安培环路定理　　　　　　$\oint_L \boldsymbol{B} \cdot d\boldsymbol{l} = \mu_0 \sum I_i$

（8）典型磁场

无限长载流直导线外　　　　　　　　$B = \frac{\mu_0 I}{2\pi a}$

圆电流圆心处　　　　　　　　　　　$B = \frac{\mu_0 I}{2R}$

无限长螺线管内部　　　　　　　　　$B = \mu_0 n I$

（9）磁场对运动电荷、电流的作用

洛伦兹力　　　　　　　　　　　　　$\boldsymbol{F}_m = q\boldsymbol{v} \times \boldsymbol{B}$

安培力　　　　　　　　　　　　　　$d\boldsymbol{F} = I d\boldsymbol{l} \times \boldsymbol{B}$

磁矩　　　　　　　　　　　　　　　$\boldsymbol{m} = IS\boldsymbol{e}_n$

均匀磁场中平面线圈所受磁力矩　　　$\boldsymbol{M} = \boldsymbol{m} \times \boldsymbol{B}$

（10）磁介质分类

顺磁质 $\mu_r > 1$；抗磁质 $\mu_r < 1$；铁磁质 $\mu_r \gg 1$.

$$\mu_r = \frac{B}{B_0}$$

（11）磁介质中的安培环路定理

$$\oint_L \boldsymbol{H} \cdot \mathrm{d}\boldsymbol{l} = \sum I_i$$

习题

7-1 两根长度相同的细导线分别多层密绕在半径为 R 和 r 的两个长直圆筒上，形成两个螺线管，两个螺线管的长度相同，$R=2r$，螺线管通过的电流相同，大小为 I，螺线管中的磁感应强度大小 B_R、B_r 满足（　　）.

（A）$B_R = 2B_r$　　　　（B）$B_R = B_r$

（C）$2B_R = B_r$　　　　（D）$B_R = 4B_r$

7-2 在习题 7-2 图（a）和（b）中各有一半径相同的圆形回路 L_1、L_2，圆周内有电流 I_1、I_2，其分布相同，且均在真空中，但在图（b）中 L_2 回路外有电流 I_3，P_1、P_2 为两圆形回路上的对应点，则（　　）.

（A）$\oint_{L_1} \boldsymbol{B} \cdot \mathrm{d}\boldsymbol{l} = \oint_{L_2} \boldsymbol{B} \cdot \mathrm{d}\boldsymbol{l}, B_{P_1} = B_{P_2}$

（B）$\oint_{L_1} \boldsymbol{B} \cdot \mathrm{d}\boldsymbol{l} \neq \oint_{L_2} \boldsymbol{B} \cdot \mathrm{d}\boldsymbol{l}, B_{P_1} = B_{P_2}$

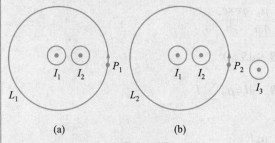

(a)　　　　　　　　(b)

习题 7-2 图

（C）$\oint_{L_1} \boldsymbol{B} \cdot \mathrm{d}\boldsymbol{l} = \oint_{L_2} \boldsymbol{B} \cdot \mathrm{d}\boldsymbol{l}, B_{P_1} \neq B_{P_2}$

（D）$\oint_{L_1} \boldsymbol{B} \cdot \mathrm{d}\boldsymbol{l} \neq \oint_{L_2} \boldsymbol{B} \cdot \mathrm{d}\boldsymbol{l}, B_{P_1} \neq B_{P_2}$

7-3 北京正负电子对撞机的储存环是周长为 240 m 的近似圆形轨道，当环中电流为 8 mA 时，在整个环中有多少电子在运行？已知电子的速率接近光速.

7-4 如习题 7-4 图所示，有两个同轴导体圆柱面，它们的长度均为 20 m，内圆柱面的半径为 3.0 mm，外圆柱面的半径为 9.0 mm. 若两圆柱面之间有 10 μA 电流沿径向流过，求通过半径为 6.0 mm 的圆柱面上的电流密度.

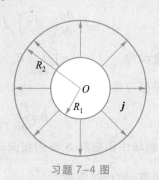

习题 7-4 图

7-5 如习题 7-5 图所示，有两根导线沿半径方向于 A、B 两点接触铁环，并与很远处的电源相连. 已知圆环的粗细均匀，求环心 O 的磁感应强度.

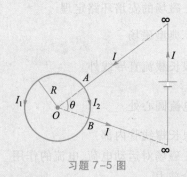

习题 7-5 图

7-6 如习题 7-6 图所示，几种载流导线在平面内分布，电流均为 I，它们在点 O 的磁感应强度各为多少？

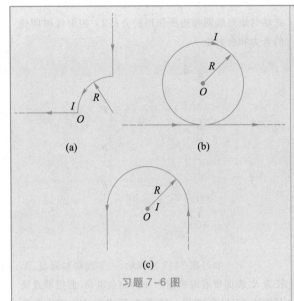

(a)　　　　　　(b)

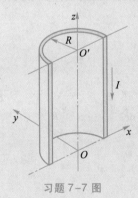

(c)

习题 7-6 图

7-7　如习题 7-7 图所示,一个半径为 R 的无限长半圆柱面导体,沿长度方向的电流 I 在柱面上均匀分布.求半圆柱面轴线 OO' 上的磁感应强度.

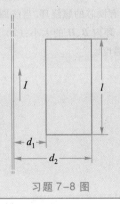

习题 7-7 图

7-8　如习题 7-8 图所示,载流长直导线的电流为 I,试求通过矩形面积的磁通量.

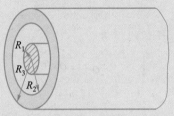

习题 7-8 图

7-9　如习题 7-9 图所示同轴电缆,两导体中的电流均为 I,但电流的流向相反,导体的磁性可不考虑.试计算以下各处的磁感应强度:(1) $r<R_1$;(2) $R_1<r<R_2$;(3) $R_2<r<R_3$;(4) $r>R_3$.画出 B-r 图.

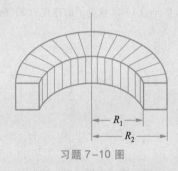

习题 7-9 图

7-10　如习题 7-10 图所示,N 匝线圈均匀密绕在截面为长方形的中空骨架上.求通入电流 I 后,环内外磁场的分布.

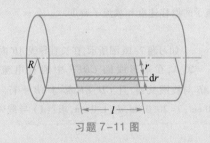

习题 7-10 图

7-11　电流 I 均匀地流过半径为 R 的圆形长直导线,试计算单位长度导线内的磁场通过习题 7-11 图中所示剖面的磁通量.

习题 7-11 图

7-12　设电流均匀流过无限大导电平面,其电流面密度为 j.求导电平面两侧的磁感应强度.

7-13　在半径为 R 的长直圆柱形导体内部,与轴线平行地挖成一半径为 r 的长直圆柱形空腔,两轴间

距离为 a,且 $a>r$,横截面如习题7-13图所示. 现在电流 I 沿导体管流动,电流均匀分布在管的横截面上,而电流方向与管的轴线平行. 求:(1)圆柱轴线上的磁感应强度的大小;(2)空心部分轴线上的磁感应强度的大小.

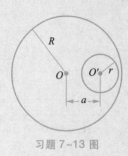

习题7-13图

7-14 如习题7-14图所示,一电子在 $B = 20 \times 10^{-4}$ T 的磁场中沿半径为 $R = 2.0$ cm 的螺旋线运动,螺距 $h = 5.0$ cm,(1)求该电子的速度;(2)磁场 B 的方向如何?

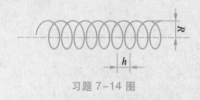

习题7-14图

7-15 在霍耳效应实验中,一宽为 1.0 cm、长为 4.0 cm、厚为 1.0×10^{-3} cm 的导体,沿长度方向载有 3.0 A 的电流,当磁感应强度大小 $B = 1.5$ T 的磁场垂直地通过该导体时,产生 1.0×10^{-5} V 的横向电压. 试求载流子的漂移速度和载流子密度.

7-16 如习题7-16图所示,在长直导线 AB 内通以电流 $I_1 = 20$ A,在矩形线圈 $CDEF$ 中通有电流 $I_2 = 10$ A,AB 与线圈共面,且 CD、EF 都与 AB 平行. 已知 $a = 9.0$ cm,$b = 20.0$ cm,$d = 1.0$ cm,求:(1)导线 AB 的磁场对矩形线圈每边所作用的力;(2)矩形线圈所受的合力和合力矩.

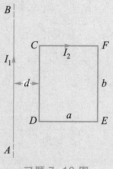

习题7-16图

7-17 如习题7-17图所示,一平面塑料圆盘,半径为 R,表面带有面密度为 σ 的剩余电荷. 假定圆盘绕其轴线 AA' 以角速度 ω 转动,磁场 B 的方向垂直于转轴 AA'. 试证磁场作用于圆盘的力矩的大小为 $M = \dfrac{\pi\sigma\omega R^4 B}{4}$. (提示:将圆盘分成许多同心圆环来考虑.)

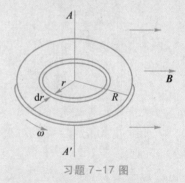

习题7-17图

7-18 将磁导率为 $\mu = 5.0 \times 10^{-4}$ Wb·A^{-1}·m^{-1} 的铁磁质做成一个细圆环,环上密绕线圈,单位长度匝数 $n = 500$,形成有铁芯的螺绕环. 当线圈中电流 $I = 4$ A 时,试计算:(1)环内 B、H 的大小;(2)磁化电流产生的附加磁感应强度.

本章计算题参考答案

章 首 问 题

　　寻求清洁的可再生能源为现代世界的一个重要课题. 发电机在工农业生产、国防、科技及日常生活中有广泛的用途. 它是将其他形式的能源转化成电能的机械设备. 由于能源形式的多样性,发电机的形式很多.

　　风力发电机是将风能转化为机械能的动力机械,又称风车. 广义地说,它是一种以太阳为热源,以大气为工作介质的热能利用发动机. 风力发电利用的是自然能源,可以长期利用.

　　还可以利用其他能源,如以水轮机、汽轮机、柴油机或其他动力机械作驱动,将水流、气流、燃料燃烧或原子核裂变产生的能量转化为机械能传给发电机,再由发电机转化为电能加以利用. 那么,发电机是如何发电的?

章首问题解答

第8章　电磁感应
麦克斯韦电磁理论

本章首先介绍电磁感应现象的基本规律——法拉第电磁感应定律,在此基础上进一步讨论产生感应电动势的两种方式——动生和感生,以及有关的问题,最后介绍麦克斯韦关于电磁场的基本方程组和有关电磁波的基础知识.

1820 年奥斯特通过实验发现了电流的磁效应,揭示了电现象和磁现象之间的联系,同时人们也自然想到,能否利用磁效应产生电流呢? 从 1822 年起,法拉第开始对这一问题进行有目的性的实验研究.经过多次失败之后,终于在 1831 年取得了突破性进展,发现了电磁感应现象,即利用磁场产生电流的现象.电磁感应现象是电磁学中最重大的发现之一,在科学和技术上都具有划时代的意义.它的发现不仅使人们对电现象和磁现象内在联系的认识更加完善,也为麦克斯韦建立完整的电磁场理论、最终实现电学和磁学的统一打下了坚实的基础,爱因斯坦认为:"自从牛顿奠定物理学基础以来,物理学的公理基础的最伟大的变革是由法拉第和麦克斯韦在电磁学方面的工作引起的."电磁感应定律在技术中的广泛应用,使人类社会从此进入了电力时代.

8.1　电磁感应定律

8.1.1　电磁感应现象

在图 8.1-1 所示的实验中,电流表连入导体框,与导体棒组成闭合回路.当导体棒向右滑动时,电流表发生偏转,说明导体回路中有电流产生.在图 8.1-2 所示的实验中,线圈和电流表组成一个闭合回路,当磁铁向左运动时,电流表指针发生偏转,说明导体回路中也有电流产生.

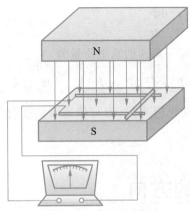

图 8.1-1　导体运动产生电流　　　图 8.1-2　磁铁运动产生电流

　　在图 8.1-1 所示的实验中,磁场并没有变化,但是导体棒的运动使回路的面积发生改变.而在图 8.1-2 所示的实验中,磁铁向左运动时,线圈并没有运动,但是穿过线圈的磁感应强度 **B** 发生了变化.可见,无论哪种情况,只要穿过回路的磁通量发生变化,回路中就有电流产生,这种电流称为感应电流.在回路中出现电流,表明回路中存在电动势.这种由于磁通量变化产生的电动势,称为感应电动势.在回路中由于磁通量变化产生感应电动势的现象,称为电磁感应现象.

感应电流

感应电动势

电磁感应现象

8.1.2 法拉第电磁感应定律

　　实验表明,当穿过闭合回路所围面积的磁通量发生变化时,回路中会产生感应电动势,且感应电动势等于磁通量对时间变化率的负值,这个结论称为法拉第电磁感应定律,可用公式表示为

法拉第电磁感应定律

$$\mathscr{E}_i = -\frac{\mathrm{d}\Phi_m}{\mathrm{d}t} \qquad (8.1.1)$$

负号代表感应电动势的方向,表示感应电动势总是反抗磁通量的变化.有关感应电动势方向的问题将在下面讨论.上式只适用于单匝线圈组成的回路,若回路由 N 匝线圈串联组成,且每匝线圈的磁通量相同,均为 Φ_m,则通过整个线圈的磁通量为 $N\Phi_m$,称为线圈的磁链或磁通匝数,记为 Ψ,此时整个线圈的总电动势等于每匝线圈所产生的感应电动势之和,因此有

磁链

$$\mathscr{E}_i = -N\frac{\mathrm{d}\Phi_m}{\mathrm{d}t} = -\frac{\mathrm{d}(N\Phi_m)}{\mathrm{d}t} = -\frac{\mathrm{d}\Psi}{\mathrm{d}t} \qquad (8.1.2)$$

如果闭合电路的电阻为 R,则回路中的感应电流为

$$I_i = \frac{\mathscr{E}_i}{R} = -\frac{1}{R}\frac{\mathrm{d}\Phi_m}{\mathrm{d}t} \tag{8.1.3}$$

在 t_1 到 t_2 时间内,通过回路导体任一截面的总电荷量为

$$q = \int_{t_1}^{t_2} I_i \mathrm{d}t = -\frac{1}{R}\int_{\Phi_{m1}}^{\Phi_{m2}} \mathrm{d}\Phi_m = \frac{1}{R}(\Phi_{m1} - \Phi_{m2}) \tag{8.1.4}$$

可见,感应电荷量只与磁通量的变化值有关,而与磁通量的变化快慢无关.

8.1.3 感应电动势的方向

感应电动势是标量,所谓感应电动势的方向,确切地说是指与之相应的非静电力的方向,在规定了回路的绕行方向后,感应电动势的方向就可以用电动势的正负来表示. 当非静电力的方向与回路的绕行方向一致时,电动势为正,反之为负. 磁通量也是标量,也有正负两种取值. 磁通量的正负取决于以回路为边界的曲面的法线方向的选择. 通常规定回路的绕行方向与回路所包围的曲面的法线方向满足右手螺旋定则.

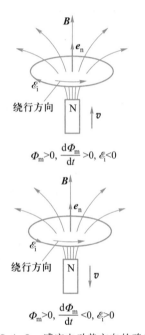

$\Phi_m > 0, \dfrac{\mathrm{d}\Phi_m}{\mathrm{d}t} > 0, \mathscr{E}_i < 0$

$\Phi_m > 0, \dfrac{\mathrm{d}\Phi_m}{\mathrm{d}t} < 0, \mathscr{E}_i > 0$

图 8.1-3　感应电动势方向的确定

这样的规定使得回路的绕行方向与曲面的法线方向具有了固定的关系,因此,磁通量的正负在回路绕行方向选定后也随之确定下来. 按照上述规定,根据法拉第电磁感应定律就可以判断感应电动势和感应电流的方向了. 当 $\Phi_m > 0$,且磁场在加强,即 $\mathrm{d}\Phi_m/\mathrm{d}t > 0$ 时,如图 8.1-3 上图所示,按法拉第电磁感应定律,即 $\mathscr{E}_i$ 的方向与回路绕行方向相反,如果回路是导体构成的,会有感应电流通过,可以看出,感应电流激发的磁场与图中的磁场方向相反,即阻止引起感应电流的磁场增强. 当 $\Phi_m > 0$,且磁场在减弱,即 $\mathrm{d}\Phi_m/\mathrm{d}t < 0$ 时,如图 8.1-3 下图所示,按法拉第电磁感应定律,即 $\mathscr{E}_i$ 的方向与回路绕行方向相同,感应电流激发的磁场与图中磁场方向相同,即阻止引起电磁感应的原磁场变弱. 可见,感应电动势的方向仅由磁通量的变化情况决定,与如何选取回路的绕行方向无关.

1834 年,楞次根据大量的实验事实总结出了确定感应电流方向的简便方法,即闭合回路中,感应电流的方向总是使得它自身所激发的磁通量阻碍引起感应电流的磁通量的变化,这一结论称为楞次定律. 当引起感应电流的磁通量增加时,感应电流所产生的磁通量将阻碍原磁通量的增加;当引起感应电流的磁通量减少时,感应电流所产生的磁通量将阻碍原磁通量的减少. 用楞次定律判断出的感应电流的方向与用法拉第电磁感应定律得出的结果是一致的.

楞次定律

思考

8.1 什么是电磁感应现象?

8.2 法拉第电磁感应定律 $\mathscr{E}_i = -\dfrac{\mathrm{d}\Phi_m}{\mathrm{d}t}$ 中,负号的含义是什么?

8.3 楞次定律的实质是什么?

例题 8-1

矩形框导体的一边 ab 可以平行滑动,长为 l. 整个矩形回路放在磁感应强度为 $\boldsymbol{B}$、方向与其平面垂直的均匀磁场中. 若边 ab 以恒定的速率 v 向右运动,求闭合回路的感应电动势.

例题 8-1 图

解:回路中为均匀磁场,且磁感应强度与回路法线平行,取二者的方向一致,则回路的绕行方向为顺时针,有

$$\Phi = BS = Blx$$

回路的感应电动势为

$$\mathscr{E}_i = -\frac{\mathrm{d}\Phi_m}{\mathrm{d}t} = -\frac{\mathrm{d}(Blx)}{\mathrm{d}t} = -Blv$$

负号表示感应电动势的方向与绕行回路方向相反,即沿回路的逆时针方向. 由计算结果可见,感应电动势数值上等于导线单位时间切割磁感线的条数.

例题 8-2

长直导线中通有电流 $I = I_0 \sin \omega t$,在与它距离 a 处平行放有一长为 l、宽为 b 的矩形平面导体线圈,如例题 8-2 图所示. 求矩形线圈中的感应电动势的大小.

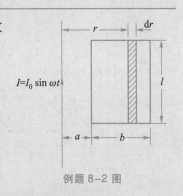
例题 8-2 图

解:由于电流为交变电流,因而长直导线周围空间为交变的非均匀磁场. 所以通过矩形导体线圈的磁通量也发生变化,从而在线圈中产生感应电动势. 为求感应电动势,需先求出任意时刻 t 通过线圈中的磁通量.

为此,取顺时针方向为线圈绕行正方向,则线圈法线的方向垂直纸面向里. 取与长直导线距离为 r 的矩形小面元 $\mathrm{d}S = l\,\mathrm{d}r$,电

流 I 在小面元处产生的磁感应强度为 $B = \dfrac{\mu_0 I}{2\pi r}$,$t$ 时刻穿过面元 $\mathrm{d}S$ 的磁通量为

$$\mathrm{d}\Phi_m = B \cdot \mathrm{d}S = \frac{\mu_0 I}{2\pi r} l\,\mathrm{d}r$$

t 时刻通过矩形导体回路的磁通量为

$$\Phi_m = \int_S B \cdot dS = \int_a^{a+b} \frac{\mu_0 I}{2\pi r} l\,dr$$

$$= \int_a^{a+b} \frac{\mu_0 I_0 \sin \omega t}{2\pi r} l\,dr$$

$$= \frac{\mu_0 l I_0 \sin \omega t}{2\pi} \ln \frac{a+b}{a}$$

导体回路中的感应电动势为

$$\mathscr{E}_i = -\frac{d\Phi_m}{dt} = -\frac{\mu_0 l I_0 \omega \cos \omega t}{2\pi} \ln \frac{a+b}{a}$$

8.2 动生与感生电动势 有旋电场

按照磁通量发生变化的不同原因,感应电动势的产生可以有两种不同的方式,一种是使导体在磁场中运动,另一种是使导体静止而磁场发生变化,下面分别进行详细讨论.

8.2.1 动生电动势

动生电动势

在恒定磁场中由于导体运动而在导体或导体回路内产生的感应电动势称为动生电动势. 如图 8.2-1 所示,磁感应强度 B 的方向垂直于纸面向里,长为 l 的导体 OP 以速度 v 水平向右运动,导体内每一个自由电子都跟随导体一起以速度 v 在磁场中运动,因而受到洛伦兹力的作用,洛伦兹力为

$$F_m = -e(v \times B)$$

F_m 的方向与 $v \times B$ 的方向相反,由 P 指向 O. 这个力是非静电力,它促使自由电子沿导线由 P 向 O 移动,致使 O 端积累了负电荷,P 端则积累正电荷,从而在导体内建立起静电场. 当作用在电子上的静电力与洛伦兹力相平衡时,O、P 两端间便有稳定的电势差. 如果用导线将 O、P 两端连接起来,导体 OP 相当于一个具有一定电动势的电源. 洛伦兹力就是该"电源"的非静电力,以 E_k 表示非静电场的电场强度,平衡时

$$F_m = -F_e = -eE_k$$

则有

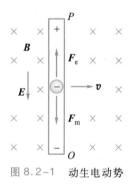

图 8.2-1 动生电动势

$$E_k = \frac{F_m}{-e} = v \times B$$

由电动势的定义式(7.1.4)可得,在磁场中运动导线所产生的动生电动势为

$$\mathscr{E}_i = \int_{OP} E_k \cdot dl = \int_{OP} (v \times B) \cdot dl \qquad (8.2.1)$$

图8.2-1中,v、B、dl 三者相互垂直,且 v、B 为常矢量,故上式变为

$$\mathscr{E}_i = \int_0^l vB\,dl = vBl$$

此式只能用来计算在均匀磁场中直导线以恒定速度垂直磁场运动时所产生的动生电动势. 对于任意形状的导线在非均匀磁场中作任意运动所产生的动生电动势,则由式(8.2.1)来进行计算. 这样运动导体的动生电动势的计算可采用动生电动势公式(8.2.1)和法拉第电磁感应定律(8.1.1)两种方法计算. 用式(8.1.1)计算时,要注意导体要构成回路,如果回路不闭合,需加辅助线使其闭合. 需要强调的是,用法拉第电磁感应定律(8.1.1)计算的电动势是整个回路中的电动势,但电动势只在运动的导体上产生.

思考

8.4 在上一章中说洛伦兹力不对运动电荷做功,这里又说洛伦兹力充当非静电力. 二者矛盾吗?

例题 8-3

如例题8-3图所示,长为 L 的铜棒在均匀磁场 B 中,以角速度 ω 在与磁场方向垂直的平面内绕棒的一端 O 匀速转动,求棒中的动生电动势.

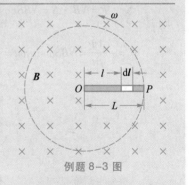

例题 8-3 图

解:在铜棒距 O 为 l 处取线元 dl,方向由点 O 指向点 P,其速度为 v,并且 v、B、dl 相互垂直,在线元 dl 上的动生电动势为

$$d\mathscr{E}_i = (v \times B) \cdot dl = -vB\,dl$$

铜棒两端的动生电动势为各线元动生电动势之和,即

$$\mathscr{E}_i = \int_0^L d\mathscr{E}_i = \int_0^L vB\,dl = \int_0^L \omega Bl\,dl = \frac{1}{2} B\omega L^2$$

方向由点 P 指向点 O,点 O 电势高.

例题 8-4

如例题 8-4 图所示,一通有恒定电流 I 的长直导线旁 d 处有一个与它共面的长为 L 的导体棒 ab,导体棒以速度 $\boldsymbol{v}$ 沿竖直方向向上运动,求导体棒上产生的动生电动势.

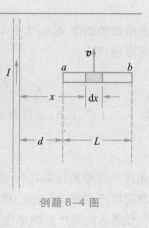

解: 导体棒在非均匀磁场中运动,因而要用积分计算动生电动势. 在导体棒上取一线元 $\mathrm{d}x$,方向由点 a 指向点 b. 电流 I 在线元处产生的磁感应强度为 $B = \dfrac{\mu_0 I}{2\pi x}$,线元 $\mathrm{d}x$ 上的电动势为

$$\mathrm{d}\mathscr{E}_i = \left|\,(\boldsymbol{v}\times\boldsymbol{B})\,\right|\mathrm{d}x = vB\mathrm{d}x$$

$$\mathscr{E}_i = \int_d^{d+L} \mathrm{d}\mathscr{E}_i = \int_d^{d+L} vB\mathrm{d}x = \int_d^{d+L} \frac{\mu_0 I}{2\pi} v\,\frac{1}{x}\mathrm{d}x$$

$$= \frac{\mu_0 Iv}{2\pi}\ln\frac{d+L}{d}$$

方向由点 b 指向点 a,点 a 电势高.

想一想,如果导体棒与长直导线平行且水平向右运动,结果如何?

例题 8-4 图

例题 8-5

例题 8-5 图所示是交流发电机原理示意图. 平面线圈的面积为 S,匝数为 N,它在均匀磁场 $\boldsymbol{B}$ 中以角速度 ω 绕中心轴转动. 求线圈中的电动势.

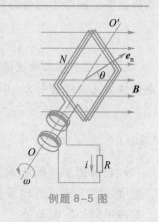

解: 设 $t=0$ 时,线圈的法线 $\boldsymbol{e}_n$ 平行于 $\boldsymbol{B}$,t 时刻线圈处于如例题 8-5 图所示的位置,故 $\theta = \omega t$,通过线圈的磁链为

$$\boldsymbol{\varPsi} = N\boldsymbol{B}\cdot\boldsymbol{S} = NBS\cos\omega t$$

则

$$\mathscr{E}_i = -\frac{\mathrm{d}\boldsymbol{\varPsi}}{\mathrm{d}t} = NBS\omega\sin\omega t = \mathscr{E}_m\sin\omega t$$

式中 $\mathscr{E}_m = NBS\omega$ 是感应电动势的最大值. 显然,增大线圈匝数 N 或提高转速 ω 等都是增大 $\mathscr{E}_m$ 值的有效方法.

例题 8-5 图

8.2.2 感生电动势 有旋电场

在导体不动的情况下,由于磁场的变化而形成的感应电动势称为**感生电动势**. 那么,产生感生电动势的非静电力是什么呢?

感生电动势

1861 年,麦克斯韦在分析了一些电磁感应现象之后提出了感生电场的假设:变化的磁场在其周围空间要激发出一种电场线为闭合曲线的电场,这个电场称为**感生电场**或**有旋电场**,感生电场为非静电场,用 $\boldsymbol{E}_k$ 表示. 感生电场与静电场一样都对电荷有力的作用. 它们之间的不同之处是:静电场存在于静电荷周围的空

感生电场 有旋电场

间内,感生电场则是由变化磁场所激发,不是由电荷所激发;静电场的电场线始于正电荷终于负电荷,而感生电场的电场线则是闭合的.大量实验证实了麦克斯韦假设的正确性.

由电动势的定义式(7.1.4),任意闭合回路的感生电动势均可表示为

$$\mathscr{E}_i = \oint_L \boldsymbol{E}_k \cdot \mathrm{d}\boldsymbol{l} = -\frac{\mathrm{d}\boldsymbol{\Phi}_m}{\mathrm{d}t} \qquad (8.2.2)$$

静电场是保守场,沿任意闭合回路静电场的电流环流恒为零.而感生电场与静电场不同,它沿任意闭合回路的环流一般不为零,也就是说感生电场不是保守场.由于静电场的电场线是有头有尾的,而感生电场的电场线是闭合的,故感生电场也称为有旋电场.

由于磁通量为 $\boldsymbol{\Phi}_m = \int_S \boldsymbol{B} \cdot \mathrm{d}\boldsymbol{S}$,在回路不变的情况下,有

$$\mathscr{E}_i = \oint_L \boldsymbol{E}_k \cdot \mathrm{d}\boldsymbol{l} = -\frac{\mathrm{d}}{\mathrm{d}t}\int_S \boldsymbol{B} \cdot \mathrm{d}\boldsymbol{S} = -\int_S \frac{\partial \boldsymbol{B}}{\partial t} \cdot \mathrm{d}\boldsymbol{S} \qquad (8.2.3)$$

其中 $\frac{\partial \boldsymbol{B}}{\partial t}$ 是闭合回路所围面积内某点磁感应强度随时间的变化率.只要存在变化的磁场,就一定会有感生电场;而且 $\frac{\partial \boldsymbol{B}}{\partial t}$ 与 $\boldsymbol{E}_k$ 在方向上应遵从左手螺旋定则.

思考

8.5 感生电场的出现是否与导体存在有关?

8.2.3 涡电流

当大块的金属处在变化的磁场中或相对于磁场运动时,在金属内部也会产生感应电流,如图 8.2-2 所示,这种电流的流向在金属体内呈闭合的涡旋状,所以称为涡电流,简称涡流.由于金属块的电阻很小,所以涡电流的电流非常大.强大的涡电流会在金属内部释放出大量的焦耳热.涡电流的热效应常被用于金属和半导体材料的真空提纯以及冶炼金属等.在发电机和变压器中,为了增大磁感应强度,都采用铁芯,铁芯中的涡电流使一部分电磁能转化为热能而耗散,这种能量的损失称为涡流损耗,这种热效应非常有害,它会损坏甚至烧毁这些设备.为了减少这种损失,将铁芯制成层状,用叠合起来的硅钢片代替整块的铁芯,并使硅钢片平面与磁感线平行,由于硅钢片本身电阻率较大,各片之间又

图 8.2-2 涡电流

有绝缘层,所以涡电流可以显著减小. 在一些高频变压器中,采用一种粉末状铁芯,粉末间彼此绝缘,这种铁芯因涡电流造成的损失更小.

如果涡电流是由于导体在磁场中运动而产生,根据楞次定律,感应电流的效果总是反抗引起感应电流的原因. 此时涡电流除热效应外,还产生阻尼作用的机械效应来阻碍导体和磁场之间的相对运动. 这种作用称为电磁阻尼. 磁电式仪表就是利用电磁阻尼原理,使仪表中的线圈和固定在它上面的指针能迅速停止运动.

思考

8.6 请列举涡电流在生活中的应用.

8.3 自感和互感

8.3.1 自感

当通电线圈内的电流变化时,电流所激发的磁场就随之变化,因而通过线圈自身的磁通量也发生变化,使线圈自身产生感应电动势,这种由于自身电流变化,而在自身回路中产生感应电动势的现象称为自感现象,所产生的电动势称为自感电动势.

设有一 N 匝线圈,如果线圈是密绕的,则每一匝可近似视为一条闭合曲线,由毕奥-萨伐尔定律,线圈内的电流 I 所激发的磁感应强度的大小与电流成正比,因此,通过线圈的磁链也与线圈中的电流成正比,即

$$N\Phi_{\mathrm{m}} = LI \qquad (8.3.1)$$

比例系数 L 称为线圈的自感,单位为亨利,记为 H,1 H = 1 Wb·A^{-1}. 自感系数在数值上等于单位电流引起的自感磁链. 如果回路周围不存在铁磁质,自感 L 是一个与电流无关,仅由线圈的大小、几何形状、匝数及周围介质的磁导率决定的物理量. 当 L 不随时间变化时,根据法拉第电磁感应定律,可得自感电动势为

$$\mathscr{E}_L = -\frac{\mathrm{d}(N\Phi_{\mathrm{m}})}{\mathrm{d}t} = -\frac{\mathrm{d}(LI)}{\mathrm{d}t} = -L\frac{\mathrm{d}I}{\mathrm{d}t} \qquad (8.3.2)$$

式中负号表明自感电动势产生的感应电流的方向总是反抗回路中电流 I 的改变. 对于不同的回路,当电流对时间的变化率相同

时,自感越大,线圈所产生的自感电动势也越大,自感作用越强,电流越不容易变化.换句话说,自感作用越强的回路,保持其回路中电流不变的性质越强.自感这一特性与力学中的质量 m 相似,所以常把自感 L 不太确切地称为"电磁惯性".

自感 L 的计算一般都较复杂,常采用实验方法测定.只有在一些典型、简单的情况下,才能利用式(8.3.1)和式(8.3.2)来计算 L 值.

例题 8-6

求一个长为 l、横截面积为 S、总匝数为 N 的中空细长单层密绕螺线管的自感 L.

解:设螺线管通有电流 I,则细长单层密绕螺线管内磁场可视为均匀磁场,有

$$B = \mu_0 nI = \mu_0 \frac{N}{l} I$$

通过每匝线圈的磁通量为

$$\Phi_{\mathrm{m}} = BS = \mu_0 \frac{N}{l} IS$$

通过螺线管的磁链为

$$\Psi_{\mathrm{m}} = N\Phi_{\mathrm{m}} = \mu_0 \frac{N^2}{l} SI = \mu_0 \frac{N^2}{l^2} SlI = \mu_0 n^2 IV$$

式中 $V = Sl$ 是螺线管的体积, $n = \frac{N}{l}$ 是螺线管

单位长度上的匝数.将上式代入式(8.3.1)中得到

$$L = \frac{N\Phi_{\mathrm{m}}}{I} = \mu_0 n^2 V$$

从这个结果中可以看出,自感 L 与电流无关,只与螺线管的大小和单位长度的匝数 n 有关.因而提高自感除可采用增大 n 和体积 V 的方式外,还可以在螺线管中插入磁介质,这可使 L 增大为原先的 μ_{r} 倍.用铁磁质作为铁芯时,由于铁磁质的磁导率 μ 与电流 I 有关,此时自感 L 与 I 有关.

例题 8-7

有两个同轴无限长薄壁圆筒形导体,其内、外半径分别为 R_1 和 R_2,两筒上均匀地流着方向相反的电流,电流皆为 I.设在两圆筒间充满磁导率为 μ 的均匀磁介质,求其自感 L.

解:因两筒上的电流等值反向,这就构成了一个电流回路.此电流系统的磁场仅分布在两圆筒之间,磁感应强度的大小为 $B = \frac{\mu I}{2\pi r}$.在例题 8-7 图中,在两圆筒间长为 l 的矩形上,磁通量为

$$\Phi_{\mathrm{m}} = \int \mathrm{d}\Phi_{\mathrm{m}} = \int_{R_1}^{R_2} Bl\mathrm{d}r = \int_{R_1}^{R_2} \frac{\mu I}{2\pi r} l\mathrm{d}r = \frac{\mu Il}{2\pi} \ln \frac{R_2}{R_1}$$

代入自感定义式(8.3.1)中,得两筒单位长度上的自感为

$$L = \frac{\Phi_{\mathrm{m}}}{Il} = \frac{\mu}{2\pi} \ln \frac{R_2}{R_1}$$

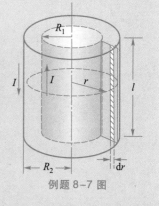

例题 8-7 图

实际中,密绕的多匝线圈是电子技术中的基本元件之一,多用在稳流、滤波及产生

电磁振荡的电路中. 日光灯上的镇流器、电工中用的扼流圈都是一些具有一定 L 值的电感元件, 大型电动机、发电机、电磁铁等, 它们的绕组线圈都具有很大的自感, 在电闸接通和断开时, 强大的自感电动势可能击穿电介质, 因此必须采用措施以保护人身和设备的安全.

思考

8.7　一个线圈自感的大小由哪些因素决定?

8.8　提高线圈自感 L 可以采取哪些途径?

8.3.2 互感

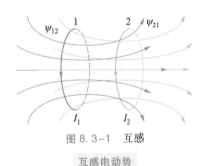

图 8.3-1　互感

互感电动势

如图 8.3-1 所示, 两个相邻线圈 1 和 2 中分别通有电流 I_1 和 I_2, 当线圈 1 中的电流 I_1 改变时, 将引起线圈 2 中磁通量的变化, 从而在线圈 2 中产生感应电动势. 同理, 当线圈 2 中的电流 I_2 改变时, 将引起线圈 1 中磁通量的变化, 从而在线圈 1 中产生感应电动势. 这种由于某一个导体回路中的电流发生变化, 而在邻近导体回路内产生感应电动势的现象, 称为互感现象. 互感中出现的电动势称为互感电动势. 各种变压器和互感器就是利用互感现象的原理设计制造的. 两路电话线之间的串音, 无线电和电子仪器中线路之间的相互干扰, 也是互感现象造成的, 这是一些需要消除的互感作用.

在图 8.3-1 中, Ψ_{21} 表示回路 1 在通有电流 I_1 时, 它激发的磁场在回路 2 中产生的磁链; Ψ_{12} 表示回路 2 在通有电流 I_2 时, 它激发的磁场在回路 1 中产生的磁链. 由毕奥-萨伐尔定律, 磁链与电流成正比, 因而有

$$\Psi_{21} = M_{21} I_1, \quad \Psi_{12} = M_{12} I_2 \tag{8.3.3a}$$

其中 M_{21} 称为回路 1 对回路 2 的互感, M_{12} 为回路 2 对回路 1 的互感. 实验和理论可以证明, 二者相等, 即

$$M_{12} = M_{21} = M$$

互感

M 称为两个回路间的互感, 单位同自感, 亦为亨利 (H). 互感由线圈的几何形状、大小、匝数、周围磁介质以及线圈的相对位置决定, 若周围没有铁磁质, 则 M 与线圈中的电流无关. 若线圈 1 有 N_1 匝, 线圈 2 有 N_2 匝, 两线圈均匀密绕, 每匝磁通量相同, 则有

$$\Psi_{12} = N_1 \Phi_{12} = MI_2, \quad \Psi_{21} = N_2 \Phi_{21} = MI_1 \tag{8.3.3b}$$

当 M 不随时间变化时, 应用法拉第电磁感应定律, 可得

$$\mathscr{E}_{12} = -\frac{\mathrm{d}\Psi_{12}}{\mathrm{d}t} = -M\frac{\mathrm{d}I_2}{\mathrm{d}t}, \quad \mathscr{E}_{21} = -\frac{\mathrm{d}\Psi_{21}}{\mathrm{d}t} = -M\frac{\mathrm{d}I_1}{\mathrm{d}t} \tag{8.3.4a}$$

式中 $\mathscr{E}_{12}$ 是线圈 2 中电流 I_2 的变化在线圈 1 中引起的互感电动势,同理 $\mathscr{E}_{21}$ 是线圈 1 中电流 I_1 的变化在线圈 2 中引起的互感电动势.式(8.3.4a)统一表示为

$$\mathscr{E}_M = -M\frac{\mathrm{d}I}{\mathrm{d}t} \qquad (8.3.4b)$$

M 表示两线圈间的互感能力,即 M 的大小反映了两个线圈磁场的相互影响程度.利用互感现象可以将交变的电信号或电能由一个电路转移到另一个电路,而无需把这两个电路连接起来.这种转移通量的方法在电工、无线电技术中得到广泛的应用.当然,互感的存在有利也有弊,在电子线路中,互感 M 越大,相互干扰越大.为使之不产生有害的干扰,常采用磁屏蔽的方法将某些器件保护起来.

与自感 L 一样,互感 M 常采用实验方法测定.只有在一些简单的情况下,才能利用式(8.3.3)和式(8.3.4)来计算 M 的值.

例题 8-8

两同轴长直密绕螺线管,长度均为 l,半径分别为 r_1 和 $r_2 (r_1 < r_2)$,匝数分别为 N_1 和 N_2,求它们的互感 M.

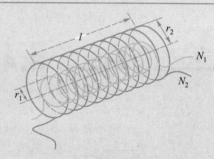

例题 8-8 图

解:长直密绕螺线管内部的磁感应强度大小 $B = \mu_0 nI$.

设半径为 r_1 的线圈中通有电流 I_1,则在它内部产生的磁感应强度大小为

$$B_1 = \mu_0 \frac{N_1}{l}I_1 = \mu_0 n_1 I_1$$

电流 I_1 在半径为 r_1 的线圈外部的磁感应强度等于零.因而电流 I_1 在穿过半径为 r_2 的线圈的磁链为

$$N_2 \Phi_{21} = N_2 B_1 S_2 = N_2 B_1 S_1$$
$$= N_2 B_1 (\pi r_1^2) = n_2 l B_1 (\pi r_1^2)$$

即

$$N_2 \Phi_{21} = \mu_0 n_1 n_2 I_1 l (\pi r_1^2)$$

由式(8.3.3)得

$$M_{21} = \frac{N_2 \Phi_{21}}{I_1} = \mu_0 n_1 n_2 l (\pi r_1^2) = \mu_0 n_1 n_2 V_1$$

$V_1 = l(\pi r_1^2)$ 为螺线管 1 的体积.

也可设电流 I_2 通过半径为 r_2 的螺线管,从而计算互感 M_{12}.当电流 I_2 通过半径为 r_2 的螺线管时,螺线管 2 内的磁感应强度大小为

$$B_2 = \mu_0 \frac{N_2}{l}I_2 = \mu_0 n_2 I_2$$

则穿过半径为 r_1 的线圈 1 的磁链为

$$N_1 \Phi_{12} = N_1 B_2 S_1 = N_1 B_2 (\pi r_1^2) = \mu_0 n_1 n_2 I_2 l (\pi r_1^2)$$

由式(8.3.3)亦得

$$M_{12} = \frac{N_1 \Phi_{12}}{I_2} = \mu_0 n_1 n_2 l (\pi r_1^2)$$

两次计算互感相等,即 $M_{12} = M_{21} = M$.

例题 8-9

求例题 8-2 中长直导线 1 与矩形线圈 2 的互感 M.

解:在例题 8-2 中已经求得长直导线 1 的电流所激发的磁场在矩形线圈 2 中产生的磁通量为

$$\Phi_{21} = \frac{\mu_0 l I_0 \sin \omega t}{2\pi} \ln \frac{a+b}{a}$$

其中 $I_1 = I_0 \sin \omega t$,由式(8.3.3)可得长直导线 1 与矩形线圈 2 的互感为

$$M = \frac{\Phi_{21}}{I_1} = \frac{\mu_0 l}{2\pi} \ln \frac{a+b}{a}$$

思考

8.9 感应电动势、动生电动势、感生电动势、自感电动势、互感电动势之间有什么区别和联系?

8.10 在例题 8-2 中,如果长直导线 1 中无电流,矩形线圈 2 中通有电流 $I_2 = I_0 \sin \omega t$,长直导线中的感应电动势如何计算?

8.4 磁场的能量

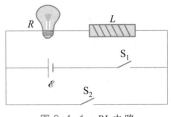

图 8.4-1 RL 电路

电场具有能量,磁场也具有能量.研究图 8.4-1 所示的实验,说明之.在电路中,开关 S_1 断开的同时接通开关 S_2,电源虽然被切断,但却可以看到灯泡猛然一亮,然后才熄灭的现象.那么在没有电源提供能量的电路中,灯泡所消耗的能量来自何方? 只能是磁场以自身的消失为代价,那么磁场的能量又来自何方? 只能是电源.当接通开关 S_1 时,由于自感作用,回路中的电流 i 有一由零上升为恒定值 I 的短暂过程.与此同时,电流所激发的磁场由零达到一恒定分布状态.在此过程中,电源除供给电阻能量外,还要克服感应电动势做功,后一部分功转化为磁场的能量,即磁能.

在 dt 时间内,电源反抗电动势 $\mathscr{E}_L$ 所做的功为

$$dW = -\mathscr{E}_L i dt$$

式中,i 是变化的电流在 t 时刻的值,因为

$$\mathscr{E}_L = -L \frac{di}{dt}$$

所以

$$dW = Li di$$

在线圈中的电流由零增大到恒定值 I 的全过程中,电源反抗自感电动势所做的功为

$$W = \int \mathrm{d}W = \int_0^I Li\,\mathrm{d}i = \frac{1}{2}LI^2$$

电源通过做这部分功,将电源的能量转化为线圈中的磁能.

切断电源后,经过一段时间,线圈中的电流将由 I 降到零.这时线圈中的自感电动势会阻碍电流的减少,即自感电动势的方向与电流的方向相同.在 $\mathrm{d}t$ 时间内,自感电动势 $\mathscr{E}_L$ 所做的功为

$$\mathrm{d}W' = \mathscr{E}_L i\,\mathrm{d}t = -Li\,\mathrm{d}i$$

在这过程中所做的总功为

$$W' = \int \mathrm{d}W' = \int_I^0 -Li\,\mathrm{d}i = \frac{1}{2}LI^2$$

这表明自感电动势所做的功,恰好等于形成恒定电流时线圈中储存的磁能.同时也说明,在断开电源时,储存在线圈中的磁能通过自感电动势对外做功又释放出来了.由此可见,一个自感为 L 通有电流 I 的线圈,其中储存的磁能 W_m 为

$$W_m = \frac{1}{2}LI^2 \qquad (8.4.1)$$

W_m 称为自感磁能.与电容 C 存储电能一样,自感线圈 L 也能够存储磁能.存储在线圈中的磁能也可以用描述磁场的物理量 $\boldsymbol{B}$ 或 $\boldsymbol{H}$ 来表示.设细长螺线管内有电流 I,管内充满磁导率为 μ 的介质,单位长度上的匝数为 n,体积为 V,其自感为 $L = \mu n^2 V$,该线圈的磁能为

$$W_m = \frac{1}{2}LI^2 = \frac{1}{2}\mu n^2 I^2 V$$

因为螺线管内 $H = nI$, $B = \mu H = \mu nI$,所以上式又可以写成

$$W_m = \frac{1}{2}BHV = \frac{1}{2}\mu H^2 V = \frac{1}{2}\frac{B^2}{\mu}V \qquad (8.4.2)$$

单位体积内的磁能为磁能密度,用 w_m 表示,则

$$w_m = \frac{W_m}{V} = \frac{1}{2}BH = \frac{1}{2}\mu H^2 = \frac{1}{2}\frac{B^2}{\mu} \qquad (8.4.3)$$

磁能密度

上式虽由螺线管的均匀磁场的特例导出,但是可以证明它是普遍成立的.式(8.4.3)表明,某点的磁能密度只与该点的磁感应强度 $\boldsymbol{B}$ 和介质的性质有关.一般情况下,磁能密度是空间位置和时间的函数.对于不均匀磁场,可把磁场存在的空间划分为无数个体积元,任一体积元 $\mathrm{d}V$ 内的磁能为

$$\mathrm{d}W_m = w_m \mathrm{d}V = \frac{1}{2}BH\mathrm{d}V$$

有限体积内 V 的磁能为

$$W_m = \int_V \mathrm{d}w_m = \frac{1}{2}\int_V BH\mathrm{d}V \qquad (8.4.4)$$

例题 8-10

如例题 8-10 图所示,一长同轴电缆由半径为 R_1 的内圆筒导体和半径为 R_2 的圆筒同轴组成,其间充以磁导率为 μ 的磁介质.内外导体通有大小相等、方向相反的轴向电流,且电流在导体柱内均匀分布.求长为 l 的一段电缆内所储存的磁能.

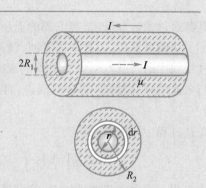

例题 8-10 图

解:由安培环路定理可知,离轴线距离为 $r < R_1$ 和 $r > R_2$ 区间内,磁感应强度 $\boldsymbol{B}$ 等于零. 两圆筒之间离轴线距离为 $R_1 \leqslant r \leqslant R_2$ 区间的磁感应强度 $\boldsymbol{B}$ 的大小为 $B = \dfrac{\mu I}{2\pi r}$,此处的磁能密度为

$$w_{\mathrm{m}} = \frac{1}{2}\frac{B^2}{\mu} = \frac{\mu I^2}{8\pi^2 r^2}$$

两圆筒之间,离轴线距离为 r 处,取体积元 $\mathrm{d}V = 2\pi r \mathrm{d}r \cdot l$,其中的磁能为

$$\mathrm{d}W_{\mathrm{m}} = w_{\mathrm{m}}\mathrm{d}V = \frac{\mu I^2}{8\pi^2 r^2}\cdot 2\pi rl\mathrm{d}r = \frac{\mu I^2 l}{4\pi}\frac{\mathrm{d}r}{r}$$

储存在长为 l 的内外两圆筒之间的总磁能为

$$W_{\mathrm{m}} = \int_V w_{\mathrm{m}}\mathrm{d}V = \frac{\mu I^2 l}{4\pi}\int_{R_1}^{R_2}\frac{\mathrm{d}r}{r} = \frac{\mu I^2 l}{4\pi}\ln\frac{R_2}{R_1}$$

若已知磁能 W_{m},则由 $W_{\mathrm{m}} = \dfrac{1}{2}LI^2$ 可求得自感 L,此题中长为 l 的同轴电缆的自感 L 为

$$L = \frac{2W_{\mathrm{m}}}{I^2} = \frac{\mu l}{2\pi}\ln\frac{R_2}{R_1}$$

计算磁能一般有两种方法,一是根据式 (8.4.1) 计算,二是用式 (8.4.4) 计算,但需要首先计算载流导线产生的磁场分布.

思考

8.11 在例题 8-10 的同轴电缆中,在两圆筒之间,靠近内圆筒附近的某点 A 和靠近外圆筒附近的某点 B,哪点的磁能密度大?

8.5 麦克斯韦电磁理论简介

8.5.1 位移电流 全电流定理

在一个不含有电容器的闭合电路中,传导电流是连续的,这就是说,在任何一个时刻,流过导体上某一截面的电流与流过任何其他截面的电流是相等的,但是在含有电容器的电路中情况就不同了,无论电容器是被充电还是放电,传导电流都不能在电容器的两极板之间流过,这时传导电流不再连续.

如图 8.5-1 所示,电容器在充电过程中,电路导线中的电流 I 是非恒定电流,它随时间而变化.若在靠近电容器的极板附近,任取一包围载流导线的闭合回路 L,则以此回路 L 为边界可作两个曲面 S_1 和 S_2,其中 S_1 与导线相交,S_2 在两极板之间,不与导线相交;S_1 和 S_2 构成一个闭合曲面. 现在以曲面 S_1 作为衡量有无电流穿过 L 所包围面积的依据,则由于它与导线相交,故知穿过 L 所围成的面积即 S_1 面的电流为 I,所以由安培环路定理有

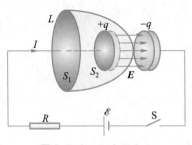

图 8.5-1 电容器充电

$$\oint_L \boldsymbol{H} \cdot \mathrm{d}\boldsymbol{l} = I$$

而若以曲面 S_2 为依据,则没有电流通过 S_2,于是由安培环路定理有

$$\oint_L \boldsymbol{H} \cdot \mathrm{d}\boldsymbol{l} = 0$$

这表明:在非恒定电流的磁场中,磁场强度沿回路 L 的环流与如何选取以闭合回路 L 为边界的曲面有关. 在非恒定电流的情况下,安培环路定理是不适用的,必须寻求新的规律. 为修正安培环路定理,使之也适用于非恒定电流的情形,麦克斯韦提出位移电流的假设.

麦克斯韦认为上述矛盾的结果,是由于认为磁场强度 $\boldsymbol{H}$ 的环流只由传导电流决定,而传导电流在电容器两极板间却中断了. 他注意到,在电容器充放电过程中,电容器极板间虽无传导电流,却存在着电场,电容器极板上自由电荷 q 随时间变化的同时,极板间的电场、电位移也在随时间变化着. 设电容器极板面积为 S,某时刻极板上的自由电荷面密度为 σ,则电位移 $D = \sigma$,于是极板间的电位移通量 $\Phi_{\mathrm{d}} = DS = \sigma S$. 电位移通量 Φ_{d} 随时间的变化率为

$$\frac{\mathrm{d}\Phi_{\mathrm{d}}}{\mathrm{d}t} = \frac{\mathrm{d}(\sigma S)}{\mathrm{d}t} = \frac{\mathrm{d}q}{\mathrm{d}t} \tag{8.5.1}$$

式中 $\dfrac{\mathrm{d}q}{\mathrm{d}t}$ 为导线中的传导电流. 由式(8.5.1)可知,穿过面 S_1 的传导电流与穿过面 S_2 的电位移通量变化率 $\dfrac{\mathrm{d}\Phi_{\mathrm{d}}}{\mathrm{d}t}$ 相等. 且电位移随时间的变化率 $\dfrac{\mathrm{d}\boldsymbol{D}}{\mathrm{d}t}$ 的方向与板内传导电流的方向一致,麦克斯韦把 $\dfrac{\mathrm{d}\Phi_{\mathrm{d}}}{\mathrm{d}t}$ 称为位移电流 I_{d},即

位移电流

$$I_{\mathrm{d}} = \frac{\mathrm{d}\Phi_{\mathrm{d}}}{\mathrm{d}t} \tag{8.5.2}$$

位移电流密度

位移电流密度 $\boldsymbol{j}_{\mathrm{d}}$ 为

$$j_{\mathrm{d}} = \frac{\mathrm{d}\boldsymbol{D}}{\mathrm{d}t} \qquad (8.5.3)$$

引入位移电流概念后,在有电容器的电路中,在电容器极板表面中断了的传导电流 I_{c},可以由位移电流 I_{d} 继续下去,两者一起构成电流的连续性. 传导电流与位移电流之和称为全电流. 在非恒定电路中,全电流 $I_{\mathrm{s}} = I_{\mathrm{c}} + I_{\mathrm{d}}$ 是保持连续的.

麦克斯韦假设位移电流和传导电流一样,也会在其周围空间激起磁场. 在非恒定情况下,安培环路定理应推广为

$$\oint_L \boldsymbol{H} \cdot \mathrm{d}\boldsymbol{l} = I_{\mathrm{s}} = I_{\mathrm{c}} + I_{\mathrm{d}} \qquad (8.5.4)$$

全电流定理

这就表明,磁场强度 $\boldsymbol{H}$ 沿任意闭合回路的环流等于穿过此闭合回路所围曲面的全电流,这就是全电流定理. 从式 (8.5.4) 可以看出传导电流和位移电流所激发的磁场都是有旋磁场. 根据式 (8.5.4),位移电流 I_{d} 的方向与 $\boldsymbol{H}$ 方向之间的关系与传导电流 I_{c} 和 $\boldsymbol{H}$ 方向之间的关系相同,即满足右手螺旋定则.

要注意的是,位移电流只是表示电位移通量的变化,不是真实的电荷在空间的运动. 之所以把电位移通量的变化率称为电流,是因为它在产生磁场这一点上和传导电流一样. 显然,形成位移电流不需要导体,它不会产生热效应,只要有变化的电场,就有位移电流.

例题 8-11

一平行板空气电容器的两极板都是半径为 R 的圆形导体片,在充电时,板间电场强度的变化率为 $\dfrac{\mathrm{d}E}{\mathrm{d}t}$,若忽略边缘效应,(1) 试计算两板间的位移电流;(2) 距两极板中心连线为 $r(r<R)$ 处的磁感应强度大小 B_r;(3) 若 $R = 0.1$ m, $\dfrac{\mathrm{d}E}{\mathrm{d}t} = 10^{12}$ V·m⁻¹·s⁻¹,试估算 $r = R$ 处的磁感应强度的大小.

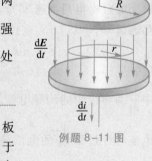

例题 8-11 图

解:(1) 根据位移电流的定义 $I_{\mathrm{d}} = \dfrac{\mathrm{d}\Phi_{\mathrm{d}}}{\mathrm{d}t}$,得

$$I_{\mathrm{d}} = \frac{\mathrm{d}(DS)}{\mathrm{d}t} = \frac{\mathrm{d}(\varepsilon_0 E \pi R^2)}{\mathrm{d}t} = \pi R^2 \varepsilon_0 \frac{\mathrm{d}E}{\mathrm{d}t}$$

(2) 在平行板间的位移电流相当于均匀分布的圆柱电流,它产生具有轴对称分布的有旋磁场. 取一半径为 r 的磁感线作为积分回路. 由于极板间的传导电流等于零,则由全电流定理有

$$\oint_L \boldsymbol{H} \cdot \mathrm{d}\boldsymbol{l} = I_{\mathrm{d}}$$

即

$$\frac{1}{\mu_0} B_r \cdot 2\pi r = \pi r^2 \varepsilon_0 \frac{\mathrm{d}E}{\mathrm{d}t}$$

所以

$$B_r = \frac{\mu_0 \varepsilon_r}{2} r \frac{\mathrm{d}E}{\mathrm{d}t}$$

（3）当 $r=R$ 时,有

$$B_r = \frac{\mu_0 \varepsilon_0}{2} R \frac{\mathrm{d}E}{\mathrm{d}t} = \frac{1}{2} \times 8.85 \times 10^{-12} \times 4\pi \times 10^{-7} \times$$

$$0.10 \times 10^{12} \text{ T} = 5.56 \times 10^{-7} \text{ T}$$

计算结果表明,位移电流产生的磁场是非常弱的.一般只是在超高频的情况下才需要考虑位移电流产生的磁场.

思考

8.12 位移电流的实质是什么?

8.13 位移电流和传导电流有何异同之处?

8.5.2 电磁场 麦克斯韦电磁场方程组的积分形式

总结前面所讲内容可归纳两点:一是静电荷激发无旋电场,变化的磁场产生涡旋电场;二是变化的电场和传导电流均可激发磁场.

关于静止电荷激发的静电场和恒定电流激发的恒定磁场的基本方程,有:

（1）静电场的高斯定理 $\qquad \oint_S \boldsymbol{D}^{(1)} \cdot \mathrm{d}\boldsymbol{S} = \sum q_i$

（2）静电场的环路定理 $\qquad \oint_L \boldsymbol{E}^{(1)} \cdot \mathrm{d}\boldsymbol{l} = 0$

（3）磁场的高斯定理 $\qquad \oint_S \boldsymbol{B}^{(1)} \cdot \mathrm{d}\boldsymbol{S} = 0$

（4）安培环路定理 $\qquad \oint_L \boldsymbol{H}^{(1)} \cdot \mathrm{d}\boldsymbol{l} = I$

式中, $\boldsymbol{D}^{(1)}$ 和 $\boldsymbol{E}^{(1)}$ 表示的是静止电荷所产生的电场的电位移和电场强度. $\boldsymbol{B}^{(1)}$ 和 $\boldsymbol{H}^{(1)}$ 表示的是恒定电流所产生的磁场的磁感应强度和磁场强度.对各向同性介质,有

$$\boldsymbol{D}^{(1)} = \varepsilon \boldsymbol{E}^{(1)}, \quad \boldsymbol{B}^{(1)} = \mu \boldsymbol{H}^{(1)}$$

ε、μ 分别为介质的电容率和磁导率.

反映变化的磁场产生涡旋电场、变化的电场激发磁场的基本方程,有:

（1）法拉第电磁感应定律 $\qquad \oint_L \boldsymbol{E}^{(2)} \cdot \mathrm{d}\boldsymbol{l} = -\int_S \frac{\partial \boldsymbol{B}}{\partial t} \cdot \mathrm{d}\boldsymbol{S}$

（2）变化的电场产生磁场 $\qquad \oint_L \boldsymbol{H}^{(2)} \cdot \mathrm{d}\boldsymbol{l} = I_\mathrm{d}$

麦克斯韦认为，在一般情况下，电场既包括静止电荷产生的静电场 $\boldsymbol{E}^{(1)}$ 和 $\boldsymbol{D}^{(1)}$，也包括变化磁场产生的有旋电场 $\boldsymbol{E}^{(2)}$ 和 $\boldsymbol{D}^{(2)}$，电场强度 $\boldsymbol{E}$ 和电位移 $\boldsymbol{D}$ 是两种电场的矢量和，即

$$\boldsymbol{E} = \boldsymbol{E}^{(1)} + \boldsymbol{E}^{(2)}, \quad \boldsymbol{D} = \boldsymbol{D}^{(1)} + \boldsymbol{D}^{(2)}$$

同时，磁场既包括传导电流产生的磁场 $\boldsymbol{B}^{(1)}$ 和 $\boldsymbol{H}^{(1)}$，也包括位移电流（变化的电场）产生的磁场 $\boldsymbol{B}^{(2)}$ 和 $\boldsymbol{H}^{(2)}$，即

$$\boldsymbol{B} = \boldsymbol{B}^{(1)} + \boldsymbol{B}^{(2)}, \quad \boldsymbol{H} = \boldsymbol{H}^{(1)} + \boldsymbol{H}^{(2)}$$

于是得到电磁场满足的四个基本方程，即

$$\oint_S \boldsymbol{D} \cdot \mathrm{d}\boldsymbol{S} = \sum q_i$$

$$\oint_L \boldsymbol{E} \cdot \mathrm{d}\boldsymbol{l} = -\int_S \frac{\partial \boldsymbol{B}}{\partial t} \cdot \mathrm{d}\boldsymbol{S}$$

$$\oint_S \boldsymbol{B} \cdot \mathrm{d}\boldsymbol{S} = 0$$

$$\oint_L \boldsymbol{H} \cdot \mathrm{d}\boldsymbol{l} = \sum (I_\mathrm{c} + I_\mathrm{d})$$

这四个方程就是麦克斯韦方程组的积分形式.

麦克斯韦关于变化磁场激发有旋电场、变化电场激发有旋磁场的假设，揭示了电场和磁场之间的内在联系. 存在变化电场的空间必存在变化磁场；同样，存在变化磁场的空间也必存在变化电场. 这就是说，变化电场和变化磁场是密切地联系在一起的，它们构成一个统一的电磁场，变化的电场、变化的磁场传播出去就形成了电磁波.

麦克斯韦方程组是对电磁场宏观实验规律的全面总结和概括，形成了完整宏观电磁场理论.

思考

8.14　在麦克斯韦方程组积分形式中，两个高斯定理与静电场和恒定磁场的高斯定理形式相同. 其物理意义是否相同？

知识要点

（1）法拉第电磁感应定律 $\qquad \mathscr{E}_\mathrm{i} = -\dfrac{\mathrm{d}\varPhi}{\mathrm{d}t}$

动生电动势 $\qquad \mathscr{E}_\mathrm{i} = \int_{OP} (\boldsymbol{v} \times \boldsymbol{B}) \cdot \mathrm{d}\boldsymbol{l}$

感生电动势 $\qquad \mathscr{E}_\mathrm{i} = \oint_L \boldsymbol{E}_\mathrm{k} \cdot \mathrm{d}\boldsymbol{l} = -\int_S \frac{\partial \boldsymbol{B}}{\partial t} \cdot \mathrm{d}\boldsymbol{S}$

自感电动势 $\qquad \mathscr{E}_L = -L\dfrac{\mathrm{d}I}{\mathrm{d}t}, \quad L = \dfrac{\Psi}{I}$

互感电动势 $\qquad \mathscr{E}_M = -M\dfrac{\mathrm{d}I}{\mathrm{d}t}, \quad M = \dfrac{\Psi_{21}}{I_1} = \dfrac{\Psi_{12}}{I_2}$

（2）磁场能量

能量密度 $\qquad w_{\mathrm{m}} = \dfrac{1}{2}BH = \dfrac{1}{2}\mu H^2 = \dfrac{1}{2}\dfrac{B^2}{\mu}$

磁能 $\qquad W_{\mathrm{m}} = \displaystyle\int_V \mathrm{d}w_{\mathrm{m}} = \dfrac{1}{2}\int_V BH\,\mathrm{d}V, \quad W_{\mathrm{m}} = \dfrac{1}{2}LI^2$

（3）麦克斯韦方程组

$$\oint_S \boldsymbol{D}\cdot\mathrm{d}\boldsymbol{S} = \sum q_i, \qquad \oint_L \boldsymbol{E}\cdot\mathrm{d}\boldsymbol{l} = -\int_S \dfrac{\partial \boldsymbol{B}}{\partial t}\cdot\mathrm{d}\boldsymbol{S}$$

$$\oint_S \boldsymbol{B}\cdot\mathrm{d}\boldsymbol{S} = 0, \qquad \oint_L \boldsymbol{H}\cdot\mathrm{d}\boldsymbol{l} = \sum (I_{\mathrm{c}} + I_{\mathrm{d}})$$

习题

8-1 将形状完全相同的铜环和木环静止放置，并使通过两环面的磁通量随时间的变化率相等，则不计自感时（ ）.

（A）铜环中有感应电动势，木环中无感应电动势

（B）铜环中感应电动势大，木环中感应电动势小

（C）铜环中感应电动势小，木环中感应电动势大

（D）两环中感应电动势相等

8-2 在一通有电流 I 的无限长直导线所在平面内，有一半径为 r、电阻为 R 的导线小环，环中心与直导线距离为 a，如习题 8-2 图所示，且 $a \gg r$. 当直导线的电流被切断后，沿着导线环流过的电荷约为（ ）.

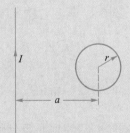

习题 8-2 图

（A）$\dfrac{\mu_0 I r^2}{2\pi R}\left(\dfrac{1}{a} - \dfrac{1}{a+r}\right)$ $\qquad$ （B）$\dfrac{\mu_0 I r}{2\pi R}\ln\dfrac{a+r}{a}$

（C）$\dfrac{\mu_0 I r^2}{2aR}$ $\qquad$ （D）$\dfrac{\mu_0 I a^2}{2rR}$

8-3 在感应电场中法拉第电磁感应定律可写成 $\displaystyle\oint_L \boldsymbol{E}_k\cdot\mathrm{d}\boldsymbol{l} = -\dfrac{\mathrm{d}\Phi}{\mathrm{d}t}$，式中 $\boldsymbol{E}_k$ 为感应电场的电场强度. 此式表明（ ）.

（A）闭合曲线 L 上 $\boldsymbol{E}_k$ 处处相等

（B）感应电场是保守力场

（C）感应电场的电场线不是闭合曲线

（D）在感应电场中不能像对静电场那样引入电势的概念

8-4 一块铜板垂直于磁场方向放在磁感应强度正在增大的磁场中时，铜板中出现的涡流（感应电流）将（ ）.

（A）加速铜板中磁场的增加

（B）减缓铜板中磁场的增加

（C）对磁场不起作用

（D）使铜板中磁场反向

8-5 对于单匝线圈取自感的定义式为 $L = \dfrac{\Phi}{I}$，当线圈的几何形状、大小及周围磁介质分布不变，且无铁磁性物质时，若线圈中的电流变小，则线圈的自感 L（ ）.

（A）变大，与电流成反比关系

（B）变小

(C) 不变

(D) 变大,但与电流不成反比关系

8-6 用线圈的自感 L 来表示载流线圈磁场能量的公式 $W_m = \frac{1}{2}LI^2$ ( ).

(A) 只适用于无限长密绕螺线管

(B) 只适用于单匝圆线圈

(C) 只适用于一个匝数很多且密绕的螺绕环

(D) 适用于自感 L 一定的任意线圈

8-7 面积为 S 的平面线圈置于磁感应强度为 B 的均匀磁场中. 若线圈以匀角速度 ω 绕位于线圈平面内且垂直于 B 方向的固定轴旋转,在时刻 $t=0$,B 与线圈平面垂直. 则任意时刻 t 通过线圈的磁通量为 _____,线圈中的感应电动势为 _____. 若均匀磁场 B 是由通有电流 I 的线圈产生,且 $B = kI$ (k 为常量),则旋转线圈相对于产生磁场的线圈最大互感为 _____.

8-8 真空中两只长直螺线管 1 和 2,长度相等,单层密绕匝数相同,直径之比 $d_1/d_2 = 1/4$. 当它们通以相同电流时,两螺线管储存的磁能之比 $W_1/W_2 =$ _____.

8-9 习题 8-9 图所示为一圆柱体的横截面,圆柱体内有一均匀电场 E,其方向垂直纸面向内,E 的大小随时间 t 线性增加,P 为柱体内与轴线相距为 r 的一点,则

(1) 点 P 的位移电流密度的方向为 _____;

(2) 点 P 感生磁场的方向为 _____.

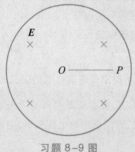

习题 8-9 图

8-10 如习题 8-10 图所示,一长圆柱状磁场,磁场方向沿轴线并垂直纸面向里,磁场大小既与到轴线的距离 r 成正比,又随时间 t 作正弦变化,即 $B = B_0 r \sin \omega t$,B_0、ω 均为常量. 若在磁场内放一半径为 a 的金属圆环,环心在圆柱状磁场的轴线上,求金属环中的感生电动势,并讨论其方向.

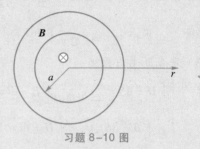

习题 8-10 图

8-11 一面积为 S 的单匝平面线圈,以恒定角速度 ω 在磁感应强度 $B = B_0 \sin \omega t k$ 的均匀外磁场中转动,转轴与线圈共面且与 B 垂直(k 为沿 z 轴的单位矢量). 设 $t=0$ 时线圈的正法向与 k 同方向,求线圈中的感应电动势.

8-12 在一长直密绕的螺线管中间放一正方形小线圈,若螺线管长 1 m,绕了 1 000 匝,通以电流 $I = 10\cos 100\pi t$ (SI 单位),正方形小线圈每边长 5 cm,共 100 匝,电阻为 1 Ω,求线圈中感应电流的最大值(正方形线圈的法线方向与螺线管的轴线方向一致).

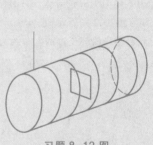

习题 8-12 图

8-13 如习题 8-13 图所示,有一根长直导线载有直流电流 I,近旁有一个两条对边与它平行并与它共面的矩形线圈,以匀速 v 沿垂直于导线的方向离开导线. 设 $t=0$ 时,线圈位于图示位置,求:(1) 在任意时刻 t 通过矩形线圈的磁通量 Φ;(2) 在图示位置时矩形线圈中的电动势.

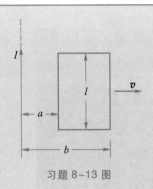

习题 8-13 图

示.轨道平面的倾角为 θ,导线 ab 与轨道组成矩形闭合导电回路 $abcd$. 整个系统处在竖直向上的均匀磁场 B 中,忽略轨道电阻.求 ab 导线下滑所达到的稳定速度.

8-16 如习题 8-16 图所示,两条平行长直导线和一个矩形导线框共面,且导线框的一条边与长直导线平行,它到两长直导线的距离分别为 r_1、r_2. 已知两导线中电流都为 $I = I_0 \sin \omega t$,其中 I_0 和 ω 为常量,t 为时间. 导线框长为 a、宽为 b,求导线框中的感应电动势.

8-14 如习题 8-14 图所示,一长直导线中通有电流 I,有一垂直于导线、长度为 l 的金属棒 AB 在包含导线的平面内,以恒定的速度 v 沿与棒成 θ 角的方向移动. 开始时,棒的 A 端到导线的距离为 a,求任意时刻金属棒中的动生电动势,并指出棒哪端的电势高.

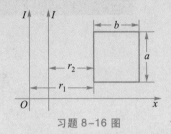

习题 8-16 图

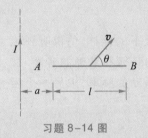

习题 8-14 图

8-17 如习题 8-17 图所示,一半径为 r_2、电荷线密度为 λ 的均匀带电圆环,里边有一半径为 r_1、总电阻为 R 的导体环,两环共面同心 $(r_2 \gg r_1)$,当大环以变角速度 $\omega = \omega(t)$ 绕垂直于环面的中心轴旋转时,求小环中的感应电流. 其方向如何?

8-15 一根长为 l、质量为 m、电阻为 R 的导线 ab 沿两平行的导电轨道无摩擦下滑,如习题 8-15 图所

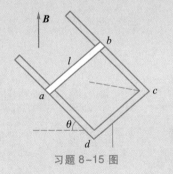

习题 8-15 图

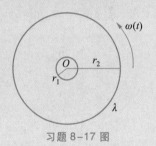

习题 8-17 图

8-18 给电容为 C 的平行板电容器充电,电流为 $i = 0.2\mathrm{e}^{-t}$(SI 单位),$t = 0$ 时电容器极板上无电荷. 求:(1)极板间电压 U 随时间 t 变化的关系;(2)t 时刻极板间的总位移电流 I_d(忽略边缘效应).

本章计算题参考答案

章 首 问 题

    "江作青罗带,山如碧玉簪",看到山水甲天下的桂林,仿佛听到优美的钢琴曲.使用过程中的钢琴,必须有正确的音律和准确的音高.那么,调节钢琴等乐器时及频率测量(已知一个振动的频率,求另一个相近振动的频率)中依据的是什么原理呢?

章首问题解答

第9章 机械振动基础

振动是自然界中很普遍的运动形式之一.广义地,任一物理量,在某一数值附近随时间作周期性的变化,都可称为振动.物体在一定位置附近来回往复的运动称为机械振动,如钟摆的运动、气缸中活塞的运动、音叉发声时的运动等.交流电路中的电流在某一数值附近作周期性的变化等,这种振动称为电磁振荡.实验和理论研究表明,声学、地震学、建筑力学、机械原理、造船学、无线电通信技术及物理学中的电磁学、光学、原子物理等部分中有许多问题,虽然从本质上讲不一定是机械振动,但它们所遵循的基本规律和机械振动的规律在形式上有许多共同点,因此,机械振动的基本规律也是进一步学习机械原理、无线电通信技术及物理学各有关知识的必要基础.

在所有振动中,最简单、最基本的振动是简谐振动.可以证明,任何复杂的振动,都可认为是由几个或很多个简谐振动合成的.

振动
机械振动

电磁振荡

简谐振动

9.1 简谐振动

9.1.1 简谐振动的描述

现以弹簧振子为例,说明简谐振动的规律.如图 9.1-1 所示,轻弹簧左端固定,右端连接一质量为 m 的物体,放在光滑的水平面上.不计物体所受的阻力.当物体在位置 O 时,弹簧为自然长度,如图 9.1-1(a)所示,此时,物体在水平方向上所受的合外力为零,位置 O 称为平衡位置.取 O 点为坐标原点,水平向右为 Ox 轴正向.现将物体向右移到位置 B,如图 9.1-1(b)所示.此时,因弹簧被拉长而使物体受到一个指向平衡位置的弹性力,弹性力始终指向平衡位置,故称为弹性回复力.外力撤去后,物体在弹性回复力作用下向左运动.当到达平衡位置时,物体所受的弹性回复力减为零,但物体的惯性会使它继续向左运动,使得弹簧被压缩,由此产生的弹性回复力将阻止物体的运动,使物体的运动速度减小,到达点 C 时,速度减为零,如图 9.1-1(c)所示.此时,在弹性回复力作用下,物体将从点 C 返回,向右运动.这样,在弹性回复力作用下,物体就在平衡位置附近作往复运动,即作机械振动.

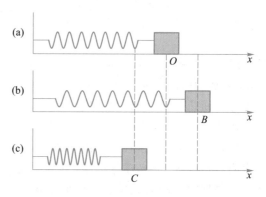

图 9.1-1 弹簧振子的振动

由上讨论可以看出:弹性回复力和惯性是产生振动的两个基本原因.

现在我们定量分析弹簧振子的小振幅振动.在弹性范围内,弹性力服从胡克定律.物体所受的弹性力 **F** 与它相对于平衡位置的位移 x 成正比,方向与位移方向相反.于是,有

$$F = -kx$$

式中,k 是弹簧的弹性系数,负号表示力和位移的方向相反.根据牛顿第二定律,物体的加速度为

$$a = \frac{F}{m} = -\frac{k}{m}x \qquad (9.1.1)$$

对一个给定的弹簧振子,k 和 m 均为正常量,其比值可用另一个常量 ω 的二次方表示,即

$$\frac{k}{m} = \omega^2 \qquad (9.1.2)$$

这样,式(9.1.1)可写成

$$a = -\omega^2 x \qquad (9.1.3)$$

上式说明,弹簧振子的加速度大小与位移大小成正比,方向相反.具有这种特征的振动称为简谐振动.作简谐振动的物体称为谐振子.

简谐振动

式(9.1.2)也可写成

$$\frac{\mathrm{d}^2 x}{\mathrm{d}t^2} + \omega^2 x = 0 \qquad (9.1.4)$$

上式为简谐振动的微分方程,其解为

$$x = A\cos(\omega t + \varphi) \qquad (9.1.5)$$

式中,A 和 φ 是积分常量.

因为

$$\cos(\omega t+\varphi) = \sin(\omega t+\varphi+\pi/2)$$

若令

$$\varphi' = \varphi+\pi/2$$

则式(9.1.5)可写成

$$x = \sin(\omega t+\varphi') \qquad (9.1.6)$$

式(9.1.5)或式(9.1.6)称为简谐振动方程. 所以,也可以说,位移是时间的余弦函数或正弦函数的运动称为简谐振动. 本章中用余弦函数形式表示简谐振动.

将式(9.1.5)对时间求一阶、二阶导数,可得到简谐振动物体的速度 v 和加速度 a,分别为

$$v = \frac{\mathrm{d}x}{\mathrm{d}t} = -\omega A\sin(\omega t+\varphi) \qquad (9.1.7)$$

$$a = \frac{\mathrm{d}^2 x}{\mathrm{d}t^2} = -\omega^2 A\cos(\omega t+\varphi) \qquad (9.1.8)$$

可见,其位移、速度和加速度均为时间的正弦或余弦函数.

由式(9.1.5)、式(9.1.7)、式(9.1.8),可作出 x-t、v-t 和 a-t 曲线,如图 9.1-2 所示. 由图可看出,简谐振动的位移、速度和加速度都是周期性变化的.

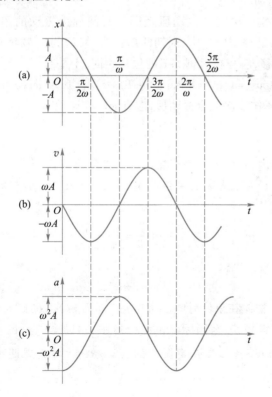

图 9.1-2 简谐振动中的位移、速度、加速度与时间的关系($\varphi=0$)

思考

9.1　具有什么特征的运动是简谐振动？说明下列运动是否为简谐振动：

(1) 小球在硬质地面上作完全弹性的上下跳动；

(2) 小球在半径很大的光滑凹球面底部作无摩擦小幅度的滚动；

(3) 竖直悬挂的弹簧上挂一物体，将物体从静止位置拉下一段距离（在弹簧的弹性限度内），然后放手，任其运动（不计阻力）.

9.1.2 简谐振动的特征参量

下面，我们来讨论式(9.1.5)中，各量的物理意义.

1. 振幅

在式(9.1.5)中，A 为简谐振动物体离开平衡位置最大位移的绝对值，称作**振幅**. 振幅恒取正值，其大小一般由初始条件确定.

2. 周期和频率

物体作一次完全振动所经历的时间称为振动的**周期**，记为 T，在国际单位制(SI)中，周期的单位为秒，记为 s. 物体在任意时刻 t 的位移，应与在时刻 $t+T$ 的位移相同. 于是有

$$x = A\cos(\omega t + \varphi) = A\cos[\omega(t+T) + \varphi] = A\cos(\omega t + \varphi + \omega T)$$

可见，物体作一次完全振动后，应有 $\omega T = 2\pi$. 故有

$$T = \frac{2\pi}{\omega} \tag{9.1.9}$$

单位时间内，物体所作完全振动的次数称为**频率**，记为 ν，在国际单位制(SI)中，频率的单位为赫兹，记为 Hz. 周期与频率的关系为

$$\nu = \frac{1}{T} = \frac{\omega}{2\pi} \tag{9.1.10}$$

由此还可得

$$\omega = 2\pi\nu \tag{9.1.11}$$

即 ω 等于物体在单位时间内所作完全振动的次数的 2π 倍，称为**圆频率**或**角频率**，在国际单位制(SI)中，角频率的单位为弧度每秒，记为 rad · s^{-1}. 由弹簧振子的 $\omega = \sqrt{k/m}$，得其周期和频率分别为

$$T = 2\pi \sqrt{\frac{m}{k}} \qquad\qquad (9.1.12)$$

$$\nu = \frac{1}{2\pi} \sqrt{\frac{k}{m}} \qquad\qquad (9.1.13)$$

对给定的振子,k 和 m 一定,所以周期和频率完全由振子本身的物理性质确定.这种只由振动系统本身的固有属性决定的周期和频率,称为固有周期和固有频率.对其他的振动系统也可得到同样结论.

固有周期 **固有频率**

3. 相位

量值 $\omega t + \varphi$ 称为振动在 t 时刻的相位.当振幅 A 和角频率 ω 一定时,由式(9.1.5)和式(9.1.7)可看出,$\omega t + \varphi$ 决定了物体在任意时刻的位移和速度,即描述了物体的运动状态.它是简谐振动中一个十分重要的概念,其大小决定了振动的"步调".如图 9.1–1 中的弹簧振子,当相位 $\omega t_1 + \varphi = \pi/2$ 时,$x = 0$,$v = -\omega A$,即在 t_1 时刻物体位于平衡位置,且以速率 ωA 向左运动;当相位 $\omega t_2 + \varphi = 3\pi/2$ 时,$x = 0$,$v = \omega A$,即在 t_2 时刻物体也在平衡位置,但以速率 ωA 向右运动.可见,在 t_1 和 t_2 两时刻,因相位不同,物体的运动状态也不同.另外,当物体的相位经历了 2π 的变化,即相位从 $\omega t + \varphi$ 变为 $\omega(t+T) + \varphi$,振动经过了一个周期时,物体回到原来的运动状态.可见,用相位描述物体的运动状态,还能充分反映出简谐振动的周期性.

相位

φ 是 $t = 0$ 时的相位,称为初相位,简称初相,它是决定初始时刻物体运动状态的物理量.

初相

4. 常量 A 和 φ 的确定

对给定的一个振动系统,角频率 ω 已知,振幅 A 和初相 φ 可由初始条件(即 $t = 0$ 时的位移 x_0 和速度 v_0)确定.由式(9.1.5)和式(9.1.7)可得

$$x_0 = A\cos\varphi$$

$$v_0 = -\omega A\sin\varphi$$

由此两式得

$$A = \sqrt{x_0^2 + \frac{v_0^2}{\omega^2}} \qquad\qquad (9.1.14)$$

$$\tan\varphi = \frac{-v_0}{\omega x_0} \qquad\qquad (9.1.15)$$

其中,φ 所在象限由 x_0 和 v_0 的正负号确定.

当 $x_0 > 0$、$v_0 < 0$ 时,φ 取第一象限的值;当 $x_0 < 0$、$v_0 < 0$ 时,φ 取第二象限的值;当 $x_0 < 0$、$v_0 > 0$ 时,φ 取第三象限的值;当 $x_0 > 0$、$v_0 > 0$ 时,φ 取第四象限的值.

思考

9.2 若将一个弹簧均分成两段,则每段弹簧的弹性系数怎样? 把同一物体分别挂在分割前后的弹簧下面,分割前后两个弹簧振子的振动频率是否相同? 其关系如何?

9.3 同一弹簧振子,分别在竖直悬挂情况下和在光滑水平面上作简谐振动时,其振动频率是否相同? 若将它放在光滑斜面上,是否仍作简谐振动? 振动频率是否变化? 当斜面倾角改变时又怎样?

9.4 在弹簧振子中,指出物体分别处于下列位置时的位移、速度、加速度和所受弹性力的大小和方向:(1) 正方向的端点;(2) 平衡位置处且向负方向运动;(3) 平衡位置处且向正方向运动;(4) 负方向的端点.

9.2 旋转矢量表示法

为了直观地理解简谐振动方程中 A、ω 和 φ 三个物理量的意义,并为讨论简谐振动的叠加提供简捷的方法,现介绍简谐振动的旋转矢量表示法. 如图 9.2-1 所示,在图平面内画坐标轴 Ox,由原点 O 作一矢量 A,令其大小等于式(9.1.5)中的振幅 A,并使 A 在 Oxy 平面内绕点 O 沿逆时针方向匀角速度转动,其角速度等于式(9.1.5)中的角频率 ω,这个矢量 A 就称为旋转矢量. 设在 $t=0$ 时,A 的矢端在位置 M_0,它与 Ox 轴的夹角等于式(9.1.5)中的初相 φ;在任意时刻 t,A 的矢端在位置 M. 在此过程中,A 沿逆时针方向转过了角度 ωt,它与 Ox 轴间的夹角为 $\omega t+\varphi$. 由图可见,A 在 Ox 轴上的投影为 $x=A\cos(\omega t+\varphi)$. 与式(9.1.5)比较,它恰是沿 Ox 轴作简谐振动的物体在任意 t 时刻相对于原点 O 的位移. 因此,旋转矢量 A 的矢端 M 在 Ox 轴上投影点 P 的运动,可表示物体在 Ox 轴上的简谐振动. A 以角速度 ω 旋转一周,对应于物体在 Ox 轴上作一次完全振动. 旋转一周的时间等于简谐振动的周期. 所以,对一个给定的简谐振动(A、ω、φ 已知),可以用旋转矢量 A 的端点的投影点 P 的运动来描述. 旋转矢量图不仅提供了一幅直观而清晰的简谐振动图像,而且能使我们一目了然地弄清相位的概念和作用,对进一步研究振动问题十分有益.

用旋转矢量还可以比较两个同频率简谐振动"步调"的关系. 设有以下两个简谐振动:

$$x_1=A_1\cos(\omega t+\varphi_1)$$

逆时针
旋转矢量

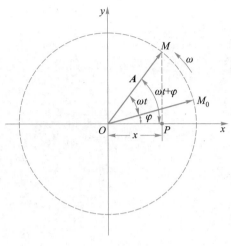

图 9.2-1 旋转矢量

$$x_2 = A_2\cos(\omega t + \varphi_2)$$

它们之间的相位差 $\Delta\varphi$ 为

$$\Delta\varphi = (\omega t + \varphi_2) - (\omega t + \varphi_1) = \varphi_2 - \varphi_1 \qquad (9.2.1)$$

即两个同频率的简谐振动在任意时刻的相位差,都等于其初相差.

若 $\Delta\varphi = \varphi_2 - \varphi_1 > 0$,如图 9.2-2 所示,我们就说 x_2 振动超前 x_1 振动 $\Delta\varphi$,或者说 x_1 振动落后于 x_2 振动 $\Delta\varphi$. 若 $\Delta\varphi = 0$(或 2π 的整数倍),我们就说两个振动是同相的,两个振动的"步调"完全一致. 若 $\Delta\varphi = \pi$(或 π 的奇数倍),就说两个振动是反相的,两个振动的"步调"完全相反.

我们可以通过相位来比较简谐振动的位移、速度和加速度之间的"步调"的关系. 将简谐振动的速度式(9.1.7)和加速度式(9.1.8)分别改写为

$$v = -\omega A\sin(\omega t + \varphi) = \omega A\cos\left(\omega t + \varphi + \frac{\pi}{2}\right)$$

$$a = -\omega^2 A\cos(\omega t + \varphi) = \omega^2 A\cos(\omega t + \varphi + \pi)$$

可看出,加速度与位移总是反相的;速度比位移超前 $\pi/2$,而比加速度落后 $\pi/2$.

相位差

初相差

同相

反相

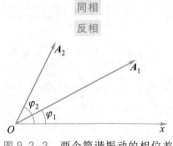

图 9.2-2 两个简谐振动的相位差

例题 9-1

一物体沿 x 轴作简谐振动,振幅 A 为 0.12 m,周期 T 为 2 s. $t=0$ 时,物体的位移为 0.06 m,且向 x 轴正向运动. 求:(1)该简谐振动的方程;(2)$t = \dfrac{T}{4}$ 时物体的位置、速度和加速度;(3)物体从 $x = -0.06$ m 向 x 轴负向运动,第一次回到平衡位置所需的时间.

解:(1) 设简谐振动方程为

$$x = A\cos(\omega t + \varphi)$$

已知 $A = 0.12$ m, $T = 2$ s, $\omega = \dfrac{2\pi}{T} = \pi$ rad $\cdot$ s^{-1}.

由初始条件 $t = 0$ 时, $x_0 = 0.06$ m, 可得

$$0.06 = 0.12\cos\varphi$$

即

$$\cos\varphi = \frac{1}{2}, \varphi = \pm\frac{\pi}{3}$$

由 $v_0 = -\omega A\sin\varphi$, 确定 φ 值. 因 $t = 0$ 时, 物体向 x 轴正向运动, 即 $v_0 > 0$, 所以

$$\varphi = -\frac{\pi}{3}$$

这样, 此简谐振动方程为

$$x = 0.12\cos\left(\pi t - \frac{\pi}{3}\right) \text{ m}$$

用旋转矢量法求解 φ 是很直观方便的. 根据初始条件可画出旋转矢量的初始位置, 如例题 9-1(a)图所示. 亦可得 $\varphi = -\dfrac{\pi}{3}$.

(2) 由(1)中简谐振动方程得

$$v = \frac{dx}{dt} = -0.12\pi\sin\left(\pi t - \frac{\pi}{3}\right) \text{ m} \cdot \text{s}^{-1}$$

$$a = \frac{dv}{dt} = -0.12\pi^2\cos\left(\pi t - \frac{\pi}{3}\right) \text{ m} \cdot \text{s}^{-2}$$

当 $t = \dfrac{T}{4} = 0.5$ s 时, 由上列各式可得

$$x = 0.12\cos\left(\pi \times 0.5 - \frac{\pi}{3}\right) \text{ m} = 0.104 \text{ m}$$

$$v = -0.12\pi\sin\left(\pi \times 0.5 - \frac{\pi}{3}\right) \text{ m} \cdot \text{s}^{-1}$$

$$= -0.18 \text{ m} \cdot \text{s}^{-1}$$

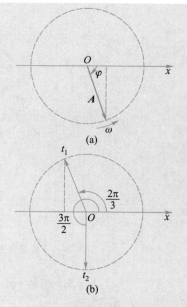

例题 9-1 图

$$a = -0.12\pi^2\cos\left(\pi \times 0.5 - \frac{\pi}{3}\right) \text{ m} \cdot \text{s}^{-2}$$

$$= -1.03 \text{ m} \cdot \text{s}^{-2}$$

(3) 由例题 9-1(b)图可见, 从 $x = -0.06$ m 向 x 轴负向运动, 第一次回到平衡位置时, 旋转矢量转过的角度为 $\dfrac{3\pi}{2} - \dfrac{2\pi}{3} = \dfrac{5\pi}{6}$, 即为两者的相位差 $\Delta\varphi = \dfrac{5\pi}{6}$. 因旋转矢量的角速度为 ω, 所以可得到所需时间为

$$\Delta t = \frac{\Delta\varphi}{\omega} = \frac{\dfrac{5\pi}{6}}{\omega} \approx 0.83 \text{ s}$$

思考

9.5　为了更好地理解描述简谐振动的三个特征物理量, 经常用旋转矢量图来表示简谐振动, 由此建立了简谐振动和匀速圆周运动之间的对应关系. 你认为, 与简谐振动的数学表达式相比, 这样的表示法对于理解简谐振动具有哪些好处?

9.3 单摆和复摆

弹簧振子因受到遵从 $F = -kx$ 的弹性力作用才作简谐振动. 在其他的机械运动中,无论作用力是否起源于弹性力,只要它遵从类似 $F = -kx$ 的规律,则其运动必为简谐振动. 这种类似于弹性力的回复力,称为准弹性力.

1. 单摆

如图 9.3–1 所示,一根不会伸缩的细线(摆线),上端固定在点 A,下端悬挂一个很小的、质量为 m 的重物(摆锤),把摆锤稍加移动后,它就可在竖直平面内来回摆动,这种装置称为单摆. 当摆线竖直时,摆锤在其平衡位置 O 处.

设在某一时刻,摆线偏离竖直线的角位移为 θ,如图 9.3–1 所示. 摆锤受到重力 $m\boldsymbol{g}$ 和线的拉力 $\boldsymbol{F}_T$ 的作用(忽略一切阻力). 重力的切向分量为 $mg\sin\theta$. 设摆线长为 l,则摆锤的切向加速度为 $l\dfrac{\mathrm{d}^2\theta}{\mathrm{d}t^2}$,考虑到角位移 θ 是从竖直位置算起,且规定沿逆时针方向为正,则重力的切向分力 $mg\sin\theta$ 与 θ 反向,由牛顿第二定律得

$$-mg\sin\theta = ml\frac{\mathrm{d}^2\theta}{\mathrm{d}t^2}$$

当 θ 很小时(小于 $5°$),$\sin\theta \approx \theta$,所以

$$\frac{\mathrm{d}^2\theta}{\mathrm{d}t^2} = -\frac{g}{l}\theta = -\omega^2\theta \tag{9.3.1}$$

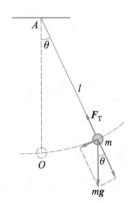

单摆

图 9.3–1 单摆

式中 $\omega^2 = \dfrac{g}{l}$. 上式表明,在摆角很小时,单摆的角加速度与角位移成正比,方向相反. 这与式(9.1.4)形式相似. 可见,单摆的运动也是简谐振动.

将上式与式(9.1.4)比较,可得单摆的角频率和周期分别为

$$\omega = \sqrt{\frac{g}{l}}, \quad T = 2\pi\sqrt{\frac{l}{g}} \tag{9.3.2}$$

可见,单摆小角度摆动时的周期取决于摆长和当地的重力加速度. 由上式可通过测量单摆的周期得出当地的重力加速度.

在单摆中,物体所受的回复力不是弹性力,而是重力的切向分力. 在角位移很小时,此力与角位移成正比,方向指向平衡位置. 虽然此力本质上不是弹性力,但其作用和弹性力相同,所以是一种准弹性力.

2. 复摆

如图 9.3-2 所示,质量为 m 的任意形状的物体,被放置在光滑的水平轴 O 上. 使它偏离一个小角度后释放,物体将绕轴 O 作微小的自由摆动. 这样的装置称为复摆. 平衡时,复摆的重心 C 在轴的正下方. 摆动时,重心与轴的连线 OC 偏离平衡时的竖直位置. 设复摆对轴 O 的转动惯量为 J,其重心 C 到 O 的距离 $OC = l$.

设在任一时刻 t,OC 偏离竖直线的角位移为 θ. 这时,复摆受到对于轴 O 的重力矩为 $M = -mgl\sin\theta$. 式中的负号表明力矩 M 的转向与角位移 θ 的转向相反. 当摆角很小时,$\sin\theta \approx \theta$,有 $M = -mgl\theta$. 不计空气阻力,由转动定律 $M = J\dfrac{\mathrm{d}^2\theta}{\mathrm{d}t^2}$ 得

$$\frac{\mathrm{d}^2\theta}{\mathrm{d}t^2} = -\frac{mgl}{J}\theta \qquad (9.3.3)$$

将上式与式(9.1.4)及式(9.3.1)比较,可见在摆角很小时,复摆的运动也是简谐振动. 其角频率和周期分别为

$$\omega = \sqrt{\frac{mgl}{J}}, \qquad T = 2\pi\sqrt{\frac{J}{mgl}} \qquad (9.3.4)$$

若已知复摆对轴 O 的转动惯量 J 和其重心与该轴的距离 l,由实验测出其周期 T,则可得到当地的重力加速度;或者,若已知 g 和 l,通过实验测出 T,可得到复摆绕轴 O 的转动惯量 J.

将单摆 $J = ml^2$,代入式(9.3.4)中,得

$$\omega = \sqrt{\frac{g}{l}}, \qquad T = 2\pi\sqrt{\frac{l}{g}}$$

与式(9.3.2)所得结果一致. 所以,单摆是复摆的质量都集中在质心的特例.

思考

9.6　将一单摆从其平衡位置拉开,使摆线与竖直方向成一小角度 φ,然后放手,任其摆动. 若从放手时开始计时,该角 φ 是否为振动的初相? 单摆的角速度是否为振动的角频率?

9.7　将单摆从平衡位置拉开,使摆线与竖直方向成 θ 角,然后放手,任其振动. 请给出思考题 9.7 图所示五种运动状态所对应的相位.

*9.8　三个相同的单摆,在以下各种情形下,它们的周期是否相同? 如不同,哪个大,哪个小?

(1) 第一个在教室里,第二个在匀速运动的火车上,第三个在匀加速水平运动的火车上;

(2) 第一个在匀速上升的升降机里,第二个在匀加速上升的

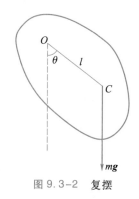

复摆

图 9.3-2　复摆

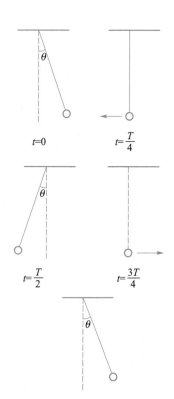

思考 9.7 图

升降机里,第三个在匀减速上升的升降机里;

(3) 第一个在地球上,第二个在环绕地球的同步卫星上,第三个在月球上.

*9.9 电梯中并排悬挂一单摆和一弹簧振子,在它们的振动过程中,电梯突然由静止开始自由下落.请分别讨论两个振动系统的运动情况.

9.4 简谐振动的能量

现在仍以图 9.1-1 的弹簧振子为例,来讨论简谐振动系统的能量.设在某一时刻,物体的速度为 v,则系统的动能为

$$E_k = \frac{1}{2}mv^2$$

若该时刻物体的位移为 x,取物体在平衡位置的势能为零,则系统的弹性势能为

$$E_p = \frac{1}{2}kx^2$$

将式(9.1.5)和式(9.1.7)代入,得

$$E_k = \frac{1}{2}m\omega^2 A^2 \sin^2(\omega t + \varphi) \qquad (9.4.1)$$

$$E_p = \frac{1}{2}kA^2 \cos^2(\omega t + \varphi) \qquad (9.4.2)$$

由上两式可知,系统的动能和势能都随时间 t 作周期性变化.动能和势能的相位相反,位移最大时,势能达最大值,动能为零;物体经过平衡位置时,势能为零,动能达最大值.

系统的总机械能

$$E = E_k + E_p = \frac{1}{2}m\omega^2 A^2 \sin^2(\omega t + \varphi) + \frac{1}{2}kA^2 \cos^2(\omega t + \varphi)$$

因 $\omega^2 = \dfrac{k}{m}$,故有

$$E = \frac{1}{2}m\omega^2 A^2 = \frac{1}{2}kA^2 \qquad (9.4.3)$$

上式说明:简谐振动系统的**总能量和振幅的二次方成正比**,因此振幅越大,振动的总机械能越大.这一结论对于任一谐振系统都是适用的.因在简谐振动过程中,系统只有保守内力(弹性力)做功,外力和非保守内力均不做功,所以其总机械能守恒.系统在振动过程中动能 E_k 和势能 E_p 不断地相互转化,但总机械能却保持

总能量和振幅的二次方成正比

恒定. 图 9.4-1 表示了弹簧振子的动能、势能和总能量随时间的变化(图中设 $\varphi=0$),为便于将此变化与位移随时间的变化相比较,在下面给出了 $x\text{-}t$ 曲线. 由图可见,动能与势能的变化频率是弹簧振子频率的两倍,总能量并不改变.

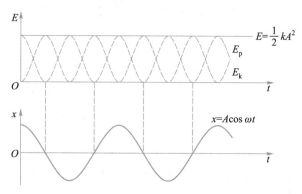

图 9.4-1　谐振子的动能、势能和总能量随时间的变化曲线

由式(9.4.1)和式(9.4.2)可计算得,在一个周期内,弹簧振子动能和势能的平均值相等而且等于总机械能的一半. 即

$$\overline{E}_k=\overline{E}_p=\frac{1}{2}E=\frac{1}{4}kA^2$$

这一结论也同样适用于其他的简谐振动.

例题 9-2

一物体作简谐振动,质量为 0.10 kg,振幅为 1.0×10^{-2} m,最大加速度为 4.0 m·s^{-2}. 求:(1) 振动的周期;(2) 经过平衡位置时的动能;(3) 总能量;(4) 物体动能和势能相等时的位置.

解:(1) 因为 $a_m=A\omega^2$,所以

$$\omega=\sqrt{\frac{a_m}{A}}=\sqrt{\frac{4.0}{1.0\times10^{-2}}}\ \text{rad·s}^{-1}=20\ \text{rad·s}^{-1}$$

得

$$T=\frac{2\pi}{\omega}\ \text{s}=\frac{2\pi}{20}\ \text{s}\approx0.314\ \text{s}$$

(2) 因为经过平衡位置时的速度最大,所以

$$E_{k,max}=\frac{1}{2}mv_{max}^2=\frac{1}{2}m\omega^2A^2$$

代入数据,得

$$E_{k,max}=2.0\times10^{-3}\ \text{J}$$

(3) 总能量 $E=E_{k,max}=2.0\times10^{-3}$ J.

(4) 当 $E_k=E_p$ 时,$E_p=1.0\times10^{-3}$ J,由

$$E_p=\frac{1}{2}kx^2=\frac{1}{2}m\omega^2x^2,得$$

$$x^2=\frac{2E_p}{m\omega^2}=0.5\times10^{-4}\ \text{m}^2$$

有

$$x=\pm0.707\ \text{cm}$$

思考

9.10　弹簧振子作简谐振动时,当物体处于以下情形时,在

速度、加速度、动能和弹性势能等物理量中,哪几个达最大值,哪几个为零? (1)经过平衡位置时;(2)达到最大位移时.

9.11 两个相同的弹簧挂着质量不同的物体,若它们以相同的振幅作简谐振动,振动的能量是否相同?

9.5 简谐振动的合成

实际问题中,经常会遇到一个质点同时参与几个振动的情形. 例如,当两列声波同时传到某一点时,该点处的空气质点就同时参与两个振动. 由运动叠加原理,同时参与几个振动的物体的运动将是这几个振动叠加的结果. 一般振动的叠加比较复杂,此处讨论几种简单且属于基本的简谐振动的叠加(合成).

9.5.1 两个同方向同频率简谐振动的合成

设有两个同方向的简谐振动,其角频率均为 ω,振幅分别为 A_1 和 A_2,初相分别为 φ_1 和 φ_2,则它们的振动方程分别为

$$x_1 = A_1\cos(\omega t + \varphi_1)$$
$$x_2 = A_2\cos(\omega t + \varphi_2)$$

因振动同方向,所以这两个简谐振动在任一时刻的合位移 x 仍应在同一直线上,且等于这两个分振动位移的代数和,即

$$x = x_1 + x_2$$

为简单起见,用旋转矢量法求 x. 如图 9.5-1 所示,两个分振动的旋转矢量分别为 A_1 和 A_2. $t=0$ 时,它们与 x 轴的夹角分别为 φ_1 和 φ_2,在 Ox 轴上的投影分别为 x_1 和 x_2. 由平行四边形法则,可得合矢量 $A = A_1 + A_2$. 因 A_1、A_2 以相同的 ω 绕点 O 作逆时针旋转,其夹角 $\varphi_2 - \varphi_1$ 在旋转过程中保持恒定,平行四边形的形状、大小不变,故 A 的大小也不变,且与 A_1、A_2 一起以相同的角速度 ω 绕点 O 逆时针旋转. 由图 9.5-1 可看出,任一时刻合矢量 A 在 Ox 轴上的投影 $x = x_1 + x_2$,所以合矢量 A 即为合振动相应的旋转矢量. A 的大小即为合振动振幅. $t=0$ 时,A 与 Ox 轴的夹角即为合振动的初相 φ. 由图可得合位移为

$$x = A\cos(\omega t + \varphi)$$

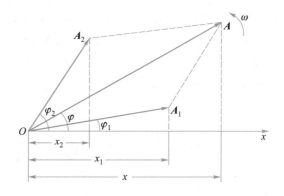

图 9.5-1 用旋转矢量法求振动的合成

这说明合振动仍是简谐振动,其(角)频率与分振动的(角)频率相同,其合振幅为

$$A = \sqrt{A_1^2 + A_2^2 + 2A_1 A_2 \cos(\varphi_2 - \varphi_1)} \qquad (9.5.1)$$

合振动的初相为

$$\tan \varphi = \frac{A_1 \sin \varphi_1 + A_2 \sin \varphi_2}{A_1 \cos \varphi_1 + A_2 \cos \varphi_2} \qquad (9.5.2)$$

由式(9.5.1)可看出,合振幅与两分振动的振幅及其相位差 $\varphi_2 - \varphi_1$ 有关. 下面讨论两个特例:

1. 若相位差 $\varphi_2 - \varphi_1 = 2k\pi$ $(k = 0, \pm 1, \pm 2, \cdots)$,由式(9.5.1)得

$$A = \sqrt{A_1^2 + A_2^2 + 2A_1 A_2} = A_1 + A_2 \qquad (9.5.3)$$

即当两个分振动同相时,合振幅等于两个分振动的振幅之和(最大),合成后振动最强.

2. 若相位差 $\varphi_2 - \varphi_1 = (2k+1)\pi$ $(k = 0, \pm 1, \pm 2, \cdots)$,由式(9.5.1)得

$$A = \sqrt{A_1^2 + A_2^2 - 2A_1 A_2} = |A_1 - A_2| \qquad (9.5.4)$$

即当两个分振动反相时,合振幅等于两个分振动振幅之差的绝对值(最小),合成后振动最弱. 若 $A_1 = A_2$,则 $A = 0$,即两个振动完全抵消,振动合成的结果是物体处于静止状态.

一般情形下,相位差 $\varphi_2 - \varphi_1$ 可取任意值,则合振幅值在 $A_1 + A_2$ 与 $|A_1 - A_2|$ 之间.

由此可见,两个振动的相位差对合振动起着重要作用.

9.5.2 两个同方向不同频率简谐振动的合成 拍

当两个同方向、不同频率的简谐振动合成时,因为这两个分振动的频率不同,所以其相位差随时间变化,合振动不再是简谐

振动,而是较复杂的振动. 现在讨论两个简谐振动频率 ν_1、ν_2 均较大,但其差很小,即 $|\nu_2-\nu_1|\ll\nu_2+\nu_1$ 的情况.

如两个频率相近的音叉(或琴弦)同时发声时,可听到"嗡……"的时强时弱的声音,称为"拍音". 在吹奏双簧管时,因为双簧管两个簧片的频率稍有差别,就能听到颤动的悦耳的拍音.

上述现象,可用位移—时间曲线说明. 为方便起见,设两个简谐振动的振幅均为 A,初相分别为 φ_1 和 φ_2,角频率分别为 ω_1 和 ω_2,且 $\omega_2>\omega_1$,如图 9.5-2 所示. 图中(a)和(b)分别表示两个分振动的位移—时间曲线,(c)表示合振动的位移—时间曲线. 可见,在 t_1 时刻,两个分振动同相,合振幅最大;在 t_2 时刻,两个分振动反相,合振幅最小;在 t_3 时刻,两个分振动同相,合振幅又最大. (c)中的虚线反映出合振动的振幅随时间作周期性缓慢变化. 这种频率相近的两个同方向的简谐振动合成时,其合振动的振幅随时间作周期性变化的现象称为拍. 下面从合振动方程出发,对拍现象进行定量讨论.

拍

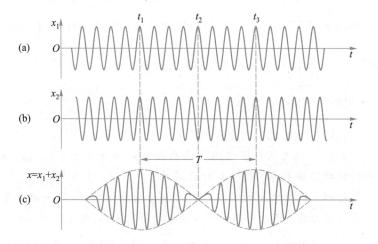

图 9.5-2 拍

假设两个简谐振动不仅振幅相同(均为 A),而且初相均为零. 振动方程分别为

$$x_1=A\cos \omega_1 t=A\cos 2\pi\nu_1 t$$
$$x_2=A\cos \omega_2 t=A\cos 2\pi\nu_2 t$$

合振动的位移为

$$x=x_1+x_2=A\cos 2\pi\nu_1 t+A\cos 2\pi\nu_2 t$$

得合振动的振动方程为

$$x=\left(2A\cos 2\pi \frac{\nu_2-\nu_1}{2}t\right)\cos 2\pi \frac{\nu_2+\nu_1}{2}t \qquad (9.5.5)$$

因 $|\nu_2-\nu_1|\ll\nu_2+\nu_1$,所以可将式中的 $\frac{\nu_2+\nu_1}{2}$ 视为合振动的频率,

$$\left| 2A\cos\left(2\pi\,\frac{\nu_2-\nu_1}{2}t\right) \right|$$ 视为合振动的振幅. 这样, 合振动的振幅随时间作缓慢的周期性变化, 故出现振幅时大时小的现象. 合振幅的数值范围在 $0\sim 2A$ 内. 因余弦函数的绝对值以 π 为周期, 所以有

$$\left| 2A\cos 2\pi\,\frac{\nu_2-\nu_1}{2}t \right| = \left| 2A\cos\left(2\pi\,\frac{\nu_2-\nu_1}{2}t+\pi\right) \right|$$
$$= \left| 2A\cos\left[2\pi\,\frac{\nu_2-\nu_1}{2}\left(t+\frac{1}{\nu_2-\nu_1}\right) \right] \right|$$

可见, 合振幅变化的周期 $T=\dfrac{1}{\nu_2-\nu_1}$. 合振幅变化的频率, 即拍频

$$\nu=\nu_2-\nu_1 \qquad\qquad (9.5.6)$$

拍频的数值等于两个分振动的频率之差.

　　以上结果亦可用旋转矢量法求得. 在图 9.5-3 中, 由于 A_1 和 A_2 的角速度不同, 所以在旋转过程中, 两者的方向有时相同, 合振幅最大; 有时相反, 合振幅最小; 仍设 $\omega_2>\omega_1$, 则 A_2 相对于 A_1 的旋转角速度为 $\omega_2-\omega_1$, A_2 前后相邻两次与 A_1 方向相同时所需的时间 $T=\dfrac{2\pi}{\omega_2-\omega_1}=\dfrac{1}{\nu_2-\nu_1}$, T 为相邻两次振动最强之间的时间, 如图 9.5-2 所示, 即为拍的周期. 因此, 拍频 $\nu=\dfrac{1}{T}=\nu_2-\nu_1$.

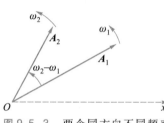

图 9.5-3　两个同方向不同频率简谐振动的合成

思考

　　9.12　如何利用拍音来测定一音叉的频率?

　　9.13　稳定状态下受迫振动的频率是由什么决定的? 此频率和振动系统本身的性质有什么关系?

　　9.14　弹簧振子的无阻尼自由振动为简谐振动, 同一弹簧在简谐驱动力作用下的稳态受迫振动也为简谐振动, 两者有何不同?

两个相互垂直的同频率　　阻尼振动　　受迫振动　　共振
的简谐振动的合成

知识要点

（1）简谐振动

动力学方程　　　　　　$\dfrac{\mathrm{d}^2 x}{\mathrm{d}t^2}+\omega^2 x=0$

运动学方程 $\qquad x = A\cos(\omega t + \varphi)$

（2）特征参量

$$T = \frac{2\pi}{\omega}, \quad \nu = \frac{1}{T} = \frac{\omega}{2\pi}, \quad A = \sqrt{x_0^2 + \frac{v_0^2}{\omega^2}}, \quad \tan\varphi = \frac{-v_0}{\omega x_0}$$

（3）典型振动

弹簧振子 $\qquad \omega = \sqrt{k/m}, \qquad T = 2\pi\sqrt{\frac{m}{k}}$

单摆 $\qquad \omega = \sqrt{\frac{g}{l}}, \qquad T = 2\pi\sqrt{\frac{l}{g}}$

复摆 $\qquad \omega = \sqrt{\frac{mgl}{J}}, \qquad T = 2\pi\sqrt{\frac{J}{mgl}}$

（4）简谐振动物体的速度和加速度

$$v = \frac{dx}{dt} = -\omega A\sin(\omega t + \varphi)$$

$$a = \frac{d^2 x}{dt^2} = -\omega^2 A\cos(\omega t + \varphi)$$

（5）简谐振动的能量

动能 $\qquad E_k = \frac{1}{2}m\omega^2 A^2 \sin^2(\omega t + \varphi)$

势能 $\qquad E_p = \frac{1}{2}kA^2 \cos^2(\omega t + \varphi)$

总能量 $\qquad E = \frac{1}{2}m\omega^2 A^2 = \frac{1}{2}kA^2$

（6）同方向同频率简谐振动的合成

合振幅 $\qquad A = \sqrt{A_1^2 + A_2^2 + 2A_1 A_2\cos(\varphi_2 - \varphi_1)}$

习题

9-1 轻弹簧的上端固定,下端挂一质量为 m 的物体,其自由振动的周期为 T. 设振子离开平衡位置的距离为 x 时,其振动速度为 v,加速度为 a. 则下列计算此振子弹性系数的式子中,错误的是（　　）.

(A) $k = mv_{max}^2 / x_{max}^2$　　(B) $k = mg/x$

(C) $k = 4\pi^2 m / T^2$　　(D) $k = ma/x$

9-2 轻弹簧下挂一个小盘,小盘作简谐振动,平衡位置为原点,位移向下为正,以余弦函数表示. 小盘接近最低位置时,有一个小物体不变速地粘在盘上. 若新的平衡位置相对于原平衡位置向下移动的距离小于原振幅,以小物体与盘碰撞为计时起点,则以

新的平衡位置为原点时,新的位移表达式的初相在（　　）.

(A) 0 与 $\pi/2$ 之间　　(B) $\pi/2$ 与 π 之间

(C) π 与 $3\pi/2$ 之间　　(D) $3\pi/2$ 与 2π 之间

9-3 一简谐振动的振动曲线如习题 9-3 图所示,则其振动方程（x 的单位为 cm, t 的单位为 s）为（　　）

(A) $x = 2\cos\left(\frac{2}{3}\pi t - \frac{2}{3}\pi\right)$

(B) $x = 2\cos\left(\frac{2}{3}\pi t + \frac{2}{3}\pi\right)$

(C) $x = 2\cos\left(\frac{4}{3}\pi t - \frac{2}{3}\pi\right)$

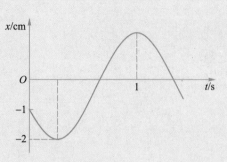

习题 9-3 图

（D）$x = 2\cos\left(\dfrac{4}{3}\pi t + \dfrac{2}{3}\pi\right)$

9-4 两个同频率简谐振动曲线如习题 9-4 图所示，x_1 比 x_2 相位（ ）.

（A）落后 $\dfrac{\pi}{2}$ （B）超前 $\dfrac{\pi}{2}$

（C）落后 π （D）超前 π

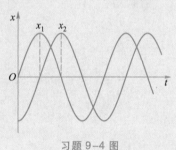

习题 9-4 图

9-5 光滑水平面上的弹簧振子作简谐振动时，弹性力在半个周期内所做的功为（ ）.

（A）kA^2 （B）$\dfrac{1}{2}kA^2$

（C）$\dfrac{1}{4}kA^2$ （D）0

9-6 一个物体同时参与两个同一直线上的简谐振动：$x_1 = 0.05\cos\left(4\pi t + \dfrac{\pi}{3}\right)$（SI 单位），$x_2 = 0.03\cos\left(4\pi t - \dfrac{2\pi}{3}\right)$（SI 单位）. 合振动的振幅为___ m.

9-7 已知简谐振动方程为 $x = 0.10\cos\left(20\pi t + \dfrac{\pi}{4}\right)$，式中，$x$ 的单位是 m，t 的单位是 s. 求：（1）振幅、角频率、周期、频率和初相；（2）$t = 2$ s 时的位移、速度及加速度.

9-8 如习题 9-8 图所示，一弹性系数为 k 的轻弹簧，一端固定于墙上，另一端连一质量为 m_1 的物体 A，A 置于光滑水平桌面上. 现通过一质量为 m、半径为 R 的定滑轮 B（可视为匀质圆盘），用细绳连另一质量为 m_2 的物体 C. 若细绳不可伸长，且和滑轮间无相对滑动，求该系统的振动角频率.

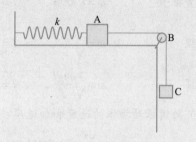

习题 9-8 图

9-9 一质点振动的 x-t 曲线如习题 9-9 图所示，求：（1）振动方程；（2）点 P 对应的相位；（3）到达点 P 相应位置所需的时间.

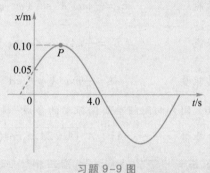

习题 9-9 图

9-10 一个沿 x 轴作简谐振动的物体，振幅为 A. 则经过下列路程所需的最短时间分别为周期的几分之几？（1）由平衡位置到达最大位移处；（2）由平衡位置到达 $x = A/2$ 处；（3）由 $x = A/2$ 到达最大位移处.

9-11 一平板下装有弹簧，平板上放一质量为 1.0 kg 的物体. 现使平板作竖直方向的上下简谐振动，周期为 0.50 s，振幅为 2.0×10^{-2} m.（1）求平板至最低点时，物体对它的作用力；（2）若频率不变，当平板以多大的振幅振动时，物体会脱离平板？（3）若振幅不变，当平板以多大的频率振动时，物体会脱离平板？

9-12 如习题 9-12 图所示,一弹性系数为 k 的轻弹簧,连接一质量为 m_1 的物体,在光滑水平面上作振幅为 A 的简谐振动.一质量为 m_2 的黏土球,自高度 h 处自由下落,恰好在(a)物体过平衡位置时,(b)物体位于最大位移处时,落在物体上.试问:(1)振动的周期有何变化?(2)振幅有何变化?

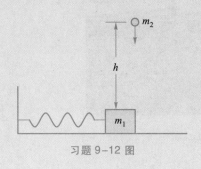

习题 9-12 图

9-13 一光滑水平面上的弹簧振子,周期 $T=1.0$ s.当物体经平衡位置向右运动时,速度 $v=1.0$ m·s^{-1}.求再经过 1/3 s 的时间,物体的动能是原来的多少倍?

9-14 一轻弹簧和一质量 $m=10$ g 的小球组成一振动系统,按 $x=0.5\cos\left(8\pi t+\dfrac{\pi}{3}\right)$(式中 x 的单位是 cm,t 的单位是 s)的规律作自由振动.求:(1)振动的振幅、角频率、周期和初相;(2)振动的能量;(3)一个周期内的平均动能与平均势能.

9-15 两个同方向的简谐振动,其振动方程分别为 $x_1=0.05\cos(10t+0.75\pi)$ 和 $x_2=0.06\cos(10t+$ $0.25\pi)$.(1)求合振动的振幅与初相;(2)若有另一同方向的简谐振动,$x_3=0.07\cos(10t+\varphi_3)$,则 φ_3 为何值时,x_1+x_3 的振幅最大?又 φ_3 为何值时,x_2+x_3 的振幅最小?(式中 x 的单位是 m,t 的单位是 s.)

9-16 两同频率简谐振动 1 和 2 的振动曲线如习题 9-16 图所示.(1)求此两简谐振动的振动方程 x_1 和 x_2;(2)在同一图中,画出两简谐振动的旋转矢量,并比较它们的相位关系;(3)若两简谐振动叠加,求其合振动的振动方程.

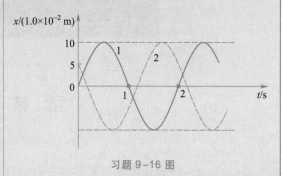

习题 9-16 图

9-17 三个同方向的简谐振动为 $x_1=0.1\cos\left(10t+\dfrac{\pi}{6}\right)$(SI 单位),$x_2=0.1\cos\left(10t+\dfrac{\pi}{2}\right)$(SI 单位)和 $x_3=0.1\cos\left(10t+\dfrac{5\pi}{6}\right)$(SI 单位).用旋转矢量法求出合振动的表达式.

本章计算题参考答案

章 首 问 题

  你有过火车鸣着笛从你身旁飞驰而过的经历吗？在这种情况下，你注意到汽笛声的音调有什么变化吗？实际上，如果你留意的话，你能感觉到当火车从你身旁掠过的瞬间汽笛声的声调会突然由高变低，这是由声波的多普勒效应引起的.假设在这个过程中你听到的汽笛声频率由 1 200 Hz 降低为 1 000 Hz，火车的行驶速度为多少？实际的汽笛声频率又是多少？设声波在空气中的传播速度为 330 m·s^{-1}.

章首问题解答

第 10 章 波　　动

波动是一种重要的运动形式,它普遍存在于自然界当中,例如平静水面上被石块激起的波纹,就是最直观的波动现象;人耳听到的声音就是空气中传播的声波;人眼看到的烂漫景色也是光波传播到眼睛的结果;声波和光波分别属于两大类型的波:机械波和电磁波;机械波的传播属于机械运动,而电磁波的传播则属于电磁运动.

波动

机械波
电磁波

随着科学与技术的发展,利用电磁波携带信息进行传播的技术诞生了,于是在自然界中又出现了许多种人类创造的电磁波,例如广播电视信号、手机信号、航空导航的雷达信号等.

在近代物理学的发展过程中,人们发现:静止质量不为零的各种微观粒子,如电子、质子、中子等,也具有波动性,而光波又表现出粒子性,此即微观粒子的波粒二象性,由此揭示出粒子性和波动性是物质世界带有根本性的对立统一现象.

波粒二象性

本章首先从机械波的产生和传播开始,讲述波的概念,并运用运动学和动力学的知识研究波动的基本概念和基本规律;然后介绍电磁波的产生、传播及其特点.关于微观粒子的波粒二象性将在第 15 章量子物理中介绍.

10.1　机械波的基本概念

10.1.1 机械波的产生

机械波是机械振动在弹性介质中的传播.要形成机械波必须具备两个条件:一是波源,二是传播机械振动的弹性介质.波源亦称振源,是按本身的固有频率振动或在外在驱动力作用下发生振动的物体.由无限多个通过弹性力联系在一起的质元组成的连续介质称为弹性介质,它可以是固体、液体或气体.

波源

弹性介质

　　如果振动的物体周围没有弹性介质,这类物体只能孤立地振动着,是不可能把振动传播出去的.例如在抽成真空的容器中放置一个振动着的电铃,我们是听不到铃声的,其原因就是因为声源周围没有传播机械振动的介质(例如空气).

　　若作为振源的物体处于某种弹性介质中,当波源振动时,与波源相邻的介质质元在弹性力的作用下也随之离开自己的平衡位置跟着波源运动起来,这些质元还会通过弹性力带动后面的质元随之振动;在弹性力作用下与波源相邻质元的运动实际上是在模拟波源的振动,只是时间上略有延迟;而与这些质元相连的后面的质元又在模拟这些质元的振动,这样,弹性介质中的所有质元都将相继振动起来,振动便以波源为中心由近及远地传播出去,形成了机械波.

10.1.2 横波与纵波

　　介质质元的振动方向与波动传播的方向是两个不同的概念.如果介质质元的振动方向与波传播的方向相互垂直,这种波称为**横波**;如果介质质元的振动方向与波传播的方向平行,这种波则被称为**纵波**.横波和纵波是波动的两种最基本的形式.

横波
纵波

　　用手握住一根绷紧的长绳,当手上下抖动时,可以观察到:从手握端开始,绳上各点依次上下"抖动",在绳上形成沿水平方向向前运动的波形,如图 10.1-1 所示;显然绳上各质元振动的方向与波传播的方向相互垂直,所以绳波是典型的横波.我们将绳波的最高点形象地称为**波峰**,最低点称为**波谷**,绳波便以波峰、波谷相间的波形以一定的速度传播了出去.波峰和波谷就是横波的外形特征.

波峰　波谷

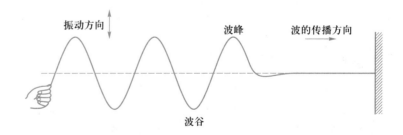

图 10.1-1　横波

　　将绷紧的长绳换成拉紧的轻质长弹簧,我们可以形象地观察到纵波的传播情况.如图 10.1-2 所示,当我们用手沿着弹簧纵轴的方向迅速推拉时,弹簧的各部分也随之依次沿弹簧纵轴方向振动起来,振动也沿着弹簧向前传播出去.显然,弹簧局部的振动方向和波的传播方向都是沿着弹簧纵轴的方向,这种波称为纵波.纵观整个弹簧,有的地方"拥挤",有的地方"稀疏",我们分别将其称为**波密**和**波疏**;所以,纵波的传播可由波密和波疏以一定速度向前运动体现出来.波密和波疏便是纵波的外形特征.

波密　波疏

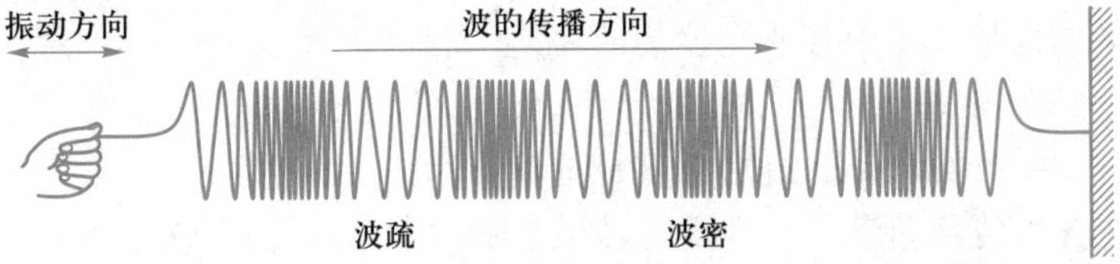

振动方向　波的传播方向

波疏　波密

图 10.1-2　弹簧中的纵波

值得指出的是:无论横波还是纵波,在传播过程中,绳中或弹簧中的各点均在自己的平衡位置附近作振动,各点并不随波前进.我们观察到的只是波峰与波谷(或波疏与波密)的前进,波峰(或波密)代表该处质点此刻正处于振动至最大位移的状态,说明波的实质是振动状态的传播,而振动状态由相位描述,因而波也是振动相位的传播,沿传播方向各质元振动的相位依次落后.

另外,横波的传播需要介质具有**切变弹性**(大小相等、方向相反的平行力作用于物体上引起的形变所产生的弹性),纵波的传播需要介质具有**压缩和拉伸弹性**(大小相等、方向相反的共线力作用于物体上引起的形变所产生的弹性);由于气体、液体、固体都具有压缩和拉伸弹性,因此,纵波可以在固体、气体、液体中传播;而因为气体、液体不存在切变弹性,所以,横波只能在固体中传播.

切变弹性

压缩和拉伸弹性

纵波可以在固体、气体、液体中传播
横波只能在固体中传播

10.1.3 波的特征参量

1. 波长

波的特征是具有时间、空间周期性,描述波的空间周期性的特征量是波长.沿波的传播方向两个相邻的、相位差为 2π 的振动质元之间的距离(即一个完整波形的长度)称为**波长**,记为 λ.显然横波的相邻两个波峰(或波谷)之间的距离和纵波的相邻波疏(或波密)中心之间的距离都是一个波长.

波长

2. 周期和频率

描述波时间周期性的特征量是周期.波的**周期**是波前进一个波长的距离所需要的时间,记为 T,波的周期的倒数称为波的频

周期

频率

率,记为 ν,即

$$\nu = \frac{1}{T} \tag{10.1.1}$$

波的频率等于单位时间内波动所传播完整波的个数;在一般情况下,由于当波源完成一次全振动时,波随之前进一个波长的距离,所以波的周期(或频率)在数值上等于波源的振动周期(或频率),也是介质中各质元振动的周期(或频率).

3. 波速

波速

振动状态(或相位)传播的速度称为波速,记为 u,也叫相速.在波的传播过程中,横波的波峰(或波谷)的前进速度就是波速,同样纵波的波疏(或波密)的前进速度也是波速.波速的方向就是波传播的方向,波速的大小取决于介质的性质和温度条件,在不同的介质中,波速是不同的.例如,声波在空气中(标准状态下)的波速是 331 m·s^{-1},而声波在水中(11℃)的波速为 1 450 m·s^{-1}.

由于波在一个周期内传播的距离就是一个波长,所以波长、周期、波速之间的关系为

$$u = \frac{\lambda}{T} = \nu\lambda \tag{10.1.2}$$

通过此式,波速 u 将波在时间与空间上的周期性联系起来了.

需要指出的是,波的频率(或周期)与波源的振动频率物理意义虽然不同,但数值相等,说明波的频率(或周期)由波源决定,与介质的性质无关.机械波的波速由介质的弹性性质所决定,与波源振动的快慢无关.几种常见介质中的声速见表 10-1.

表 10-1 几种介质中的声速

介质	温度/℃	声速/(m·s^{-1})
空气(1.013×10^5 Pa)	0	331
空气(1.013×10^5 Pa)	20	343
氢气(1.013×10^5 Pa)	0	1 270
花岗岩	0	3 950
冰	0	5 100
水	20	1 460
黄铜	20	3 500

例题 10-1

已知室温下空气中的声速 u_1 为 340 m·s^{-1},水中的声速 u_2 为 1 450 m·s^{-1},问室温下频率为 200 Hz 和 2 000 Hz 的声波在空气中和水中的波长各为多少?

解:由式(10.1.2),有

$$\lambda = \frac{u}{\nu}$$

频率为 200 Hz 和 2 000 Hz 的声波在空气中的波长 λ_1 和 λ_2 分别为

$$\lambda_1 = \frac{u_1}{\nu_1} = \frac{340}{200} \text{ m} = 1.7 \text{ m}$$

$$\lambda_2 = \frac{u_1}{\nu_2} = \frac{340}{2\,000} \text{ m} = 0.17 \text{ m}$$

它们在水中的波长 λ_1' 和 λ_2' 分别为

$$\lambda_1' = \frac{u_2}{\nu_1} = \frac{1\,450}{200} \text{ m} = 7.25 \text{ m}$$

$$\lambda_2' = \frac{u_2}{\nu_2} = \frac{1\,450}{2\,000} \text{ m} = 0.725 \text{ m}$$

可见,同一频率的声波,在水中的波长比在空气中的波长要大得多.

10.1.4 波的几何描述

为了形象地描述波的传播,我们可以用波线、波面和波前等形象地描述出波传播的情况.波线是沿着波传播方向的带有箭头的线,波线上任一点的切向方向与该点的波速方向相同.波面是介质中振动相位相同(即相位差等于零)的点组成的曲面.在波动过程中,过介质中任一点都可作出一个波面,这个波面上的所有质元作步调完全相同的振动.不同的两个波面上的质元振动有一定的相位差.相位相差 2π 的整数倍的波面称为同相位波面.二相邻同相位波面(相位差为 2π)之间的距离等于波长(通常为了简洁明了,波动示意图中的波面都是同相位波面).波前是最前面的那个波面,也就是介质中刚开始振动的质元所构成的曲面.在各向同性的介质中,波线与波面(或波前)是正交的.

波面(或波前)为球面的波称为球面波,如图 10.1-3(a)所示;波面为平面的波称为平面波,如图 10.1-3(b)所示.大小及形状可以忽略不计的波源称为点波源,点波源在各向同性介质中激发的波为球面波.球面波传播到距点波源很远的局部区域内,可近似视为平面波.

波线

波面

波前

球面波
平面波
点波源

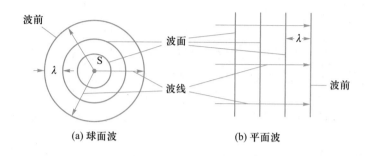

图 10.1-3 波线、波前与波面

(a) 球面波　　　　(b) 平面波

思考

10.1 什么叫波动？波动与振动有什么区别？有什么联系？具备哪些条件才能形成机械波？

10.2 最基本形式的波动有几种？它们是如何区分的？它们的外形特征是什么？

10.3 根据日常生活的经验,你认为声波是横波还是纵波？为什么？

10.4 根据地表纵波和地表横波的传播速率的不同,你有办法估算地震中心至探测地点之间的距离吗？

10.5 机械波的波长、频率、周期和波速四个物理量中,在同一介质中,哪些量是不变的？当波从一种介质进入另一种介质时,哪些量是不变的？

10.2 平面简谐波的波函数

10.2.1 平面简谐波的波函数

简谐波

简谐波是作简谐振动的波源激发的波. 由于任何复杂的振动都可以分解成几个或无限多个频率不同的简谐振动的叠加,所以,任何非简谐波都可以视为多个不同频率的简谐波的合成.

平面简谐波

平面简谐波是波面为平面的简谐波,是最基本、最简单的波动. 当介质中有平面波传播时,如果不考虑介质吸收波能量而引起波能量的衰减,介质中所有质元都将重复波源的振动,即所有质元的振动振幅相同、频率相同,只是各点的振动状态不同,离波源越远的质元,其振动的相位越落后.

平面简谐波的波函数是描述平面简谐波传播过程中介质中任一处质元在任意时刻振动位移的函数,利用它可以对平面简谐波进行定量描述.

设一列平面简谐波在某种均匀、无限大、对波无吸收、无反射波介入的介质中沿 Ox 轴正方向传播,若已知坐标原点 O 处质元作简谐振动,且其振动方程为

$$y_O = A\cos(\omega t + \varphi)$$

式中 y_O 是 O 处质元在 t 时刻相对平衡位置的位移, A 是振幅, ω 是角频率, φ 是初相.

下面我们从此出发讨论任意点 P 处(如图 10.2-1)质元的振动规律.

设波在介质中传播的速度为 u, O 处质元的振动状态传播到点 P(坐标为 x_P)需要时间为 $\Delta t = \dfrac{x_P}{u}$,即点 O 的振动状态将在 Δt 时间之后出现在点 P,换句话说就是: P 处质元在 t_0 时刻的位移 y_P 等于 O 处质元在 $t_0 - \Delta t$ 时刻的位移 y_O,即

$$y_P \big|_{t=t_0} = y_O \big|_{t=t_0-\Delta t} = A\cos\left[\omega\left(t - \frac{x_P}{u}\right) + \varphi\right]$$

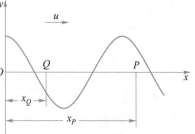

图 10.2-1　波沿 x 轴正向传播

由于点 P 是任意选取的,所以此式适用于表述 Ox 轴上所有质元的振动规律,那么我们就可以在式中用变量 x 代替点 P 的坐标 x_P,用 x 处质元的位移 y 代替点 P 的位移 y_P,得

$$y = A\cos\left[\omega\left(t - \frac{x}{u}\right) + \varphi\right] \qquad (10.2.1)$$

此式称为平面简谐波的波函数,有时也被称为平面简谐波的波方程.

对于平面简谐波的波函数,需要说明以下几点:

(1)考虑到 $\omega = 2\pi/T = 2\pi\nu$, $u = \lambda\nu = \lambda/T$,波函数的表达式(10.2.1)可以写成以下形式:

$$y = A\cos\left[2\pi\left(\nu t - \frac{x}{\lambda}\right) + \varphi\right] \qquad (10.2.2a)$$

$$y = A\cos\left[2\pi\left(\frac{t}{T} - \frac{x}{\lambda}\right) + \varphi\right] \qquad (10.2.2b)$$

式(10.2.2b)中 t 和 x 是对称的,明显地表示出 x 和 t 一样,也具有周期性,每隔一个 λ 的距离,质元振动的相位变化 2π,表示出波形的空间重复性,因此 λ 亦可称为空间周期.

(2)若波沿 Ox 轴的反方向传播, x 值越大处的质元,振动的相位越超前,波函数应写成

$$y = A\cos\left[\omega\left(t + \frac{x}{u}\right) + \varphi\right] \qquad (10.2.3)$$

（3）若已知点 Q（设点 Q 的坐标为 x_0，如图 10.2-1 所示）的振动方程而不是原点 O 的振动方程，根据在波的传播方向上前方质元的振动相位落后于后方质元的结论可以得出更一般的波函数形式. 设波沿 x 轴的正方向（或反方向）传播，已知点 Q 的振动方程为

$$y_Q = A\cos(\omega t + \varphi)$$

由于点 Q 的振动状态传到 x 处所用的时间为 $(x-x_0)/u$，所以相应的波函数为

$$y = A\cos\left[\omega\left(t \mp \frac{x-x_0}{u}\right) + \varphi\right] \tag{10.2.4}$$

式中，"−"号对应着波沿着 x 轴正方向传播，"+"号对应着波沿 x 轴负方向传播的情况.

例题 10-2

一平面简谐波沿 x 轴正方向传播，已知其波函数为
$$y = 0.04\cos\pi(0.1x - 50t) \quad （\text{SI 单位}）$$
求：（1）振幅、波长、周期和波速；（2）质元振动的最大速度.

解：（1）将已知波函数改写，
$$\begin{aligned} y &= 0.04\cos\pi(0.1x - 50t)\ \text{m} \\ &= 0.04\cos\pi(50t - 0.1x)\ \text{m} \\ &= 0.04\cos 2\pi\left(\frac{50}{2}t - \frac{0.1}{2}x\right)\ \text{m} \end{aligned}$$

与波函数式（10.2.2b）

$$y = A\cos\left[2\pi\left(\frac{t}{T} - \frac{x}{\lambda}\right) + \varphi\right]$$

比较，得

振幅　$A = 0.04$ m

周期　$T = \dfrac{2}{50}$ s $= 0.04$ s

波长　$\lambda = \dfrac{2}{0.1}$ m $= 20$ m

波速　$u = \dfrac{\lambda}{T} = 500$ m·s^{-1}

（2）质元的振动速度 v 为

$$v = \frac{\partial y}{\partial t}$$
$$= -0.04 \times 50\pi\sin\pi(50t - 0.1x) \quad （\text{SI 单位}）$$

其最大值 v_{max} 为

$$v_{max} = 0.04 \times 50\pi\ \text{m·s}^{-1} = 6.28\ \text{m·s}^{-1}$$

请读者注意区分波速 u 和质元振动速度 v，它们是完全不同的物理量.

10.2.2　波函数的物理意义

从波函数的表达形式上可以看出，质元离开平衡位置的位移 y 是时间 t 和坐标 x 的二元函数，即 $y = y(t, x)$，下面我们分别讨

论 t 和 x 为定值的情况,从而解析波函数的物理含义.

1. 当坐标 x 一定(设 $x=x_0$)时, $y=y|_{x=x_0}(t)$, y 仅为时间 t 的一元函数,该式表示的是 x_0 处质元离开平衡位置的位移随时间变化的规律,即 x_0 处质元的振动方程.

2. 当时间 t 一定(设 $t=t_0$)时, $y=y|_{t=t_0}(x)$, y 为坐标 x 的一元函数,该式表示的是 t_0 时刻各处质元离开平衡位置的位移随着坐标 x 的分布规律,相当于在 t_0 时刻对前进中的波拍摄的"瞬间照片",一般称其为 t_0 时刻的波形图,如图 10.2-2 中实线所示.

波形图

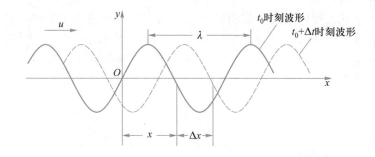

图 10.2-2　波形图

由波形图还可看出,在同一时刻,各点振动相位是不同的,设 A、B 为波线上的任意两点, t_0 时刻 A、B 两点振动的相位差 $\Delta\varphi$ 满足

$$\Delta\varphi = \varphi_A - \varphi_B = \left[\omega\left(t_0 - \frac{x_A}{u}\right) + \varphi\right] - \left[\omega\left(t_0 - \frac{x_B}{u}\right) + \varphi\right]$$

$$= -\frac{\omega(x_A - x_B)}{u} = -\frac{2\pi}{Tu}(x_A - x_B) = -\frac{2\pi}{\lambda}(x_A - x_B)$$

式中 $x_A - x_B = \Delta x$ 称为波程差,故两点间波程差与相位差的关系为

波程差与相位差的关系

$$\Delta\varphi = -\frac{2\pi}{\lambda} \cdot \Delta x \qquad (10.2.5)$$

显然, $x_A > x_B$ 时, $\varphi_A < \varphi_B$,即在波的前进方向上,前面的质元比后面的质元振动相位落后.当两点的波程差的大小 $|\Delta x| = \lambda$ 时,相位差 $\Delta\varphi$ 的数值恰好等于 2π,这便是波动具有空间周期性的原因.

3. 当 x 和 t 均任意变化时,波函数就描述了波线上所有质元随时间变化的综合情况.图 10.2-2 中虚线为 t_0 时刻经过了短暂时间 Δt 后(即 $t_0 + \Delta t$ 时刻)的波形图.比较两线可以看出,虚线相当于实线沿波的传播方向平移了 Δx 后的结果.换句话说, x_0 处质元在 t_0 时刻的振动状态(相位)将在 $t_0 + \Delta t$ 时刻出现在 $x_0 + \Delta x$ 处,也就是通常所说的,波在 Δt 内向前传播了 Δx 的距离.由两处相位相同可得

$$\omega\left(t-\frac{x}{u}\right)+\varphi=\omega\left[\left(t_0+\Delta t\right)-\frac{x_0+\Delta x}{u}\right]+\varphi$$

$$0=\omega\Delta t-\omega\frac{\Delta x}{u}$$

即

$$\Delta x=u\Delta t$$

此式表明,波速 u 是波形平移的速度,实际上就是波的相位传播的速度,有时我们干脆称之为"相速",我们已经知道,相位是描述质元振动状态的物理量,所以波传播的本质就是振动状态在介质中的传播.

我们可以把整个波动过程想象为每隔一个微小时间 Δt,就将波形图的"照片"用新的(Δt 时间之后的)波形图"照片"替换,连续下去,我们"看到"的就是波动过程的"视频影像",我们有时将这个动态过程称为行波.

行波

例题 10-3

如例题 10-3 图所示,一平面简谐波以速度 $u=20\ \mathrm{m\cdot s^{-1}}$ 沿直线传播. 已知在传播路径上某点 A 的振动方程为 $y=3\times10^{-2}\cos(4\pi t)$ m.
(1) 以点 A 为坐标原点,写出该波的波函数;
(2) 以距点 A 5 m 处的点 B 为坐标原点,写出该波的波函数;(3) 写出传播方向上点 C、点 D 的振动方程;(4) 分别求解 B、C 两点和 C、D 两点间的相位差.

例题 10-3 图

解:由点 A 的振动方程可知

$$\nu=\frac{\omega}{2\pi}=\frac{4\pi}{2\pi}\ \mathrm{Hz}=2\ \mathrm{Hz},\quad \lambda=\frac{u}{\nu}=\frac{20}{2}\ \mathrm{m}=10\ \mathrm{m}$$

(1) 由式(10.2.1)可得以 A 为原点的坐标系 Ax 中波函数为

$$y=3\times10^{-2}\cos\left[4\pi\left(t-\frac{x}{u}\right)\right]\ \mathrm{m}$$

$$=3\times10^{-2}\cos\left[4\pi\left(t-\frac{x}{20}\right)\right]\ \mathrm{m}$$

$$=3\times10^{-2}\cos\left(4\pi t-\frac{\pi}{5}x\right)\ \mathrm{m}$$

(2) 以 B 为原点,Ax 系的正方向为正方向,建立坐标系 Bx;在 Bx 系中点 A 的坐标 $x_A=5$ m,根据式(10.2.4),可由点 A 的振动方程得到 Bx 系中的波函数

$$y=3\times10^{-2}\cos\left[4\pi\left(t-\frac{x-x_A}{u}\right)\right]\ \mathrm{m}$$

$$=3\times10^{-2}\cos\left[4\pi\left(t-\frac{x-5}{20}\right)\right]\ \mathrm{m}$$

(3) 在 Ax 系中,点 C、D 的坐标分别为 $x_C=-13$ m 和 $x_D=9$ m,代入以 A 为原点的波函数,可得点 C、D 的振动方程分别为

$$y_C=3\times10^{-2}\cos\left(4\pi t+\frac{13}{5}\pi\right)\ \mathrm{m}$$

和

$$y_D=3\times10^{-2}\cos\left(4\pi t-\frac{9}{5}\pi\right)\ \mathrm{m}$$

从上述结果看出,点 C 的振动相位比点 A 超前.而点 D 振动相位比点 A 落后.本问也可由以 B 为原点的波函数进行求解,结果完全一样,感兴趣的读者可自行验证.

（4）由例题 10-3 图可得,B、C 和 C、D 间的波程差分别为

$$\Delta x_{BC} = x_B - x_C = 8 \text{ m}$$

$$\Delta x_{CD} = x_C - x_D = (-13-9)\text{m} = -22 \text{ m}$$

由式(10.2.5)可得 B、C 间的相位差 $\Delta\varphi_{BC}$ 和 CD 间的相位差 $\Delta\varphi_{CD}$:

$$\Delta\varphi_{BC} = -\frac{2\pi}{\lambda}\Delta x_{BC} = -\frac{2\pi}{10}\times 8 = -1.6\pi$$

其中负号表示点 B 比点 C 相位落后.

$$\Delta\varphi_{CD} = -\frac{2\pi}{\lambda}\Delta x_{CD} = -\frac{2\pi}{10}\times(-22) = 4.4\pi$$

即点 C 超前点 D 4.4π 的相位.

思考

10.6 简谐波的波函数与简谐振动方程有什么不同？有什么联系？

10.7 平面简谐波的波函数 $y = A\cos\left[\omega\left(t-\dfrac{x}{u}\right)+\varphi\right]$ 中的 x/u 表示什么？φ 又表示什么？若写成 $y = A\cos\left(\omega t - \dfrac{\omega x}{u}+\varphi\right)$ 的形式,$\omega x/u$ 又表示什么？

10.8 波形曲线与振动曲线有什么不同？试说明之.

10.9 试判断下面几种说法,哪些是正确的,哪些是错误的:(1) 机械振动一定能产生机械波;(2) 质元振动的速度与波速相同;(3) 质元振动的周期与波的周期相同;(4) 波函数的坐标原点一定选取在波源位置上.

10.3 波的能量 平均能流密度

在波的传播过程中,介质中的各质元依次在自己的平衡位置附近作振动,显然各质元因为具有振动速度而具有动能,同时由于介质发生形变,因而具有弹性势能.当振动由波源处向外传播时,能量也随之向外传播,所以波动过程也是能量传播的过程.下面我们以横波传播为例对介质中的机械能分布进行讨论,进而定性说明波动中的动能和势能及其关联性.

先看动能.如图 10.3-1 所示,一平面简谐横波沿 Ox 方向传播.当波动通过质量为 dm 的质元时,它就作横向的简谐振动,就具有了与横向速度（振动速度）相关的动能.当质元经过平衡位

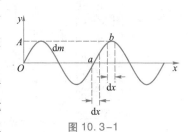

图 10.3-1

波的能量定量推导

置($y=0$)时(图 10.3-1 中的质元 a),振动速度最大,因而动能最大;当质元经过最大位置($y=A$)时(图 10.3-1 中的质元 b),它的振动速度为零,因此动能亦为零.

再来看势能.为了沿一条原先是直线的绳线传输一列简谐波,该波动一定要拉伸那条绳线(正弦曲线长度一定大于对应的直线长度).当直线段长度为 $\mathrm{d}x$ 的质元横向振动时,质元周期性地成为正弦曲线的一部分,该质元长度就会周期性地变化,这时就具有了与长度变化相关的弹性势能,正像一个弹簧那样.由于斜率越大,伸长量越大;斜率为 0,伸长量为 0.所以,当质元在最大位置($y=A$,图 10.3-1 中的质元 b)时,其长度变化为零;当质元通过平衡位置($y=0$,图 10.3-1 中的质元 a)时,伸长量最大,其弹性势能最大.

由此可知,在波的传播过程中,介质中某处的动能和势能同时达到最大值,又同时达到最小值,这与简谐运动系统中动能、势能相互转化、机械能守恒不同,波动中机械能不守恒.沿着波的传播方向,质元向平衡位置运动的过程是机械能增大的过程,也是质元从后方接受能量的过程,而质元远离平衡位置的过程是机械能减小的过程,也是质元向前方输送能量的过程,这样能量就随着波动行进,从介质的这一部分传向另一部分.所以,波动是能量的传播过程.

单位体积中波的能量称为能量密度,介质中任一点处的能量密度是随时间变化的,通常取其在一个周期内的平均值来表示该处能量的大小,这个平均值称为平均能量密度,记为 $\bar{\varepsilon}$.理论推导(参考"波的能量定量推导")可得

平均能量密度

$$\bar{\varepsilon}=\frac{1}{2}\rho A^2 \omega^2 \tag{10.3.1}$$

平均能流密度　能流密度

波的强度

单位时间内通过垂直于波的传播方向上单位面积的平均能量称为平均能流密度,简称能流密度,记为 I.平均能流密度也称波的强度,理论计算(参考"平均能流密度推导")可得

$$I=u\bar{\varepsilon}=\frac{1}{2}\rho A^2 \omega^2 u \tag{10.3.2}$$

球面简谐波函数

式中 ρ 为介质的质量密度,A 为简谐波的振幅,ω 为波动的角频率,u 为波速.平均能流密度 I 的单位是瓦特每平方米,记为 $\mathrm{W \cdot m^{-2}}$.由式(10.3.2)可知,平均能流密度 I 与波的振幅的平方 A^2 成正比,与波的角频率的平方 ω^2 成正比.也就是说,波的强度不仅与振幅有关,还与波源的振动频率密切相关,频率越高,强度越大.

平均能流密度推导

思考

10.10　波动过程中,体积元的总能量随时间变化,这与能量

守恒定律是否矛盾? 为什么?

10.11 机械波在介质中传播时,介质中质元的机械能随时间作周期性变化,其变化的周期是多少? 最大值是多少? 最小值又为多少?

10.12 波在介质中传播时,为什么任一体积元中的动能和势能具有相同的相位?

10.13 试述平均能流密度的定义,它与哪些因素有关?

10.4 波的衍射

10.4.1 惠更斯原理

我们观察水面波通过有孔障碍物的情形,如图 10.4-1 所示,当障碍物上的小孔的线度与波长相差不多时,就可看到穿过小孔的波是圆形的波,同原来的波面形状无关. 这说明可将小孔视为新的圆形波的波源. 波在传播过程中遇到障碍物时,波前形状改变,波线方向亦改变,波从一种介质传播到另一种介质时,也要改变传播方向(反射和折射),为了解释这类现象,荷兰物理学家惠更斯于 1690 年提出了关于波前传播的基本原理.

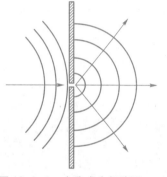

图 10.4-1 小孔成为新波源

惠更斯原理

惠更斯原理的表述如下:任一时刻波前上的各点都作为子波的波源,向前发出子波,后一时刻各子波的包迹,就是该时刻的新的波前.

应该指出的是,对任何波动过程(机械波或电磁波),无论传播是否需要介质,也无论介质是均匀的还是非均匀的,是各向同性介质还是各向异性介质,惠更斯原理都是适用的. 根据这一原理,可以由某一时刻的波前,用几何作图的方法确定下一时刻的波前位置,从而确定波的传播方向. 下面以平面波和球面波为例说明之.

如图 10.4-2(a) 所示,一球面波在均匀介质中传播,波速为 u,在 t 时刻的波前是球面 S_1. 按惠更斯原理,S_1 上的各点都可视为发射子波的新波源,若以 S_1 面上的各点为中心,以 $r=u\Delta t$ 为半径作一些半球面子波,那么,这些子波的包迹 S_2,就是在 $t+\Delta t$ 时刻的新的波前. 若已知平面波在某一时刻 t 的波前 S_1,用惠更斯原理也可同样求出下一时刻 $t+\Delta t$ 的新波前 S_2,如图 10.4-2(b) 所示.

当波在各向同性的均匀介质中传播时,用惠更斯原理求出的波前的几何形状不变,原来是平面波的,波前仍是平面,原来是球面波的,波前还是球面. 当波在各向异性或不均匀介质中传播时,同样能应用惠更斯原理找出波前,但是,此时波前的几何形状以及波线的形状和空间取向都可能发生变化.

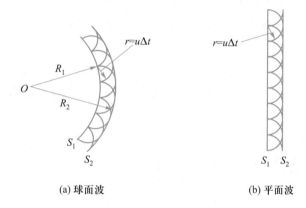

图 10.4-2 由惠更斯原理求波前

(a) 球面波　　　　　(b) 平面波

10.4.2 波的衍射

波在传播过程中,能够绕过障碍物继续传播的现象,称为波的衍射.

我们常说的"隔墙有耳"指的就是声波绕过"墙"传播到"耳"的结果. 利用惠更斯原理就能够对衍射现象进行合理的定性解释. 如图 10.4-3 所示,当平面波到达一宽度与波长相近的缝时,按照惠更斯原理,缝上各点都可视为子波的波源,每个子波源都向外发出球面波,绘出这些子波的包迹,便得到了通过缝以后波的波阵面.

显然,这个波阵面已经不是原来的平面波了,靠近边缘处,波面明显弯曲,波线也改变了方向,即波绕过了障碍物而继续传播.

当波遇到障碍物传播时,都会发生衍射现象,但人们观察到的衍射现象是否显著,却是和障碍物(例如图 10.4-3 中的缝)的大小与波的波长之比有关的. 一般来讲,与波长相比,障碍物的线度越小,衍射现象越显著. 即当障碍物的线度远大于波长时,衍射现象比较难以观察到;当障碍物的线度和波长相近或障碍物的线度小于波长时,衍射现象就比较明显. 可闻声波的波长比较长,可达几米到十几米,故能绕过较大障碍物传播. 无论是机械波还是电磁波都会产生衍射现象,而且都服从相同的规律. 例如无线电

波的衍射

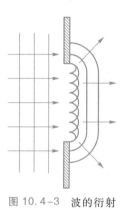

图 10.4-3 波的衍射

波,它的中波段波长达几百米,故能绕过大山、大楼和墙壁等障碍物继续传播,使接收机收到无线电波.应用惠更斯原理还可以解释波的反射和折射现象,并可导出波反射和折射时所遵从的规律(即反射定律和折射定律).

衍射现象是波动所独有的重要特征之一.

10.5 波的干涉

10.5.1 波的叠加原理

现在讨论当介质中同时有几列波传播并在某一区域相遇的情况.通过大量的观察和实验研究,归纳总结出如下规律:(1)各列波相遇后仍然保持它们各自原有的特性(频率、波长、振幅和振动方向等)不变,按照自己原来的传播方向传播,好像在各自的传播过程中并没有遇到其他波一样;(2)在各列波相遇的区域内,任一点的振动为各列波所引起的振动的叠加(矢量和).

上述规律,称为波的叠加原理,也叫波的独立性原理. 波的叠加原理

例如,两列水面波可以互相贯穿、各自传播,在相遇之处,每一处质元的振动是两列水面波在该处引起的振动的合振动;乐队中各种乐器发出的声波,各自保持原有的音色,在整个乐队的演奏中,人们既可以欣赏各种乐器相互衬托而形成的美妙的音乐氛围,又能够辨析出每种乐器的独特音色,这说明各种乐器发出的声波并未因多个声波的相遇而发生畸变,与乐器单独演奏时发出的声波完全一样.

10.5.2 波的干涉

波的干涉是波的叠加现象中的一种特殊情况,它是指满足相干条件的两列波(相干波)相互叠加的现象.相干条件是指:两列波的频率相同、振动方向平行、相位相同或相位差恒定.满足相干条件的两个波源称为相干波源,相干波源发出的波称为相干波. 相干条件

相干波源　相干波

当两相干波在空间相遇时,相遇处质元的运动满足"同方向、

同频率简谐振动合成"的规律,其合振动为频率与原分振动频率相同的简谐振动.

如图 10.5-1 所示,设有两相干波源 S_1 和 S_2,它们在介质中激发的简谐波分别沿波线 $S_1 r_1$ 和 $S_2 r_2$ 方向传播,两波在点 P 相遇,我们讨论 P 处质元的合运动. 设 S_1 和 S_2 的振动方程分别为

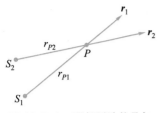

图 10.5-1 两相干波的叠加

$$y_1 = A_1 \cos(\omega t + \varphi_1)$$
$$y_2 = A_2 \cos(\omega t + \varphi_2)$$

式中 ω 为两波源的角频率,A_1 和 A_2 分别是它们的振幅,φ_1 和 φ_2 分别为两波源的初相. 设两波在同一介质中所激发的简谐波的波函数分别为

$$y_1 = A_1 \cos\left(\omega t + \varphi_1 - \frac{2\pi r_1}{\lambda}\right)$$
$$y_2 = A_2 \cos\left(\omega t + \varphi_2 - \frac{2\pi r_2}{\lambda}\right)$$

将点 P 在 $S_1 r_1$ 轴上的坐标 r_{P1} 和在 $S_2 r_2$ 轴上的坐标 r_{P2} 分别代入 y_1 和 y_2,得到两波在点 P 引起的振动方程分别为

$$y_1 = A_1 \cos\left(\omega t + \varphi_1 - \frac{2\pi r_{P1}}{\lambda}\right)$$
$$y_2 = A_2 \cos\left(\omega t + \varphi_2 - \frac{2\pi r_{P2}}{\lambda}\right)$$

设点 P 的振动方程为

$$y = y_1 + y_2 = A \cos(\omega t + \varphi)$$

式中 A 和 φ 分别为合振动的振幅和初相. 由同方向、同频率简谐振动合成的规律知

$$A = \sqrt{A_1^2 + A_2^2 + 2A_1 A_2 \cos \Delta\varphi} \qquad (10.5.1)$$

式中

$$\Delta\varphi = \left(\varphi_2 - \frac{2\pi r_{P2}}{\lambda}\right) - \left(\varphi_1 - \frac{2\pi r_{P1}}{\lambda}\right)$$
$$= \varphi_2 - \varphi_1 - 2\pi \frac{r_{P2} - r_{P1}}{\lambda} \qquad (10.5.2)$$

可以看出,两相干波在空间相遇时,相遇处的各质元都作简谐振动,但由于不同位置处 $r_{P2} - r_{P1}$ 的不同导致 $\Delta\varphi$ 的不同,所以它们振动的振幅是不一样的,有些点满足 $\Delta\varphi = \pm 2k\pi$,振幅 $A = A_1 + A_2$,为最大值;有些点满足 $\Delta\varphi = \pm(2k+1)\pi$,振幅 $A = |A_1 - A_2|$,为最小值;而其他点的振幅则介于最大值和最小值之间.

我们把两列相干波在空间相遇时,各点的合振动各自保持恒定振幅,而不同位置各点的振幅不同,某些地方的合振动振幅总

是最大,另一些地方的合振动振幅始终最小,而其他地方的合振动振幅则介于最大和最小之间的现象,称为**波的干涉**.通常我们把由于干涉导致合振幅最大的现象称为**干涉加强**(或相长干涉),干涉加强条件为

$$\Delta\varphi = \pm 2k\pi, \quad k = 0,1,2,3,\cdots \qquad (10.5.3a)$$

把合振幅最小的现象称为干涉减弱(相消干涉),干涉减弱条件为

$$\Delta\varphi = \pm(2k+1)\pi, \quad k = 0,1,2,3,\cdots \qquad (10.5.3b)$$

如果两相干波源的初相相同,即 $\varphi_2 = \varphi_1$,并将 $r_{P2} - r_{P1}$ 定义为两相干波源到点 P 的波程差,用 Δr_P 表示,则干涉加强条件可简化为

$$\Delta r_P = \pm k\lambda, \quad k = 0,1,2,3,\cdots \qquad (10.5.4a)$$

即波程差等于零或为波长整数倍的空间点处,合振幅最大;干涉减弱条件简化为

$$\Delta r_P = \pm(2k+1)\lambda/2, \quad k = 0,1,2,3,\cdots \qquad (10.5.4b)$$

即波程差等于半波长的奇数倍的空间点处,合振幅最小.

如图 10.5-2 所示是水面波干涉现象示意图. S 为放置在水面上的一个波源,由其振动在水面激起水面波.在 S 附近放置一个开有两个狭缝 S_1 和 S_2 的挡板,根据惠更斯原理,S_1 和 S_2 便成为两个相干的子波源,图中的圆弧形曲线表示由 S_1 和 S_2 分别激发出的水面波纹,实线表示波峰,虚线表示波谷,两相邻波峰或波谷间的距离为一个波长 λ,实线相交处表示波峰和波峰的相遇点,虚线相交处则表示波谷相遇点.这些点由于两波引起的振动同相位而使得振动始终加强,合振幅最大;虚线与实线相交处则表示波峰与波谷相遇点,这些点由于振动反相位而使得振动始终减弱,合振幅最小.在整个水面上,干涉加强的点与干涉减弱的点

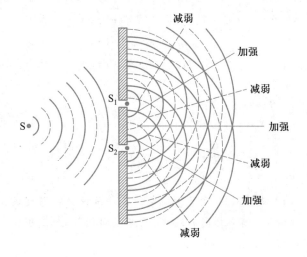

图 10.5-2 波的干涉

分别连成了彼此相间的一条条曲线,这些曲线就称为干涉条纹. 宏观上看起来,水面波似乎被限定在由干涉减弱条纹形成的无形"水槽"中传播,越靠近中间,起伏越大;越接近"槽壁",起伏越小;起伏最大处就是干涉加强条纹所经之处.

与衍射现象一样,干涉现象也是波动所独有的运动特征,对于光学、声学和许多工程学科都非常重要,并且有广泛的实际应用. 例如影剧院、音乐厅等的设计就必须考虑到声波的干涉,以避免某些区域声音过强,而某些区域声音又过弱的情况. 在噪声太强的地方还可以利用干涉原理来达到消声的目的.

值得明确指出的是,如果两波源不是相干波源,则不会出现干涉现象.

例题 10-4

如例题 10-4 图所示,两波源分别位于同一介质中的 A 处和 B 处,振动方向相同,振幅相等,频率皆为 100 Hz,但点 B 波源比点 A 波源相位超前 π. 若 A、B 相距 10 m,波速为 $400\ \mathrm{m\cdot s^{-1}}$,试求 A、B 之间因干涉而静止的点的位置.

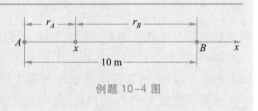

例题 10-4 图

解:由题意知 A、B 为相干波源,且它们发出的波振幅相等,当两列波在某处发生干涉减弱时,合振幅最小,为 $A=0$,此处即为因干涉而静止的点.

以 A 为原点,AB 连线方向为坐标轴正方向建立坐标系 Ax,在 A、B 间任取一点,坐标为 x,两波源 A、B 到该点的波程分别为 $r_A=x$,$r_B=10-x$,由式(10.5.2)得两波在 x 处的相位差为

$$\Delta\varphi = \varphi_B-\varphi_A-2\pi\frac{r_B-r_A}{\lambda}=\pi-\frac{2\pi\nu}{u}\left[(10-x)-x\right]$$

$$=\pi-\frac{2\pi\times100}{400}(10-2x)=\pi x-4\pi$$

发生干涉减弱时,由式(10.5.3b)得

$$\Delta\varphi=\pi x-4\pi=\pm(2k+1)\pi, \quad k=0,1,2,\cdots$$

$$x=\pm(2k+1)+4, \quad k=0,1,2,\cdots$$

由题意,$x>0$,且 $x<10$,故满足条件的点的坐标分别为

$$x_1=[-(2\times1+1)+4]\ \mathrm{m}=1\ \mathrm{m}$$

$$x_2=[-(2\times0+1)+4]\ \mathrm{m}=3\ \mathrm{m}$$

$$x_3=[+(2\times0+1)+4]\ \mathrm{m}=5\ \mathrm{m}$$

$$x_4=[+(2\times1+1)+4]\ \mathrm{m}=7\ \mathrm{m}$$

$$x_5=[+(2\times2+1)+4]\ \mathrm{m}=9\ \mathrm{m}$$

思考

10.14 两波能产生干涉现象的条件是什么? 若两波源发出振动方向相同、频率相同的波,它们在空间相遇时,是否一定能发生干涉? 为什么?

10.15 两振幅相等的相干波在空间相遇,由干涉加强和减弱的条件可得出在干涉加强处,波的强度是一列波强度的 4 倍;而在干涉减弱处,波的强度为 0. 试问加强处的能量是从哪里来的?减弱处的能量又到哪里去了?

10.16 相干波的干涉加强或减弱完全由波程差决定吗?有人说:只要两相干波到某点的波程差等于半波长的偶数倍,该点一定产生干涉加强. 他说得对吗?该点可能发生干涉减弱吗?

10.17 两波在空间某点相遇,如果某一时刻该点的合振动的振幅恰好等于两波振幅之和,那么这两列波就一定是相干波吗?

10.6 驻波

10.6.1 驻波实验

如图 10.6-1 所示,在音叉一臂系一根水平弦线,弦线的另一端通过一滑轮系一砝码拉紧弦线,敲击音叉使其振动,并调节劈尖 B 的位置,观察弦线上各点振动的情况及波在弦线上传播的情况. 当 AB 为某些特定长度时,可发现 AB 之间的弦线上有些点始终静止不动,而有些点则振动最强,弦线 AB 分段振动,但观察不到波形在弦线上的传播,这就是驻波.

驻波

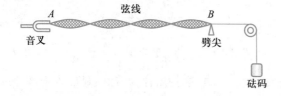

图 10.6-1 弦线驻波

弦线上的驻波是怎样形成的呢?当音叉振动时,弦线 A 端随之振动,在弦线上激发起向右传播的横波,波传到点 B,遇到障碍被反射回来,如果忽略掉反射时的能量损失,反射波将是与入射波频率相同、振动方向相同、振幅相同,但传播方向相反的波,两波在弦线上干涉的结果就是我们观察到的驻波. 实际上,驻波是一种特殊的干涉现象. 我们可以将驻波定义为:振幅相同、传播方向相反的两列相干波的叠加.

10.6.2 驻波波函数

我们从波的叠加原理出发,导出驻波的波函数,并对驻波的特点和规律进行讨论.假定一平面简谐波在介质中传播,入射到两种介质的分界面,经全反射后,入射波与反射波叠加便形成了驻波.

设入射波与反射波方程分别为

$$y_1 = A\cos 2\pi\left(\nu t - \frac{x}{\lambda}\right)$$

$$y_2 = A\cos 2\pi\left(\nu t + \frac{x}{\lambda}\right)$$

其中 A 为波的振幅,ν 为波的频率,λ 为波长.由三角函数关系式可得任意点 x 处振动的合位移为

$$y = y_1 + y_2 = 2A\cos\frac{2\pi}{\lambda}x\cos 2\pi\nu t \qquad (10.6.1)$$

驻波波函数 驻波方程 此式称为驻波波函数,也常称为驻波方程.式中 $\cos 2\pi\nu t$ 因子是时间 t 的余弦函数,说明形成驻波后,各质元都在作频率相同的简谐振动,另一因子 $2A\cos\frac{2\pi}{\lambda}x$ 的绝对值 $\left|2A\cos\frac{2\pi}{\lambda}x\right|$ 表示 x 处质

振幅 元振动的振幅.

下面对驻波方程作进一步的讨论.

1. 波节和波腹

由驻波的波函数可知,各点振动的振幅随 x 的不同而变化,满足 $\left|\cos\frac{2\pi}{\lambda}x\right| = 0$ 的各点,其振幅为零,即这些点在波的传播过

波节 程中始终保持静止,这些点称为波节.实际上,波节就是入射波与反射波发生干涉减弱的位置;而满足 $\left|2A\cos\frac{2\pi}{\lambda}x\right| = 1$ 的那些点,它

波腹 们的振幅最大,等于 $2A$,这些点称为波腹,显然入射波与反射波在波腹处发生的是干涉加强;其他点的振幅均介于 0 和 $2A$ 之间.

在波节处

$$2\pi\frac{x}{\lambda} = \pm(2k+1)\frac{\pi}{2}$$

所以波节的位置为

$$x = \pm(2k+1)\frac{\lambda}{4}, \quad k = 0,1,2,\cdots \qquad (10.6.2)$$

相邻波节间的距离为

$$x_{n+1} - x_n = \left[2(n+1) + 1 \right] \frac{\lambda}{4} - (2n+1)\frac{\lambda}{4} = \frac{\lambda}{2}$$

即相邻波节之间的距离为半个波长.

相邻波节之间的距离为半个波长

在波腹处

$$2\pi \frac{x}{\lambda} = \pm k\pi$$

所以波腹的位置为

$$x = \pm k \frac{\lambda}{2}, \quad k = 0, 1, 2, \cdots \qquad (10.6.3)$$

显而易见,相邻波腹间的距离也为半个波长,即

相邻波腹间的距离也为半个波长

$$x_{n+1} - x_n = \frac{\lambda}{2}$$

2. 各点振动的相位

驻波方程的振动因子 $\cos 2\pi\nu t$ 容易让人误以为所有点振动是同步的,相位均为 $2\pi\nu t$,注意到振幅因子 $2A\cos\frac{2\pi}{\lambda}x$ 在 x 取不同值时可正可负,当某些点的坐标 x 满足 $2A\cos\frac{2\pi}{\lambda}x < 0$ 时,质元振动的振幅(大于 0)为 $-2A\cos\frac{2\pi}{\lambda}x$,此处的波函数可写成

$$y = -2A\cos\frac{2\pi}{\lambda}x\cos 2\pi\nu t = \left| 2A\cos\frac{2\pi}{\lambda}x \right|\cos(2\pi\nu t + \pi)$$

这些点的振动与满足 $2A\cos\frac{2\pi}{\lambda}x > 0$ 的点的振动相差 π 的相位,由此,我们可以得出这样的结论:凡是使因子 $2A\cos\frac{2\pi}{\lambda}x$ 为正的各点的相位均为 $2\pi\nu t$,凡是使因子 $2A\cos\frac{\pi}{\lambda}x$ 为负的各点的相位均为 $2\pi\nu t + \pi$. 显然在波节两边的点 $2A\cos\frac{2\pi}{\lambda}x$ 的符号相反,因此波节两边的质元振动反相;而对两波节间的所有点,$2A\cos\frac{2\pi}{\lambda}x$ 具有相同的符号,所以,两波节间的各点振动同相.

波节两边的质元振动反相

两波节间的各点振动同相

由上面的分析,我们得到了驻波的运动景象:各个波节将驻波分成一段段的区域,各段作为一个整体同步振动,即同一段中的各点同时达到最大值,同时达到最小值,同时回到平衡位置;而相邻的两段,则由于相位相反而作相反的振动;同一段中,各点的振幅不同,中间为波腹,振幅最大,离波腹越远,振幅越小,离波腹最远处(即波节处)的质元一直保持静止. 在每一时刻,驻波都有一定的波形,但此波形既不向前移动,也不向后移动,而是波形随时发生变

化,从振幅为 $2A$ 的余弦波形到振幅为 0 的直线,再变回振幅为 $2A$ 的波形,变化周期就是波的周期;因此我们把这种波称为驻波.

10.6.3 半波损失

在弦线的驻波实验中,弦线的反射点 B 处质元是静止不动的,即点 B 是波节之一. 这说明反射波与入射波在该处引起的振动相位相反. 我们知道,在波的传播方向上,质元振动的相位是随着传播距离的增加逐步落后的,若将反射波视为在点 B 折返的入射波,振动相位相反说明波传到折返点 B 时相位发生了 π 的突变. 根据相位差 $\Delta\varphi$ 与波程差 Δr 的关系 $\Delta\varphi = 2\pi\dfrac{\Delta r}{\lambda}$,$\pi$ 的相位差对应着 $\dfrac{\lambda}{2}$ 的波程差,这说明波传到点 B 并发生反射时,无端地"损失"(或"获得")了半个波长的波程,所以,通常把波在固定端反射时出现的 π 的相位突变称为半波损失. 除了类似于驻波实验介绍的固定端反射之外,还有一种波的反射,称为自由端反射. 当波由自由端反射形成驻波时,在反射端出现的是波腹,当我们将适当长度、适当密度的线绳自由悬挂,以适当的频率使上端水平振动时,波将沿线绳由上向下传播,并在线绳下端反射回来,反射波与入射波也会叠加形成驻波,线绳的下端出现波腹,此时的反射便是自由端反射. 自由端反射时,入射波与反射波在该点的相位相同,没有相位突变,即不存在半波损失. 一般情况下,波在两种介质的分界处的反射,发生的到底是固定端反射还是自由端反射,与波的种类、两种介质的性质等有关. 对机械波而言,它由介质的波阻所决定,波阻被定义为波速 u 与介质密度 ρ 的乘积,记为 z,即 $z = \rho u$. 通常当两种介质交汇时,z 较大的介质称为波密介质,而 z 较小的介质称为波疏介质,研究发现:当波由波疏介质入射至介质分界面并发生反射时,反射为固定端反射,出现半波损失;而由波密介质入射并反射时,反射为自由端反射,无半波损失. 半波损失不仅在机械波反射时可能发生,在电磁波,包括光波反射时也会有同样的问题,在波动光学中还将进行讨论.

固定端反射　半波损失

自由端反射

波阻

波密介质　波疏介质

10.6.4 驻波的能量

我们仍以图 10.6-1 所示的弦线上的驻波实验为例,来讨论驻波的能量,所得结论对其他驻波也适用.当弦线上各质元达到各自的最大位移时,振动速度均为零,因而动能都为零,但此时弦线各段都存在不同程度的形变,且越靠近波节处形变就越大,因此,这时的驻波能量以势能的形式存在,并向波节附近集中,当弦线上各质元同时回到平衡位置时,形变完全消失,势能为零.但此时各质元的振动速度都为各自的最大值,且位于波腹处质元的速度最大,所以此时驻波的能量以动能的形式存在,并向波腹附近集中.至于其他时刻,则是既有动能,也有势能.可见,在弦线上形成驻波时,动能和势能不断相互转化,形成了能量交替地由波腹附近转移到波节附近,再由波节附近转移到波腹附近的过程,这说明驻波的能量只是在波节和波腹之间相互转移,而并不存在能量的定向传播.驻波不传播能量,是驻波与行波的又一重要区别.

例题 10-5

一长为 L 的弦线,拉紧后,将其两端固定.拨动弦线使其振动,形成的波沿弦线传播,在固定端发生反射而在弦线上形成驻波.已知弦线上的波速由公式 $u = \sqrt{\dfrac{F_{\text{T}}}{\rho_l}}$ 计算,其中弦线线密度为 ρ_l,弦线中张力为 F_{T}.试证明,此弦线只能有下列固有频率的振动:

$$\nu_n = \frac{n}{2L}\sqrt{\frac{F_{\text{T}}}{\rho_l}}, \quad n = 1, 2, 3, \cdots$$

证明:设弦线上频率为 ν_n 的波的波长为 λ_n.由于波是在固定端反射,所以形成驻波时,两端点处为波节,故弦线长度应为半波长的整数倍,即

$$L = n\frac{\lambda_n}{2}, \quad n = 1, 2, 3, \cdots$$

故有

$$\lambda_n = \frac{2L}{n}$$

相应频率为

$$\nu_n = \frac{u}{\lambda_n}$$

$$\nu_n = \frac{u}{\lambda_n} = \frac{n}{2L}\sqrt{\frac{F_{\text{T}}}{\rho_l}}, \quad n = 1, 2, 3, \cdots$$

本题所涉及的驻波系统,统称为弦振动的简正模式,这些频率称为弦振动的本征频率.当 $n = 1$ 时,相应频率最低,称为基频.其他本征频率均为基频的整数倍,n 是其倍数,根据 n 的不同,这些频率分别称为二次、三次……谐频等.弦振动广泛地存在于弹拨乐器中,基频决定乐器的音调,各谐频的相对强度决定乐器的音色;乐器校音时,通常由改变弦中张力来调整基频,乐器演奏时,通过改变弦长变换乐器的音高.这便是弹拨乐器的物理学原理.

例题 10-6

如例题 10-6 图所示,一列沿 x 轴正向传播的简谐波方程为

$$y = 10^{-3}\cos\left[200\pi\left(t - \frac{x}{200}\right)\right] \text{ m}$$

在点 A 发生反射,反射点为一节点,坐标原点 O 与 A 相距 $L = 2.25$ m,假设入射波与反射波的振幅相等. 求:(1) 反射波方程;(2) 驻波方程;(3) 在 OA 之间波节与波腹的位置坐标.

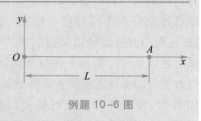

例题 10-6 图

解:(1) 由已知入射波方程

$$y = 10^{-3}\cos\left[200\pi\left(t - \frac{x}{200}\right)\right] \text{ m}$$

得入射波在点 A 的振动方程

$$y_A = 10^{-3}\cos\left[200\pi\left(t - \frac{L}{200}\right)\right] \text{ m}$$

由于反射点 A 为波节,故反射波在点 A 的振动 y_A' 与入射波在点 A 的振动 y_A 相位相反,所以反射波在 A 点的振动方程为

$$y_A' = 10^{-3}\cos\left[200\pi\left(t - \frac{L}{200}\right) + \pi\right] \text{ m}$$
$$= 10^{-3}\cos\left(200\pi t - \pi L + \pi\right) \text{ m}$$

根据式(10.2.4),并考虑到反射波沿 x 轴反方向传播,由上式得到反射波方程

$$y' = 10^{-3}\cos\left[200\pi\left(t + \frac{x-L}{200}\right) - \pi L + \pi\right] \text{ m}$$
$$= 10^{-3}\cos\left[200\pi\left(t + \frac{x}{200}\right) - 2\pi L + \pi\right] \text{ m}$$

将 $L = 2.25$ m 代入,得

$$y' = 10^{-3}\cos\left[200\pi\left(t + \frac{x}{200}\right) - 4\pi + \frac{\pi}{2}\right] \text{ m}$$
$$= 10^{-3}\cos\left[200\pi\left(t + \frac{x}{200}\right) + \frac{\pi}{2}\right] \text{ m}$$

(2) 根据波的叠加原理,合成波的波函数(即驻波方程)为

$$y_{驻} = y + y'$$
$$= 2 \times 10^{-3}\cos\left(\pi x + \frac{\pi}{4}\right)\cos\left(200\pi t + \frac{\pi}{4}\right) \text{ m}$$

(3) 波节处 $y_{驻} = 0$,即

$$\cos\left(\pi x + \frac{\pi}{4}\right) = 0$$

波节坐标满足

$$x_{节} = \left(n + \frac{1}{4}\right) \text{ m}, \quad n = 0, 1, 2, \cdots$$

故在 OA 之间的波节坐标为 $x_{节} = 0.25$ m,1.25 m,2.25 m.

波腹处 $y_{驻} = 2 \times 10^{-3}$ m,即

$$\cos\left(\pi x + \frac{\pi}{4}\right) = 1$$

波腹坐标满足

$$x_{腹} = \left(n - \frac{1}{4}\right) \text{ m}, \quad n = 1, 2, \cdots$$

故在 OA 之间的波腹坐标为 $x_{腹} = 0.75$ m,1.75 m.

求解波节、波腹位置还有另外一个方法:由于点 A 为节点,两节点间距离为 $\lambda/2$,所以在 $[0, L]$ 范围内,与 A 的距离为 $n(\lambda/2)$ 的点都是节点(其中 $n = 0, 1, 2, \cdots$);先求出 $\lambda = 2$ m,即 $\lambda/2 = 1$ m,所以 $x_{节}$ 为 $(L - n)$ m,便可得到相同结果;只要记得波腹位于两波节中间,便可容易求得 $x_{腹}$.

思考

10.18 驻波是怎么形成的?与行波相比较驻波有什么特点?

10.19 驻波形成以后,各处质元的振动相位有什么关系?各处质元的振幅是否相等?

10.20 驻波在某时刻,所有点的位移均为0,此时波的能量也为0吗?驻波的相位没有传播,能量有没有定向移动?为什么?

10.21 一小提琴的某弦长22 cm,质量为800 mg,该弦的基频为920 Hz,求:(1)弦上波速;(2)弦的张力;(3)弦上波长;(4)弦所发出声波的波长.

*10.7 多普勒效应

在10.1.3节中我们曾经指出,波的频率与波源的振动频率相等,实际上这个结论是在波源和观察者相对于介质保持静止的条件下得出的.如果波源或观察者,或二者都相对于介质运动,此时观察者接收到的波的频率与波源频率便不一定相同了.在日常生活中可以发现,当高速列车鸣笛驶来时,在路旁静止的我们听到的汽笛的声调会变高,即频率变大;反之,列车鸣着笛离我们而去时,汽笛的声调会变低,即频率变小;又如两列相向运行的列车疾驰而过时,车厢内的旅客感到在两车交错的瞬间对方的汽笛声的声调会突然由高变低.这种由于观察者或波源,或二者同时相对于介质运动,而使观察者接收到的频率与波源频率不同的现象,称为多普勒效应.它是奥地利物理学家多普勒在1842年首先发现的.

无论是机械波还是电磁波,都存在多普勒效应,一般分别称为声的多普勒效应和光的多普勒效应.这里仅以声波为例,分几种情况来讨论机械波(声)的多普勒效应.为简单起见,设波源或观察者的运动都沿着彼此的连线,并设波源频率为ν_0,观察者接收到的波的频率为ν',介质中的波速为u,波源相对介质运动的速度为v_S,观察者相对介质的速度为v_0.

多普勒效应

10.7.1 波源静止 观察者相对介质运动

如图10.7-1所示,设位于点P的观察者以速度v_0向波源方向运动,波源静止,即$v_S=0$;在dt时间内波面以速度u向前传播了$PA=udt$的距离,在同一时间内观察者迎着波的传播方向运动

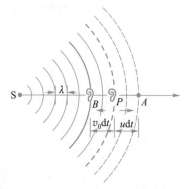

图10.7-1 波源静止,观察者运动

的距离 $PB = v_0 \mathrm{d}t$,波面相对于观察者在 $\mathrm{d}t$ 时间内运动的距离为 $u\mathrm{d}t + v_0\mathrm{d}t$,所以观察者 $\mathrm{d}t$ 时间内接收到的完整波的数目为 $(u+v_0)\mathrm{d}t/\lambda$,故单位时间内观测者的完整波长数,即频率 ν' 为

$$\nu' = \frac{(u+v_0)\mathrm{d}t}{\lambda\,\mathrm{d}t} = \frac{u+v_0}{u/\nu_0}$$

即

$$\nu' = \frac{u+v_0}{u}\nu_0 \qquad (10.7.1)$$

此式表明,当观察者向着静止波源运动时,观察者接收到的频率 ν' 为波源频率 ν_0 的 $1+v_0/u$ 倍,即 ν' 高于 ν_0.

若观察者相对介质以速度 v_0 向背离波源的方向运动,通过类似分析,容易求得观察者接收到的频率 ν' 为

$$\nu' = \frac{u-v_0}{u}\nu_0 \qquad (10.7.2)$$

显然,此时接收到的频率低于波源频率.

10.7.2 观察者静止,波源相对介质运动

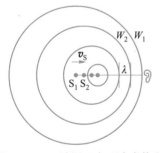

图 10.7-2 波源运动,观察者静止

如图 10.7-2 所示,观察者静止,即 $v_0 = 0$,波源以速度 v_S 向着观察者方向运动.设球面 W_1 和 W_2 为波源发出的相邻的两个波面(相位差为 2π),在波源静止时,两波面为同心球面,彼此间的距离为波的波长 $\lambda = uT$. 对球面波来说,波面的球心就是波源发出该波面时波源所处的位置,当波源运动时,两球面便不再是同心球面,设 W_1 和 W_2 的球心分别为 S_1 和 S_2,波源发出相邻两波面的时间间隔就是波源的振动周期 T,故 S_1 和 S_2 之间的距离为 $v_S T$,所以在观察者与波源的连线上,两波面之间的距离(即波长)发生了变化,故观察者接收到波的波长 λ' 为

$$\lambda' = uT - v_S T = \frac{u-v_S}{\nu_0}$$

显然,由于波源向观察者运动,观察者接收到的波的波长比波源静止时的波长要短.此时观察者接收到的波的频率 $\nu' = u/\lambda'$ 为

$$\nu' = \frac{u}{u-v_S}\nu_0 \qquad (10.7.3)$$

此式说明,当波源向静止的观察者运动时,观察者接收到的波的频率大于波源的频率.

当波源相对介质以速度 v_S 向远离观察者的方向运动时,同理,观察者接收到波的频率 ν' 为

$$\nu' = \frac{u}{u+v_{\text{S}}}\nu_0 \qquad (10.7.4)$$

显然,此时的频率比波源频率要低.

10.7.3 波源与观察者同时运动

当波源和观察者相对介质都存在运动时,综合上述分析方法,可以得到观察者接收到的频率与波源频率的关系为

$$\nu' = \frac{u+v_0}{u-v_{\text{S}}}\nu_0 \qquad (10.7.5)$$

此式作为一个综合公式,通过约定 v_{S}、v_0 符号的正负,包括了波源向观察者运动、波源背离观察者运动、观察者向波源运动和观察者背离波源运动等各种情况. 约定:$v_0>0$ 表示观察者向波源运动,$v_0<0$ 表示观察者背离波源运动;$v_{\text{S}}>0$ 表示波源向观察者运动,$v_{\text{S}}<0$ 表示波源背离观察者运动.

如果波源和观察者的运动并不是沿着二者的连线方向,上述公式仍然适用,只需将公式中的 v_0 和 v_{S} 理解为观察者速度和波源速度在速度连线方向的分量即可,而垂直于连线方向的速度分量不产生多普勒效应,实验也证实,当波源或观察者在与二者连线垂直方向上运动时,观察不到多普勒效应.

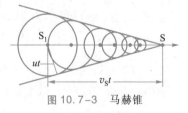

图 10.7-3 马赫锥

值得指出的是,当波源速度 v_{S} 超过波速 u 时,多普勒效应已不再有任何物理意义,因为在这种情况下,任一时刻波源本身将超过它此前发出的波面,在波源的前方不可能有任何波动产生,所有的波面将被"挤压"在一个以波源为顶点的圆锥面(马赫锥)上,如图 10.7-3 所示. 在这种情况下,波的能量高度集中在这个圆锥面上,这种波称为冲击波或激波. 飞机、炮弹等在大气中以超声速飞行,或火药爆炸、核爆炸时都会在空气中产生冲击波,冲击波到达的地方,压强(声压)急剧增大,由于能量高度集中而产生"声震",可能对人、畜和环境产生相当大的破坏.

马赫锥

冲击波 激波

例题 10-7

如例题 10-7 图所示,A、B 为两个汽笛,频率均为 500 Hz,B 以 60 m·s⁻¹ 的速率向右运动,A 保持静止. A 与 B 之间有一观察者 O,以 30 m·s⁻¹ 的速度也向右运动. 已知空气中声速为 330 m·s⁻¹. 求:(1) 观察者听到的 A 笛的频率;(2) 观察者听到的 B 笛的频率;(3) 观察者听到的 A 笛与 B 笛产生的拍频.

例题 10-7 图

解:(1)由题意,波源静止,观察者背离波源方向运动;设观察者听到 A 笛的频率为 ν'_A,由式(10.7.2)得

$$\nu'_A = \frac{u - v_O}{u}\nu$$

$$= \frac{330 - 30}{330} \times 500 \text{ Hz} = 454.5 \text{ Hz}$$

(2)设观察者听到 B 笛的频率为 ν'_B,此时 $v_O > 0$, $v_B < 0$,由式(10.7.5)得

$$\nu'_B = \frac{u + v_O}{u - v_B}\nu = \frac{330 + 30}{330 + 60} \times 500 \text{ Hz}$$

$$= 461.5 \text{ Hz}$$

(3)设 A 笛与 B 笛的拍频为 $\nu_{拍}$,则

$$\nu_{拍} = |\nu'_A - \nu'_B| = 7 \text{ Hz}$$

例题 10-8

声呐是利用水中声波对水下目标进行探测、定位和通信的电子设备,是各国海军进行水下监视时使用的主要技术,用于对水下目标进行探测、分类、定位和跟踪.声呐技术还广泛用于鱼群探测、海洋石

例题 10-8 图

油勘探、船舶导航、水文测量和海底地质地貌的勘测等民用领域.装于海底的声呐系统发出一束频率为 30 000 Hz 的超声波,被迎面驶来的潜水艇反射回来.反射波与原来的波合成后,得到频率为 241 Hz 的拍.求潜水艇的速率.设超声波在海水中的传播速度为 1 500 $\text{m} \cdot \text{s}^{-1}$.

解:据题意设固定声呐系统发出的超声波频率为 $\nu_0 = 30\,000$ Hz,设潜艇接收到的超声波频率为 ν_1,潜艇航速为 $v_{艇}$,由式(10.7.1)得

$$\nu_1 = \frac{u + v_{艇}}{u}\nu_0 = \frac{1\,500 + v_{艇}}{1\,500} \times 30\,000 \text{ Hz} \quad (1)$$

由题意可知潜水艇既是入射波的接收体也为反射波的发射体,请注意:潜水艇作为波源反射声波时是将接收频率作为波源频率反射的,设声呐接收的反射波频率为 ν_2,则由式(10.7.3),得

$$\nu_2 = \frac{u}{u - v_{艇}}\nu_1 = \frac{1\,500}{1\,500 - v_{艇}} \times \frac{1\,500 + v_{艇}}{1\,500} \times 30\,000 \text{ Hz}$$

$$= \frac{1\,500 + v_{艇}}{1\,500 - v_{艇}} \times 30\,000 \text{ Hz} \quad (2)$$

显然,$\nu_2 > \nu_0$,由题意 $\nu_{拍} = |\nu_2 - \nu_0| = 241$ Hz,即

$$\nu_2 - 30\,000 \text{ Hz} = 241 \text{ Hz} \quad (3)$$

将式(2)、式(3)联立求解,得

$$v_{艇} = 6 \text{ m} \cdot \text{s}^{-1}$$

思考

10.22 波源向观察者运动和观察者向波源运动,都会使接收频率增大,这两种情况有何区别?

10.23 当波源与观察者同向等速运动时,观察者接收到的频率与波源频率相同,有人推而广之,认为观察者的接收频率只

与相对运动速度有关,你认为对吗? 为什么?

声波　超声波与次声波　　　平面电磁波

10.24　为什么用声强级而不是声强来描述声音的强弱? 如果一架飞机从头顶高空飞过,噪声的声强级为 70 dB,如果 10 架飞机的编队从头顶高空飞过,噪声的声强级变为多大?

10.25　平面电磁波的特性有哪些?

知识要点

(1) 平面简谐波

若点 x_0 的振动方程为　　　　$y = A\cos(\omega t + \varphi)$

则相应的波函数为　　　　$y = A\cos\left[\omega\left(t \mp \dfrac{x - x_0}{u}\right) + \varphi\right]$

其中,"–""+"号分别用于沿 x 正向和负向传播.

波长、波速、周期之间的关系　　　$u = \dfrac{\lambda}{T} = \nu\lambda$

(2) 波的能量

介质中质元的机械能不守恒,平衡位置处机械能最大,最大位移处机械能为 0.

能流密度(波强)　　　$I = \dfrac{1}{2}\rho A^2 \omega^2 u$

(3) 波的干涉

相干条件:频率相同,振动方向相同,相位差恒定.

干涉加强与减弱的条件

$$\Delta\varphi = \pm 2k\pi, \qquad k = 1, 2, 3, \cdots (\text{干涉加强})$$

$$\Delta\varphi = \pm(2k + 1)\pi, \qquad k = 0, 1, 2, \cdots (\text{干涉相消})$$

(4) 驻波

波节两边的振动反相,两波节之间的振动同相.

两波节之间的距离 $= \dfrac{\lambda}{2} =$ 两波腹之间的距离

(5) 多普勒效应　　　$\nu' = \dfrac{u + v_0}{u - v_s}\nu_0$

习题

10-1　下面几种说法,正确的有(　　).

(A) 波动的频率与波源的频率有时相同,有时不同

(B) 波源的振动速度与波速一致

(C) 波源的振动周期与波动周期相同

(D) 在波的传播方向上任一质元的振动相位比波源的振动相位落后

10-2　已知一平面简谐波的波函数为 $y = A\cos(bx - at)$ (a、b 为正值),则(　　).

(A) 波的频率为 a　　(B) 波的传播速度为 b/a

(C) 波长为 π/b　　(D) 波的周期为 $2\pi/a$

(E) 波沿 x 轴负方向传播

10-3　传播速度为 $100\ \mathrm{m \cdot s^{-1}}$、频率为 $50\ \mathrm{Hz}$ 的平面简谐波,其波线上相距 $0.5\ \mathrm{m}$ 的两点之间的相位差是(　　).

(A) $\pi/3$　　(B) $\pi/6$　　(C) $\pi/2$　　(D) $\pi/4$

10-4　一平面简谐波在弹性介质中传播,在介质质元从最大位移处回到平衡位置的过程中,下列说法正确的是(　　).

(A) 它的势能转化成动能

(B) 它的动能转化成势能

(C) 它从相邻的后方介质质元获得能量,其能量逐渐增加

(D) 它将自身的能量传递给相邻的前方质元,其能量逐渐减小

10-5　在驻波中,两个相邻波节间各质元的振动(　　).

(A) 振幅相同,相位相同

(B) 振幅不同,相位相同

(C) 振幅相同,相位不同

(D) 振幅不同,相位不同

10-6　波源作简谐振动,周期为 $0.02\ \mathrm{s}$,若该振动以 $100\ \mathrm{m \cdot s^{-1}}$ 的速度沿一直线传播,设 $t = 0$ 时,波源恰经平衡位置向正方向运动,求:(1)距波源 $15.0\ \mathrm{m}$ 和 $5.0\ \mathrm{m}$ 两处质元的振动方程和初相;(2)距波源分别为 $16.0\ \mathrm{m}$ 和 $17.0\ \mathrm{m}$ 的两质元间的相位差.

10-7　如习题 10-7 图所示为平面简谐波在 $t = 0$ 时的波形图,设此简谐波频率为 $250\ \mathrm{Hz}$,且此时图中点 P 的运动方向向上. 求:(1)该波的波函数;(2)在距原点 $7.5\ \mathrm{m}$ 处质元的运动方程与 $t = 0$ 时该点的振动速度.

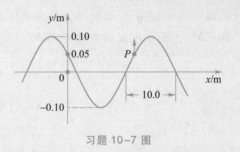

习题 10-7 图

10-8　如习题 10-8 图所示为一平面简谐波在 $t = 0$ 时刻的波形图,求:(1)该波的波函数;(2)P 处质元的运动方程.

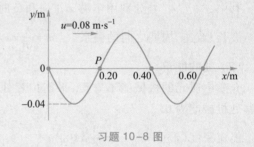

习题 10-8 图

10-9　一平面简谐波,波长为 $12\ \mathrm{m}$,沿 x 轴负向传播,如习题 10-9 图所示为 $x = 1.0\ \mathrm{m}$ 处质元的振动曲线,求此波的波函数.

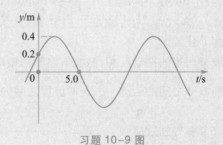

习题 10-9 图

10-10 一平面简谐波在介质中以速率 $u = 20 \text{ m} \cdot \text{s}^{-1}$ 自左向右传播,已知在传播路径上的某点 A 的振动方程为 $y = 3 \times 10^{-2} \cos(4\pi t - \pi)$ m,另一点 D 在 A 的右方 9 m 处.(1) 若以点 A 为原点,方向向左为正方向建立坐标系 Ox,试写出此波的波函数,并求出点 D 的振动方程;(2) 若以点 A 左方 5 m 处为坐标原点,向右为正方向,建立坐标轴 $O'x'$,重新写出波函数并重求点 D 的振动方程.

10-11 无线电波以 3.0×10^8 m $\cdot$ s^{-1} 的光速在无吸收的介质中传播,求距功率为 50 kW 的波源 500 km 处的无线电波的平均能量密度.设无线电波为球面波.

10-12 A、B 为两个相位相同、振幅相同的相干波源,它们在同一介质中相距 $3\lambda/2$,P 为 AB 延长线上的一点,如习题 10-12 图所示.求:(1) A、B 发出的波分别在点 P 引起的振动的相位差;(2) 点 P 的合振动的振幅.

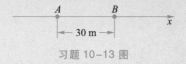

习题 10-12 图

10-13 两相干波波源位于同一介质中的 A、B 两点,如习题 10-13 图所示.其振幅相等,频率皆为 100 Hz,B 比 A 的相位超前 π.若 A、B 相距 30.0 m,波速为 400 m $\cdot$ s^{-1},试求 AB 连线上因干涉而静止的各点的位置.

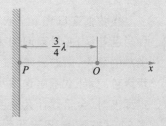

习题 10-13 图

10-14 如习题 10-14 图所示为干涉型消声器结构的原理图,利用这一结构可以达到消除噪声的目的.当发动机排气噪声声波经过排气管道到达点 A 时,分成两路,两路又在点 B 会合,声波在此处发生干涉现象,如果发生的干涉恰好是相消干涉,就可实现消声.若要消除频率为 300 Hz 的发动机噪声,求图中弯管与直管的长度差 $\Delta r = r_2 - r_1$ 至少为多少?(设声速为 340 m $\cdot$ s^{-1}.)

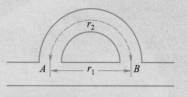

习题 10-14 图

10-15 如习题 10-15 图所示,$x = 0$ 处有一振动方程为 $y = A\cos \omega t$ 的平面简谐波波源,其激发的波沿 x 轴的正、负方向传播,在 $x < 0$ 的点 P 处放置一个由波密介质构成的反射面,距波源 $\frac{3}{4}\lambda$.求:(1) 沿左、右方向传播的波的波函数;(2) 由 P 处反射的反射波的波函数;(3) 在 O、P 之间形成的驻波方程,以及波节、波腹的位置;(4) $x > 0$ 区域内合成波的波函数.

习题 10-15 图

10-16 某提琴上有一两端固定的琴弦弦长 50 cm,当不按手指演奏时发出的声音是 A 调(400 Hz),试问要演奏出 C 调(528 Hz),手指应按在什么位置?

10-17 火车 A 行驶的速率为 72.0 km $\cdot$ h^{-1},汽笛发出频率为 800 Hz 的声波.相向驶来另一火车 B,其行驶速率为 92.0 km $\cdot$ h^{-1}.问火车 B 的司机听到火车 A 汽笛声的频率是多少?设空气中的声速为 340 m $\cdot$ s^{-1}.

本章计算题参考答案

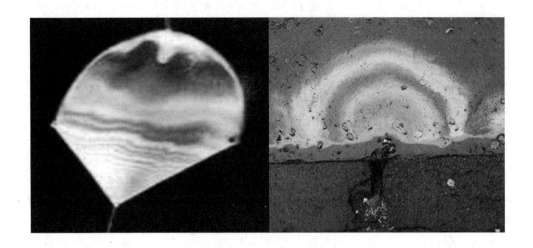

章 首 问 题

　　当我们在日光下洗衣服时,盆里的肥皂泡或洗衣粉泡上会出现各种彩色花纹,并且随泡的大小变化,花纹的形状和颜色也不断地变化;炎热的夏天,雨过天晴,柏油路的积水面上浮着一层油膜,会呈现出五颜六色.为什么肥皂泡很小时看不到有什么颜色? 当肥皂泡增大到一定程度时,会呈现什么颜色? 当膜进一步变薄并将破裂时,膜上将出现黑色,试解释之.日光照到窗玻璃上,也会分别在玻璃的两个界面上反射,为什么看不到条纹?

章首问题解答

第11章 光 学

光学是物理学的一部分,是研究光的本性、现象、规律及应用的科学.光学可分为几何光学、波动光学、量子光学.**几何光学**是从物体成像规律的研究中,总结出光的直线传播定律、光的独立传播定律、光的折射和反射定律.**波动光学**是从光在介质中传播规律的研究中,发现并总结出光的干涉、衍射和偏振等现象及定律的科学.**量子光学**从光和物质相互作用时显示的光的粒子性为基础来讨论光学,论证了光是具有一定能量和动量的粒子所组成的粒子流,这种粒子称为光子.波动光学和量子光学又统称为物理光学,同证光具有**波粒二象性**.

本章主要介绍光的干涉、衍射及其应用,X 射线的衍射,光的偏振等波动光学的主要内容.最后对几何光学进行简单介绍.量子光学将在第 15 章介绍.

几何光学

波动光学

量子光学

波粒二象性

11.1 相干光

11.1.1 光源 发光机理

光是一种电磁波,称为光波,电磁波的频率是 $10^{12} \sim 10^{16}$ Hz. 通常意义上的光是指**可见光**,即能引起人的视觉的电磁波,可见光的频率在 $3.9 \times 10^{14} \sim 8.6 \times 10^{14}$ Hz 之间.

在光学中,我们称具有单一波长的光为单色光,由很多单色光组成的复合光波称为复色光.发射光波的物体称为**光源**,一般普通光源发射的光都是复色光.光源的最基本发光单元是原子或分子.一般普通光源(指非激光光源)发光的机理是处于激发态的原子或分子的自发辐射,即光源中的原子吸收了外界能量而处于激发态,这些激发态是极不稳定的,电子在激发态上存在的时间只有 $10^{-11} \sim 10^{-8}$ s,这样,原子就会自发地回到低激发态或基

光

可见光

光源

光波列

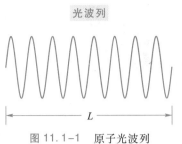

图 11.1-1　原子光波列

态,在这个过程中,原子向外发射电磁波(光波),光波是一段频率一定、振动方向一定、有限长的光波,通常称为光波列,一列光波的持续时间极短,约为 10^{-8} s. 图 11.1-1 是原子光波列的示意图,L 为一列光波的长度. 普通光源中大量原子或分子是各自相互独立地发出一个个波列的,它们的辐射是偶然的,彼此间没有任何联系,是一种随机过程,因此不同原子或分子在同一时刻所发出的波列之间,即使频率相同,振动方向和相位也不一定相同. 此外,由于原子或分子的发光是间歇的,当它们发出一个波列之后,要间隔一段时间才发出另一列光波,所以,即使是同一个原子,它先后发出的波列之间的振动方向和相位也很难相同.

思考

11.1　光的发光机理是什么? 一列光波的长度是指?

11.1.2 光波的叠加

干涉现象是波动过程的基本特征之一. 在机械波的学习中已经指出,两列满足相干条件的机械波相遇时会产生干涉现象. 光波是电磁波,虽然与机械波的物理本质不同,但两列满足相干条件的线性光波在空间相遇时同样会产生干涉现象. 即在两列光波的重叠区域,某些点的振动始终加强,某些点的振动始终减弱,在空间形成强弱相间的稳定分布的现象称为光的干涉现象. 光波的这种叠加称为相干叠加. 光波中振动的是电场强度 E 和磁场强度 H,其中能引起人眼视觉和底片感光的是 E,故通常把 E 矢量称为光矢量. 若两束光的光矢量满足相干条件,产生相干叠加,则称它们是相干光,相应的光源叫相干光源. 相干叠加必须满足的条件称为相干条件. 不满足相干条件的光波在重叠区域的合成光强等于各分光强之和,不会产生干涉现象. 此时的两列光的叠加称为非相干叠加. 如图 11.1-2 所示,两个独立光源中原子 1 和原子 2 各自发出一系列的波列,当它们到达点 P 时,因两列波是相互独立的,光矢量的振动方向及相位之间都随时间无规则地变化,而不符合相干条件,故不会产生干涉,所以两个独立光源不能构成相干光源. 不仅如此,即使是同一个普通光源上不同部分发出的光,也不会产生干涉.

本章我们主要讨论波阵面为平面的光波叠加. 对两列光矢量为余弦或正弦函数形式的相干光波,产生干涉的条件与机械波相

光的干涉现象
相干叠加

光矢量
相干光　相干光源
相干条件

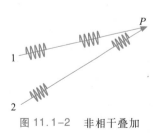

图 11.1-2　非相干叠加

同.类似于两列相干机械波的叠加式(10.5.1),两列相干光波在空间某点叠加,合成光的光矢量振幅为

$$E_0 = \sqrt{E_{10}^2 + E_{20}^2 + 2E_{10}E_{20}\cos\Delta\varphi}$$

式中,E_{10} 和 E_{20} 分别为两列光波在空间某点的光矢量的振幅,$\Delta\varphi$ 为两列光在该点的相位差. 由于光强 $I \propto E_0^2$,两列相干波在空间某点叠加后的光强不仅取决于两束光的光强 I_1 和 I_2,还与两束光之间的相位差 $\Delta\varphi$ 有关. 当 $\Delta\varphi = \pm 2k\pi(k=0,1,2,\cdots)$ 时,干涉相长. 当 $\Delta\varphi = \pm(2k+1)\pi(k=0,1,2,\cdots)$ 时,干涉相消.

干涉相长

干涉相消

思考

11.2 光波的相干条件是什么? 光的相干叠加与非相干叠加有什么区别?

11.1.3 相干光的获取

要想实现光的相干叠加,光源必须满足相干条件. 从普通光源获取相干光的基本方法是设法使由光源上同一点发出的光"一分为二",使光线沿不同的路径传播并相遇. 由于这两部分的光实际上都来自同一发光原子的同一次发光,即每一个光波列都分成两个频率相同、振动方向相同、相位差恒定的波列,因而这两部分光是满足相干条件的相干光. 获得相干光的方法有两种:一种叫振幅分割法,如图 11.1-3 所示;另一种叫波阵面分割法,如图 11.1-4 所示.

振幅分割法

波阵面分割法

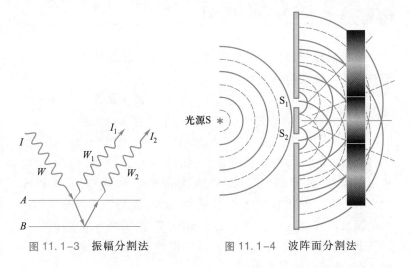

图 11.1-3 振幅分割法　　　　图 11.1-4 波阵面分割法

振幅分割法的原理是利用反射、折射把波面上某处的振幅分

振幅分割法

成两部分,即将入射波的能量分成反射波和折射波的能量,再使它们相遇,从而产生干涉现象.在图11.1-3中,A、B分别为一介质膜的两个表面,入射光I中某一个波列W在界面A上反射形成波列W_1,在界面B上反射形成波列W_2.这样,W_1、W_2的频率相同、振动方向相同,而相位差取决于两波列经过的波程差.对于入射光I中的其他波列,按同样的道理,也都有相同的恒定的相位差,所以在界面A、B上形成的两束反射光I_1和I_2是相干光.

波阵面分割法 的原理是在光源S发出的某一波阵面上,取出两部分面元作为两个子光源S_1和S_2,这两个子光源就是相干光源,如图11.1-4所示.下节将要介绍的杨氏双缝干涉实验和劳埃德镜实验,都是用波阵面分割法实现的.

思考

11.3 获得相干光的基本原理和方法是什么?

11.4 为什么两个独立的同频率的普通光源发出的光波叠加时不能得到光的干涉图样?

11.2 杨氏双缝干涉 劳埃德镜

11.2.1 杨氏双缝干涉实验、干涉明暗条纹分析

杨氏双缝干涉实验是最早利用单一光源形成两束相干光,从而获得干涉现象的典型实验.

如图11.2-1所示,在普通单色光源后放一狭缝S,狭缝相当于一个线光源,S前放置两个相距很近的平行狭缝S_1和S_2,且S_1、S_2与S之间的距离均相等.S_1、S_2处在S发出光波的同一波阵面上,满足振动方向相同、频率相同、相位差恒定(在图11.2-1中相位差为零)的相干条件,故S_1、S_2为相干光源.这样,由S_1和S_2发出的光在空间相遇,产生干涉现象.显然,在杨氏双缝干涉实验中是通过波阵面分割法产生相干光的.若在S_1和S_2的前面放一屏幕P,则屏幕上将出现明暗交替的干涉条纹,这些条纹都与狭缝平行,条纹间的距离相等.

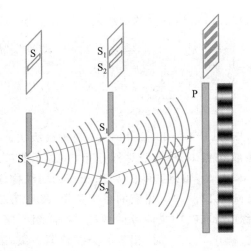

图 11.2-1 杨氏双缝干涉实验

下面对屏幕上形成干涉明、暗条纹的位置作定量的分析,如图 11.2-2 所示.

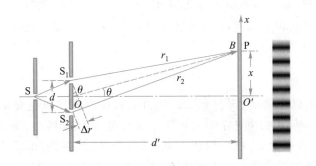

图 11.2-2 杨氏双缝干涉的计算

设 S_1 和 S_2 间的距离为 d,双缝所在平面与屏幕 P 平行,两者之间的垂直距离为 d',今在屏幕上任取一点 B,它与 S_1 和 S_2 的距离分别为 r_1 和 r_2,若 O 为 S_1 和 S_2 的中点,O 与 O' 正对,点 B 与点 O' 的距离为 x,为能获得明显的干涉条纹,在通常情况下,双缝到屏幕间的垂直距离远大于双缝间的距离,即 $d' \gg d$,这时,由 S_1 和 S_2 发出的光到达屏上点 B 的波程差 Δr 为

$$\Delta r = r_2 - r_1 \approx d\sin\theta$$

式中 θ 是任意点 B 的角位置,即 OB 与 OO' 之间的夹角,因为 $d' \gg d$,即 θ 很小,所以

$$\sin\theta \approx \tan\theta = \frac{x}{d'}$$

若点 B 处的光程差 Δr 分别满足干涉条件

$$d\sin\theta = \begin{cases} \pm k\lambda, & k=0,1,2,\cdots \quad \text{明纹条件} \\ \pm(2k-1)\dfrac{\lambda}{2}, & k=1,2,\cdots \quad \text{暗纹条件} \end{cases}$$

$$(11.2.1)$$

则由公式(11.2.1)得到 B 处的干涉条纹的位置为

$$x = \begin{cases} \pm k \dfrac{d'}{d}\lambda, & k = 0, 1, 2, \cdots \quad \text{明纹位置} \\ \pm(2k-1)\dfrac{d'\lambda}{2d}, & k = 1, 2, \cdots \quad \text{暗纹位置} \end{cases}$$

$$(11.2.2)$$

中央明纹

在式(11.2.1)和式(11.2.2)中, k 为条纹级次, 式中正负号表明干涉条纹在点 O 两侧是对称分布的. 对于明纹来说, $k = 0$ 时, $\theta = 0$ 且 $x = 0$, $\Delta r = 0$, 点 B 在 O 处, 相应的明纹称为零级明纹或中央明纹; $k = 1, 2, \cdots$ 时, 相应的条纹称第一级、第二级……明纹, 它们对称地分布在中央明纹的两侧. 同样, 对于暗纹来说, 没有中央暗纹, $k = 0, 1, 2, \cdots$ 时, 相应的条纹称第一级、第二级……暗纹, 它们也对称地分布在中央明纹的两侧. 即在中央明纹两侧, 对称地分布着明暗相间的干涉条纹, 这些干涉条纹都与狭缝平行, 条纹间的距离彼此相等. 由式(11.2.1)和式(11.2.2)可以得到相邻明纹或相邻暗纹(即明纹中心或暗纹中心)间的距离为

$$\Delta x = x_{k+1} - x_k = \frac{d'}{d}\lambda \qquad (11.2.3)$$

若已知 d、d', 再测出 Δx, 则由上式可以算出单色光的波长 λ. 当 d 与 d' 的值一定时, Δx 与 λ 成正比, 即波长越小, 条纹间距越小. 若用白光照射, 则在中央明纹(白色)的两侧, 由于不同波长的光的明纹出现在不同位置, 将出现彩色条纹.

例题 11-1

在杨氏双缝实验中, 屏与双缝间的距离 $d' = 1$ m, 用钠光灯作单色光源($\lambda = 589.3$ nm). (1) 问 $d = 2$ mm 和 $d = 10$ mm 两种情况下, 相邻明纹间距各为多大? (2) 如肉眼仅能分辨两条纹的间距为 0.15 mm, 现用肉眼观察干涉条纹, 问双缝的最大间距是多少?

解: (1) 相邻两明纹间的距离为

$$\Delta x = \frac{d'}{d}\lambda$$

当 $d = 2$ mm 时, $\Delta x = \dfrac{1 \times 589.3 \times 10^{-9}}{2 \times 10^{-3}}$ m

$= 2.95 \times 10^{-4}$ m $= 0.295$ mm

当 $d = 10$ mm 时, $\Delta x = \dfrac{1 \times 589.3 \times 10^{-9}}{10 \times 10^{-3}}$ m $=$

5.89×10^{-5} m $= 0.059$ mm

(2) 如 $\Delta x = 0.15$ mm,

$$d = \frac{d'}{\Delta x}\lambda = \frac{1 \times 589.3 \times 10^{-9}}{0.15 \times 10^{-3}} \text{ m}$$

$= 3.93 \times 10^{-3}$ m ≈ 4 mm

这表明, 在这样的条件下, 双缝间距必须小于 4 mm 才能看到干涉条纹.

例题 11-2

以单色光照射到相距为 0.2 mm 的双缝上,双缝与屏幕的垂直距离为 1 m.

(1) 从第一级明纹到同侧的第四级明纹间的距离为 7.5 mm,求单色光的波长;

(2) 若入射光的波长为 600 nm,中央明纹中心与最邻近的暗纹中心的距离是多少?

解:(1) 根据双缝干涉明纹中心的条件,

$$x_k = \pm \frac{d'}{d} k\lambda, \quad k=0,1,2,\cdots,$$ 将 $k=1$ 和 $k=4$

代入上式,得

$$\Delta x_{14} = x_4 - x_1 = \frac{d'}{d}(k_4 - k_1)\lambda$$

所以 $\quad \lambda = \frac{d}{d'} \frac{\Delta x_{14}}{k_4 - k_1} = 500 \text{ nm}$

已知 $d=0.2$ mm,$\Delta x_{14}=7.5$ mm,$d'=1\,000$ mm,代入上式,得

$$\lambda = \frac{0.2 \text{ mm} \times 7.5 \text{ mm}}{1\,000 \text{ mm} \times (4-1)} = 500 \text{ nm}$$

在历史上,一些光的波长就是首先利用双缝干涉测得的.

(2) 中央明纹与相邻暗纹中心的距离应等于半个条纹间距,所以,所求距离为

$$\Delta x' = \frac{1}{2} \frac{d'}{d} \lambda = \frac{1}{2} \times \frac{1\,000 \text{ mm}}{0.2 \text{ mm}} \times 6 \times 10^{-4} \text{ mm}$$
$$= 1.5 \text{ mm}$$

思考

11.5 在杨氏双缝干涉实验中,如有一条狭缝稍稍加宽一些,屏幕上的干涉条纹有何变化?如把其中一条狭缝遮住,将发生什么现象?

11.6 为什么白光引起的双缝干涉条纹比单色光引起的干涉条纹数目少?

11.2.2 劳埃德镜

劳埃德镜实验是与杨氏双缝干涉类似的一种干涉实验,它不但显示了光的干涉现象,而且还显示了当光由折射率较小(光速较大)的介质射向折射率较大(光速较小)的介质时,反射光的相位发生的跃变.图 11.2-3 中,ML 为一反射镜,从狭缝 S_1 射出的光,一部分(用①表示的光)直接射到屏幕 P 上,另一部分掠射到反射镜 ML 上,反射后(用②表示的光)到达屏幕上,反射光可视为由虚光源 S_2 发出的,S_1 和 S_2 构成一对相干光源.图中阴影的区域表示叠加的区域,这时在屏幕上可以观察到明暗相间的干涉条纹.

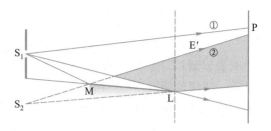

图 11.2-3　劳埃德镜实验示意图

若把屏幕 P 平移到和镜面边缘 L 相接触的 P′ 的位置,此时从 S_1 和 S_2 发出的光到达接触点 L 的路程相等,在 L 处似乎应出现明纹,但是实验事实却是暗纹,其他的条纹也有相应的变化.这表明由镜面反射出来的光和直射到屏幕上的光在 L 处的相位相反,即相位差为 π.由于直射光(入射光)的相位不会变化,所以只能是反射光(从空气射向反射镜并反射)的相位跃变了 π.

进一步实验表明,光从折射率较小(光速较大)的光疏介质射向折射率较大(光速较小)的光密介质时,反射光的相位较之入射光的相位跃变了 π.由于这一相位变化,相当于反射光与入射光之间附加了 $\lambda/2$ 的波程差,故常称为半波损失.光波叠加时若有半波损失,在计算波程差时,必须加上(或减去)由于半波损失所产生的 $\lambda/2$ 的附加光程差,否则会得出与实际情况不同的结果.

思考

11.7　光在介质表面反射时什么情况下有相位跃变(半波损失)?

11.8　劳埃德镜干涉图样和杨氏双缝干涉图样有什么不同?

11.3　光程　薄膜干涉

11.3.1　光程　等光程性

上节讨论的干涉现象中,两相干光束始终在同一介质(实际上是空气)中传播,它们到达某一点叠加时,两相干光振动的相位差取决于两相干光束间的路程差.本节将讨论相干光经过不同介质后产生的干涉现象,为此,我们先引入光程的概念.已知给定单色光的振动频率 ν 在不同介质中是相同的,在折射率为 n 的介质中,光速 v 是真空中光速的 $1/n$,所以在介质中,单色光的波长 λ_n

暗纹

补充例题 11-1

是真空中波长 λ 的 $1/n$,如图 11.3-1 所示,即

$$\lambda_n = \frac{v}{\nu} = \frac{c}{n\nu} = \frac{\lambda}{n} \qquad (11.3.1)$$

因为光波在介质中行进一个波长 λ_n 的距离,相位变化 2π,若光波在该介质中传播的几何距离为 L,则相位的变化

$$\Delta\varphi = 2\pi\frac{L}{\lambda_n} = 2\pi\frac{nL}{\lambda} \qquad (11.3.2)$$

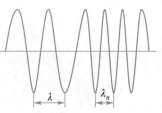

图 11.3-1 光在真空和介质中的波长

上式表明,光波在介质中传播时,其相位的变化不仅与光波传播的几何距离和真空中的波长有关,而且还与介质的折射率有关. 光在折射率为 n 的介质中通过几何路程 L 所发生的相位变化 $\Delta\varphi$,相当于光在真空中通过 nL 的路程所发生的相位变化,所以,把折射率 n 和几何路程 L 的乘积 nL,定义为光程. 即光程就是在相同的时间段内,把光波在不同介质中的传播路程折算成在真空中传播的路程. 两束相干光的光程之差叫光程差,记为 δ. 两束相干光波的光程差 δ 与相位差 $\Delta\varphi$ 的关系式为

光程

光程差

$$\Delta\varphi = 2\pi\frac{\delta}{\lambda} \qquad (11.3.3)$$

式中 λ 为光在真空中的波长. 因此,两相干光决定明暗条纹的干涉条件为

$$\Delta\varphi = \begin{cases} \pm 2k\pi, & \text{明纹位置(加强)} \\ \pm(2k+1)\pi, & \text{暗纹位置(减弱)} \end{cases} \quad k = 0,1,2,\cdots$$

或

$$\delta = \begin{cases} \pm k\lambda, & \text{明纹位置(加强)} \\ \pm(2k+1)\dfrac{\lambda}{2}, & \text{暗纹位置(减弱)} \end{cases} \quad k = 0,1,2,\cdots$$

$$(11.3.4)$$

由此可知,两束相干光在不同介质中传播时,对于干涉起决定作用的将不是这两束光的几何路程之差,而是两者的光程差.

在干涉和衍射实验中,常需要薄透镜将平行光线会聚成一点,使用透镜后会不会使平行光的光程发生变化呢? 下面对这个问题作简单分析.

几何光学告诉我们,平行光束通过透镜后,将会聚在焦平面上,成一亮点,如图 11.3-2 所示,这是由于平行光束波阵面上各点(图中 A、O、B 各点)的相位相同,而到达焦平面后相位仍然相同,因而干涉加强. 虽然光线从这些点到点 F 的几何路程并不相等,但是它们的光程却是相等的. 也可以这样来理解,在图 11.3-2 中,虽然光 AaF 比光 OoF 经过的几何路程长,但是光 OoF 在透镜中经过的路程比光 AaF 的长,因此,折算成光程,AaF 的光程和 OoF 的光程相等. 所以,从 A、O、B 各点到点 F

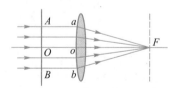

图 11.3-2 平行光垂直入射通过透镜

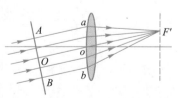

图 11.3-3 平行光斜入射通过透镜

各光线的光程都相等. 对于斜入射的平行光, 会聚于焦平面上点 F', 由类似的讨论可知, AaF'、OoF'、BbF' 的光程均相等 (如图 11.3-3 所示). 因此, 使用透镜并不引起附加的光程差, 是等光程性的.

等光程性

思考

11.9 光程与波程的区别是什么? 光程差和相位差的关系是什么?

11.3.2 反射光的相位突变和附加光程差

在劳埃德镜的讨论中已经得知, 光从光疏介质到光密介质界面反射时, 反射光有相位突变 π, 即有半波损失. 在讨论干涉问题时经常遇到比较两束反射光的相位问题, 例如, 比较从薄膜的不同表面反射的两束反射光的相位突变引起额外的相位差. 如图 11.3-4 所示, 理论和实验表明: 如果两束光都是从光疏界面到光密界面反射 (即 $n_1 < n_2 < n_3$ 的情形), 或是从光密界面到光疏界面反射 (即 $n_1 > n_2 > n_3$ 的情形), 则两束反射光之间无附加的相位差 π. 如果一束光从光疏界面到光密界面反射, 而另一束光从光密界面到光疏界面反射 (即 $n_2 > n_1$, $n_2 > n_3$ 或 $n_2 < n_1$, $n_2 < n_3$ 的情形), 则两束反射光之间有附加的相位差 π, 或者说有附加光程差 $\lambda/2$. 对于折射光, 在任何情况下都不会有相位突变.

图 11.3-4 薄膜干涉

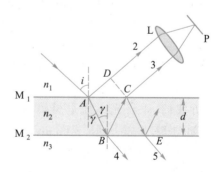

思考

11.10 什么情况下反射光有半波损失? 薄膜两界面反射光什么情况下有附加相位差 (附加半波损失)?

11.3.3 薄膜干涉

薄膜干涉

光波经薄膜两表面反射后相互叠加所形成的干涉现象,称为薄膜干涉. 在图 11.3-4 中,折射率为 n_2、厚度为 d 的均匀平面薄膜,置于上、下方折射率分别为 n_1 和 n_3 的均匀介质中,M_1 和 M_2 分别为薄膜上、下两界面,互相平行. 设有单色光源 S 上一点发出的光线 1,以入射角 i 投射到界面 M_1 上的点 A,一部分由点 A 反射产生反射光 2,另一部分射进薄膜并在 M_2 上点 B 反射后到达点 C,再经界面 M_1 折射而出,成为光线 3. 由几何光学可知,光线 2、3 是两条平行光线,经透镜 L 会聚于屏幕 P. 由于光线 2、3 是同一入射光的两部分,因经过了不同的路径而有恒定的相位差,因此它们是相干光.

现在来计算两光线 2、3 在焦平面上点 P 相交时的光程差. 从反射点 C 作光线 2 的垂线 CD,故 CD 为平行光的波阵面,则从 D 到 P 和从 C 到 P 的光程相等(薄透镜不引起附加的光程差),所以两光线 2、3 之间的光程差为

$$\delta = n_2(AB+BC) - n_1 AD + \delta' \qquad (11.3.5)$$

式中 $n_2(AB+BC)$ 为光线 3 在折射率为 n_2 的介质中的光程,$n_1 AD$ 为光线 2 在折射率为 n_1 的介质中的光程,附加光程差 δ' 等于 $\lambda/2$ 或 0,由光束在薄膜上、下表面反射时,有无附加光程差决定. 当满足 $n_1 < n_2 < n_3$ 或 $n_1 > n_2 > n_3$ 时,没有附加光程差,δ' 等于 0;当满足 $n_2 > n_1$,$n_2 > n_3$ 或 $n_2 < n_1$,$n_2 < n_3$ 时,有附加光程差,δ' 等于 $\lambda/2$.

设薄膜的厚度为 d,由图 11.3-4 可知

$$AB = BC = d/\cos\gamma$$

$$AD = AC\sin i = 2d \cdot \tan\gamma \cdot \sin i$$

把以上两式代入式(11.3.5),得

$$\delta = \frac{2d}{\cos\gamma}(n_2 - n_1\sin\gamma\sin i) + \delta'$$

根据折射定律 $n_1\sin i = n_2\sin\gamma$,上式可写成

$$\delta = \frac{2d}{\cos\gamma}n_2(1-\sin^2\gamma) + \delta'$$

或 $$\delta = 2n_2 d\sqrt{1-\sin^2\gamma} + \delta' = 2d\sqrt{n_2^2 - n_1^2\sin^2 i} + \delta'$$

于是,干涉条件为

$$\delta = 2d\sqrt{n_2^2 - n_1^2\sin^2 i} + \delta' = \begin{cases} k\lambda, & k=1,2,\cdots,\text{加强} \\ (2k+1)\dfrac{\lambda}{2}, & k=0,1,2,\cdots,\text{减弱} \end{cases}$$

$$(11.3.6)$$

透射光也有干涉现象,在图 11.3-4 中,光线 AB 到达点 B 时,一部分直接经界面 M_2 折射而出(光线 4),还有一部分经点 B 和点 C 两次反射后,在点 E 处折射而出(光线 5),两透射光之间的附加光程差的有无,正好和两反射光附加光程差的有无相反,即当两反射光之间有附加光程差时,两透射光之间就没有附加光程差,也就是对同一入射光,当两反射光的干涉相互加强时,透射光的干涉相互减弱,透射光干涉图样与反射光干涉图样明暗互补,符合能量守恒定律.

薄膜干涉可分成等倾干涉和等厚干涉两类. 在式(11.3.6)中,当光程差 δ 是入射角 i 的函数(膜厚 d 为常量)时,对于同一条干涉条纹具有相同的倾角,这种干涉称为**等倾干涉**;当光程差 δ 是膜厚 d 的函数时(入射角 i 为常量),对于同一条干涉条纹具有相同的膜厚,这种干涉成为**等厚干涉**. 下节介绍的劈尖和牛顿环干涉都是等厚薄膜干涉.

等倾干涉

等厚干涉

例题 11-3

一油轮漏出的油(折射率 $n_1 = 1.20$)污染了某海域,在海水($n_2 = 1.30$)表面形成一层薄薄的油污.(1)如果太阳正位于海域上空,一直升飞机的驾驶员从机上向正下方观察,他所正对的油层厚度 d 为 460 nm,则他将观察到油层呈什么颜色?(2)如果一潜水员潜入该区域水下,并向正上方观察,又将看到油层呈什么颜色?

解:这是一个薄膜干涉的问题,太阳垂直照射在海面上,驾驶员和潜水员所看到的分别是反射光的干涉结果和透射光的干涉结果.

(1)由于油层的折射率 n_1 小于海水的折射率 n_2 但大于空气的折射率,所以在油层上、下表面反射的太阳光均发生 π 的相位跃变,两反射光之间的光程差为

$$\delta_r = 2n_1 d$$

当 $\delta_r = 2n_1 d = k\lambda$,即 $\lambda = \dfrac{2n_1 d}{k}$,$k = 1,2,\cdots$ 时,反射光干涉形成明纹,把 $n_1 = 1.20$,$d = 460$ nm 代入,得干涉加强的光波波长为

$k = 1$, $\lambda_1 = 2n_1 d = 1\ 104$ nm

$k = 2$, $\lambda_2 = n_1 d = 552$ nm

$k = 3$, $\lambda_3 = \dfrac{2}{3}n_1 d = 368$ nm

其中,波长为 $\lambda_2 = 552$ nm 的绿光在可见光范围内,而 λ_1 和 λ_3 则分别在红外线和紫外线的波长范围内,所以,驾驶员将看到油膜呈绿色.

(2)此题中透射光的光程差为

$$\delta_t = 2n_1 d + \frac{\lambda}{2}$$

令 $\delta_t = 2n_1 d + \dfrac{\lambda}{2} = k\lambda$,$k = 1,2,\cdots$,得

$k = 1$, $\lambda_1 = \dfrac{2n_1 d}{1 - \dfrac{1}{2}} = 2\ 208$ nm

$k = 2$, $\lambda_2 = \dfrac{2n_1 d}{2 - \dfrac{1}{2}} = 736$ nm

$$k = 3, \quad \lambda_3 = \frac{2n_1 d}{3 - \frac{1}{2}} = 441.6 \text{ nm}$$

$$k = 4, \quad \lambda_4 = \frac{2n_1 d}{4 - \frac{1}{2}} = 315.4 \text{ nm}$$

其中,波长为 $\lambda_2 = 736$ nm 的红光和 $\lambda_3 = 441.6$ nm 的紫光在可见光范围内,而 λ_1 对应红外线,λ_4 对应紫外线,所以,潜水员看到的油膜呈紫红色.

利用薄膜干涉不仅可以测定波长或薄膜的厚度,而且还可以提高或降低光学器件的透过率,光在两介质分界面上的反射将减小透射光的强度. 例如,照相机镜头或其他光学器件,常采用透镜组合,对于一个具有四个玻璃—空气界面的透镜组合而言,由于反射而损失的光能约为入射光能的 20%. 随着界面数目的增加,损失的光能还要增多. 为了减小因反射而损失的光能,常在透镜表面上镀一层薄膜. 如图 11.3-5 所示,在玻璃表面上镀一层厚度为 d 的氟化镁(MgF_2)薄膜,它的折射率 $n_2 = 1.38$,比玻璃的折射率小,比空气的折射率大,所以在氟化镁薄膜上下两界面的反射光 2 和 3 都具有 π 的相位跃变,从而可不再计入附加光程差,所以光 2、3 的光程差为 $\delta = 2n_2 d$,若氟化镁的厚度 $d = 0.10$ μm,则对应的光程差

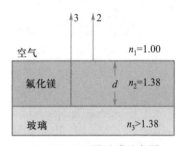

图 11.3-5 增透膜示意图

$$\delta = 2n_2 d = 2 \times 1.38 \times 0.10 \text{ μm} = 0.276 \text{ μm} = 276 \text{ nm}$$

为 552 nm 的一半. 所以波长为 552 nm 的绿光在薄膜的两界面上反射时由于干涉减弱而反射光减少. 根据能量守恒定律,反射光减少,透射光就增强了. 这种能减少反射光强度而增加透射光强度的薄膜,称为增透膜. 一般照相机的镜头呈现紫红色,就是表面镀有这种增透膜的缘故.

增透膜

有些光学器件则需要减小其透过率,以增加反射光的强度,利用薄膜干涉也可以制成增反膜(或高反射膜),在图 11.3-5 中,改用硫化锌(ZnS)薄膜,则有 $n_2 > n_1$,$n_2 > n_3$,使薄膜仍产生半个波长(或半个波长的奇数倍)的光程差,但这时仅薄膜上界面的反射光 2 有相位跃变. 反射光由于干涉而加强. 由能量守恒定律可知,反射光增强,透射光就将减弱,这就是增反膜的道理. 有些抗强光的保护镜或太阳镜呈现出金黄的光泽,便是镀有一层硫化锌增反膜,使黄色反射光增强的缘故.

增反膜

思考

11.11 薄膜两界面反射光和透射光的干涉条件是什么?

11.12 何为增透膜?何为增反膜?

11.13 通常在透镜表面覆盖着一层像氟化镁那样的透明膜,这是起什么作用的?

11.4 典型等厚干涉

11.4.1 劈尖

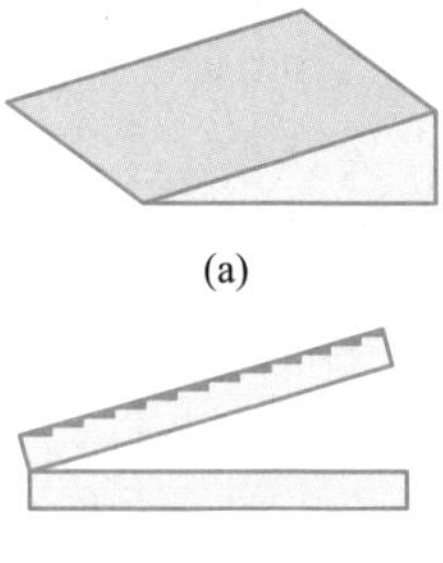

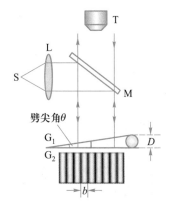

图 11.4-1 劈尖

劈尖形的透明薄膜称为劈尖膜,也称劈尖,劈尖的两个表面是平面,其间有很小的夹角,图 11.4-1(a)为介质劈尖,图 11.4-1(b)为空气劈尖.下面以空气劈尖为例来讨论.

如图 11.4-2 所示,G_1 和 G_2 为两片平板玻璃,其一端的棱边相接触,另一端被一直径为 D 的细丝隔开,G_1、G_2 夹角很小,为 θ,在 G_1 的下表面与 G_2 的上表面之间形成一端薄一端厚的空气薄层(也可以是其他层,如流体、固体层等),此层称为空气劈尖,两玻璃板接触的棱边为劈尖棱边.图中 M 为倾斜 45° 角放置的半反射平面镜,L 为透镜,T 为显微镜,单色光源 S 发出的光经透镜 L 后成为平行光,经 M 反射后垂直射向劈尖(入射角 $i=0$),自空气劈尖上下两面反射的光是相干光,产生干涉,从显微镜 T 中可观察到明暗交替、均匀分布的干涉条纹,也可用眼睛(相当于透镜和屏幕)直接观察到,如图 11.4-3 中所示.图中相邻两暗纹(或明纹)的中心间距 b 称为劈尖干涉的条纹宽度.

在图 11.4-3(a)中,D 为细丝直径,L 为玻璃片长度,θ 为两片玻璃间的夹角,由于 θ 实际很小[图 11.4-3(b)中为了显示清楚,θ 被夸大了],所以图(a)中入射光及在劈尖的上表面 C 处反射的光线 1 和在劈尖的下表面处反射的光线 2,都可视为垂直入射到劈尖表面(即 $i=0$).并且光线 1 和光线 2 在劈尖的上表面 C

空气劈尖

条纹宽度

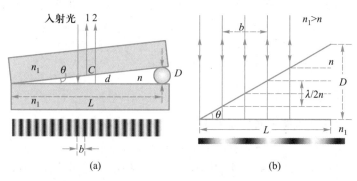

图 11.4-2 劈尖干涉装置及条纹

图 11.4-3 空气劈尖干涉

处相遇并在此面上形成干涉条纹,劈尖在 C 处的厚度为 d,即劈尖上下表面间的距离.

由于劈尖层空气的折射率 n 比玻璃的折射率 n_1 小,所以光在劈尖的下表面反射时,因有相位突变而产生附加光程差 $\lambda/2$,这样,代入式(11.3.6)($i=0$)可得劈尖厚度为 d 处上下表面反射的两相干光的总光程差为

$$\delta = 2nd + \frac{\lambda}{2}$$

当光程差 δ 满足劈尖反射光干涉极大的条件时,干涉条纹为明纹,即

$$\delta = 2nd + \frac{\lambda}{2} = k\lambda, \quad k=1,2,3,\cdots \quad (11.4.1)$$

当光程差 δ 满足劈尖反射光干涉极小的条件时,干涉条纹为暗纹,即

$$\delta = 2nd + \frac{\lambda}{2} = (2k+1)\frac{\lambda}{2}, \quad k=0,1,2,\cdots \quad (11.4.2)$$

从式(11.4.1)和式(11.4.2)可以看出,凡劈尖内厚度 d 相同的地方均满足相同的干涉条件,因此,劈尖的干涉条纹是一系列平行于劈尖棱边的明暗相间的直条纹(图11.4-3).我们把这种与薄膜上等厚线相对应的干涉现象,称为等厚干涉,等厚干涉形成的干涉条纹称为等厚干涉条纹.

等厚干涉
等厚干涉条纹

在两玻璃片相接触处(劈尖厚度 $d=0$),$\delta=\frac{\lambda}{2}$,故在棱边处应为暗条纹.两相邻明纹(或暗纹)处对应的劈尖的厚度差 Δd 可由式(11.4.1)或式(11.4.2)求出,设第 k 级明纹处劈尖的厚度为 d_k,第 $k+1$ 级明纹处劈尖的厚度为 d_{k+1},由式(11.4.1)得到

$$\Delta d = d_{k+1} - d_k = \frac{\lambda}{2n} = \frac{\lambda_n}{2} \quad (11.4.3)$$

式中 $\lambda_n(=\lambda/n)$ 为光在折射率为 n 的劈尖介质中的波长,由式(11.4.3)可见,相邻两明纹处劈尖的厚度差 Δd 为光在劈尖介质中波长的 1/2;同理,相邻两暗纹处劈尖的厚度差 Δd 也为光在劈尖介质中波长的 1/2;而相邻的明、暗纹(即同一级次 k 的明纹和暗纹中心)处劈尖的厚度差,可由式(11.4.1)和式(11.4.2)求出,为光在劈尖介质中波长的 1/4.一般劈尖的夹角 θ 很小,由图11.4-3(b)可以看出,若相邻两明(或暗)纹间的距离为 b,则有

$$\theta \approx \frac{D}{L}, \quad \theta \approx \frac{\lambda_n}{2b}$$

得

$$D = \frac{\lambda_n}{2b}L = \frac{\lambda}{2nb}L \qquad (11.4.4)$$

所以,若已知劈尖长度 L、光在真空中的波长 λ 和劈尖介质的折射率 n,并测出相邻暗纹(或明纹)的距离 b,就可从式(11.4.4)计算出细丝的直径 D.

11.4.2 劈尖的应用

1. 干涉膨胀仪

由以上讨论可知,如果将空气劈尖的上表面(或下表面)往上(或往下)平移 $\lambda/2$ 的距离,则光线在劈尖上下往返一次所引起的光程差,就要增加(或减少)λ. 这时,劈尖表面上每一点的干涉条纹都要发生"明—暗—明"(或"暗—明—暗")的变化,好像干涉条纹在水平方向上移动了一条. 数出移动条纹的数目,就可得知劈尖表面上下移动的距离,干涉膨胀仪就是利用这个原理制成的,图 11.4-4 是它的结构示意图. 图中 A 是由线膨胀系数很小的石英制成的套框,B 是框内放置的一上表面磨至稍微倾斜的被检样品,C 为框顶放置的一平板玻璃,这样在玻璃和被检样品之间构成了一空气劈尖. 套框的线膨胀系数很小,可以忽略不计,所以空气劈尖的上表面不会因温度变化而移动. 当被检样品受热膨胀时,劈尖下表面的位置升高,使干涉条纹向右移动,测出条纹移动的数目 N,就可算得劈尖下表面位置的升高量 Δl,$\Delta l = N(\lambda/2)$. 进而可求出样品的线膨胀系数.

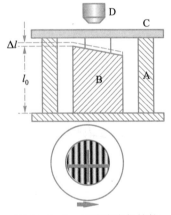

图 11.4-4　干涉膨胀仪结构

2. 光学元件表面平整度的检查

利用空气劈尖的等厚干涉条纹可以检测光学元件表面存在的极小的凹凸不平. 在图 11.4-5(a)中,M 为透明标准平板,其平面是理想的光学平面,N 为待验平板. 如果待验平板的表面也是理想的光学平面,则其干涉条纹是一组间距为 b 的平行的直线[图 11.4-5(b)];若待验平板的平面凹凸不平,则干涉条纹将出现弯曲或畸变,如图 11.4-5(c)所示. 根据某处条纹弯曲的最大畸变量 b' 以及条纹弯曲的方向,就可判断待验平板在该处是凹还是凸,并求出凹处深度或凸处高度. 例如,在图 11.4-5(c)中,干涉条纹向左弯曲意味着此处原本应该出现某一级干涉条纹,但已经被更高级次的干涉条纹所代替. 因干涉条纹的级次越高,对应处的薄膜厚度越大,所以,平板上该处是下凹的. 同理,可以说明图 11.4-5(c)中向右弯曲的条纹所对应的位置处,平板是上凸的.

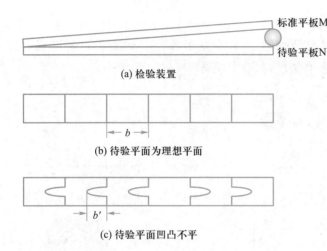

(a) 检验装置

(b) 待验平面为理想平面

(c) 待验平面凹凸不平

图 11.4-5 光学元件表面的检验

例题 11-4

波长为 680 nm 的平行光照射到长 $L = 12$ cm 的两块玻璃片上,两玻璃片的一边相互接触,另一边被厚度 $D = 0.048$ mm 的纸片隔开,试问在这 12 cm 长度内会呈现多少条暗纹?

解:这是一个空气劈尖的问题,由两块玻璃片形成了空气劈尖薄膜. 由于空气膜上下表面反射的光相遇、发生干涉,可在薄膜上看到干涉条纹,其暗纹条件为

$$2d + \frac{\lambda}{2} = (2k+1)\frac{\lambda}{2}, \quad k = 0,1,2,\cdots$$

对应最大膜厚 D 处,将形成最大级次 k_{m} 的暗纹.

于是 $2D + \dfrac{\lambda}{2} = (2k_{\mathrm{m}}+1)\dfrac{\lambda}{2}$

解得 $k_{\mathrm{m}} = \dfrac{2D}{\lambda} = \dfrac{2 \times 0.048 \text{ mm}}{680 \times 10^{-6} \text{ mm}} = 141.2$

取整数, $k_{\mathrm{m}} = 141$. 注意:$d = 0$ 处出现的是 $k = 0$ 的暗纹,所以一共有 142 条暗纹.

思考

11.14 在如图 11.4-2 所示的劈尖干涉实验装置中,如果把上面的一块玻璃向上平移,干涉条纹将怎样变化? 如果向右平移,干涉条纹又将怎样变化? 如果将它绕接触线转动,使劈尖角增大,干涉条纹又将怎样变化?

11.4.3 牛顿环

图 11.4-6(a)是牛顿环实验装置的示意图,在一块平板玻璃 G 上,放一曲率半径很大的平凸透镜 L′,接触点为 O,L′和 G 之间构成一个上表面为球面、下表面为平面的圆盆形的劈形空气薄层(空气劈尖),由单色光源 S 发出的光,经半透半反镜 M 反射后,

垂直射向空气劈尖并在劈尖空气层的上下表面处反射,两反射光在上表面处相遇发生等厚干涉,在显微镜 T 内可观察到如图 11.4-6(b)所示的干涉条纹图样.

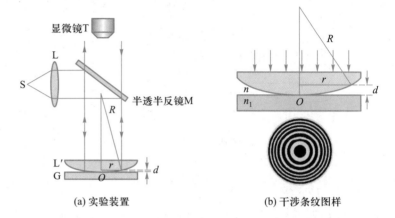

图 11.4-6　牛顿环

(a) 实验装置　　　　　(b) 干涉条纹图样

由于空气劈尖的等厚轨迹是以接触点 O 为圆心的一系列同心圆,所以干涉条纹的形状也是明暗相间的同心圆环,称为牛顿环.

因透镜曲率半径 R 很大,入射光 λ 可以认为是垂直射到劈尖空气层的上表面($i=0$)的,又因空气的折射率 n 小于玻璃的折射率 n_1,所以劈尖空气层厚度为 d 处的两反射相干光的光程差为

$$\delta = 2d + \frac{\lambda}{2}$$

形成牛顿环明环和暗环处所对应的空气层厚度 d 应满足

$$\delta = 2d + \frac{\lambda}{2} = \begin{cases} k\lambda, & k=1,2,3,\cdots,明环 \\ (2k+1)\dfrac{\lambda}{2}, & k=0,1,2,\cdots,暗环 \end{cases}$$

$$(11.4.5)$$

设任一干涉环的半径为 r,由图 11.4-6(b)的几何关系可得

$$r^2 = R^2 - (R-d)^2 = 2dR - d^2$$

因为 $R \gg d$,所以 $d^2 \approx 0$,则

$$r = \sqrt{2dR} = \sqrt{\left(\delta - \frac{\lambda}{2}\right)R} \qquad (11.4.6)$$

把式(11.4.5)代入式(11.4.6),求得牛顿环在反射光中的明环和暗环的半径为

$$r = \begin{cases} \sqrt{\left(k-\dfrac{1}{2}\right)R\lambda}, & k=1,2,3,\cdots,明环半径 \\ \sqrt{kR\lambda}, & k=0,1,2,\cdots,暗环半径 \end{cases} \quad (11.4.7)$$

将第 k 级暗环半径和第 $k+1$ 级暗环半径代入式(11.4.7),求得相邻暗环的间距为

$$\Delta r = r_{k+1} - r_k = (\sqrt{k+1} - \sqrt{k})\sqrt{R\lambda} = \frac{\sqrt{R\lambda}}{\sqrt{k+1} + \sqrt{k}}$$

随着干涉级次 k 的增加,半径 r 的增大,相邻暗环(或明环)的半径之差越来越小,所以牛顿环是内疏外密的一系列同心圆.

在透镜与平板玻璃的接触处,$d=0$,光程差 $\delta = \frac{\lambda}{2}$(是由于光在平板玻璃的上表面反射时相位跃变了 π 的缘故),所以反射时牛顿环的中心总是暗点.同样,在透射光中也有干涉条纹,这时牛顿环条纹的明暗情形与反射时恰好相反,明暗条纹互补,并且牛顿环的中心总是亮点.

例题 11–5

如例题 11–5 图所示为测量油膜折射率的实验装置,在平板玻璃 G 上放一油滴,并使其展开成圆形油膜,在波长 $\lambda = 6 \times 10^2$ nm 的单色光垂直入射下,从反射光中可观察到油膜所形成的干涉条纹.已知玻璃的折射率为 $n_1 = 1.50$,油膜的折射率 $n_2 = 1.20$,问:当油膜中心最高点与玻璃的上表面相距 $h = 8.0 \times 10^2$ nm 时,干涉条纹是如何分布的?可看到几条明纹?明纹所在处的油膜厚度为多少?

解:这一实验的原理与前面讲的牛顿环和劈尖实验是类似的,不过,此实验中光在空气—油以及油—玻璃的交界面上反射时均有相位

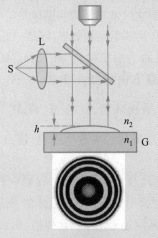

例题 11–5 图

跃变,因此产生明纹处油膜的厚度 d 满足的条件为

$$\delta = 2n_2 d_k = k\lambda, \quad k = 0,1,2,\cdots$$

由此可得　　$k=0, \quad d_0 = 0$

$$k=1, \quad d_1 = 2.5 \times 10^2 \text{ nm}$$

$$k=2, \quad d_2 = 5.0 \times 10^2 \text{ nm}$$

$$k=3, \quad d_3 = 7.5 \times 10^2 \text{ nm}$$

$$k=4, \quad d_4 = 1.0 \times 10^3 \text{ nm}$$

$$\cdots$$

由于厚度 d 相同的地方干涉情况相同,所以从反射光中观察到的干涉条纹为明暗相间的同心圆环,当 $h = 8.0 \times 10^2$ nm 时,可观察到 4 条明纹($k=0,1,2,3$),油膜外缘处 $d=0$,为零级亮纹中心.由油膜中心厚度、干涉条纹数和光波长可进一步测出油膜的折射率.

例题 11-6

用钠光灯的黄色光观察牛顿环现象时,看到第 k 条暗纹的半径 $r_k = 4$ mm,第 $k+5$ 条暗纹环的半径 $r_{k+5} = 6$ mm. 已知黄色光的波长 $\lambda = 5\,893$ Å,求所用平凸透镜的曲率半径和 k 为第几级暗环.

解:根据牛顿环的暗纹公式 $r = \sqrt{k\lambda R}$,得

$$r_k = \sqrt{k\lambda R}, \quad r_{k+5} = \sqrt{(k+5)\lambda R}$$

由以上两式得 $\lambda = \dfrac{r_k^2}{kR} = \dfrac{r_{k+5}^2}{(k+5)R}$

将 $r_k = 4$ mm、$r_{k+5} = 6$ mm、$\lambda = 5\,893$ Å 代入上式,可算出

$$k = 4, \quad R = 6.79 \text{ m}$$

思考

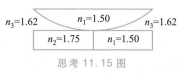

$n_3 = 1.62$ $n_1 = 1.50$ $n_3 = 1.62$

$n_2 = 1.75$ $n_1 = 1.50$

思考 11.15 图

11.15 在牛顿环实验装置中,如果平板玻璃由冕牌玻璃($n_1 = 1.50$)和火石玻璃($n_2 = 1.75$)组成,透镜用冕牌玻璃制成,而透镜与平板玻璃间充满二硫化碳($n_3 = 1.62$),如思考 11.15 图所示,试说明在单色光垂直照射下,反射光的干涉图样是怎样的,并大致将图画出来.

11.5 迈克耳孙干涉仪

迈克耳孙干涉仪是迈克耳孙(A. A. Michelson,1852—1931)为了研究光速问题,于 1881 年精心设计的一种干涉装置,它是很多近代干涉仪的原型,所以了解它的基本结构和原理是很有意义的.

迈克耳孙干涉仪的光路及基本结构如图 11.5-1(a)所示,图中 M_1、M_2 是两块精细磨光的平面反射镜,$M_1 \perp M_2$,M_2 固定,M_1 借助于螺旋及导轨可沿光路方向作微小平移,G_1、G_2 是厚度相同、折射率相同的两块平行平板玻璃,并与 M_1 或 M_2 成 $\dfrac{\pi}{4}$ 角. 在 G_1 朝着 E 的一面上镀上一层薄薄的半透半反膜,使照在 G_1 上的光,一半反射,一半透射.

来自单色光源 S 的光,经过透镜 L 后,平行射向分光板 G_1,一部分在 G_1 的薄膜银层上反射,之后折射出来形成射向 M_1 的光线 1,它经过 M_1 反射后再穿过 G_1 向 E 处传播,形成光 1. 另一部分穿过 G_1 和 G_2 形成光线 2,光线 2 向 M_2 传播,经 M_2 反射后再穿过 G_2,经 G_1 的银层反射也向 E 处传播,形成光 2. 显然到达

E 处的光 1 和光 2 是相干光,故可在 E 处看到干涉图样. G_2 的作用是使 1 和光 2 都能三次穿过厚薄相同的平板玻璃,从而避免 1、2 间出现额外的光程差,因此,G_2 也称为补偿板.

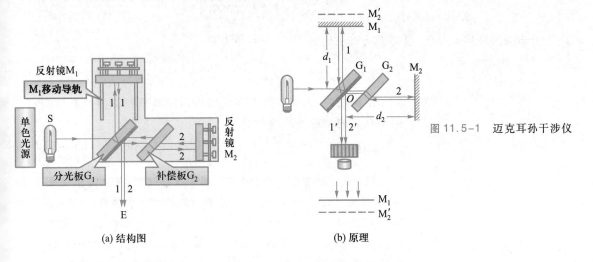

(a) 结构图　　　　　　(b) 原理

图 11.5-1　迈克耳孙干涉仪

　　考虑了补偿板的作用,可以画出如图 11.5-1(b)所示的迈克耳孙干涉仪的原理图. M_2' 是 M_2 经由 G_1 而形成的虚像,所以从 M_2 上反射的光,可视为从虚像 M_2' 处发出来的. 这样,相干光 1、2 的光程差,主要由 G_1 到 M_1 和 M_2' 的距离 d_1 和 d_2 的差所决定. 通常 M_1 和 M_2 并不严格垂直,那么 M_2' 和 M_1 也不严格平行,形成图中 M_2' 与 M_1' 的位置,它们之间的空气薄层就形成一个劈尖. 这时观察到的干涉条纹是等间距的等厚条纹. 若入射单色光波长为 λ,则每当 M_1 向左或向右(或 M_2' 向上或向下)移动 $\dfrac{\lambda}{2}$ 的距离时,就可以看到干涉条纹平移过一条,所以测出移动的条纹数目 ΔN,就可以算出 M_1 移动的距离为

$$\Delta d = \Delta N \frac{\lambda}{2}$$

　　若 M_2 和 M_1 严格垂直,则 M_2' 与 M_1 也严格平行,它们之间的空气薄层厚度一样,这时观察到的干涉条纹是圆环形的等倾条纹. 移动 M_1 或 M_2(即改变薄层厚度)时,环形条纹也跟着变动.

例题 11-7

　　在迈克耳孙干涉仪的两臂中,分别插入 $l = 10.0$ cm 长的玻璃管,其中一个抽成真空,另一个则储有压强为 1.013×10^5 Pa 的空气,用于测量空气的折射率 n. 设所用光波波长为 546 nm. 实验时,向真空玻璃管中逐渐充入空气,直至压强达到 1.013×10^5 Pa 为止. 在此过程中,观察到 107.2 条干涉条纹的移动,试求空气的折射率 n.

解:设玻璃管充入空气前,两相干光之间的光程差为 δ_1,充入空气后两相干光之间的光程差为 δ_2,根据题意,有

$$\delta_1 - \delta_2 = 2(n-1)l$$

因为干涉条纹每移动一条,对应于光程变化一个波长,所以

$$2(n-1)l = 107.2\lambda$$

故空气的折射率为

$$n = 1 + \frac{107.2\lambda}{2l} = 1 + \frac{107.2 \times 546 \times 10^{-7}\,\mathrm{cm}}{2 \times 10.0\,\mathrm{cm}}$$

$$= 1.000\ 29$$

上例说明,迈克耳孙干涉仪也可以用来精密测量与长度、折射率有关的物理量的微小变化.

思考

11.16 用迈克耳孙干涉仪观察等厚条纹时,若使其中一平面镜 M_2 固定,而另一平面镜 M_1 绕垂直于纸面的轴线转到 M_1' 的位置,如图 11.5-1(b)所示,问在转动过程中将看到什么现象?如果将平面镜 M_1 换成半径为 R 的球面镜(凸面镜或凹面镜),球心恰在光线 1 上,球面镜的像的顶点与 M_2 接触,此时将观察到什么现象?

11.6 光的衍射

11.6.1 光的衍射现象

机械波和电磁波都有衍射现象. 光作为一种电磁波,在传播过程中当遇到尺寸比光的波长大得不多的障碍物时,会传到障碍物的阴影区并形成明暗变化的光强分布,这就是光的衍射现象.

在图 11.6-1(a)中,一束平行光通过狭缝 K 以后,当缝宽比

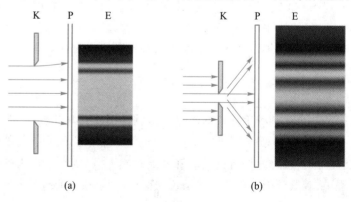

图 11.6-1 光通过狭缝

(a) (b)

波长大得多时,屏幕 P 上的光斑 E 和狭缝形状几乎完全一致,这时光是遵循直线传播的规律.若缩小缝宽使它可与光波波长相比拟,在屏幕上就会出现如图 11.6-1(b)所示的明暗相间的衍射条纹.指缝和剃须刀片的衍射现象如图 11.6-2 所示.

指缝的衍射现象

剃须刀片的衍射现象

图 11.6-2　衍射现象

11.6.2 惠更斯–菲涅耳原理

　　光的衍射现象可以应用惠更斯原理作定性说明,但不能解释光的衍射图样中光强的分布.菲涅耳发展了惠更斯原理,菲涅耳假设:波在传播过程中,从同一波阵面上各点发出的子波是相干波,经传播而在空间某点相遇时,各子波产生相干叠加,决定了该点的波振幅.这个发展了的惠更斯原理被称为惠更斯–菲涅耳原理.

　　在图 11.6-3 中,dS 为某波振面 S 上的任一面元,是发出球面子波的子波源,在波振面前方空间任意点 P 所引起的光振动的振幅,取决于波振面 S 上所有面元发出的子波在该点相互干涉的总效应.根据惠更斯–菲涅耳原理,球面子波在点 P 的振幅正比于面元的面积 dS,反比于面元到点 P 的距离 r,并与 r 和 dS 的法线 e_n 之间的夹角 θ 有关,θ 越大,在 P 处的振幅越小,当 $\theta \geqslant \dfrac{\pi}{2}$ 时,振幅为零,说明子波不能向后传播.点 P 处光振动由各 dS 发出的子波在该点叠加后的合振动决定.

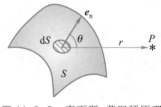

图 11.6-3　惠更斯–菲涅耳原理

　　应用惠更斯–菲涅耳原理,原则上可定量解决一般衍射问题,但由于积分一般是相当复杂和困难的,只对少数简单情况,如狭缝、圆孔等,可求得解析解,不过,现在可利用计算机进行数值运算求解.

11.6.3 菲涅耳衍射和夫琅禾费衍射

　　观察衍射现象的实验装置一般由光源 S、衍射屏 R(衍射孔或障碍物)和接收屏 P(显示衍射图样的屏)三部分组成,依据它们三者间距离的不同,可把衍射分成两类:一类是光源 S 或 P 与 R 之

菲涅耳衍射

夫琅禾费衍射

间的距离是有限的,如图 11.6-4(a)所示,这类衍射称为菲涅耳衍射.另一类是 R 与 S 和 P 的距离都是无穷远,也就是照射到衍射屏 R 上的入射光和离开衍射屏的衍射光都是平行光,如图 11.6-4(b)所示,这类衍射称为夫琅禾费衍射.

在实验室中,常将光源 S 放在透镜 L_1 的焦点上,并把接收屏 P 放在透镜 L_2 的焦平面上,如图 11.6-4(c)所示,这样到达衍射屏的光和离开衍射屏的光都满足夫琅禾费衍射的条件.由于夫琅禾费衍射在实际应用和理论上都十分重要,而且这类衍射的分析与计算都比菲涅耳衍射简单,因此本书只讨论夫琅禾费衍射.

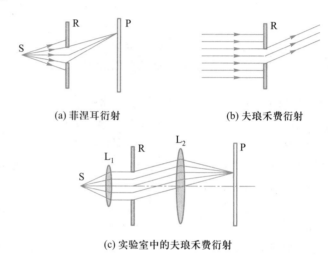

(a) 菲涅耳衍射 (b) 夫琅禾费衍射

(c) 实验室中的夫琅禾费衍射

图 11.6-4 菲涅耳衍射和夫琅禾费衍射

思考

11.17 为什么无线电波能绕过建筑物,而光波却不能?为什么隔山能听到电台中波,而电视广播却很容易被高大建筑物挡住?

11.18 一人持一狭缝屏紧贴眼睛,通过狭缝注视遥远处的一平行于狭缝的线状白色光源,这人看到的衍射图样是菲涅耳衍射图样还是夫琅禾费衍射图样?

11.7 单缝的夫琅禾费衍射

单缝的夫琅禾费衍射的实验装置如图 11.7-1 所示,穿过透镜 L_1 的平行入射光垂直照射宽度 a 可与光的波长相比拟的狭缝时,将绕过缝的边缘向阴影区衍射,衍射光经透镜 L_2 会聚到焦平

面处的屏幕 P 上,将出现一组明暗相间的平行直条纹,这种条纹
称为单缝衍射条纹.

　　图 11.7-2 是单缝衍射的原理图,AB 为单缝的截面,其宽度
为 a,按照惠更斯-菲涅耳原理,波面 AB 上的各点都是相干的子
波源,首先来看沿入射方向传播的各子波衍射线(图 11.7-2 中
的光束①),它们被透镜 L 会聚于焦点 O,由于波面 AB 上的各点
的相位相同,所以光束①到达屏幕时仍保持相同的相位而干涉加
强.因此,在正对狭缝中心的 O 处是一条明纹的中心,这条明纹
称为中央明纹.

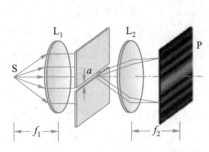

图 11.7-1　单缝衍射实验装置

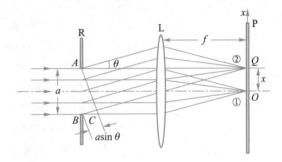

图 11.7-2　单缝衍射原理

　　再来看与入射方向成 θ 角的子波衍射线(图 11.7-2 中的光
束②),θ 称为衍射角,平行光束被透镜 L 会聚于屏幕上的点 Q,光
束②从波面 AB 上各点到达点 Q 的光程(相位)并不相等,但垂直
于各子波衍射线的面 AC 上各点达到点 Q 的光程是相同的,即从波
面 AB 发出的各子波射线在点 Q 的光程(相位)差,就等于从波
面 AB 到波面 AC 的光程差.由图 11.7-2 可见,点 A 发出的子波
射线和点 B 发出的子波射线,这两条边缘子波衍射线之间的光
程差为

$$BC = a\sin\theta$$

点 Q 条纹的明暗完全取决于光程差 BC 的值,下面用菲涅耳半波
带法进行说明.

　　如图 11.7-3 所示,对应于某衍射角 θ,把单缝上波前 AB 沿着
与狭缝平行的方向分成一系列宽度相等的窄条 ΔS,并使从相邻
ΔS 各对应点发出的光线的光程差为半个波长,这样的 ΔS 称为
半波带.

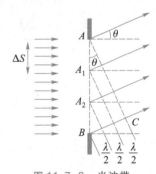

图 11.7-3　半波带

　　设 BC 恰好等于入射单色光半波长的整数倍,即

$$BC = a\sin\theta = \pm k\frac{\lambda}{2}, \quad k = 1, 2, \cdots \quad (11.7.1)$$

这相当于把 BC k 等分,作彼此相距 $\lambda/2$ 的平行于 AC 的平面,这

些平面把波面 AB 切割成 k 个半波带,图 11.7-4(a)表示在 $k=2$ 时,波面被分成 AA_1、A_1B 两个面积相等的半波带,可以近似地认为,所有波带发出的子波的强度都是相等的,且相邻两个半波带上的对应点(如 AA_1 与 A_1B 的中点)所发出的子波射线,到达点 Q 处的光程差均为 $\lambda/2$. 这就是把这种波带称为半波带的缘由. 于是,相邻两半波带的各子波将相邻波带上的对应点两两成对地在点 Q 处相互干涉抵消,依次类推,偶数个半波带相互干涉的总效果,是使点 Q 处呈现为干涉相消. 所以,对于某确定的衍射角 θ,若 BC 恰好等于半波长的偶数倍,即单缝上波面 AB 恰好能分成偶数个半波带,则在屏上对应处将呈现为暗纹的中心.

当 $k=3$ 时,如 11.7-4(b)所示,波面 AB 可分成三个半波带,此时,相邻两半波带(AA_1 与 A_1A_2)上各对应点的子波,相互干涉抵消,只剩下一个半波带(A_2B)上的子波到达点 Q 处时没有被抵消,因此点 Q 一般将是明纹中心. 依次类推,$k=5$ 时,可分为五个半波带,其中四个相邻半波带两两干涉抵消,只剩下一个半波带的子波没有被抵消,因此也将出现明纹. 必须强调,若对应于某个衍射角 θ,AB 不能恰巧分成整数个半波带,亦即 BC 不等于 $\lambda/2$ 的整数倍,则屏幕上的对应点的亮度将介于最明和最暗之间的中间区域.

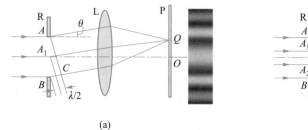 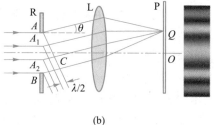

(a)   (b)

图 11.7-4   单缝的菲涅耳半波带

上述结论可用数学公式表达如下,当衍射角 θ 满足

$$a\sin\theta = \pm 2k\frac{\lambda}{2} = \pm k\lambda, \quad k=1,2,\cdots \quad (11.7.2)$$

时,点 Q 处为暗纹(中心). 对应于 $k=1,2,\cdots$ 的条纹分别称为第一级暗纹、第二级暗纹……. 式中正负号表示条纹对称分布于中央明纹的两侧. 显然,两侧第一级暗纹之间的距离,即为中央明纹的宽度. 当衍射角 θ 满足

$$a\sin\theta = \pm(2k+1)\frac{\lambda}{2}, \quad k=1,2,\cdots \quad (11.7.3)$$

时,点 Q 处为明纹(中心). 对应于 $k=1,2,\cdots$ 的条纹分别称为第一级明纹、第二级明纹…….

应当指出,式(11.7.2)和式(11.7.3)均不包括 $k=0$ 的情形,对式(11.7.2)来说,$k=0$ 对应着 $\theta=0$,但这却是中央明纹的中心,不符合该式的含义.而对式(11.7.3)来说,$k=0$ 虽对应于一个半波带形成的亮点,但仍处在中央明纹的范围内,仅是中央明纹的一个组成部分,呈现不出单独的明纹.另外,上述两式与杨氏干涉条纹的条件,在形式上正好相反,要注意区别.

在单缝衍射条纹中,光强分布并不是均匀的,如图 11.7-5 所示,中央明纹(即零级条纹)最亮,同时也最宽(约为其他明纹宽度的两倍).中央明纹中心两侧光强逐步减小,直到第一级暗纹,其后,光强又逐渐增大而成为第一级明纹,依次类推.图中各级明纹的亮度随着级数 k 的增大而逐渐减小,这是由于衍射角 θ 越大,分成的波带数越多,对同一缝宽而言,未被抵消的半波带面积占单缝面积就越小的缘故.而且明暗条纹的区别越来越不明显,所以只能看到中央明纹附近的若干条明暗条纹.

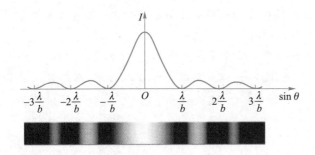

图 11.7-5 单缝衍射条纹的光强分布

由图 11.7-2 的几何关系可求出条纹的宽度.通常衍射角 θ 很小,故 $\sin\theta \approx \tan\theta$,于是条纹在屏上与中心 O 的距离 x 为

$$x = f\tan\theta$$

由式(11.7.2),第一级暗纹与中心 O 的距离为

$$x_1 = f\tan\theta_1 = \frac{\lambda}{a}f$$

所以中央明纹的宽度为

$$\Delta x_0 = 2x_1 = \frac{2\lambda f}{a} \qquad (11.7.4)$$

其他任意两相邻暗纹间的距离(或其他任意两相邻明纹间的距离)为

$$\Delta x = \theta_{k+1}f - \theta_k f = \left[\frac{(k+1)\lambda}{a} - \frac{k\lambda}{a}\right]f = \frac{\lambda f}{a} \qquad (11.7.5)$$

可见,中央明纹的宽度为其他明纹宽度的两倍.这和杨氏双缝干涉图样中条纹呈等宽等亮的分布明显不同.

例题 11-8

一单缝宽为 $a = 0.1$ mm,缝后放有一焦距为 50 cm 的会聚透镜,用波长 $\lambda = 546.1$ nm 的平行光垂直照射单缝,试求位于透镜焦平面处的屏幕上中央明纹的宽度和中央明纹两侧任意相邻暗纹中心之间的距离. 如果单缝位置作上下小距离移动,屏上衍射条纹有何变化?

解:中央明纹的宽度

$$\Delta x_0 = \frac{2\lambda f}{a} = \frac{2 \times 546.1 \text{ nm} \times 50 \text{ cm}}{0.1 \text{ mm}} = 5.46 \text{ mm}$$

其他任意相邻暗纹中心之间的距离

$$\Delta x = \frac{\lambda f}{a} = \frac{546.1 \text{ nm} \times 50 \text{ cm}}{0.1 \text{ mm}} = 2.73 \text{ mm}$$

如将单缝位置作上下小距离移动,由于平行光垂直照射到会聚透镜上时,总是会聚在透镜焦平面的中央,而透镜的上下位置没有变化,故屏上的衍射条纹位置和形状均无变化.

思考

11.19 光的干涉、衍射均属于相干叠加,本质上并不存在区别,干涉和衍射条纹分布都是明暗条纹,但它们的位置分布规律却不相同,怎样理解?

11.20 在双缝干涉实验中,若以红滤色片遮住一条缝,而以蓝滤色片遮住另一条缝,以白光作为入射光,在屏幕上是否还能产生双缝干涉条纹?

11.8 圆孔夫琅禾费衍射 光学仪器的分辨本领

11.8.1 圆孔夫琅禾费衍射

在图 11.7-1 所示的单缝夫琅禾费衍射实验装置中,若将狭缝换成圆孔,如图 11.8-1(a)所示,则处于透镜 L 焦平面处的屏幕 P 上会出现中央为亮圆斑、周围为明暗交替同心圆环的衍射图样,如图 11.8-1(b)所示,中央亮圆斑(零级衍射斑)称为艾里斑,集中了约 84% 的衍射光能量,艾里斑中心是圆孔的几何光学的像点,其边缘为第一级暗环的中心线,周围明暗相间同心圆环的光强较弱,这种衍射称为圆孔夫琅禾费衍射.

理论计算表明,如图 11.8-1(c)所示,艾里斑对透镜光心的张角 2θ(艾里斑的角宽度)与圆孔直径 D、单色光波长 λ 有如下关系:

$$2\theta = \frac{d}{f} = 2.44\frac{\lambda}{D} \qquad (11.8.1)$$

式中,d 为艾里斑的直径,f 为透镜的焦距. 此式表明,圆孔直径越小,艾里斑越大,衍射越明显.

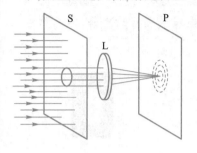

(a) 圆孔夫琅禾费衍射

(b) 圆孔夫琅禾费衍射图样

图 11.8-1　圆孔夫琅禾费衍射与艾里斑

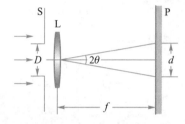

(c) 艾里斑对透镜光心的张角与艾里斑直径、透镜焦距的关系

例题 11-9

　一雷达的圆形天线直径为 55 cm,发射频率为 220 GHz 的无线电波,试计算其波束的角宽度.

解:雷达发射的无线电波由圆形天线发射,可以将其视为圆孔的衍射波,能量主要集中在艾里斑的范围内,故雷达波束的角宽度就是艾里斑的角宽度.

　频率为 220 GHz 的雷达波的波长为

$$\lambda = \frac{c}{\nu} = \frac{3\times10^{8}\,\mathrm{m\cdot s^{-1}}}{220\times10^{9}\,\mathrm{Hz}} = 1.36\times10^{-3}\,\mathrm{m}$$

波束的角宽度(艾里斑的角宽度)

$$2\theta = 2.44\frac{\lambda}{D} = 2.44\times\frac{1.36\times10^{-3}}{55\times10^{-2}}\,\mathrm{rad} = 0.006\ 03\ \mathrm{rad}$$

11.8.2　光学仪器的分辨本领

　　光学仪器中的透镜、光阑都相当于通光的小圆孔,其衍射效应对光学仪器的成像质量有直接的影响. 实际上,物体通过光学仪器成像时,由于光的衍射,如图 11.8-2(a)所示,物点 S_1、S_2 所成的不是像点,而是有一定大小的艾里斑.

因此,对于相距很近的两个物点 S_1、S_2,与之对应所产生的两个艾里斑会互相重叠,甚至无法分辨,如图 11.8-2(c)所示.由此可见,光的衍射现象使光学仪器的分辨能力受到了限制.

在图 11.8-2(a)中,与两个物点 S_1、S_2 所对应艾里斑中心之间的距离大于艾里斑半径,两个艾里斑虽然有些重叠,但两物点的像能够被清楚分辨.

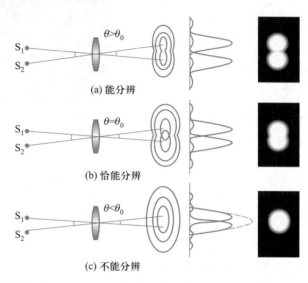

图 11.8-2　瑞利判据

在图 11.8-2(b)中,两个物点 S_1、S_2 的距离使两个艾里斑中心之间的距离等于一个艾里斑的半径,即 S_1 的艾里斑中心与 S_2 的艾里斑边缘相重合,S_2 的艾里斑的中心与 S_1 的艾里斑边缘相重合,此时,两个艾里斑重叠部分的中心处光强,约为单个艾里斑中央最大光强的 80%.根据英国物理学家瑞利(J. W. Rayleigh,1842—1919)的研究,这是两物点(非相干光源)恰能被人眼或光学仪器所分辨的临界条件,因此这一判定能否分辨两个物点的准则被称为**瑞利判据**.在这个临界条件下,两个物点 S_1、S_2 对透镜光心的张角 θ_0 称为**最小分辨角**,由式(11.8.1)可知

瑞利判据

最小分辨角

$$\theta_0 = \frac{1.22\lambda}{D} \tag{11.8.2}$$

分辨本领

最小分辨角的倒数 $1/\theta_0$ 称为**分辨本领**.由式(11.8.2)可知:最小分辨角 θ_0 与波长 λ 成正比,与通光孔径 D 成反比.因此,波长 λ 越小,分辨本领越大;通光孔径 D 越大,分辨本领越大.采用大直径的透镜,可提高望远镜的分辨本领;采用短波长光源照明,可提高光学显微镜的分辨本领.1873 年德国物理学家阿贝(E. Abbe)指出普通光学显微镜的分辨极限是所用光波长的一半(>200 nm).美国科学家赫尔(S. W. Hell)、贝齐格(E. Betzig)和德国科学家莫纳(W.

E. Moerner),借助荧光分子,绕开衍射极限,开发出超分辨率荧光显微镜,2014 年获诺贝尔化学奖.

由于电子具有波动性(参阅第 15 章),且电子的波长可以比可见光波长小三四个数量级,电子显微镜的分辨本领可比光学显微镜的分辨本领大几千倍.

需要注意的是,以上讨论的是非相干光照射,图 11.8-2 中两衍射图样的叠加为非相干叠加.若是相干光照射,则需考虑它们的干涉效应,式(11.8.2)不再适用.瑞利判据只是一个基本标准,影响分辨本领的因素还包括光源与周围环境的相对亮度、空气的干扰以及观察者的视觉功能等诸多因素.

例题 11-10

照相机物镜的分辨本领以底片上每毫米能分辨的线条数 N 来量度.现有一架照相机物镜的直径 $D=5.0$ cm、焦距 $f=17.5$ cm,对于波长为 550 nm 的光,这架照相机的分辨本领是多少?

解:能分辨的最近的两点在感光材料上的距离为

$$\Delta l = \theta_0 f = \frac{1.22\lambda}{D} f$$

$$= \frac{1.22 \times 550 \times 10^{-9}}{5.0 \times 10^{-2}} \times 17.5 \times 10^{-2} \text{ m}$$

$= 2.35 \times 10^{-6}$ m

这架照相机的分辨本领(每毫米能分辨的线条数 N)为

$$N = \frac{1}{\Delta l} = \frac{1}{2.35 \times 10^{-3}} \text{ mm}^{-1}$$

$$= 425.5 \text{ mm}^{-1}$$

思考

11.21 艾里斑的边缘位于何处?

11.22 假定由于人眼瞳孔的衍射,刚刚能分辨两个蓝点.若有光照使人眼的瞳孔直径减小,此时他对那两个蓝点的分辨能力是改善还是减弱(只考虑衍射)?

11.23 孔径相同的微波望远镜与光学望远镜相比较,哪种望远镜的分辨本领更大一些? 为什么?

11.9 衍射光栅

11.9.1 衍射光栅及衍射光栅常量

由许多等宽狭缝平行等距排列构成的光学元件称为衍射光

栅. 图 11.9-1 为透射式平面衍射光栅实验的示意图,设狭缝透光的宽度为 a,两狭缝间不透光的宽度为 b,两者之和 $d(d=a+b)$ 为相邻两缝之间的距离,称为光栅常量. 实际的光栅,1 cm 内有成千上万条平行等距的通光狭缝. 若 1 cm 内有 1 000 条刻痕,其光栅常量为 $d=1\times10^{-5}$ m. 通常光栅常量 d 为 $10^{-6} \sim 10^{-5}$ m 的数量级.

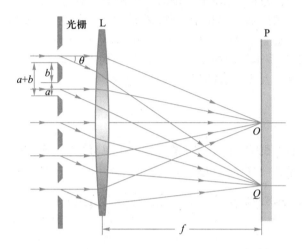

图 11.9-1 透射式平面衍射光栅示意图

11.9.2 光栅衍射条纹的形成

平行单色光照射到光栅上时,每条狭缝都会产生衍射,由于各狭缝发出的衍射光都是相干光,各狭缝的衍射光又会产生干涉,经透镜 L 把光束会聚到屏幕上,会呈现出暗条纹很宽、明条纹很细的图样,这被称为光栅衍射条纹,是单缝衍射和多缝干涉的总效果,锐细而明亮的条纹称为谱线. 在图 11.9-2 中,当狭缝数 N 分别为 3、5、6 时,可明显看到两相邻亮度大的主极大明纹之间存在与狭缝数 N 相关、亮度较低的次级明纹. 一般说来,光栅有 N 条狭缝,则相邻两主极大明纹之间就有 $N-1$ 条暗纹、$N-2$ 条次级明纹. 由图 11.9-2 可见,随着狭缝数量增加,主极大明纹的亮度增大、宽度变细,主极大明纹的数量与位置及缝数无关,强度的分布还保留单缝衍射的痕迹. 由于每条狭缝宽度相等,产生的衍射图样的位置相同;随着狭缝数的增多,多缝干涉产生次级明纹,且相对于主极大明纹的强度越低,相邻主极大明纹之间的暗纹就越多,次级明纹密集排列并与暗纹一起,形成一片黑暗的背景;由于多缝干涉主极大明纹位置固定,所以主极大明纹被"挤"得更加锐细,更加明亮(狭缝越多,通过狭缝的光能量越大),如图 11.9-2

中 $N=20$ 的情形. 一般光栅的狭缝数 N 非常大, 因此次级明纹的强度极弱, 屏幕上除可看到几条主极大明纹(谱线)外, 是一片黑暗.

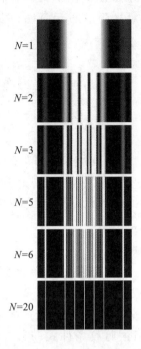

图 11.9-2 多缝衍射条纹

1. 光栅方程

在图 11.9-3 中, 平行单色光垂直照射到光栅上, 选取任意相邻两透光狭缝分析, 设相邻两狭缝发出沿衍射角 θ 方向的光, 经过透镜 L 会聚于屏幕 P 的 Q 处, 若它们的光程差 $d\sin\theta$ 恰好是入射光波长 λ 的整数倍, 两光为干涉加强. 显然, 其他任意相邻两狭缝沿 θ 方向光的光程差也都等于 λ 的整数倍, 其干涉效果也都是加强的. 因此, 光栅衍射主极大明纹的条件是衍射角 θ 必须满足下列关系式:

$$d\sin\theta = \pm k\lambda, \quad k=0,1,2,\cdots \qquad (11.9.1)$$

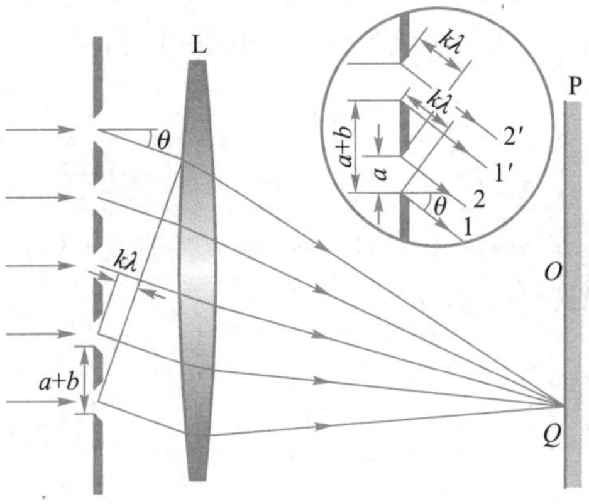

图 11.9-3 光栅主极大明纹的形成

此式称为光栅方程. 式中对应于 $k=0$ 的条纹称为中央明纹, $k=1,2,\cdots$ 的明纹分别称为第一级明纹, 第二级明纹……正、负号表示各级明纹对称分布在中央明纹两侧. 图 11.9-4 是光栅衍射条纹的相对光强分布示意图, 图中的横坐标由光栅方程确定.

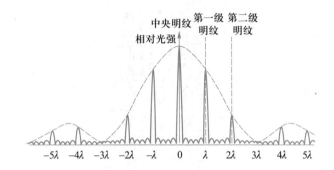

图 11.9-4 光栅衍射条纹的相对光强分布示意图

2. 缺级现象和缺级条件

光栅衍射条纹是由 N 条狭缝的单缝衍射光和多缝衍射光干涉的总效果所形成, 即在某个衍射角 θ 方向上, 应有每条缝的衍射光存在, 然后 N 条衍射光才能产生干涉效应. 若该 θ 方向恰好符合单缝衍射的暗纹条件式 (11.7.2), 那么, 即使 θ 满足了光栅方程, 其结果也只会是暗纹, 原因在于此方向上根本就没有衍射光, 谈不上干涉, 这种现象称为缺级现象. 所以在缺级处, 有

$$d\sin\theta = \pm k\lambda, \quad k=0,1,2,\cdots$$
$$a\sin\theta = \pm k'\lambda, \quad k'=1,2,\cdots$$

两式相除, 得

$$\frac{d}{a} = \frac{k}{k'}$$

由此式可知, 如果光栅常量 d 与缝宽 a 之比为整数时, 就会出现缺级现象, 图 11.9-4 所示为 $N=6$、$d=3a$ 的情形.

例题 11-11

用一块光栅常量 $d=2\times10^{-6}$ m, 缝宽 $a=1.0\times10^{-6}$ m 的光栅, 观察波长 $\lambda=589$ nm 的光谱线, 当平行光入射时, 最多能看到第几级谱线? 实际能看到几条光谱线?

解:由光栅方程 $d\sin\theta=\pm k\lambda$,得

$$k=\pm\frac{d\sin\theta}{\lambda}$$

k 的最大可能取值对应于 $\sin\theta=1$,即

$$k_{max}=\frac{d}{\lambda}\cdot\sin\frac{\pi}{2}=\frac{2\times10^{-6}}{589\times10^{-9}}=3.4$$

最多只能看到第 3 级谱线.

又根据缺级条件 $\dfrac{d}{a}=\dfrac{k}{k'}$,有

$$k=\frac{d}{a}k'=\frac{2\times10^{-6}}{1\times10^{-6}}=2k'$$

可知,该光栅存在缺级现象,所缺级次为 ±2 级.因此只能看到 0 级、±1 级和 ±3 级,共 5 条谱线.

3. 光栅光谱

由光栅方程可知,若用白光照射光栅,除中央明纹仍为白光外,各单色光的其他同级明纹在不同的衍射角出现,各种波长的单色光可产生各自的谱线,在中央明纹的两侧,形成由紫到红向外对称排列的彩色光带,称为光栅光谱.由图 11.9-5 可见,级数较高的光谱中有部分谱线彼此重叠.   光栅光谱

由于光栅具有色散、分束、偏振、相位匹配等功能,它在科学研究和工业技术上有着广泛的应用.例如不同元素(或化合物)各有自己特定的光谱,利用光栅的色散性质,通过光栅衍射获取发光物的谱线,与已知元素的谱线比较,可以分析出发光物质所含的元素或化合物;还可以从谱线的强度定量分析出元素的含量,这种分析方法称为光谱分析.   光谱分析

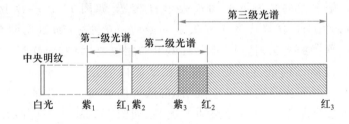

图 11.9-5 光栅光谱

思考

11.24 光栅衍射和单缝衍射有何区别?为何光栅衍射的明纹特别明亮?

11.25 光栅形成的光谱线随波长的展开与玻璃三棱镜的色散有什么不同?

11.26 为什么衍射光栅的光栅常量 d 越小越好,而光栅的总缝数 N 却越多越好?

11.10 光的偏振性 马吕斯定律

11.10.1 自然光与偏振光

偏振

振动方向对于传播方向的不对称性称为偏振,这是横波有别于纵波的一个最明显的标志.光的干涉和衍射现象揭示了光的波动性,但无法由此确定光是横波还是纵波,光的偏振现象则进一步证实了光的横波性.

光的电磁理论指出,光是电磁波,由于电磁波是横波,所以光波中光矢量(电场强度矢量)的振动方向总是与光的传播方向垂直.在垂直于光传播方向的平面内,光矢量可能有不同的振动状态,这些振动状态就是光的偏振态.

自然光

相对于光的传播方向而言,光矢量振动的分布具有轴对称性的光称为自然光.自然光的光矢量 E 在所有可能的方向上的振幅都相等,如图 11.10-1(a)所示.由于自然光中没有任何方向的光矢量振动更占优势,所以可用任意两个相互垂直且等振幅的光矢量振动来表示自然光,如图 11.10-1(b)所示,由于自然光中各个光矢量的振动相互独立,所以这两个相互垂直的光矢量之间并没有恒定的相位差.为方便描述,常用与传播方向垂直的短线表示在纸面内的光矢量振动,用点表示与纸面垂直的光矢量振动.自然光的点和短线数量相等,表示没有某个方向的光振动占优势,如图 11.10-1(c)所示.

图 11.10-1 自然光

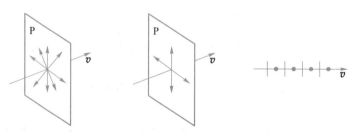

(a) 自然光中光矢量振幅在 各个方向上都相等   (b) 将自然光分解为两个 没有恒定相应差的垂 直光振动的传播   (c) 从左向右传播的自然光

普通光源中的各个分子(或原子)所发出光的波列,不仅初相位各不相同,而且光矢量振动的方向也是完全随机的,没有哪一个方向的光矢量振动更占优势,因此,普通光源发出的光是自然光.

光矢量振动只限于某一确定方向上的光称为线偏振光,是一种完全偏振光,如图 11.10-2(a)、(b)所示;偏振光的振动方向与传播方向组成的平面,称为振动面;某一方向的光矢量振动比其他方向上的光矢量振动占优势的光称为部分偏振光,如图 11.10-2(c)、(d)所示.

> 线偏振光
> 完全偏振光
> 振动面
> 部分偏振光

(a) 振动方向在纸面内的线偏振光　　(b) 振动方向垂直纸面的线偏振光

(c) 在纸面内的振动较强的部分偏振光　　(d) 垂直纸面的振动较强的部分偏振光

图 11.10-2　线偏振光与部分偏振光

11.10.2 起偏与检偏

除激光器等特殊光源外,一般光源(如太阳光、日光灯等)发出的光都是自然光,将自然光变为偏振光的过程称为起偏,所用的光学元件称为起偏器;检验一束光是否为偏振光的过程称为检偏,所用的光学元件称为检偏器;偏振片是一种常用的偏振元件.

> 起偏
> 检偏

某些物质能吸收某一方向的光矢量振动,而只让与这个方向垂直的光矢量振动通过.涂敷这种物质的透明薄片就是偏振片,偏振片允许光矢量振动通过的某一特定方向称为偏振化方向,通常用记号"↕"将偏振化方向标示在偏振片上.图 11.10-3 表示自然光从偏振片射出后,就变成了线偏振光,透射光的光强减为入射光光强的一半.

> 偏振片
> 偏振化方向

人眼无法分辨光矢量的振动方向,也无法分辨自然光与偏振光.偏振片不仅可以起偏还可用来检偏.将偏振片旋转一周,观察透射光光强变化.若透射光光强不变,则入射光是自然光;若出现透射光强为零、变为全暗的现象,则入射光为线偏振光;若透射光的光强有变化,但不出现全暗,则入射光为部分偏振光.您能分析出这是为什么吗?

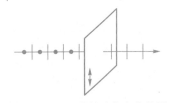

图 11.10-3　偏振片作为起偏器

11.10.3 马吕斯定律

由起偏器产生的线偏振光通过检偏器后,其光强会如何变化呢? 如图 11.10-4 所示,OM 表示偏振片 I(起偏器)的偏振化方向,ON 表示偏振片 II(检偏器)的偏振化方向,二者的夹角为 α. 显然,自然光经起偏器后,成为光矢量振动沿 OM 方向的线偏振光,设其光矢量振幅为 E_0,由于检偏器只允许光矢量振动沿 ON 方向的分量通过,所以从检偏器射出的光矢量的振幅为

$$E = E_0 \cos \alpha$$

由此可知,若入射检偏器的光强为 I_0,则检偏器射出的光强为

$$I = I_0 \cos^2 \alpha \qquad (11.10.1)$$

该式表明,强度为 I_0 的线偏振光通过检偏器后,出射光的强度为

马吕斯定律

$I_0 \cos^2 \alpha$. 此式被称为马吕斯定律,是法国物理学家马吕斯(E. L. Malus,1775—1812)于 1808 年在实验中发现的.

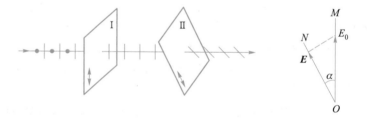

图 11.10-4　马吕斯定律

由马吕斯定律可知,当线偏振光的光矢量振动方向与检偏器的偏振化方向平行,即 $\alpha = 0$ 或 $\alpha = \pi$ 时,$I = I_0$,由检偏器射出的光强最大;若两者的方向互相垂直,即当 $\alpha = \pi/2$ 或 $3\pi/2$ 时,$I = 0$,

消光现象

由检偏器射出的光强为零,这被称为消光现象;若 α 介于上述各值之间,则由检偏器射出的光强在最大和零之间. 由此可检查入射光是否为线偏振光,并确定其光矢量的振动方向(偏振化的方向).

例题 11-12

两个偏振片,一个用作起偏器,一个用作检偏器. 当它们的偏振化方向夹角为 30° 时,一束单色自然光穿过它们,出射的光强为 I_1;当它们的偏振化方向夹角为 60° 时,另一束单色自然光穿过它们,出射的光强为 I_2,且有 $I_1 = I_2$. 求两束单色自然光的强度之比.

解:设第一束单色自然光的强度为 I_{10},第二束单色自然光的光强为 I_{20}. 它们透过起偏器后,强度都应减为原来的一半,分别为 $I_{10}/2$ 和 $I_{20}/2$. 根据马吕斯定律,有

$$I_1 = \frac{I_{10}}{2}\cos^2 30°$$

$$I_2 = \frac{I_{20}}{2}\cos^2 60°$$

据题意,$I_1 = I_2$,可得两束单色自然光的强度之比为

$$\frac{I_{10}}{I_{20}} = \frac{\cos^2 60°}{\cos^2 30°} = \frac{1}{3}$$

偏振片在日常生活中有很多应用,例如用偏振光立体眼镜观看偏光式立体电影就是一例. 立体电影就是利用双摄影机(或双镜头摄影机)模拟人的双眼拍摄的左右两幅有视差的画面,用双放映机(或双镜头放映机)放映时,在两个放映镜头前分别放置偏振化方向相互垂直的偏振片,观众观看时,佩戴偏振化方向与之相同的偏振光立体眼镜,由于放映镜头前偏振片与眼镜偏振片的偏振化方向相互垂直,可产生消光效应,所以,每只眼睛就只能看到一个放映镜头投影的画面,两幅有视差的画面由人眼的双眼效应经大脑综合后形成立体图像.

11.10.4 反射光和折射光的偏振

实验发现,当自然光在两种各向同性介质(如空气和玻璃)的分界面上反射、折射时,反射光和折射光都是部分偏振光,如图 11.10-5(a)所示,其中 i 为入射角与反射角,γ 为折射角,反射光是垂直入射面(入射光线与入射点处法线构成的平面)光矢量振动较强的部分偏振光,折射光是平行入射面光矢量振动较强的部分偏振光.

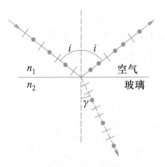

(a) 自然光经反射和折射后产生部分偏振光

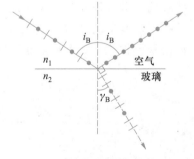

(b) 入射角为布儒斯特角时,反射光为偏振光

图 11.10-5 入射角 i 与布儒斯特角 i_B

1815 年英国物理学家布儒斯特(D. Brewster,1781—1868)在研究反射光的偏振化程度时发现,当入射角 i 改变时,反射光的偏振化程度与入射角有关,当反射光与折射光垂直时,反射光成

为只有垂直于入射面光矢量振动的线偏振光,如图 11.10-5(b)
所示.

根据折射定律,有

$$\frac{\sin i_{\mathrm{B}}}{\sin \gamma_{\mathrm{B}}} = \frac{n_2}{n_1}$$

由于

$$i_{\mathrm{B}} + \gamma_{\mathrm{B}} = \frac{\pi}{2} \tag{11.10.2}$$

得 $\sin \gamma_{\mathrm{B}} = \cos i_{\mathrm{B}}$,代入上式,有

$$\tan i_{\mathrm{B}} = \frac{\sin i_{\mathrm{B}}}{\cos i_{\mathrm{B}}} = \frac{n_2}{n_1} \tag{11.10.3}$$

布儒斯特定律　起偏角
布儒斯特角

式(11.10.3)被称为布儒斯特定律. i_{B} 称为起偏角或布儒斯
特角.

例题 11-13

水的折射率为 1.33,空气的折射率近似为 1,当自然光从空气射向水面而反射时,起偏
角为多少? 当光由水下进入空气时,起偏角又是多少?

解:由布儒斯特定律,光由空气射向水面时　| 光由水中进入空气时

$$\tan i_{\mathrm{B}} = \frac{n_2}{n_1} = \frac{1.33}{1}, \quad i_{\mathrm{B}} = 53.1°$$

$$\tan i_{\mathrm{B}} = \frac{n_1}{n_2} = \frac{1}{1.33}, \quad i_{\mathrm{B}} = 36.9°$$

利用反射和折射时的偏振现象,可以获得偏振光. 对于一般
的光学玻璃,反射光强度约占入射光强度的 7.5%,大部分光能
都透过玻璃. 仅靠一块玻璃的反射,获得的偏振光强度很弱. 将一
些玻璃片平行叠成玻璃片堆,如图 11.10-6 所示,自然光的入射
角等于起偏角,各个界面上的反射光都是光矢量振动垂直于入射
面的线偏振光,入射光经过玻璃片堆反射后,绝大部分垂直于

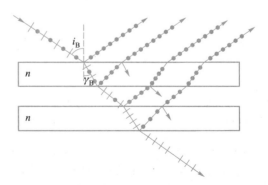

图 11.10-6　玻璃片堆产生线偏
振光

入射面的光矢量振动分量被反射掉,从玻璃片堆透射出的光,几乎只有平行于入射面的光矢量振动分量,可近似地视为线偏振光.

生活中,反射光的偏振现象随处可见.司机迎着太阳开车时,会因地面的反射光而感到眩目;水面的反射光使我们拍摄不到水中的鱼;树叶表面的反射光可使树叶变成白色;拍照时,玻璃表面的反射光会使玻璃橱窗里内物品的影像变得模糊不清.这些反射光都是部分偏振光,垂直入射面的光振动较强,因此戴上偏振化方向垂直于地面的偏振眼镜,就可以有效地防止眩光的耀眼;在相机镜头上加一个偏光镜,使其偏振化方向与入射面平行,便可有效地消除或减弱反射光,得到清晰、柔和、层次丰富的影像了.

思考

11.27 用偏振片如何区分自然光、部分偏振光和线偏振光?

11.28 偏振太阳镜是如何减少"刺眼的光"的?这种眼镜中的偏振化方向是水平的还是竖直的?

11.29 照相机镜头上使用偏振滤色镜,会给摄影带来怎样的好处?

知识要点

(1)波的叠加

相干叠加 $I = I_1 + I_2 + 2\sqrt{I_1 I_2}\cos\Delta\varphi$

非相干叠加 $I = I_1 + I_2$

(2)杨氏双缝干涉

$$x = \begin{cases} = \pm k\dfrac{d'\lambda}{d}, & k=0,1,2,\cdots \text{ 明纹中心位置} \\ = \pm(2k-1)\dfrac{d'\lambda}{2d}, & k=1,2,3,\cdots \text{ 暗纹中心位置} \end{cases}$$

相邻明纹或相邻暗纹间距 $\Delta x = x_{k+1} - x_k = \dfrac{d'}{d}\lambda$

(3)光程与光程差

光程 $x = nr$

光程差 $\delta = n_2 r_2 - n_1 r_1$

（4）薄膜干涉

$$\delta = 2d\sqrt{n_2^2 - n_1^2 \sin^2 i} + \delta' = \begin{cases} k\lambda, & k=1,2,\cdots \text{ 干涉加强} \\ (2k+1)\dfrac{\lambda}{2}, & k=0,1,2,\cdots \text{ 干涉减弱} \end{cases}$$

$$\delta' = 0, n_1 < n_2 < n_3, n_1 > n_2 > n_3$$

$$\delta' = \frac{\lambda}{2}, n_1 < n_2, n_3 < n_2 \text{ 或 } n_1 > n_2, n_3 > n_2$$

等倾干涉　d 恒定，i 变

等厚干涉　d 变，i 恒定，等厚干涉：劈尖干涉，牛顿环

（5）单缝夫琅禾费衍射

明纹　　　$a\sin\theta = \pm(2k+1)\dfrac{\lambda}{2}$, 　$k=1,2,\cdots$

暗纹　　　$a\sin\theta = \pm 2k\dfrac{\lambda}{2} = \pm k\lambda$, 　$k=1,2,\cdots$

（6）圆孔夫琅禾费衍射

艾里斑角宽度　　　$2\theta = \dfrac{d}{f} = 2.44\dfrac{\lambda}{D}$

瑞利判据　　　　　$\theta_0 = 1.22\dfrac{\lambda}{D}$

光学仪器分辨本领　　　$\dfrac{1}{\theta_0}$

（7）衍射光栅

光栅方程　　　$d\sin\theta = \pm k\lambda$, 　$k=0,1,2,\cdots$

缺级条件　　　$\dfrac{d}{a} = \dfrac{k}{k'}$（整数）

（8）光的偏振

马吕斯定律　　　$I = I_0\cos^2\alpha$

布儒斯特定律　　$i_B + \gamma_B = \dfrac{\pi}{2}$, 　$\tan i_B = \dfrac{n_2}{n_1}$

习题

11-1　在双缝干涉实验中，若单色光源 S 到两缝 S_1、S_2 距离相等，则观察屏上中央明纹位于习题 11-1 图中 O 处，现将光源 S 向下移动到示意图中的 S′ 位置，则（　　）.

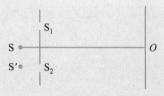

习题 11-1 图

（A）中央明纹向上移动，且条纹间距增大

（B）中央明纹向上移动，且条纹间距不变

（C）中央明纹向下移动，且条纹间距增大

（D）中央明纹向下移动，且条纹间距不变

11-2　如习题 11-2 图所示，折射率为 n_2，厚度为 d 的透明介质薄膜的上方和下方的透明介质的折射率分别为 n_1 和 n_3，且 $n_1 < n_2$, $n_2 > n_3$，若用波长为 λ 的单色平行光垂直入射到该薄膜上，则从薄膜上、下两表面反射的光束的光程差是（　　）.

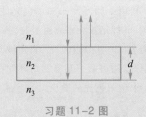

习题 11-2 图

（A）$2n_2d$ （B）$2n_2d-\dfrac{\lambda}{2}$

（C）$2n_2d-\lambda$ （D）$2n_2d-\dfrac{\lambda}{2n_2}$

11-3 如习题 11-3 图所示，两个直径有微小差别的彼此平行的滚柱之间的距离为 L，夹在两块平面晶体的中间，形成空气楔形膜，当单色光垂直入射时，产生等厚干涉条纹，如果滚柱之间的距离 L 变小，则在 L 范围内干涉条纹的（ ）.

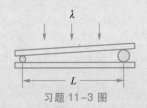

习题 11-3 图

（A）数目减小，间距变大
（B）数目减小，间距不变
（C）数目不变，间距变小
（D）数目增加，间距变小

11-4 在单缝夫琅禾费衍射实验中，波长为 λ 的单色光垂直入射在宽度为 3λ 的单缝上，对应于衍射角为 $30°$ 的方向，单缝处波阵面可分成的半波带数目为（ ）.

（A）2 个 （B）3 个
（C）4 个 （D）6 个

11-5 光学仪器的分辨本领最后总要受到波长的制约，根据瑞利判据，考虑到由于光的衍射所产生的影响，人眼所能区分出的两个汽车前灯的离车最大距离（黄光波长为 500 nm，夜间人眼瞳孔的直径为 5 mm，两车灯间距为 1.2 m）为（ ）.

（A）1 km （B）3 km
（C）10 km （D）30 km

11-6 一束光强为 I_0 的自然光，相继通过三个偏振片 P_1、P_2、P_3 后，出射光的强度为 $I=I_0/8$，已知 P_1 与 P_3 的偏振化方向相互垂直，若以入射光为轴旋转 P_2，使出射光强为零，P_2 最少要转过的角度为（ ）.

（A）30° （B）45°
（C）60° （D）90°

11-7 光从空气射向水时的起偏角为 53.1°，从空气射向玻璃时的起偏角为 56.3°. 光从水射向玻璃时的起偏角为（ ）.

（A）28.2° （B）54.6°
（C）48.4° （D）26.5°

11-8 在双缝干涉实验中，用波长 $\lambda=546.1$ nm 的单色光照射，双缝与屏的距离 $d'=300$ mm. 测得中央明纹两侧的两条第五级明纹的间距为 12.2 mm，求双缝间的距离.

11-9 在杨氏双缝干涉实验中，设两缝之间的距离为 0.2 mm，在距双缝 1 m 远的屏上观察干涉条纹，若入射光是波长为 400 nm 至 760 nm 的白光，问屏上离零级明纹 20 mm 处，哪些波长的光最大限度地得到加强（1 nm $=10^{-9}$ m）？

11-10 如习题 11-10 图所示，一双缝装置的一条缝被折射率为 1.40 的薄玻璃片所遮盖，另一条缝被折射率为 1.70 的薄玻璃片所遮盖，在玻璃片插入以后，屏上原来的中央极大所在点，现变为第五级明纹. 假定 $\lambda=480$ nm，且两玻璃片厚度均为 d，求 d.

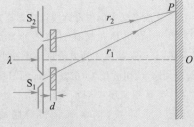

习题 11-10 图

11-11 如习题 11-11 图所示，由光源 S 发出的 $\lambda=600$ nm 的单色光，自空气射入折射率 $n=1.23$ 的一层透明物质，再射入空气. 若透明物质的厚度为 $d=$

1.0 cm,入射角 $\theta=30°$,且 $SA=BC=5.0$ cm,问:(1)折射角 θ_1 为多少?(2)此单色光在这层透明物质里的频率、速度和波长各为多少?(3)S 到 C 的几何路程为多少?光程又为多少?

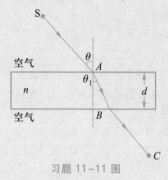

习题 11-11 图

11-12 白光垂直照射到空气中一厚度为 380 nm 的肥皂液膜上,设肥皂液的折射率为 1.32.试问该膜的正面呈现什么颜色?背面呈现什么颜色?

11-13 在折射率 $n_3=1.52$ 的照相机镜头表面涂有一层折射率 $n_2=1.38$ 的 MgF_2 增透膜,若此膜仅适用于波长 $\lambda=550$ nm 的光,则此膜的最小厚度为多少?

11-14 如习题 11-14 图所示,利用空气劈尖测细丝直径,已知 $\lambda=598.3$ nm,$L=2.888\times10^{-2}$ m,测得 30 条条纹的总宽度为 4.295×10^{-3} m,求细丝直径 d.

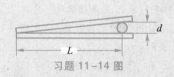

习题 11-14 图

11-15 集成光学中的楔形薄膜耦合器原理如习题 11-15 图所示.沉积在玻璃衬底上的是氧化钽（Ta_2O_5）薄膜,其楔形端从 A 到 B 厚度逐渐减小为零.为测定薄膜的厚度,用波长 $\lambda=632.8$ nm 的 He-Ne 激光垂直照射,观察到薄膜楔形端共出现 11 条暗纹,且 A 处对应一条暗纹,试求氧化钽薄膜的厚度（Ta_2O_5 对 632.8 nm 激光的折射率为 2.21）.

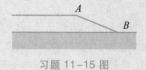

习题 11-15 图

11-16 利用牛顿环测未知单色光波长实验,用波长为 589.3 nm 的钠黄光垂直照射时,测得第一和第四暗环的距离为 $\Delta r=4.0\times10^{-3}$ m;当用波长未知的单色光垂直照射时,测得第一和第四暗环的距离为 $\Delta r=3.85\times10^{-3}$ m,求该单色光的波长.

11-17 把折射率 $n=1.40$ 的薄膜放入迈克耳孙干涉仪的一臂,如果由此产生了 7.0 条条纹的移动,求膜厚（设入射光的波长为 589 nm）.

11-18 如习题 11-18 图如示,狭缝的宽度 $b=0.60$ mm,透镜焦距 $f=0.40$ m,有一与狭缝平行的屏放置在透镜的焦平面处.若以单色光垂直照射狭缝,则在屏上离点 O 为 $x=1.4$ mm 的点 P 看到衍射明纹.试求:(1)该入射光的波长;(2)点 P 条纹的级数;(3)从点 P 看,对该光波而言,狭缝处的波阵面可作半波带的数目.

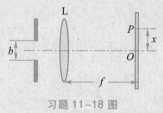

习题 11-18 图

11-19 单缝的宽度 $b=0.40$ mm,以波长 $\lambda=589$ nm 的单色光垂直照射,设透镜的焦距 $f=1.0$ m.(1)求第一级暗纹距中心的距离;(2)求第二级明纹与中心的距离;(3)如单色光以入射角 $i=30°$ 斜射到单缝上,则上述结果有何变动?

11-20 一单色平行光垂直照射于一单缝,若其第三条明纹位置正好和波长为 600 nm 的单色光入射时的第二级明纹位置一样,求前一种单色光的波长.

11-21 已知单缝宽度 $b=1.0\times10^{-4}$ m,透镜焦距 $f=0.50$ m,用 $\lambda_1=400$ nm 和 $\lambda_2=760$ nm 的单色平行光分别垂直照射,求这两种光的第一级明纹与屏中心的距离,以及这两条明纹之间的距离.若用每厘米刻有 1 000 条刻线的光栅代替这个单缝,则这两种单色光的第一级明纹分别距屏中心多远?这两条明纹之间的距离又是多少?

11-22 月球距地面约 3.86×10^8 m,月光的中心波长为 550 nm,若用直径为 5.0 m 的天文望远镜观察月球,则能分辨月球表面上的最小距离为多少?

11-23 一束平行光垂直入射到某个光栅上,该光束有两种波长的光,$\lambda_1 = 440$ nm 和 $\lambda_2 = 660$ nm. 实验发现,两种波长的谱线(不计中央明纹)第二次重合于衍射角 $\theta = 60°$ 的方向上,求此光栅的光栅常量.

11-24 用一毫米内有 500 条刻痕的平面透射光栅观察钠光谱($\lambda = 589$ nm),设透镜焦距 $f = 1.00$ m.
(1) 光线垂直入射时,最多能看到第几级光谱?
(2) 光线以入射角 30° 入射时,最多能看到第几级光谱?
(3) 若用白光垂直照射光栅,求第一级光谱的线宽度.

11-25 一台光谱仪备有三块光栅,每毫米刻痕数分别为 1 200 条、600 条、90 条.(1) 如用光谱仪测定 $0.7 \sim 1.0$ μm 波段的红外线,应用那块光栅?为什么?

(2) 如光谱范围为 $3 \sim 7$ μm,应选用哪块光栅?为什么?

11-26 使自然光通过两个偏振化方向相交 60° 的偏振片,透射光强为 I_1,今在这两个偏振片之间插入另一偏振片,它的方向与前两个偏振片均成 30° 角,则透射光强为多少?

11-27 一束光是自然光和平面线偏振光的混合,当它通过一偏振片时发现透射光的强度取决于偏振片的取向,其强度可以变化 5 倍,求入射光中两种光的强度各占总入射光强度的几分之几.

11-28 自然光射到平行平板玻璃上,反射光恰为线偏振光,且折射光的折射角为 32°.求:(1) 自然光的入射角;(2) 玻璃的折射率;(3) 玻璃后表面的反射光、透射光的偏振状态.

本章计算题参考答案

章 首 问 题

　　高空中空气稀薄,人们往往感到呼吸困难.中等肺活量的成年人在标准状况下一次吸气大约吸进 1.0 g 的氧气,如果空气温度及各组分含量不随高度变化,人在气压等于 $5.065×10^4$ Pa 的高山上每次吸进的氧气有多少克? 此高度处空气分子数密度是海平面处空气分子数密度的百分之几?

章首问题解答

第 12 章 气体动理论

热学是物理学中的一部分,是研究物质热运动的学科.热学中的研究对象称为热力学系统,简称系统,气体是最简单的热力学系统.而研究热运动的规律有宏观和微观两种方法,宏观研究方法所对应的宏观理论称为热力学,它是以大量实验为基础,通过逻辑推理、演绎及归纳总结出物质热运动所遵循的规律.微观研究方法所对应的微观理论称为统计物理学,它是从物质的微观结构出发,应用统计方法得出大量分子的热运动所遵循的规律,统计物理学的初级理论是分子动理论.热力学与统计物理从不同角度研究物质的热运动性质和规律,自成独立体系,相互之间又存在必然的联系,宏观性质是系统中大量分子热运动的集体表现.两种理论相辅相成、相互补充,使热学成为联系宏观世界与微观世界的一座桥梁.

本章只讨论气体动理论部分,它只是对经典统计物理学的基本出发点和工作模式的初步介绍.

热力学系统

热力学

统计物理学

分子动理论

12.1 热力学第零定律 理想气体物态方程

12.1.1 热力学系统的平衡态 热力学第零定律

一定的热力学系统,在一定的条件下具有一定的热力学性质,处于一定的宏观状态,称为系统的热力学状态,简称状态.热力学系统按所处的状态不同,可以分为平衡态系统和非平衡态系统.在不受外界影响的条件下,一个系统的宏观性质不随时间改变的状态称为平衡态,否则称为非平衡态.

热力学状态

平衡态
非平衡态

实际情况不会有完全不受外界影响而宏观性质永远保持不变的系统,所以平衡态是理想概念,是最简单、最基本的,是外界条件变化很慢时的近似. 很多实际问题可以近似作为平衡态处理,因而研究平衡态问题不仅具有理论的意义,而且具有现实的意义.

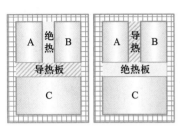

图 12.1-1　热平衡实验

如果有 A、B、C 三个热力学系统,如图 12.1-1 所示,若系统 A 和系统 B 用刚性绝热板(如厚石棉板等)隔开,但各自经刚性导热板(如金属板)同时与系统 C 热接触,经过一段时间后,它们都分别与系统 C 处于热平衡. 再将系统 A、B 用刚性绝热板与系统 C 分开,将系统 A、B 间的刚性绝热板换成刚性导热板,使系统 A、B 热接触,则发现系统 A、B 的状态也不再发生变化. 这就表明系统 A、B 也已处于热平衡. 大量的实验事实,可概括为:如果两个热力学系统中的每一个都与第三个热力学系统处于热平衡,则它们彼此也必定处于热平衡,称为热力学第零定律,也称热平衡定律.

热力学第零定律

思考

12.1　气体的平衡态有何特征？与力学中所指的平衡有何不同？

12.1.2 气体的状态参量

状态参量

描述系统平衡态性质的物理量称为状态参量. 一个没有外力场作用的热力学系统的状态参量有几何、力学、化学和热学参量.

对于气体来说,几何参量就是气体的体积,是气体所能达到的空间,即容器的体积,记为 V. 在国际单位制中,体积的单位为立方米,记为 m^3；实际应用中体积的单位也常用升,记为 L,$1 \text{ L} = 10^{-3} \text{ m}^3$.

气体系统的力学参量是压强,记为 p. 压强是单位面积所受的垂直压力. 在国际单位制中,压强的基本单位为帕斯卡,简称帕,记为 Pa.

$$1 \text{ Pa} = 1 \text{ N} \cdot \text{m}^{-2}$$

标准大气压

通常,人们把 45° 纬度海平面处测得 0 ℃时大气压强的值$(1.013\ 25 \times 10^5 \text{ Pa})$称为标准大气压.

物质的量

对于混合气体系统,表征系统化学组分的化学量是物质的量,记为 ν,物质的量的单位称为摩尔,记为 mol. 1 mol 物质所包含的基本单元(可以是分子、原子、离子、电子或其他粒子)的数目,对任何物质都为一个常量,称为阿伏伽德罗常量,记为 N_A.

$$1 \ N_A \approx 6.02 \times 10^{23} \ \text{mol}^{-1}$$

1 mol 物质的质量称为该物质的**摩尔质量**,记为 M.

表征物体(或系统)冷热程度的**热学参量**是温度.根据热力学第零定律,处于同一热平衡状态的所有热力学系统都具有某种共同的宏观性质,描述这个宏观性质的物理量就是**温度**.温度的数值表示就是**温标**,国际上规定热力学温标为基本温标,一切温度测量最终都以热力学温标为准.由热力学温标确定的温度称**热力学温度**,记为 T.在国际单位制中,热力学温度是七个基本量之一,其单位为开尔文,简称开,记为 K.

目前在工程上和生活中常使用摄氏温标,由摄氏温标确定的温度称为**摄氏温度**,记为 t.其单位为摄氏度,记为 ℃.摄氏温度 t 与热力学温度 T 的关系为

$$t/℃ = T/\text{K} - 273.15$$

即规定热力学温度 273.15 K 为摄氏温度的零点,摄氏温标与热力学温标之间仅是温度的计量起点不同,温度间隔是一样的.

摩尔质量

热学参量

温度

温标

热力学温度

摄氏温度

思考

12.2 若一个物体的某种状态量与其物质的量成正比,则该状态量属于广延量;若状态量与物质的量没有关系,则属于强度量.试分析理想气体的三个状态量 p、V、T 谁属于广延量,谁又属于强度量.

12.1.3 理想气体物态方程

所谓物态方程就是处于平衡态系统的热力学参量之间所满足的函数关系.实验表明,气体在压强不太大(与大气压相比)和温度不太低(与室温相比)的条件下,遵守玻意耳定律(T 不变时, pV = 常量)、查理定律(V 不变时, $\dfrac{p}{T}$ = 常量)、盖吕萨克定律(p 不变时, $\dfrac{V}{T}$ = 常量)和阿伏伽德罗定律(在同样的温度和压强下,相同体积的气体含有相同数量的分子).根据这些实验定律可

以导出气体的物态方程为

$$pV = \nu RT \qquad (12.1.1)$$

摩尔气体常量

式中 $R \approx 8.314 \text{ J} \cdot \text{mol}^{-1} \cdot \text{K}^{-1}$ 称为摩尔气体常量，ν 是物质的量.

如果气体的质量为 m'，则气体物质的量 $\nu = \dfrac{m'}{M}$，这时气体的物态方程为

$$pV = \frac{m'}{M}RT \qquad (12.1.2)$$

实验表明，各种实际气体在温度不太低、压强不太大时，都近似地遵守式(12.1.1)或式(12.1.2)，压强越低，近似程度越高，在压强趋于零的极限情况下，各种实际气体严格地遵守式(12.1.1)或式(12.1.2).式(12.1.1)或式(12.1.2)称为**理想气体物态方程**.理想气体的宏观定义为：在任何情况下，严格满足理想气体物态方程的气体称为理想气体.理想气体实际上是不存在的，它只是真实气体的初步近似和理想化模型.在一定的温度和较低的压强下，可以近似地用这个模型来概括真实气体.

理想气体物态方程

录屏：理想气体物态方程应用

分压强

对于包含多种不同化学成分的混合理想气体，由实验得：混合气体的总压强等于各组分气体的分压强之和.所谓分压强，是指每一种气体在与混合气体温度和体积相同的条件下，这种气体单独存在时的压强.即

$$p = \sum_i p_i = p_1 + p_2 + \cdots + p_n \qquad (12.1.3)$$

道尔顿分压定律

式(12.1.3)称道尔顿分压定律.

思考

12.3　试解释下列现象：(1) 自行车的内胎会晒爆；(2) 热水瓶的塞子有时会自动跳出来.

12.4　人坐在橡皮艇里，艇浸入水中一定的深度，到夜晚大气压强不变，温度降低了，问艇浸入水中的深度将怎样变化？

例题 12-1

一个热气球的容积为 $2.1 \times 10^4 \ m^3$,气球本身和负载质量共 $4.5 \times 10^3 \ kg$,若其外部气温为 20 ℃,要想使气球上升,其内部空气最低要加热到多少?

解:以热气球内部的气体为研究对象,在加热气球内部气体的过程中,气球的容积及气体的压强不变,气体从气球中逸出,质量不断减少.因而,当达到一定温度时,热气球所受的浮力就会大于等于热气球系统整体的重力.标准状况下空气的密度 $\rho_0 = 1.29 \ kg \cdot m^{-3}$. 以 ρ_1 和 ρ_2 分别表示热气球内、外空气的密度,由于热气球内外压强相等(均取标准大气压 $1.013\ 25 \times 10^5 \ Pa$),由式(12.1.2)可得

$$\rho_2 = \frac{\rho_0 T_0}{T_2}, \qquad \rho_1 = \frac{\rho_0 T_0}{T_1}$$

由热气球所受浮力与负载重量平衡可得

$$(\rho_2 - \rho_1) V g = m'g$$

即

$$\rho_0 T_0 \left(\frac{1}{T_2} - \frac{1}{T_1} \right) V = m'$$

由此得内部空气所需的最低温度为

$$T_1 = \frac{V \rho_0 T_0 T_2}{V \rho_0 T_0 - m' T_2}$$

$$= \frac{2.1 \times 10^4 \times 1.29 \times 273 \times 293}{2.1 \times 10^4 \times 1.29 \times 273 - 4.5 \times 10^3 \times 293} \ K$$

$$= 357 \ K \approx 84 \ ℃$$

另外,此题有多种解法.解题时,分析清楚具体发生的过程非常重要.

想一想,若初始时热气球中气体的质量小于气球本身和负载的总质量,热气球还会上升吗?

12.2 理想气体的压强公式

12.2.1 物质微观模型

事实表明,通常的宏观物体——气体、液体、固体等,都是由大量的分子或原子组成的.气体是彼此有很大间距的分子的集合.对于气体,在某些情况下,可以把分子视为一个质点.实验还表明,组成物质的分子处于永不停息的无规则运动状态,分子的无规则运动与温度有关,所以通常把它称为分子热运动;分子间有相互作用力,气体分子除了碰撞的瞬间外,相互作用力极为微小.

热运动

对于理想气体可以假定:(1)分子间除碰撞瞬间外,无相互

作用;(2) 分子间和分子与器壁间碰撞是完全弹性的;(3) 由于分子本身的线度与分子之间的平均距离相比小很多,因而在推导压强公式时,可视分子为质点.

12.2.2 理想气体压强公式

从微观上看,压强就是单位时间内大量分子无规则运动中频繁碰撞器壁所给予单位面积器壁的平均冲量.

设在边长分别为 x、y 和 z 的长方体容器中储有一定量的某种理想气体,如图 12.2-1 所示,设容器中共有 N 个同类分子,每个分子的质量为 m,分子数密度为 n. 在平衡态时,各处的分子数密度相同,气体分子沿各个方向运动的概率相等,则器壁各处的压强是完全相等的. 我们只需计算任一器壁 A_1 所受的压强.

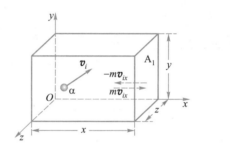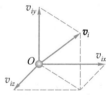

图 12.2-1　理想气体压强公式推导

首先考虑速度为 v_i 的 α 分子在一次碰撞中对器壁 A_1 的作用,其在 x 轴上的速度分量为 v_{ix}. 由力学知识易得,α 分子在对 A_1 的一次碰撞中施于 A_1 的冲量为 $2mv_{ix}$,由于分子与器壁的碰撞是完全弹性的,故在碰撞中,分子的动量沿 y、z 坐标轴的分量不变. α 分子连续两次碰撞器壁 A_1 所需时间 $t = \dfrac{2x}{v_{ix}}$,因此,单位时间内对器壁 A_1 的碰撞次数为 $\dfrac{v_{ix}}{2x}$,单位时间内 α 分子作用在面 A_1 的冲量为

$$\Delta I_i = 2mv_{ix} \frac{v_{ix}}{2x} = \frac{mv_{ix}^2}{x}.$$

单位时间内容器内具有各种速度的所有分子对器壁 A_1 碰撞的总冲量为

$$\Delta I = \sum \Delta I_i = \sum \frac{mv_{ix}^2}{x} = \frac{m}{x} \sum v_{ix}^2$$

上式也是面 A_1 单位时间内所受到的冲力 F.

器壁受到的压强为

$$p = \frac{\Delta I}{yz} = \frac{m}{xyz} \sum v_{ix}^2 = \frac{N}{xyz} m \frac{\sum v_{ix}^2}{N} \qquad (12.2.1)$$

$\overline{v_x^2} = \dfrac{\sum v_{ix}^2}{N}$ 为 N 个分子沿 x 方向速度分量的平方的平均值. 同样也有

$$\overline{v_y^2} = \frac{\sum v_{iy}^2}{N} \quad 和 \quad \overline{v_z^2} = \frac{\sum v_{iz}^2}{N}$$

因为 $v^2 = v_x^2 + v_y^2 + v_z^2$, 所以

$$\overline{v_x^2} = \overline{v_y^2} = \overline{v_z^2} = \frac{1}{3}\overline{v^2}$$

将上式代入式 (12.2.1) 中, 并考虑到分子数密度 $n = \dfrac{N}{xyz}$, 得

$$p = \frac{1}{3} nm\overline{v^2} \qquad (12.2.2)$$

令 $\overline{\varepsilon}_k = \dfrac{1}{2} m\overline{v^2}$ 是大量分子平动动能的统计平均值, 称为分子的平均平动动能. 则由式 (12.2.2) 得

分子的平均平动动能

$$p = \frac{2}{3} n\left(\frac{1}{2}m\overline{v^2}\right) = \frac{2}{3}n\overline{\varepsilon}_k \qquad (12.2.3)$$

式 (12.2.3) 就是在平衡态下理想气体的压强公式, 简称压强公式.

理想气体的压强公式

式 (12.2.3) 是分子动理论的基本方程之一. 将表征系统整体状态 (大量微观粒子集体特征) 的物理量称为宏观量, 表征个别粒子行为特征的物理量称为微观量. 压强公式将理想气体的宏观量 (压强 p) 和系统的微观量的统计平均值 (分子平均平动动能 $\overline{\varepsilon}_k$) 联系起来, 从而说明了宏观量是微观量的统计平均值.

宏观量

微观量

宏观量是微观量的统计平均值

思考

12.5　气体动理论的基本观点是什么? 气体动理论解决问题的基本思想是什么?

12.6　在推导理想气体压强公式的过程中, 什么地方用到了理想气体的微观模型? 什么地方用到了平衡态的条件? 什么地方用到了统计平均的概念?

12.7　除课本中给出的理想气体压强公式推导方法外, 是否还有更为简单的推导方法? 试述之.

12.8　什么是宏观量, 什么是微观量? 属于宏观量的物理量有哪些?

录屏:理想气体压强公式　温度公式

12.3　温度的本质

将由统计方法得到的理想气体压强公式(12.2.3)和由实验总结出的理想气体物态方程(12.1.2)联立,可导出温度与分子平均平动动能的关系式,从而阐明温度的微观本质. 由式(12.2.3)

$$p = \frac{2}{3} n \bar{\varepsilon}_k$$

和理想气体物态方程(12.1.2)

$$pV = \frac{m'}{M} RT$$

考虑到气体单位体积内分子数 $n = \frac{N}{V}$,总分子数 $N = \frac{m'}{M} N_A$,这里 m' 为气体的质量,N_A 为阿伏伽德罗常量. 以上各式联立得

$$\bar{\varepsilon}_k = \frac{3}{2} \frac{R}{N_A} T \tag{12.3.1}$$

R 和 N_A 都是常量,它们可用另一个常量 k 来表示,

$$k \equiv \frac{R}{N_A} = 1.380\ 650 \times 10^{-23}\ \text{J} \cdot \text{K}^{-1}$$

则式(12.3.1)可写成

$$\bar{\varepsilon}_k = \frac{3}{2} kT \tag{12.3.2}$$

玻耳兹曼常量

k 是描述一个分子行为的普适常量,称为玻耳兹曼常量.

温度公式

式(12.3.2)就是理想气体分子的平均平动动能与温度的关系式,简称温度公式. 它从分子动理论角度揭示了温度的本质. 温度的本质是物体内部分子无规则运动的剧烈程度的量度,温度越高,物体内部分子热运动的平均平动动能越大,分子无规则运动越剧烈.

又因为 $\bar{\varepsilon}_k = \frac{1}{2} m \overline{v^2}$,将其与式(12.3.2)联立,得方均根速率

$$\sqrt{\overline{v^2}} = \sqrt{\frac{3kT}{m}} = \sqrt{\frac{3RT}{M}} \tag{12.3.3}$$

式中,$M = N_A m$ 为气体的摩尔质量.

将式(12.2.3)和式(12.3.2)联立得

$$p = nkT \tag{12.3.4}$$

式(12.3.4)是理想气体物态方程的另一重要形式.

需强调的是,压强、温度是大量分子热运动的集体表现,是具有统计意义的,对少数分子是无意义的.

思考

12.9 温度的微观本质是什么?

12.10 为什么说对于单个分子或少数分子而言根本不能谈温度的概念?

12.11 小球作非弹性碰撞时会产生热,作弹性碰撞时则不会产生热.气体分子碰撞是弹性的,为什么气体会有热能?

12.12 试用理想气体压强公式推导道尔顿分压定律.

例题 12-2

一容器内储有氧气,其压强为 1.013×10^5 Pa,温度为 27.0 ℃.(1)求气体的分子数密度;(2)求氧气的密度;(3)求氧气分子的质量;(4)求分子的平均平动动能;(5)求分子间的平均距离(设分子间均匀等距排列);(6)若容器是边长为 0.30 m 的正方体,当一个分子下降的高度等于容器的边长时,其重力势能改变多少?将重力势能的改变与其平均平动动能相比较.

解:(1)由理想气体物态方程 $p=nkT$ 可得气体分子数密度

$$n=\frac{p}{kT}=\frac{1.013\times10^5}{1.38\times10^{-23}\times(273+27)}\ \text{m}^{-3}$$
$$=2.447\times10^{25}\ \text{m}^{-3}$$

(2)由理想气体物态方程 $pV=\frac{m'}{M}RT$ 可得氧气的密度为

$$\rho=\frac{m'}{V}=\frac{pM}{RT}=\frac{1.013\times10^5\times32.0\times10^{-3}}{8.31\times(273+27)}\ \text{kg}\cdot\text{m}^{-3}$$
$$=1.30\ \text{kg}\cdot\text{m}^{-3}$$

(3)设氧气分子的质量为 m,则由 $\rho=mn$ 可得

$$m=\frac{\rho}{n}=\frac{1.30}{2.447\times10^{25}}\ \text{kg}=5.313\times10^{-26}\ \text{kg}$$

(4)由气体分子平均平动动能的公式可得氧气分子的平均平动动能为

$$\overline{\varepsilon}_k=\frac{3}{2}kT=\frac{3}{2}\times1.38\times10^{-23}\times(273+27)\ \text{J}$$
$$=6.21\times10^{-21}\ \text{J}$$

(5)设氧气分子间的平均距离为 $\overline{d}$,由于分子间均匀等距排列,平均每个分子占有的体积为 $\overline{d}^3$,则 1 m^3 含有的分子数为 $\frac{1}{\overline{d}^3}=n$. 因此

$$\overline{d}=\sqrt[3]{1/n}=\left(\frac{1}{2.447\times10^{25}}\right)^{1/3}\ \text{m}=3.444\times10^{-9}\ \text{m}$$

(6)题设过程中氧气分子重力势能的改变为

$$\Delta E_p=mg\Delta h=(5.313\times10^{-26}\times9.80\times0.30)\ \text{J}$$
$$=1.562\times10^{-25}\ \text{J}$$

则

$$\frac{\Delta E_p}{\overline{\varepsilon}_k}=2.52\times10^{-5}$$

由此可见,氧气分子重力势能的改变与其平均平动动能相比可以忽略不计.

12.4 能量均分定理 理想气体内能

前面在研究气体热运动时,把气体分子都视为质点,只考虑了分子的平动.实际上有如氦那样的单原子分子,也有如氢气和氧气那样的双原子分子以及水和二氧化碳那样的多原子分子.对于双原子分子和多原子分子,气体分子本身有一定的大小和复杂的内部结构.分子除平动外,还有转动和分子内部原子的振动.所以研究气体分子热运动的能量时,还应将分子的转动动能和振动动能都包括进去.平衡态下气体分子的能量服从一定的统计规律——能量按自由度均分定理.

12.4.1 自由度

自由度

为了研究分子能量的分配,需要引入物体自由度的概念.自由度是描述物体运动自由程度的物理量,例如质点在二维空间的运动就比在一维直线上或曲线上的运动来得自由.在力学中,把完全确定一个物体的空间位置所需要的独立坐标的数目,称为该物体的自由度,记为 i.

一个分子的自由度与分子的具体结构有关.在热力学中一般不涉及原子内部的运动,仍将原子当作质点而将分子视为由原子质点构成.根据分子的结构,可分为单原子分子、双原子分子和多原子分子,如图 12.4-1 所示.

单原子分子(如 He、Ne、Ar 等)可视为自由运动的质点,确定质点的空间位置需要 3 个独立的坐标(如 x、y、z),因而有 3 个平动自由度,即 $i=3$.

双原子分子(如 O_2、H_2、N_2、CO 等)可视为两个原子被一条化学键连接起来的线性分子,绕此线的转动惯量可忽略不计.故双原子分子绕中心轴转动的自由度不必考虑.若双原子分子中两原子之间的间距固定,没有相对运动(即没有振动),则称为刚性双原子分子.确定双原子分子的质心位置需要 3 个独立坐标,确定其连线的方位需要 2 个独立坐标(确定转轴方位的 3 个方向角 α、β、γ 中只有 2 个是独立的),所以刚性双原子分子有 3 个平动

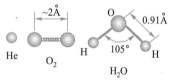

图 12.4-1 分子结构示意图

刚性双原子分子

自由度,2 个转动自由度,即刚性双原子分子总自由度 $i=5$. 若双原子分子中两原子之间有相对运动,还要考虑振动自由度.

若多原子分子(如 H_2O、NH_3、CH_4、CH_3OH 等)中各原子间的距离保持不变,则称为**刚性多原子分子**. 刚性多原子分子的空间位置由分子的质心位置、转轴的方位、绕质心轴转过的角度来决定. 确定质心的位置需要 3 个独立的坐标,对应 3 个平动自由度;确定转轴方位需要 2 个独立的坐标,确定分子绕此转轴转动的角度需一个坐标 θ,共 3 个描述转动的坐标,对应 3 个转动自由度;即一个刚性多原子分子,总自由度 $i=6$,其中 3 个平动自由度,3 个转动自由度. 若多原子分子中各原子间的距离因振动而发生变化,还应考虑振动自由度. 实验与近代物理研究表明,当温度不太高时,可视双原子分子和多原子分子为刚性分子.

刚性多原子分子

12.4.2 能量均分定理

在 12.3 节中已经得到理想气体在平衡态时,分子平均平动动能为

$$\overline{\varepsilon}_k = \frac{3}{2}kT = \frac{1}{2}m\overline{v^2} = \frac{1}{2}m(\overline{v_x^2} + \overline{v_y^2} + \overline{v_z^2})$$

另外,在平衡状态下,大量分子沿各方向的运动机会相等,所以有

$$\overline{v_x^2} = \overline{v_y^2} = \overline{v_z^2}$$

与 3 个平动自由度对应,每个平动自由度的平均动能为

$$\frac{1}{2}m\overline{v_x^2} = \frac{1}{2}m\overline{v_y^2} = \frac{1}{2}m\overline{v_z^2} = \frac{1}{3}\left(\frac{1}{2}m\overline{v^2}\right) = \frac{1}{2}kT \quad (12.4.1)$$

表明气体分子沿 x、y、z 三个方向运动的平均平动动能完全相等,即分子平动能量中速度平方项的数目与分子平动自由度数目相等. 在气体动理论中,把分子能量中含有速度和坐标的二次方项的数目,称为分子**能量自由度**,简称自由度.

能量自由度

从式(12.4.1)可知,单原子分子每个平方项所对应的平均能量都是 $kT/2$. 这个结论可以推广到气体分子的其他自由度上. 根据经典统计物理的基本原理,可以导出:系统在温度为 T 的平衡态时,分子任何一个自由度的平均能量都相等,都是 $kT/2$. 此定理称为**能量按自由度均分定理**,简称能量均分定理.

能量按自由度均分定理

根据能量均分定理,在处于热平衡态的热力学系统中,具有 i 个自由度气体分子的平均能量为

$$\overline{\varepsilon} = \frac{i}{2}kT \qquad\qquad (12.4.2)$$

录屏:能量均分定理

从式(12.4.2)可以看出,当温度相同时,不同结构的分子的平均能量是不相同的.但温度相同时,各种分子的平均平动动能都相同,均为 $\frac{3}{2}kT$.

同样,能量均分定理是统计规律,只适用于处于平衡态的由大量分子组成的系统.气体热力学系统的平衡态,是通过气体分子之间频繁碰撞得以建立和维持的,在分子作无规则碰撞的过程中,使分子的平动、转动和振动的能量相互转化,完全不能说某一种运动形式可以具有的能量比另一种运动形式占有什么特别的优势,总的能量只能是机会均等地平均地分配于每一种运动形式或每一种自由度,没有任何自由度占优势,总能量就均分了.这一原理可由经典统计物理给出严格证明.

12.4.3 理想气体的内能

在热力学中,气体的内能是指所有分子各种形式的动能与各种形式的势能的总和,记为 E.因为温度 T 升高时,分子无规则热运动动能增加,所以内能 E 是温度 T 的函数.又由于分子间相互作用势能取决于分子之间的距离,故内能与体积有关.一般来说,实际气体的内能是温度和体积的函数.

$$E = E(T, V) \qquad\qquad (12.4.3)$$

对于理想气体,不计分子之间的相互作用力,因此理想气体的内能只能是分子无规则热运动中各种形式的动能的总和.由式(12.4.2)得 1 mol 理想气体的内能为

$$E_{\mathrm{m}} = N_{\mathrm{A}} \cdot \frac{i}{2}kT = \frac{i}{2}RT$$

质量为 m' 的理想气体的内能

$$E = \frac{m'}{M}\frac{i}{2}RT = \frac{i}{2}\nu RT \qquad\qquad (12.4.4)$$

物质的量 $\nu = \dfrac{m'}{M}$,对于一定量的理想气体,内能只与气体的温度和气体分子的自由度的数目有关.对给定的理想气体,其内能仅是温度的单值函数.

内能是状态函数,在不同的变化过程,理想气体内能的变化值 ΔE 将只取决于初末状态温度的变化值 ΔT,即

$$\Delta E = \frac{i}{2}\nu R \Delta T \qquad (12.4.5)$$

思考

12.13 能量均分定理的内容是什么？定理中的能量指的是什么能量？

12.14 指出下列各式所表示的物理意义：

（1）$\frac{1}{2}kT$；（2）$\frac{3}{2}kT$；（3）$\frac{i}{2}kT$；（4）$\frac{i}{2}\nu RT$；（5）$\nu\frac{3}{2}RT$.

12.15 何谓内能？对单个分子是否有"内能"概念？为什么？

例题 12-3

2 mol 氧气，温度为 300 K 时，分子的平均平动动能是多少？气体分子的总平动动能是多少？气体分子的总转动动能是多少？气体分子的总动能是多少？该气体的内能是多少？

解：由题意知 $T=300$ K，$\nu=2$ mol，$i=5$（其中 3 个平动自由度，2 个转动自由度）.

分子的平均平动动能

$$\bar{\varepsilon}_k = \frac{3}{2}kT = \left(\frac{3}{2}\times 1.38\times 10^{-23}\times 300\right) \text{ J}$$
$$= 6.21\times 10^{-21} \text{ J}$$

气体分子的总平动动能

$$E_平 = \nu\frac{3}{2}RT = \left(2\times\frac{3}{2}\times 8.31\times 300\right) \text{ J}$$
$$= 7.48\times 10^3 \text{ J}$$

气体分子的总转动动能

$$E_转 = \nu\frac{2}{2}RT = \left(2\times\frac{2}{2}\times 8.31\times 300\right) \text{ J}$$
$$= 4.99\times 10^3 \text{ J}$$

气体分子的总动能

$$E_k = E_平 + E_转 = 1.25\times 10^4 \text{ J}$$

气体的内能

$$E = \nu\frac{i}{2}RT = \left(2\times\frac{5}{2}\times 8.31\times 300\right) \text{ J}$$
$$= 1.25\times 10^4 \text{ J}$$

12.5 气体分子的速率分布律

在没有外力场的情况下，当气体处于平衡态时，从宏观上看，其分子数密度、压强、温度都是均匀分布的；但从微观上看，气体中各个分子的速率和动能是各不相同的.实验和理论都表明，这时气体分子的速率服从确定的分布规律.下面对这个最基本的概念作简单介绍.

12.5.1 麦克斯韦分子速率分布律

按经典力学的概念,分子速率是一个可以连续变化的量,即可取从 0 到 ∞ 区间内的任何值. 为了知道分子数按速率的分布,可将速率按区间分组. 例如,把分子所有可能的速率值用 $v_1 \sim v_1 + \Delta v_1, v_2 \sim v_2 + \Delta v_2, \cdots, v_i \sim v_i + \Delta v_i, \cdots$ 分隔成一系列区间. 设气体分子总数为 $N(N \to \infty)$,分布在速率区间 $v_i \sim v_i + \Delta v_i$ 之间的分子数目为 ΔN_i,不同区间内的分子数与总分子数之比,即相对分子数 $\Delta N_i / N$,就是气体分子处于速率区间 $v_i \sim v_i + \Delta v_i$ 的概率.

在平衡态下,分布在不同的速率 v 附近相等的速率间隔 Δv 中,分子数是不同的,即比值 $\Delta N/N$ 与 v 值有关,是速率 v 的函数. 当 Δv 足够小时,用 $\mathrm{d}v$ 表示,相应的 ΔN 用 $\mathrm{d}N$ 表示($\mathrm{d}N$ 在宏观上足够小,在微观上充分大,即其中包含的分子数仍然足够多). 比值 $\mathrm{d}N/N$ 的大小与间隔 $\mathrm{d}v$ 的大小成正比,因而可表示为

$$\frac{\mathrm{d}N}{N} = f(v)\,\mathrm{d}v \qquad (12.5.1)$$

或

$$f(v) = \frac{\mathrm{d}N}{N \cdot \mathrm{d}v} \qquad (12.5.2)$$

速率分布函数

$f(v)$ 称为气体分子的**速率分布**函数. 其物理意义是分子速率在 v 附近单位速率间隔内的分子数占总分子数的比例. 也表示单个分子的速率出现在 v 附近单位速率间隔内的概率.

由式(12.5.1)得

$$\mathrm{d}N = Nf(v)\,\mathrm{d}v$$

对上式积分则得分布在任一有限速率范围 $v_1 \sim v_2$ 的分子数 ΔN,

$$\Delta N = \int_{v_1}^{v_2} Nf(v)\,\mathrm{d}v$$

速率范围 $v_1 \sim v_2$ 内的分子数 ΔN 占总分子数 N 的比例,或单个分子速率出现在 $v_1 \sim v_2$ 范围内的概率为

$$\frac{\Delta N}{N} = \int_{v_1}^{v_2} f(v)\,\mathrm{d}v \qquad (12.5.3)$$

同样,对所有速率区间积分,有

$$\int_0^\infty f(v)\,\mathrm{d}v = 1 \qquad (12.5.4)$$

归一化条件

所有速率分布函数必须满足这一条件,式(12.5.4)称为分子的速率分布函数**归一化条件**.

1859 年麦克斯韦用概率理论首先得到平衡态气体分子按速率的分布律,1868 年玻耳兹曼用经典统计物理的方法又作了严格的推导,1920 年由德国物理学家施特恩首先从实验证实.

麦克斯韦从理论上导出的气体分子速率分布函数为

$$f(v) = 4\pi \left(\frac{m}{2\pi kT} \right)^{\frac{3}{2}} e^{-\frac{mv^2}{2kT}} \cdot v^2 \qquad (12.5.5)$$

式(12.5.5)中 m 是一个分子的质量，T 为气体的热力学温度，k 是玻耳兹曼常量. 则式(12.5.1)又可写成

$$\frac{\mathrm{d}N}{N} = 4\pi \left(\frac{m}{2\pi kT} \right)^{\frac{3}{2}} e^{-\frac{mv^2}{2kT}} \cdot v^2 \mathrm{d}v \qquad (12.5.6)$$

称为**麦克斯韦分子速率分布律**，其分布曲线如图 12.5-1 所示.

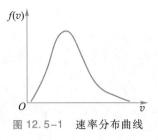

图 12.5-1　速率分布曲线

麦克斯韦分子速率分布律

12.5.2　三种统计速率

在经典物理中，气体分子的速率可以具有从零到无穷大之间的一切数值. 由图 12.5-1 可知，分子速率分布曲线从坐标原点出发，经过一个极大值之后，随着速率的增大而又逐渐趋近于横坐标轴，说明速率很大和速率很小的分子数所占的比例都很小，而具有中等速率的分子数所占的比例却很大. 这里讨论三种具有代表性的分子速率的统计值.

1. 最概然速率 v_p

如图 12.5-1 所示，速率分布函数 $f(v)$ 曲线峰值所对应的速率称为**最概然速率**，记为 v_p. 其物理意义是分布在 v_p 附近单位速率间隔内的相对分子数最多. $f(v)$ 函数有极值的条件是

$$\frac{\mathrm{d}}{\mathrm{d}v} f(v) = 0$$

将式(12.5.5)代入，并注意 v_p 不可能为零或无限大，可得

$$v_\mathrm{p} = \sqrt{\frac{2kT}{m}} = \sqrt{\frac{2RT}{M}} \approx 1.41 \sqrt{\frac{RT}{M}} \qquad (12.5.7)$$

式(12.5.7)表明，对同一种气体，v_p 随气体温度 T 的升高而增大，图 12.5-2 给出两种不同温度下的速率分布曲线，其中 $T_2 > T_1$. 当气体温度 T 一定时，v_p 又随着分子质量 m 的增大而减小，图 12.5-3 中 $m_2 < m_1$. 可见速率分布曲线的形状由气体的温度和气体的性质决定. 当温度和气体确定时，v_p 就确定了，则分布曲线的形状也就确定了，所以 v_p 表征了速率分布的性质.

2. 平均速率 $\bar{v}$

大量分子无规则运动时速率的统计平均值称为分子的**平均速率**，记为 $\bar{v}$. 设总分子数为 N，速率区间 $v \sim v+\mathrm{d}v$ 内的分子数为 $\mathrm{d}N$，由于 $\mathrm{d}v$ 很小，可认为这个小区间内的 $\mathrm{d}N$ 个分子的速率均为 v，速率之和就是 $v\mathrm{d}N$. 又因为在不同速率附近的等间隔区间内的

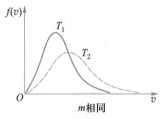

图 12.5-2　速率分布与温度的关系

最概然速率

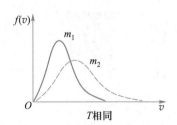

图 12.5-3　速率分布与气体种类的关系

平均速率

分子数不同,其分布要用速率分布函数 $f(v)$ 描述,则在速率区间 $v \sim v + dv$ 内的分子数为 $dN = Nf(v)dv$,分子平均速率为

$$\bar{v} = \frac{\int_0^\infty v\,dN}{\int_0^\infty dN} = \frac{\int_0^\infty vNf(v)\,dv}{N} = \int_0^\infty vf(v)\,dv$$

再将式(12.5.5)代入求得

$$\bar{v} = \sqrt{\frac{8kT}{\pi m}} = \sqrt{\frac{8RT}{\pi M}} \approx 1.60\sqrt{\frac{RT}{M}} \qquad (12.5.8)$$

3. 方均根速率 $\sqrt{\overline{v^2}}$

方均根速率就是分子速率平方的统计平均值的平方根. 用与求平均速率相同的方法,可得分子速率平方的平均值为

$$\overline{v^2} = \int_0^\infty v^2\frac{dN}{N} = \int_0^\infty v^2 f(v)\,dv$$

计算得方均根速率为

$$\sqrt{\overline{v^2}} = \sqrt{\frac{3kT}{m}} = \sqrt{\frac{3RT}{M}} \approx 1.73\sqrt{\frac{RT}{M}} \qquad (12.5.9)$$

与式(12.3.3)结果一致.

由式(12.5.7)、式(12.5.8)、式(12.5.9)确定的三种统计速率均与温度的平方根成正比,与分子的质量 m 或气体的摩尔质量 M 的平方根成反比.

三种统计速率各有不同的应用. 例如,最概然速率常用于讨论分子的速率分布,方均根速率在讨论气体的压强、内能和热容时常用于计算分子平均平动动能,计算分子碰撞频率、自由程问题时用平均速率.

录屏:麦克斯韦气体分子速率分布律的物理意义和特性

录屏:用速率分布函数求分子速率的统计平均值

录屏:麦克斯韦速率分布律思考题

例题 12-4

计算 He 原子和 N_2 在 20 ℃时的方均根速率,并以此说明地球大气中为何没有氦气和氢气而富有氮气和氧气.

解:He 原子和 N_2 的方均根速率分别为

$$\sqrt{\overline{v_{\text{He}}^2}} = \sqrt{\frac{3RT}{M_{\text{He}}}} = \sqrt{\frac{3\times8.31\times293}{4.00\times10^{-3}}}\ \text{m}\cdot\text{s}^{-1}$$
$$= 1.35\ \text{km}\cdot\text{s}^{-1}$$

$$\sqrt{\overline{v_{N_2}^2}} = \sqrt{\frac{3RT}{M_{N_2}}} = \sqrt{\frac{3\times8.31\times293}{28.0\times10^{-3}}}\ \text{m}\cdot\text{s}^{-1}$$
$$= 0.511\ \text{km}\cdot\text{s}^{-1}$$

物体脱离地球引力的最小速度(逃逸速度)$v_{\text{地}} = 11.2\ \text{km}\cdot\text{s}^{-1}$.

计算可得

$$\sqrt{\overline{v_{\text{He}}^2}} \approx \frac{1}{8}v_{\text{地}},\quad \sqrt{\overline{v_{H_2}^2}} \approx \frac{1}{6}v_{\text{地}},\quad \sqrt{\overline{v_{N_2}^2}} \approx \frac{1}{22}v_{\text{地}}$$

在距地大约 500 km 的高空中,空气就极其稀薄了,分子间的碰撞较低空中减少. 由于

分子速率分布的原因,必然有些分子的速率大于 $v_{地}$ 而飞离地球. 由于分子质量越小,方均根速率越大,分子的动能也越大,因而氢、氦等气体分子能够达到逃逸速度的比例大于氮等气体分子,虽说只有少量分子的速率能达到 $v_{地}$,分子失散得很慢,但几十亿年过去后,如今的大气层中就没有氦气和氢气了. 又如,月球的逃逸速率 $v_{月} = 2.4 \ \mathrm{km \cdot s^{-1}}$,远小于 $v_{地}$,故月球上气体分子逃逸得比地球上快,以至已经不存在大气层了. 太阳也有大气层,太阳的大气逃逸称为太阳风. 太阳风都是带电粒子,若没有地球磁层的保护,生命将不存在. 太阳大气层的扰动,会使吹向地球的太阳风的强度增加数个数量级,它可能破坏卫星通信、电力供应等.

思考

12.16 什么是气体分子速率分布律? 气体分子速率分布和哪些因素有关?

12.17 速率分布函数 $f(v)$ 的物理意义是什么? 若 $f(v)$ 是气体分子的速率分布函数,试说明下列各式的物理意义:

(1) $f(v)\mathrm{d}v$;   (2) $Nf(v)\mathrm{d}v$;

(3) $\int_{v_1}^{v_2} f(v)\mathrm{d}v$;   (4) $\int_{v_1}^{v_2} Nf(v)\mathrm{d}v$;

(5) $\int_{v_1}^{v_2} vf(v)\mathrm{d}v$;   (6) $\int_{v_1}^{v_2} Nvf(v)\mathrm{d}v$.

12.6 气体分子的平均碰撞频率和平均自由程

气体分子之间的无规则碰撞对于气体中发生的过程有着十分重要的作用,平衡态、麦克斯韦速率分布律、气体分子的能量按自由度的均分定理等,都是通过分子间的碰撞维持的. 因此,研究分子的碰撞,也是气体动理论的重要内容之一.

气体分子作永不停息地无规则运动,在运动过程中不断地与其他分子碰撞,因此其运动方向不断改变,其轨迹曲折迂回,十分复杂,如图 12.6-1 所示. 就个别分子来说,它与其他分子何时在何地发生碰撞,单位时间内与其他分子碰撞多少次,连续两次碰撞之间可自由走过多少路程等,这些都是偶然、不可预测的. 但对大量分子构成的整体来说,分子在连续两次碰撞之间

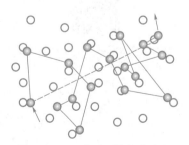

图 12.6-1 分子碰撞与自由程

自由走过的路程及分子间的碰撞却服从确定的统计规律.

若不计分子间的引力作用,可认为分子在连续两次碰撞之间作匀速直线运动,所自由走过的路程称为自由程. 在一定的宏观条件下,气体分子在连续两次碰撞之间所自由走过路程的平均值,称为平均自由程,记为 $\bar{\lambda}$. 一个分子在单位时间内与其他分子碰撞的平均次数称为分子的平均碰撞频率,简称碰撞频率,记为 $\bar{Z}$. 显然,平均自由程和碰撞频率之间存在着简单关系. 用 $\bar{v}$ 表示气体分子的平均速率,则有

$$\bar{\lambda} = \frac{\bar{v}}{\bar{Z}} \qquad (12.6.1)$$

$\bar{\lambda}$ 和 $\bar{Z}$ 和哪些因素有关?

为简化起见,只考察同类气体分子,不计分子间的引力作用,将分子视为有效直径(两分子所能靠近的最短距离的平均值)为 d 的刚性球,分子间的碰撞是完全弹性的. 为了计算 $\bar{Z}$,跟踪一个分子 α,由于碰撞仅取决于分子间的相对运动,所以可以假设分子 α 以平均相对速率 $\bar{u}$ 相对于其他分子运动,即视其他分子静止不动. 计算分子 α 在一段时间 Δt 内与多少分子相碰.

考虑较稀薄的气体,只考虑两个分子间的碰撞,忽略三个或三个以上分子间的碰撞. 在分子 α 的运动过程中,显然只有中心与 α 的中心间距小于或等于分子有效直径 d 的那些分子才有可能与 α 相碰. 以 α 的中心的运动轨迹为轴线,以分子有效直径 d 为半径作一个曲折的圆柱体,凡是中心落在此圆柱体内的分子都会与 α 相碰,如图 12.6-2 所示. 圆柱体的截面积为 πd^2,πd^2 也称为碰撞截面. 在一段时间 Δt 内,分子 α 所走过的路程为 $\bar{u}\Delta t$,相应曲折圆柱体的体积为 $\pi d^2 \bar{u}\Delta t$. 设气体分子数密度为 n,则该圆柱体内的分子数为 $n\pi d^2 \bar{u}\Delta t$,亦即 α 在 Δt 时间内与其他分子碰撞的次数. 因此,碰撞频率为

$$\bar{Z} = \frac{n\pi d^2 \bar{u}\Delta t}{\Delta t} = n\pi d^2 \bar{u}$$

考虑到实际上所有分子都在运动,而且各个分子的运动速率并不相同,因此上式中的平均相对速率 $\bar{u}$ 应改为分子平均速率 $\bar{v}$. 由麦克斯韦分布律可以严格证明,气体分子的平均相对速率 $\bar{u}$ 与平均速率 $\bar{v}$ 的关系为 $\bar{u} = \sqrt{2}\bar{v}$,代入上式得

$$\bar{Z} = \sqrt{2}\,\pi d^2 \bar{v} n \qquad (12.6.2)$$

将式(12.6.2)代入式(12.6.1)中得

$$\bar{\lambda} = \frac{\bar{v}}{\bar{Z}} = \frac{1}{\sqrt{2}\,\pi d^2 n} \qquad (12.6.3)$$

自由程

平均自由程

平均碰撞频率

碰撞截面

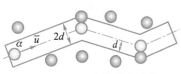

图 12.6-2　碰撞频率推导

录屏:平均碰撞频率　平均自由程

当理想气体处于平衡态,温度为 T 时,将 $p=nkT$ 代入式(12.6.3)得

$$\bar{\lambda} = \frac{kT}{\sqrt{2}\pi d^2 p} \tag{12.6.4}$$

可见,当温度一定时,$\bar{\lambda}$ 与气体的压强成反比,压强越小,分子的平均自由程越大. 当系统的分子数密度确定时,气体的自由程保持不变,因而,这时气体的压强和温度不能各自独立变化.

例题 12-5

试估算氧气在标准状态下分子的平均自由程和碰撞频率. 取氧气分子的有效直径 $d = 3.6 \times 10^{-10}$ m.

解:已知 $T = 273$ K,$p = 1.013 \times 10^5$ Pa,$d = 3.6 \times 10^{-10}$ m,$k = 1.38 \times 10^{-23}$ J·K^{-1},代入式(12.6.4)得

$$\bar{\lambda} = \frac{kT}{\sqrt{2}\pi d^2 p}$$

$$= \frac{1.38 \times 10^{-23} \times 273}{\sqrt{2}\pi \times (3.6 \times 10^{-10})^2 \times 1.013 \times 10^5} \text{ m}$$

$$= 6.46 \times 10^{-8} \text{ m}$$

可见,在标准状态下,氧气的平均自由程 $\bar{\lambda}$ 约为分子有效直径 d 的 200 倍,可以认为气体是足够稀薄的,可近似视为理想气体. 氧气分子的碰撞频率为

$$\bar{Z} = \frac{\bar{v}}{\bar{\lambda}} = \frac{\sqrt{\frac{8RT}{\pi M}}}{\bar{\lambda}} = \frac{\sqrt{\frac{8 \times 8.31 \times 273}{\pi \times 32 \times 10^{-3}}}}{6.46 \times 10^{-8}} \text{ s}^{-1}$$

$$= 6.58 \times 10^9 \text{ s}^{-1}$$

即每个氧分子每秒与其他分子碰撞 65 亿余次.

例题 12-6

直径 5 cm 的容器内部充满氮气,真空度为 10^{-3} Pa. 求常温(293 K)下平均自由程的理论计算值.

解:依题意气体分子数密度为

$$n = \frac{p}{kT} = \frac{10^{-3}}{1.38 \times 10^{-23} \times 293} \text{ m}^{-3} = 2.47 \times 10^{17} \text{ m}^{-3}$$

若用式(12.6.3)计算,得

$$\bar{\lambda} = \frac{1}{\sqrt{2}\pi d^2 n}$$

$$= \frac{1}{\sqrt{2}\pi (3.7 \times 10^{-10})^2 \times 2.47 \times 10^{17}} \text{ m}$$

$$= 6.66 \text{ m}$$

这个数值远大于容器线度 l,即 $\bar{\lambda} \gg l$,这时气体分子只是不断地来回与容器壁碰撞,则实际的气体分子的平均自由程就应该是容器的线度,即

$$\bar{\lambda} = l$$

这就是稀薄气体的特征. 还应该指出,即使在 1.013×10^{-4} Pa 的压强下,1 cm^3 内还有 3.5×10^{10} 个分子呢!

思考

12.18 气体分子碰撞频率与哪些因素有关?

12.19 气体分子的平均速率可达到几百米每秒,为什么在房间内打开一瓶香水后,需隔一段时间气味才能传到几米外?

12.20 一定质量的气体,保持体积不变,当温度增加时分子运动得更剧烈,因而平均碰撞频率增大,平均自由程是否也因此而减小?

12.21 试通过平均自由程来解释热水瓶瓶胆为什么具有保温效果?

知识要点

(1) 理想气体物态方程 $pV = \dfrac{m'}{M}RT = \nu RT$, $\qquad p = nkT$

$R \approx 8.314 \ \mathrm{J \cdot mol^{-1} \cdot K^{-1}}$, $\qquad k \equiv \dfrac{R}{N_A} = 1.380\ 649 \times 10^{-23} \ \mathrm{J \cdot K^{-1}}$

(2) 理想气体压强公式 $p = \dfrac{2}{3} n \overline{\varepsilon_k}$, $\qquad \overline{\varepsilon_k} = \dfrac{1}{2} m \overline{v^2}$

(3) 温度的统计意义 $\overline{\varepsilon_k} = \dfrac{3}{2} kT$

(4) 一个自由度为 i 的气体分子的平均能量 $\qquad \overline{\varepsilon} = \dfrac{i}{2} kT$

理想气体内能 $\qquad E = \dfrac{i}{2} \nu RT$

(5) 气体分子速率分布律 $\qquad \dfrac{\mathrm{d}N}{N} = f(v)\,\mathrm{d}v$

归一化条件 $\qquad \displaystyle\int_0^\infty f(v)\,\mathrm{d}v = 1$

三种特征速率 $\qquad v_p = \sqrt{\dfrac{2RT}{M}}$, $\overline{v} = \sqrt{\dfrac{8RT}{\pi M}}$, $\sqrt{\overline{v^2}} = \sqrt{\dfrac{3RT}{M}}$

(6) 气体分子平均碰撞频率 $\qquad \overline{Z} = \sqrt{2}\,\pi d^2 \overline{v} n$

气体分子平均自由程 $\qquad \overline{\lambda} = \dfrac{\overline{v}}{\overline{Z}} = \dfrac{1}{\sqrt{2}\,\pi d^2 n}$

习题

12-1 如习题 12-1 图所示,两个大小不同的容器用均匀的细管相连,管中有一水银滴作活塞,大容器装有氧气,小容器装有氢气. 当温度相同时,水银滴静止于细管中央,则此时这两种气体中( ).

(A) 氧气的密度较大

(B) 氢气的密度较大

(C) 密度一样大

(D) 哪种的密度较大是无法判断的

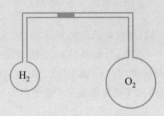

习题 12-1 图

12-2 已知氢气与氧气的温度相同,请判断下列说法哪个正确?( ).

(A) 氧分子的质量比氢分子大,所以氧气的压强一定大于氢气的压强

(B) 氧分子的质量比氢分子大,所以氧气的密度一定大于氢气的密度

(C) 氧分子的质量比氢分子大,所以氢分子的速率一定比氧分子的速率大

(D) 氧分子的质量比氢分子大,所以氢分子的方均根速率一定比氧分子的方均根速率大

12-3 关于温度的意义,有下列几种说法:

(1) 气体的温度是分子平均平动动能的量度;

(2) 气体的温度是大量气体分子热运动的集中表现,具有统计意义;

(3) 温度的高低反映物质内部分子运动剧烈程度的不同;

(4) 从微观上看,气体的温度表示每个气体分子的冷热程度.

这些说法中正确的是( ).

(A) (1)、(2)、(4)   (B) (1)、(2)、(3)

(C) (2)、(3)、(4)   (D) (1)、(3)、(4)

12-4 一容器内装有 N_1 个单原子理想气体分子和 N_2 个刚性双原子理想气体分子,当该系统处在温度为 T 的平衡态时,其内能为( ).

(A) $(N_1 + N_2)\left(\dfrac{3}{2}kT + \dfrac{5}{2}kT\right)$

(B) $\dfrac{1}{2}(N_1 + N_2)\left(\dfrac{3}{2}kT + \dfrac{5}{2}kT\right)$

(C) $N_1\dfrac{3}{2}kT + N_2\dfrac{5}{2}kT$

(D) $N_1\dfrac{5}{2}kT + N_2\dfrac{3}{2}kT$

12-5 在一个体积不变的容器中,储有一定量的理想气体,温度为 T_0 时,气体分子的平均速率为 $\bar{v}_0$,分子平均碰撞频率为 $\bar{Z}_0$,平均自由程为 $\bar{\lambda}_0$. 当气体温度升高为 $4T_0$ 时,气体分子的平均速率 $\bar{v}$、平均碰撞频率 $\bar{Z}$ 和平均自由程 $\bar{\lambda}$ 分别为( ).

(A) $\bar{v} = 4\bar{v}_0$,$\bar{Z} = 4\bar{Z}_0$,$\bar{\lambda} = 4\bar{\lambda}_0$

(B) $\bar{v} = 2\bar{v}_0$,$\bar{Z} = 2\bar{Z}_0$,$\bar{\lambda} = \bar{\lambda}_0$

(C) $\bar{v} = 2\bar{v}_0$,$\bar{Z} = 2\bar{Z}_0$,$\bar{\lambda} = 4\bar{\lambda}_0$

(D) $\bar{v} = 4\bar{v}_0$,$\bar{Z} = 2\bar{Z}_0$,$\bar{\lambda} = \bar{\lambda}_0$

12-6 有一个真空管,其真空度(即管内气体压强)为 1.33×10^{-2} Pa,则 27 ℃ 时管内单位体积的分子数为_____.

12-7 1 mol 氧气(视为刚性双原子分子的理想气体)储于一氧气瓶中,温度为 27 ℃,这瓶氧气的内能为_____ J;分子的平均平动动能为_____ J;分子的平均总动能为_____ J.

12-8 有一瓶质量为 m 的氢气(视为刚性双原子分子的理想气体),温度为 T,则氢分子的平均平动动能为_____,氢分子的平均动能为_____,该瓶氢气的内能为_____.

12-9 若某种理想气体分子的方均根速率 $\sqrt{\overline{v^2}} = 450$ m·s^{-1},气体压强为 $p = 7 \times 10^4$ Pa,则该气体的密度为 $\rho = $ _____.

12-10 用总分子数 N、气体分子速率 v 和速率分布函数 $f(v)$ 表示下列各量:

（1）速率大于 v_0 的分子数 = _____;

（2）速率大于 v_0 的分子的平均速率 = _____;

（3）多次观察某一分子的速率,发现其速率大于 v_0 的概率 = _____.

12-11 氮气在标准状态下（取压强为 1.0×10^5 Pa）的分子平均碰撞频率为 5.42×10^8 s^{-1},分子平均自由程为 6.0×10^{-8} m. 若温度不变,气压降为 1.0×10^4 Pa,则分子的平均碰撞频率变为_____;平均自由程变为_____.

12-12 （1）分子的有效直径的数量级是_____.

（2）在常温下,气体分子的平均速率的数量级是_____.

（3）在标准状态下气体分子的碰撞频率的数量级是_____.

12-13 一氧气瓶的容积为 3.2×10^{-2} m^3,其中氧气的压强为 1.3×10^7 Pa,规定瓶内氧气压强降到 1×10^6 Pa 时就得充气,以免混入其他气体而需洗瓶.今有一玻璃室,每天需用 1×10^5 Pa 的氧气 0.4 m^3,问一瓶氧气能用几天?

12-14 容积 $V = 1$ m^3 的容器内混有 $N_1 = 1.0 \times$ 10^{25} 个氢气分子和 $N_2 = 4.0 \times 10^{25}$ 个氧气分子,混合气体的温度为 400 K,求:（1）气体分子的平动动能总和;（2）混合气体的压强.

12-15 一容积为 10×10^{-6} m^3 的电子管,当温度为 300 K 时,用真空泵把管内空气抽成压强为 6.67×10^{-4} Pa 的高真空,问此时管内有多少个空气分子? 这些空气分子的平均平动动能的总和是多少? 平均转动动能的总和是多少? 平均动能的总和是多少?（空气分子可认为是刚性双原子分子.）

12-16 许多星球的温度达到 10^8 K. 在这温度下原子已经不存在了,而氢核（质子）是存在的. 若把氢核视为理想气体,问:（1）氢核的方均根速率是多少?（2）氢核的平均平动动能是多少电子伏?

12-17 导体中自由电子的运动可视为类似于气体中分子的运动. 设导体中共有 N 个自由电子,其中电子的最大速率为 v_m,电子速率在 $v \sim v+dv$ 之间的概率为

$$\frac{dN}{N} = \begin{cases} Av^2 dv, & 0 \le v \le v_m \\ 0, & v > v_m \end{cases}$$

式中 A 为常量.

（1）用 N、v_m 定出常量 A;（2）求导体中 N 个自由电子的平均速率.

本章计算题参考答案

章 首 问 题

冷暖空调能使我们的居所四季如春,那么冷暖空调的原理是什么呢?

章首问题解答

第 13 章 热力学基础

上一章是用微观描述方法讨论了热力学系统处于平衡态时的一些性质,除了说明宏观规律外,还揭示了微观本质.本章主要是采用宏观描述方法,从能量的观点出发来研究热现象的基本规律及应用.

13.1 热力学第一定律

13.1.1 功 热量 内能

热力学过程

录屏:热力学第一定律

系统的状态随时间的变化就是热力学过程,简称为过程.在力学中学过,做功能引起物体机械运动状态和机械能的变化.无数事实证明,外界对热力学系统做功或传递热量,或两者兼施都可以使系统的热运动状态发生变化.例如,一壶冷水,可以通过搅拌做功的方法使水的温度升高,从而使水的状态发生改变;也可以通过高温电炉加热的方式使水的温度升高,改变水的状态.如果两种方式都使水达到相同的末温度,则两种方式就使水发生了相同的状态变化.前者是通过外界对系统(水)做功来完成的,后者通过传热来完成.冷水和电炉接触的过程中能量从高温电炉传给冷水,使水的温度升高.系统的不同部分之间有温度差而发生能量传递的过程称为热传导,简称传热,传递的能量称为热量,记为 Q.实验表明,传热的方式不同(如等温、等压),传递的能量也不同,即热量与具体过程有关,是过程量.热量单位与功和能量的单位相同,在国际单位制中都是焦耳.

系统在一定的状态下所具有的能量,称为系统的内能,记为 E.大量实验结果表明,系统的状态发生变化时,只要初、末态确定,外界对系统所做的功的数值及外界向系统所传递热量的总和总是确定的,而与中间经历的是怎样的过程(如等温、等压)及所实施的方式(如机械功、电功、传热)无关. 即内能是系统热运动状态的单值函数 $E=E(V,T)$, 系统的状态确定, 内能就确定. 内能不包含系统整体的机械运动能量.

应当指出, 尽管做功和传热都是交换能量的方式, 并在改变系统状态上有其相同的一面, 但两者在本质上是不同的. 做功是与宏观位移相联系的, 是把有规则的宏观机械运动能量转化为系统内分子无规则热运动能量的过程; 而传热则是与各系统之间存在的温度差相联系的, 是系统间分子热运动能量的转移过程. 对某系统传递能量就是把高温物体的分子热运动能量传递给该系统, 并转化为该系统的分子热运动能量, 从而使它的内能增加.

13.1.2 热力学第一定律

一般情况下, 实际发生的热力学过程中, 做功和传热往往是同时存在的. 两者都可以改变系统的热力学状态, 即改变系统的内能. 系统的内能由 E_1 变为 E_2, 内能的增量 ΔE 等于外界对系统所做的功 W' 与系统吸收的热量 Q 之和, 这就是热力学第一定律, 其数学表达式为

录屏:热力学第一定律

$$\Delta E = E_2 - E_1 = Q + W'$$

上式也可写为

$$Q = W + \Delta E \qquad (13.1.1)$$

式中 W 表示系统对外界做的功. 上式的物理意义是: 系统在任一过程中从外界吸收的热量, 一部分使系统内能增加, 另一部分则用于系统对外做功. 显然, 热力学第一定律就是包括热现象在内的能量守恒定律.

在一个热力学过程中, 系统对外界所做的功 W 和系统吸收的热量 Q 都是代数量, 可正可负. 式 (13.1.1) 中规定: $W>0$ 表示系统对外做正功, $W<0$ 为外界对系统做功; $Q>0$ 表示系统从外界吸收热量, $Q<0$ 表示系统向外界释放热量; $\Delta E>0$ 表示系统内能增加, $\Delta E<0$ 表示系统内能减少.

对于系统状态的无限小变化过程, 热力学第一定律的数学表达式可写成

$$dQ = dW + dE \qquad (13.1.2)$$

热力学第一定律也可表述为: 第一类永动机(不消耗任何形式的能量而不断对外做功的机械)是不可能制作出来的.

第一类永动机

13.1.3 热量的计算　热容

录屏:理想气体热容

实验表明,当系统和外界之间存在温差时,所发生的传热会引起系统本身温度的变化.用来描述物质改变温度所需热量多少的物理量是热容.热容大的物质改变温度需要的热量多,热容小的物质改变温度需要的热量少,所以热容的大小反映了改变物质温度的难易程度.质量为 m 的物质在某一过程中,温度变化 ΔT 时,所吸收(或放出)的热量为 ΔQ,则物质的热容 C 定义为

$$C = \lim_{\Delta T \to 0} \frac{\Delta Q}{\Delta T} = \frac{\text{d} Q}{\text{d} T} \tag{13.1.3}$$

比热容

摩尔热容

$\text{d} Q$ 为无限小过程吸收(或放出)的热量.单位质量物质的热容称为该物质的比热容,记为 c,表示单位质量的物质在温度升高(或降低)1 K 时所吸收(或放出)的热量.实验表明,比热容与物质本身的属性有关,并且热容是温度的函数,但在温度变化范围不太大时,可近似地视为常量.物质的热容与比热容的关系为 $C = mc$. 1 mol 物质的热容,称为该物质的摩尔热容,记为 C_m.物质的量为 ν 的物质的热容与摩尔热容的关系为 $C = \nu C_m$.摩尔热容的国际单位制单位为焦耳每摩尔开尔文,记为 $\text{J} \cdot \text{mol}^{-1} \cdot \text{K}^{-1}$.由于热量与具体过程有关,因而热容也与温度的具体变化过程有关,是过程量.

在热容与温度的变化无关时,质量为 m' 的物质在某一过程中温度变化 ΔT 时,所吸收(或放出)的热量为

$$Q = m'c(T_2 - T_1) \tag{13.1.4}$$

思考

13.1　能否说"系统有多少功"和"系统有多少热量"? 为什么?

13.2　从能量转化的观点来看,对系统做功与传热有何异同?

13.3　热力学第一定律对初、末两状态都不是平衡态的过程是否适用? 为什么式(13.1.1)和式(13.1.2)要求初、末两状态都是平衡态?

13.2　准静态过程体积功的计算

13.2.1 准静态过程

　　系统所经历的状态随时间变化的过程,按系统中间状态的性质又可分为准静态过程和非静态过程.如果过程进行中系统所经历的中间态为非平衡态,称为非静态过程.在过程中系统所经历的任意中间状态都无限地接近于平衡态的过程称为准静态过程,它是一种理想过程.准静态过程在热力学中具有重要意义.

　　那么在什么情况下可以把实际过程当作准静态过程来处理?一个系统的平衡态从破坏到恢复至新的平衡态所经历的时间称为弛豫时间,记为 τ.在一个实际过程中,如果系统某个特征状态参量 x(如压强 p、体积 V、温度 T 等)改变 Δx,所需的特征时间为 Δt,若 $\Delta t > \tau$,则在任何时间进行观察时,系统都已有充分的时间达到平衡态,这样的过程就可视为准静态过程.例如带有活塞的容器(气缸)内的气体,如图 13.2-1 所示.只要活塞活动的速度不太大,就有 $\Delta t > \tau$,那么这样的实际过程就可以近似视为准静态过程,所以准静态过程具有很大的实际意义.

　　准静态过程可用系统的一组状态参量来描述.对于由单一成分组成的气体系统,描述其平衡态的宏观状态参量有压强 p、体积 V 及温度 T,由于三者中只有两个是独立的,所以可以用三者中的任意两个为独立变量来画系统的状态图,例如以体积 V 为横坐标,压强 p 为纵坐标画 p-V 图.在 p-V 图中每个准静态过程可用一条曲线表示.本书除非特别指明,所提到的准静态过程都是指无摩擦的准静态过程.

非静态过程

准静态过程

弛豫时间

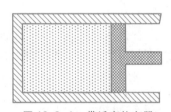

图 13.2-1　带活塞的容器

录屏:准静态过程的功

13.2.2 体积功

　　在热力学中讨论最多的是伴随系统体积变化的体积功.如图 13.2-2 所示,设气缸内气体压强为 p,活塞的面积为 S,不计摩擦,当活塞缓慢移动微小位移 $\mathrm{d}l$ 时,气体对活塞(外界)所做的元

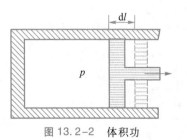

图 13.2-2　体积功

功为

$$dW = pSdl = pdV \qquad (13.2.1)$$

当系统经历了一个有限的准静态过程,体积由 V_1 变为 V_2 时,系统对外界所做的总功为

$$W = \int_{V_1}^{V_2} pdV \qquad (13.2.2)$$

式(13.2.2)就是准静态过程中"体积功"的一般计算式.

由式(13.2.2)可知,在 p-V 图中,曲线下的面积就是体积功的大小,如图 13.2-3 所示. 当气体膨胀时,系统对外做正功,如 amb 过程,功的数值等于图中曲边梯形 $eambfe$ 包围的面积;当气体被压缩时,系统对外做负功,即外界对系统做功,如 bna 过程,功的数值等于图中曲边梯形 $fbnaef$ 包围的面积.

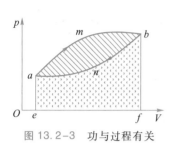

图 13.2-3 功与过程有关

思考

13.4 对于非静态过程的功,能否在 p-V 图中表示出来?

13.5 在等压的非静态过程中,是否仍可用 $p(V_2 - V_1)$ 来计算气体所做的功? 如果可以,试说明式中各量在计算中都代表什么,p 仍是气体的压强吗?

13.3 热力学第一定律对理想气体典型准静态过程的分析

本小节以理想气体为工作物质,对无摩擦准静态热力学过程中气体状态变化和能量转化时功、热量和内能的改变量进行定量讨论.

13.3.1 等容过程 摩尔定容热容

在过程进行中系统的体积保持不变的过程称为等容过程. 例如某气缸的活塞固定,气缸与有微小温差的热源相接触,使气缸内气体的温度逐渐上升、压强增大,由于气缸的活塞固定,所以气体的体积不变,这就是准静态等容过程. 等容过程在 p-V 图中对应于平行于 Op 轴的直线,如图 13.3-1 所示.

等容过程的特征是气体的体积 V 为常量,所以等容过程中系统不对外界的功,即 $dW_V = pdV = 0$,根据热力学第一定律,有

$$dQ_V = dE \qquad (13.3.1a)$$

对有限的等容过程,则有

等容过程

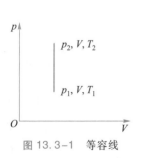

图 13.3-1 等容线

$$Q_V = \Delta E = E_2 - E_1 \qquad (13.3.1\text{b})$$

即在等容过程中,系统从外界吸收的热量全部用来增加系统的内能;同理,系统向外界放热,使系统的内能减少.

1 mol 理想气体在等容过程中对应的热容,称为**摩尔定容热容**,记为 $C_{V,\text{m}}$. 由式(13.1.3)得

摩尔定容热容

$$C_{V,\text{m}} = \frac{\text{d}Q_{V,\text{m}}}{\text{d}T} \qquad (13.3.2)$$

式(13.3.2)又可写成

$$\text{d}Q_{V,\text{m}} = C_{V,\text{m}}\text{d}T \qquad (13.3.3)$$

对于物质的量为 ν 的理想气体,在等容过程中,温度由 T_1 改变为 T_2 时,吸收的热量为

$$Q_V = \nu \int_{T_1}^{T_2} C_{V,\text{m}}\text{d}T$$

在温度 T 变化范围不大时,理想气体摩尔定容热容 $C_{V,\text{m}}$ 可视为常量. 则

$$Q_V = \nu C_{V,\text{m}}(T_2 - T_1) \qquad (13.3.4)$$

内能的改变与过程无关. 由式(13.3.1a)和式(13.3.2)亦可得,1 mol 理想气体在微小的温度变化过程中内能的增量为

$$\text{d}E = C_{V,\text{m}}\text{d}T \qquad (13.3.5)$$

对于摩尔定容热容为 $C_{V,\text{m}}$,物质的量为 ν 的理想气体,在温度由 T_1 改变为 T_2 时,内能的增量为

$$\Delta E = \nu C_{V,\text{m}}(T_2 - T_1) \qquad (13.3.6)$$

式(13.3.6)就是计算理想气体内能变化的常用公式.对于理想气体的任何过程,只要它们的初态和末态的温度相同,它们内能的增量就相同.

在 12.4.3 小节中,已经得出理想气体的内能的增量为

$$\text{d}E = \frac{i}{2}\nu R\text{d}T$$

由式(13.3.1a)和式(13.3.2)可得理想气体摩尔定容热容为

$$C_{V,\text{m}} = \frac{i}{2}R \qquad (13.3.7)$$

13.3.2 等压过程　摩尔定压热容

在过程进行中系统的压强始终保持不变的过程称为**等压过程**. 例如气缸与有微小温差的恒温热源相接触,同时有一恒定的

等压过程

外力作用于活塞上时,缓慢移动活塞,系统的体积变化,温度改变,但系统内的压强保持不变,这就是准静态等压过程. 在 p-V 图上等压过程为一条平行于 OV 轴的直线,如图 13.3-2 所示.

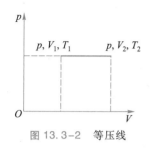

图 13.3-2 等压线

等压过程的特征是系统的压强 p 为常量. 等压过程中系统的体积由 V_1 变为 V_2 时,系统对外界所做的功为

$$W_p = \int_{V_1}^{V_2} p\,\mathrm{d}V = p(V_2 - V_1) \tag{13.3.8}$$

根据理想气体物态方程 $pV = \nu RT$,等压过程中系统对外界所做的功又可写为

$$W_p = \nu R(T_2 - T_1) \tag{13.3.9}$$

式中 T_1、T_2 分别表示系统初态和终态的温度.

根据热力学第一定律,在有限等压过程中系统吸收的热量

$$Q_p = \Delta E + p(V_2 - V_1) \tag{13.3.10}$$

1 mol 理想气体在等压过程中对应的热容,称为**摩尔定压热容**,记为 $C_{p,\mathrm{m}}$. 由式(13.1.3)得

摩尔定压热容

$$C_{p,\mathrm{m}} = \frac{đQ_{p,\mathrm{m}}}{\mathrm{d}T} \tag{13.3.11}$$

由式(13.3.11)可得 1 mol 理想气体在等压过程中温度有微小增量时所吸收的热量为

$$đQ_{p,\mathrm{m}} = C_{p,\mathrm{m}}\,\mathrm{d}T \tag{13.3.12}$$

对于物质的量为 ν 的理想气体,在等压过程中,系统的温度由 T_1 变为 T_2 时,吸收的热量又可写为

$$Q_p = \nu \int_{T_1}^{T_2} C_{p,\mathrm{m}}\,\mathrm{d}T$$

在温度 T 变化范围不大时,理想气体摩尔定压热容 $C_{p,\mathrm{m}}$ 可视为常量. 则

$$Q_p = \nu C_{p,\mathrm{m}}(T_2 - T_1) \tag{13.3.13}$$

将式(13.3.6)和式(13.3.9)代入式(13.3.10)中,整理得

$$Q_p = \nu C_{V,\mathrm{m}}(T_2 - T_1) + \nu R(T_2 - T_1) \tag{13.3.14}$$

比较式(13.3.13)与式(13.3.14)得

$$C_{p,\mathrm{m}} = C_{V,\mathrm{m}} + R \tag{13.3.15}$$

绝热指数

引入参量 $\gamma \equiv \dfrac{C_{p,\mathrm{m}}}{C_{V,\mathrm{m}}}$,称为**绝热指数**. 对理想气体有

$$\gamma \equiv \frac{C_{p,\mathrm{m}}}{C_{V,\mathrm{m}}} = \frac{i+2}{i} \tag{13.3.16}$$

实验表明,对于单原子分子气体,$C_{p,\mathrm{m}}$、$C_{V,\mathrm{m}}$ 理论值和实验值较接近. 双原子分子气体在 0 ℃时,$C_{p,\mathrm{m}}$、$C_{V,\mathrm{m}}$ 的实验值与刚性双原子分子气体的理论计算值较为符合. 而对于多原子分子气体,

理论计算值和实验值有较大的差别. 另外, 根据经典理论, 热容值是与温度无关的. 但是实验表明, 每种气体的热容值都随温度的升高而变大, 与能量均分定理不符. 说明经典理论具有局限性, 严格的解释需要用量子理论.

13.3.3 等温过程

在过程进行中系统的温度始终保持恒定的过程称为等温过程. 在整个等温过程中, 系统与外界处于热平衡状态. 例如在与恒温热源接触的气缸中, 使活塞缓慢膨胀, 系统所吸收的热量表现为容器内气体在温度保持不变时对外做的功. 日常生活中, 蓄电池在室温下缓慢充电和放电, 都可近似地视为等温过程.

等温过程的特征是系统温度 T 为常量, 即 $pV=$ 常量. 因而在 p-V 图上等温过程为双曲线, 如图 13.3-3 所示.

由于理想气体的内能是温度的单值函数, 因此等温过程中内能保持不变, 即

$$\mathrm{d}E = 0 \quad \text{或} \quad \Delta E = 0$$

根据热力学第一定律, 有

$$\mathrm{d}Q_T = \mathrm{d}W_T = p\mathrm{d}V$$

即在等温过程中, 系统所吸收的热量全部用来对外做功. 系统向外界放出的热量等于外界对系统所做的功. 等温过程中系统对外界所做的功为

$$W_T = \int_{V_1}^{V_2} p\mathrm{d}V$$

将理想气体物态方程 $pV = \nu RT$ 代入得

$$W_T = \nu RT \int_{V_1}^{V_2} \frac{\mathrm{d}V}{V} = \nu RT \ln \frac{V_2}{V_1}$$

式中 T 为系统的温度, V_1、V_2 分别表示等温过程的系统初态和终态的体积. 因为等温过程中 $p_1 V_1 = p_2 V_2$, 所以上式又可写为

$$Q_T = W_T = \nu RT \ln \frac{V_2}{V_1} = \nu RT \ln \frac{p_1}{p_2} \qquad (13.3.17)$$

13.3.4 绝热过程

在过程进行中系统始终不与外界发生热的相互作用的过程称为绝热过程. 应注意的是, 自然界中完全绝热的系统是不存在

等温过程

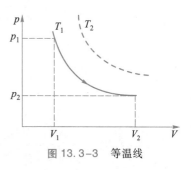

图 13.3-3　等温线

绝热过程

的,若过程进行得较快,热量来不及与周围物质进行交换,都可近似地视为绝热过程.例如用绝热材料隔绝的系统,气体向真空中自由膨胀,内燃机汽缸中气体进行的某些压缩和膨胀过程等.

　　绝热过程的特征是系统始终不和外界交换热量,因此绝热过程中

$$\mathrm{d}Q = 0$$

根据热力学第一定律,有

$$0 = \mathrm{d}E + \mathrm{d}W$$

即

$$0 = \nu C_{V,\mathrm{m}}\mathrm{d}T + p\mathrm{d}V \qquad (13.3.18)$$

　　在绝热过程中状态参量 p、V、T 都可以发生变化.由理想气体物态方程 $pV = \nu RT$,两边取全微分,得

$$p\mathrm{d}V + V\mathrm{d}p = \nu R\mathrm{d}T \qquad (13.3.19)$$

式(13.3.18)与式(13.3.19)联立,消去 $\mathrm{d}T$ 得

$$(C_{V,\mathrm{m}} + R)p\mathrm{d}V = -C_{V,\mathrm{m}}V\mathrm{d}p \qquad (13.3.20)$$

注意到 $C_{V,\mathrm{m}} + R = C_{p,\mathrm{m}}$,绝热指数 $\gamma \equiv \dfrac{C_{p,\mathrm{m}}}{C_{V,\mathrm{m}}}$,将式(13.3.20)整理得

$$\frac{\mathrm{d}p}{p} + \gamma \frac{\mathrm{d}V}{V} = 0$$

等式两边进行积分,则得

$$pV^{\gamma} = 常量 \qquad (13.3.21\mathrm{a})$$

同理,式(13.3.18)与式(13.3.19)联立,分别消去 $\mathrm{d}p$ 与消去 $\mathrm{d}V$,也可得到 V 与 T 及 p 与 T 之间的关系式.

$$TV^{\gamma-1} = 常量 \qquad (13.3.21\mathrm{b})$$

$$p^{\gamma-1}T^{-\gamma} = 常量 \qquad (13.3.21\mathrm{c})$$

式(13.3.21a)、式(13.3.21b)、式(13.3.21c)都是理想气体的绝热过程方程,简称绝热方程.由于三式中所取的独立变量不同,因而三个式中的常量各不相同.应该注意,在推导三式的过程中,已经假设了过程是准静态的,否则元功不能写为 $p\mathrm{d}V$,也不能运用理想气体物态方程并对 p、V 等求微分,并且假设了绝热指数 γ 为常量.因此,式(13.3.21a)、式(13.3.21b)、式(13.3.21c)只能用于准静态的绝热过程,而不能用于非静态的绝热过程.

　　由 $0 = \mathrm{d}E + \mathrm{d}W$ 可求得在有限过程中,理想气体绝热过程的功为

$$W = -(E_2 - E_1) = -\nu C_{V,\mathrm{m}}(T_2 - T_1) \qquad (13.3.22)$$

　　可见,在绝热膨胀过程中,系统对外做功是以内能的减少为代价来完成的;在绝热压缩过程中,外界对系统做的功将全部用

来增加内能. 例如, 柴油机气缸中的空气和柴油雾的混合物被活塞急速压缩后, 温度可升高到柴油的燃点以上, 从而使得柴油立即燃烧, 形成高温高压气体, 再推动活塞做功; 给轮胎放气时, 可以明显感觉到放出的气体比较凉, 这正是由于气体压强下降得足够快, 快到可视为绝热过程的缘故, 气体内能转化为机械能, 温度下降.

根据绝热过程方程, 系统对外做的功又可写为

$$W = \int_{V_1}^{V_2} p\,\mathrm{d}V = \int_{V_1}^{V_2} p_1 V_1^\gamma \frac{\mathrm{d}V}{V^\gamma} = \frac{p_1 V_1 - p_2 V_2}{\gamma - 1} \qquad (13.3.23)$$

比较绝热过程方程 $pV^\gamma =$ 常量和等温过程方程 $pV =$ 常量, 在 p-V 图上, 绝热过程对应的曲线比等温线更陡些, 如图 13.3-4 所示, 虚线表示等温线, 实线表示绝热线. 两条曲线相交于一点 C, 两条曲线斜率均为负值, 这可以通过计算得到.

对绝热过程方程 $pV^\gamma =$ 常量取微分, 有

$$\gamma p V^{\gamma-1}\mathrm{d}V + V^\gamma \mathrm{d}p = 0$$

则绝热线斜率为

$$\left(\frac{\mathrm{d}p}{\mathrm{d}V}\right)_a = -\gamma\,\frac{p}{V}$$

对等温过程方程 $pV =$ 常量取微分, 有

$$p\,\mathrm{d}V + V\,\mathrm{d}p = 0$$

则等温线斜率为

$$\left(\frac{\mathrm{d}p}{\mathrm{d}V}\right)_T = -\frac{p}{V}$$

因为 $\gamma > 1$, 所以过同一点 C 处的绝热线斜率的绝对值大于等温线斜率的绝对值, 因而, 绝热线比等温线要陡些. 对这一点可解释为: 当气体由状态 C 开始, 分别通过绝热过程和等温过程膨胀到相同体积时, 由图 13.3-4 可以看出, 绝热过程中压强的降低要比在等温过程中的大. 这是因为在等温过程中, 压强的降低仅仅是由于对外做功体积增大所引起的, 而在绝热过程中, 压强的降低除了对外做功体积增大外, 温度的降低所引起的内能的减小也是一个原因, 所以压强下降得更快.

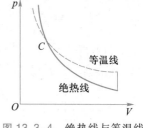

图 13.3-4 绝热线与等温线

录屏:热力学第一定律在理想气体中的应用

例题 13-1

1 mol 单原子理想气体, 由状态 $a(p_1, V_1)$, 先等体积加热至压强增大 1 倍, 再等压加热至体积增大 1 倍, 最后再经绝热膨胀, 使其温度降至初始温度, 如例题 13-1 图所示. 试求:
(1) 状态 d 的体积 V_d;(2) 整个过程对外做的功;(3) 整个过程吸收的热量.

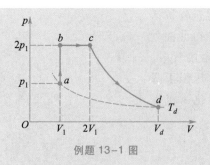

例题 13-1 图

解:单原子理想气体 $i=3$,

$$\gamma \equiv \frac{C_{p,m}}{C_{V,m}} = \frac{5}{3} \approx 1.67$$

(1) 点 c 与点 d 在同一绝热线上,由绝热方程 $T_c V_c^{\gamma-1} = T_d V_d^{\gamma-1}$ 得

$$V_d = \left(\frac{T_c}{T_d}\right)^{\frac{1}{\gamma-1}} V_c = 4^{\frac{1}{1.67-1}} 2V_1 = 15.8 V_1$$

(2) 各分过程的功为

$$W_{ab} = 0$$

$$W_{bc} = 2p_1(2V_1 - V_1) = 2p_1 V_1$$

$$W_{cd} = -\Delta E_{cd} = -C_{V,m}(T_d - T_c) = C_{V,m}(T_c - T_d)$$

$$= \frac{3}{2} R(4T_a - T_a) = \frac{9}{2} RT_a = \frac{9}{2} p_1 V_1$$

整个过程系统对外做的总功为

$$W_{abcd} = W_{ab} + W_{bc} + W_{cd} = \frac{13}{2} p_1 V_1$$

(3) 对 $abcd$ 整个过程应用热力学第一定律:

$$Q_{abcd} = \Delta E_{ad} + W_{abcd}$$

依题意,由于 $T_a = T_d$,故 $\Delta E_{ad} = 0$,故

$$Q_{abcd} = W_{abcd} = \frac{13}{2} p_1 V_1$$

13.3.5 多方过程

实际中的气体过程,很难严格保证在等容、等压、等温和绝热的条件下进行,即严格的等容、等压、等温和绝热过程都是理想过程,实际的系统中进行的过程可以是各种各样的.

热力学中,理想气体中进行的多方过程方程为

$$pV^n = 常量 \tag{13.3.24}$$

多方过程

式中 n 为一实数. 凡是满足式(13.3.24)的过程均称为多方过程,其中 n 称为多方指数,可通过实验测定. 显然,等温、等压、等容和绝热过程是多方过程的特例. 若 $n=0$ 时,对应的是等压过程;$n=1$ 时,对应的是等温过程;$n=\gamma$ 时,对应的是绝热过程;$n \to \pm\infty$ 时,由 $p^{1/n}V=$ 常量可知,对应于等容过程.

类似于绝热过程中做功的计算,多方过程中系统对外界所做的功为

$$W_n = \frac{p_1 V_1 - p_2 V_2}{n-1} \tag{13.3.25}$$

理想气体多方过程内能的增量仍为

$$\Delta E = \nu C_{V,m}(T_2 - T_1)$$

根据热力学第一定律 $Q = \Delta E + W$,可计算出多方过程中吸收的热

量,这里不再介绍.

思考

13.6 在等压过程中,理想气体的内能改变能否写成 $\Delta E = \nu C_{p,m}(T_2-T_1)$? 为什么?

13.7 在关系式 $C_{p,m}=C_{V,m}+R$ 中,R 的物理意义是什么?

13.8 自行车轮胎爆胎时,胎内剩余气体的温度是升高还是降低? 为什么?

13.4 热力学循环

13.4.1 热机循环与制冷循环

在生产技术上需要通过系统将热量连续不断地转化为功. 要实现连续不断地将热量转化为功,就必须使系统做功后经一系列过程回到最初的状态,再重复地吸热对外做功. 我们将系统从某个状态出发,经过一系列热力学过程,又回到原来状态的过程称为**热力学循环**,简称循环. 把它所包含的每个过程称为分过程,只有利用循环工作过程才能实现连续不断地将热量转化为功.

由于系统的内能是状态的函数,因而系统经过一个循环回到最初的状态时内能不变,即

$$\Delta E = 0$$

这是循环的重要特征.

如果一个循环所经历的每个分过程都是准静态过程,这个循环就称为准静态循环. 这种循环在 p-V 图上就是一条封闭曲线,如图 13.4-1 所示.

循环具有方向,规定由顺时针闭合曲线表示的循环为**正循环**,如图 13.4-1 中沿 $amcna$ 方向进行的循环即为正循环;由逆时针闭合曲线表示的循环为**逆循环**. 正循环代表的机械是**热机**,就是将热不断地转化为功的机械,例如蒸汽机、内燃机、汽轮机、喷气机、火箭发动机等. 逆循环代表的机械是**制冷机**,就是以消耗一定的功为代价而从低温热源吸热的机械,例如空调、冰箱、冰柜等.

在正循环中,如图 13.4-1 中所示,在 amc 段系统膨胀对外做功 W_1,其数值等于 $damced$ 曲线所围的面积. 在过程 cna 段中,外界压缩系统而对系统做功 W_2,或系统对外做负功,其数值等于

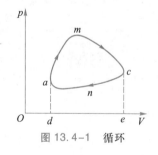

热力学循环

图 13.4-1 循环

正循环

逆循环 热机

制冷机

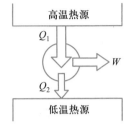

图 13.4-2 正循环示意图

录屏:热机效率

热机效率 循环效率

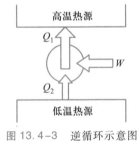

图 13.4-3 逆循环示意图

制冷系数

ecnade 曲线所围的面积. 按图中所选定的过程,W_2 的数值小于 W_1 的数值,系统对外所做净功(功总和的差值)为 $W = W_1 - W_2$,净功的数值等于闭合曲线 *amcna* 所包围的面积.

由于系统对外做净功 $W > 0$,因此,气体经历一个循环后,既从高温热源吸热,又向低温热源放热并做功,如图 13.4-2 所示. 系统从高温热源吸收的总热量 Q_1 必然大于向低温热源放出的总热量 Q_2,净吸热(热量总和的差值)$Q = Q_1 - Q_2$. 由热力学第一定律有 $W = Q_1 - Q_2$.

热机从外界吸收的热量有多少转化为对外所做的功是热机效能的重要标志之一. 定义热机效率或循环效率 η 为

$$\eta = \frac{W}{Q_1} = \frac{Q_1 - Q_2}{Q_1} = 1 - \frac{Q_2}{Q_1} \quad (13.4.1)$$

需要强调的是,系统在一个循环中不可能把从高温热源吸收的热量全部转化为功,而必须将部分热量向低温热源传递,即 $Q_2 \neq 0$. 所以 η 不可能达到 100%. 吸收的热量一定,对外做功越多,表明热机把热量转化为有用功的本领越大,效率就越高. 对于不同的热机,循环工作的过程不同,具有的效率也是不同的,但工作原理却基本相同.

在逆循环中,如图 13.4-3 所示,系统从低温热源吸取热量而膨胀,并在压缩过程中,把热量传递给高温热源,为实现这一点,外界必须对系统做功. 若在一个循环中,外界对系统做净功 $-W$,系统在有效的待制冷区域吸收热量的总和为 Q_2,向高温热源放出热量的总和为 Q_1,则有 $-W = Q_2 - Q_1$,即 $W = Q_1 - Q_2$. 其结果使低温热源温度降得更低,从而达到制冷的效果. 描述制冷机效能的指标是制冷系数 e,其定义为

$$e = \frac{Q_2}{W} = \frac{Q_2}{Q_1 - Q_2} \quad (13.4.2)$$

由式(13.4.2)可知,Q_2 一定时,W 越小,则 e 越大,制冷效果越好. 这就意味着以较小的代价获得较大的效益. 逆循环的典型应用是制冷机和空调.

13.4.2 卡诺循环

如何提高热机效率?哪种循环效率最大?其最大可能效率是多少?这些从生产实践中提出来的问题,推动着人们开始从理论上来研究热机的效率. 1824 年,法国青年工程师萨迪·卡诺提出了一种工作在两个恒温热源之间的理想循环——卡诺循环,从

理论上研究了一切热机的效率极限问题.

卡诺循环是由两个等温过程和两个绝热过程共四个准静态过程构成的循环. 如图 13.4-4 中 $ABCDA$ 所示的是正向卡诺循环,曲线 AB 和 CD 分别是温度为 T_1 和温度为 T_2 的等温线,曲线 BC 和 DA 是两条绝热线.

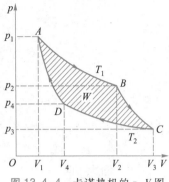

卡诺循环

以理想气体为工作物质,在整个循环中,系统从外界吸收的热量等于在等温过程 AB 段中吸收的热量,气体由状态 $A(p_1,V_1,T_1)$ 等温膨胀到状态 $B(p_2,V_2,T_1)$,气体从高温热源吸收热量

$$Q_1 = \nu R T_1 \ln \frac{V_2}{V_1} \qquad (13.4.3)$$

而系统向外界放出的热量等于在等温过程 CD 段中放出的热量,气体由状态 $C(p_3,V_3,T_2)$ 等温压缩到状态 $D(p_4,V_4,T_2)$,气体将向低温热源放出热量的数量

$$Q_2 = \nu R T_2 \ln \frac{V_3}{V_4} \qquad (13.4.4)$$

图 13.4-4 卡诺热机的 p-V 图

由式(13.4.3)和式(13.4.4)可得

$$\frac{Q_1}{T_1 \ln \dfrac{V_2}{V_1}} = \frac{Q_2}{T_2 \ln \dfrac{V_3}{V_4}} \qquad (13.4.5)$$

气体由状态 $B(p_2,V_2,T_1)$ 绝热膨胀到状态 $C(p_3,V_3,T_2)$ 和气体由状态 $D(p_4,V_4,T_2)$ 绝热压缩到状态 $A(p_1,V_1,T_1)$ 的过程中,气体与外界没有热量交换,由绝热方程(13.3.21),可知

$$V_2^{\gamma-1} T_1 = V_3^{\gamma-1} T_2, \qquad V_1^{\gamma-1} T_1 = V_4^{\gamma-1} T_2$$

于是得

$$\frac{V_2}{V_1} = \frac{V_3}{V_4}$$

代入式(13.4.5)中,得

$$\frac{Q_1}{T_1} = \frac{Q_2}{T_2} \qquad (13.4.6)$$

$\dfrac{Q}{T}$ 称为热温比. 因此,卡诺热机的效率为

热温比

$$\eta_{\text{卡诺}} = \frac{W}{Q_1} = 1 - \frac{Q_2}{Q_1} = 1 - \frac{T_2}{T_1}$$

即

$$\eta_{\text{卡诺}} = 1 - \frac{T_2}{T_1} \qquad (13.4.7)$$

式(13.4.7)表明,卡诺热机的效率与工作物质无关,只与两个恒温热源的温度有关. 高温热源温度 T_1 越高,低温热源温度 T_2 越低,两个热源的温差越大,热机的效率越高,这为提高热

机效率指明了方向. 如果工作物质直接在汽缸内燃烧,则可大大提高其效率. 这种使燃料在汽缸内燃烧,以燃烧的气体为工作物质,产生巨大压强而推动活塞做功的机械称为内燃机. 常见的内燃机按所用的燃料不同,有煤气机、汽油机、柴油机、喷气发动机等之分;按燃料燃烧方式的不同,可分为点燃式和压燃式.

内燃机

式(13.4.6)对理想气体准静态逆向卡诺循环同样成立. 类似于卡诺热机效率的计算,可得卡诺循环制冷系数为

补充例题 13-1

$$e_{卡诺} = \frac{Q_2}{W} = \frac{Q_2}{Q_1 - Q_2} = \frac{T_2}{T_1 - T_2} \qquad (13.4.8)$$

在通常的制冷机中,高温热源的温度 T_1 就是大气温度,逆向卡诺循环的制冷系数的数值取决于希望达到的制冷温度 T_2, T_2 越低,制冷系数 e 越小,制冷效果越差,说明要从低温热源吸收热量来降低它的温度,必须消耗更多的功.

例题 13-2

如例题 13-2 图所示,一定质量的理想气体,从 a 状态出发,经历一循环过程,又回到 a 状态. 设气体为双原子分子气体. 1 atm $= 1.01 \times 10^5$ Pa. 试求:

(1) 各过程中的热量、内能改变量以及所做的功;

(2) 该循环的效率.

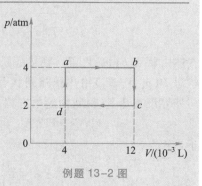

例题 13-2 图

解:(1) 从 $a \to b$ 的过程中,功等于 ab 曲线下的面积,

$$W_{ab} = 4.04 \times 10^5 \times (12-4) \times 10^{-3} \text{ J} = 3.2 \times 10^3 \text{ J}$$

$$\Delta E_{ab} = \nu C_{V,m}(T_b - T_a) = \nu \frac{5}{2} R(T_b - T_a)$$

$$= \frac{5}{2}(p_b V_b - p_a V_a) = 8.1 \times 10^3 \text{ J}$$

$$Q_{ab} = \Delta E_{ab} + W_{ab} = 1.13 \times 10^4 \text{ J}$$

从 $b \to c$ 的过程中

$$W_{bc} = 0$$

$$Q_{bc} = \Delta E_{bc} = -6.1 \times 10^3 \text{ J}$$

从 $c \to d$ 的过程中,功的数值等于 cd 曲线下的面积.

$$W_{cd} = -1.6 \times 10^3 \text{ J}$$

$$\Delta E_{cd} = \frac{5}{2}(p_d V_d - p_c V_c) = -4 \times 10^3 \text{ J}$$

$$Q_{cd} = \Delta E_{cd} + W_{cd} = -5.6 \times 10^3 \text{ J}$$

从 $d \to a$ 的过程中

$$W_{da} = 0$$

$$Q_{da} = \Delta E_{da} = 2 \times 10^3 \text{ J}$$

(2) 根据热机效率公式

$$\eta = \frac{W}{Q_1} = \frac{W_{ab} + W_{bc} + W_{cd} + W_{da}}{Q_{ab} + Q_{da}}$$

$$= \frac{(3.2 - 1.6) \times 10^3}{(11.3 + 2) \times 10^3} = 12.03\%$$

例题 13-3

一卡诺制冷机,从 0 ℃ 的水中吸取热量,向 27 ℃ 的房间放热.若将 50 kg 的 0 ℃ 的水变为 0 ℃ 的冰,试问:(1) 卡诺制冷机吸收的热量是多少?(2) 使制冷机运转需做的功是多少?(3) 放入房间的热量是多少?(冰的熔化热为 3.35×10^5 J·kg^{-1})

解:(1) 卡诺制冷机吸收的热量

$$Q_2 = L_m m = 3.35 \times 10^5 \text{ J·kg}^{-1} \times 50 \text{ kg}$$
$$= 1.675 \times 10^7 \text{ J}$$

(2) 使制冷机运转需做的功,可由制冷系数与功的关系求得.因

$$e = \frac{Q_2}{W} = \frac{T_2}{T_1 - T_2} = \frac{273 \text{ ℃}}{300 \text{ ℃} - 273 \text{ ℃}} = 10.1$$

故

$$W = \frac{Q_2}{e} = \frac{1.675 \times 10^7}{10.1} \text{J} = 1.66 \times 10^6 \text{ J}$$

(3) 对于制冷机从低温热源 273 K 吸收热量 Q_2,向高温热源 300 K 放热 Q_1,需对制冷机做功 W,且 $Q_1 = Q_2 + W$.放入房间的热量,即对高温热源的实际放热为

$$Q_1 = Q_2 + W = 1.675 \times 10^7 \text{ J} + 1.66 \times 10^6 \text{ J}$$
$$= 1.841 \times 10^7 \text{ J}$$

思考

13.9 气体由一定的初态绝热压缩至一定体积,一次缓缓地压缩,另一次很快地压缩,如果其他条件都相同,问温度变化是否相同?

13.10 设想某种电离化气体由彼此排斥的离子所组成,当这种气体经历绝热真空自由膨胀时,气体的温度将如何变化?为什么?

13.5 热力学第二定律

热力学第一定律揭示了自然界所发生的一切与热现象有关的过程中,能量都必须守恒.然而,实验证明,能量守恒的过程并不一定都能够实现.也就是说热力学第一定律不能说明过程进行的方向和过程进行的程度.这一问题的解决,推动了热力学第二定律的建立.

13.5.1 可逆过程与不可逆过程

在力学和电磁学中我们所接触的所有不与热现象相联系的过程都是可以自发地沿互为相反的方向进行的.例如摆动的单

摆,若没有一切阻力单摆可以一直摆下去;但若单摆在空气中摆动,单摆最终会停止下来,这是因为通过摩擦而使机械能自动转化成了热能,相反的过程,即热能自动转化为机械能使单摆摆动起来的过程是不可能发生的.即功热转化具有方向性.大量实验事实表明,自然界中的一切实际过程都是按一定方向进行的.

在物理学中定义:一个热力学系统由某一状态出发,经过某一过程达到另一状态,如果存在另一过程或某种方法,能使系统和外界完全复原(即系统回到原来的状态,对外界也不产生任何影响),则原来的过程称为可逆过程;反之,如果用任何方法都不可能使系统和外界完全复原,则原来的过程称为不可逆过程.注意,通常情况下,不可逆过程并不是不能逆向进行的过程,而是当逆过程完成后,对外界的影响不能消除.

可逆过程
不可逆过程

自发过程

自然界中不受外界影响自然发生的过程称为自发过程.孤立系统内发生的与热现象有关的实际过程就是自发过程.实际上,自然界的一切自发过程都是不可逆过程.热传导过程、气体的扩散和自由膨胀、水的气化、固体的升华、各种爆炸过程等都是自发过程,都是不可逆过程.

13.5.2 热力学第二定律的语言表述

热力学第二定律是描述自然过程进行方向时所遵循的规律,每一类自然过程都可作为表述热力学第二定律的基础,因而热力学第二定律有多种等价的不同表述形式.常用的表述有开尔文表述和克劳修斯表述.

开尔文表述
克劳修斯表述

在热机循环中,热机的效率等于100%并不违背热力学第一定律,那么热机效率是否能等于100%?历史上曾有人设想制造效率等于100%的理想热机,它在循环过程中,可以将吸收的热量全部转化为功而不放出热量,但长期的实践无一例外地证明,这种机器是不可能制成的.这种热机常称为第二类永动机.这种永动机不违背热力学第一定律,所以和第一类永动机有本质的区别.人们经长期的实践认识到,热机的效率不可能等于100%,即热功转化过程具有不可逆性.开尔文从热功转化的角度出发,提出:不可能制造出这样一种循环工作的热机,它只使单一热源冷却下来做功,而不放出热量给其他物体,或者说不使外界发生任何变化.也就是说,第二类永动机是不可能实现的.此结论称为热力学第二定律的开尔文表述.

第二类永动机

必须指出,开尔文表述指的是循环工作的热机,如果工作物质进行的不是循环过程,是可以将热量完全转化为功的,例如理想气体的等温膨胀过程. 还应注意的是,"单一热源"指的是温度均匀并且恒定不变的热源,如果物质可从热源中温度较高的地方吸热,而向温度较低的地方放热,这时就相当于两个热源.

生活经验还告诉我们,两个温度不同的物体相互接触,热量总是自动地由高温物体传向低温物体,使两物体的温度相同而达到热平衡. 而相反的过程,即热量自动地从低温物体传向高温物体的过程是不可能发生的,即热量传递具有方向性. 克劳修斯从热量传递的方向出发,提出:不可能使热量从低温物体自动传向高温物体而不引起其他变化. 此结论称为热力学第二定律的克劳修斯表述.

热力学第二定律与热力学第一定律都是大量实验事实的总结和概括,是不能从任何其他更基本的定律中推导出来的. 但是,由热力学第二定律得出的一切推论都是与客观实际相符合的,这也就证明了定律本身的正确性.

热力学第二定律的开尔文表述与克劳修斯表述表面上看来似乎是互不相关的,但是可以证明,开尔文表述与克劳修斯表述是具有等价性的. 即一个表述是正确的,另一个表述也一定是正确的;如果一个表述不正确,另一个表述也一定是不正确的. 我们可以用反证法证之.

先假设克劳修斯表述不成立,则开尔文表述也不成立. 假设热量 Q 可以通过理想制冷机 E(不需要外界做功而能够将热量从低温物体传向高温物体的装置)由低温热源(温度为 T_2)传向高温热源(温度为 T_1)而不产生其他影响,如图 13.5-1(a)所示. 那么可以设计一个卡诺热机 B 工作于上述高温热源和低温热源之间,并在高温热源处吸收热量 Q_1,其中一部分对外做功 W,另一部分 Q 传递给低温热源,如图 13.5-1(b)所示. (a)和(b)两部分联合工作的总效果是低温热源不发生变化,高温热源放出热量 Q_1-Q,热机对外做功 $W=Q_1-Q$,也就是可以用图 13.5-1(c)

理想制冷机

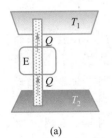

(a)

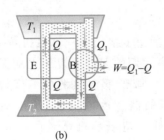

(b)

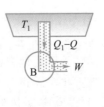

(c)

图 13.5-1 违背克劳修斯表述与违背开尔文表述的关联

表示的情况,即热机从高温热源处吸收热量 Q_1-Q 全部转化为功而不引起其他变化.这显然违反了开尔文表述.由于上述卡诺热机是可以实现的,即证明了如果克劳修斯表述不成立,则开尔文表述也不成立.同样可以证明,若开尔文表述不成立,克劳修斯表述也不成立.因而,开尔文表述与克劳修斯表述是等价的.

思考

13.11 下列过程是否可逆?为什么?(1)桌上热餐变凉;(2)通过活塞缓慢地压缩容器中的气体(设活塞与器壁间无摩擦);(3)高速行驶的汽车突然刹车停止;(4)将封闭在导热性能不好的容器里的空气浸到恒温的热浴中,使其温度缓慢地由原来的 T_1 升到热浴的温度 T_2;(5)无支持的物体自由下落.

13.12 为什么热力学第二定律可以有许多种不同的表述形式?

13.6 卡诺定理

由热力学第一定律和热力学第二定律可以证明热机理论中非常重要的卡诺定理.其内容为:

(1)在相同的高温热源(温度为 T_1)和相同的低温热源(温度为 T_2)之间工作的任意工作物质的一切可逆热机,其效率相同,且都等于

$$\eta = 1 - \frac{T_2}{T_1} \qquad (13.6.1)$$

(2)工作在相同的高温热源和低温热源之间的一切不可逆热机的效率都小于可逆热机的效率,即

$$\eta < 1 - \frac{T_2}{T_1} \qquad (13.6.2)$$

且与工作物质无关.

卡诺定理从理论上指出了提高热机效率的方向.就热源而言,尽可能地提高它们的温差可以极大地提高热机的效率.但是,在实际过程中,降低低温热源的温度较困难,通常只能采取提高高温热源的温度的方法,如选用高燃料值材料等;其次,要尽可能地减少造成热机循环的不可逆因素,如减少摩擦、漏气、散热等耗散因素等.卡诺定理推动了热机技术的

发展.

在热力学发展史上,卡诺定理占有重要地位.1848 年,开尔文将温度数值与卡诺热机的效率相联系,在卡诺定理的基础上建立了不依赖于任何测温物质的热力学温标.1854 年克劳修斯又从卡诺定理出发,得到了重要的克劳修斯等式与不等式,进而提出态函数熵的概念,并将热力学第二定律表述为数学形式.

13.7 热力学第二定律的统计意义 熵

热力学第二定律指出,一切与热现象相联系的宏观实际过程都是不可逆的,而热现象是大量微观粒子无规则热运动的集中表现,服从统计规律.为进一步认识热力学第二定律的统计意义,下面从微观角度解释实际过程的不可逆性.

13.7.1 热力学第二定律的统计意义

以理想气体的自由膨胀为例来说明.如图 13.7-1 所示,设体积为 V 的容器中有 4 个标记为 a、b、c、d 的气体分子,容器被隔板分为体积相等的 A、B 两室.下面我们来研究打开隔板后,气体分子的位置分布情况.由表 13-1 可知,标记为 a、b、c、d 的四个分子在容器中有 16 种分布,每一种分布称为一种微观态,即共有 16 种微观态.从宏观上描述系统的状态时,无法区分各个分子,只能以 A 或 B 中分子数目的多少来区分系统的不同状态,只要是分子的数目的分布情况相同的状态就称为同一宏观态,即每种宏观态可能对应许多微观态.由表 13-1 可以看出,容器中 4 个分子的 16 种微观态,可归结为 5 种宏观态,在各种宏观态中,以 4 个分子全部退回到 A 室或 B 室的这种宏观态所包含的微观态数最小(1 种),而分子在 A、B 两边均匀分布的这种宏观态所包含的微观态数最多(6 种).我们把某一宏观态所包含的微观态数与所有可能出现的微观态数之比称为此宏观态出现的概率(以处于平衡态的孤立系统的各种微观态出现的概率相等作为基本假设),则前者的概率为 $\frac{1}{16}$,后者的概率为 $\frac{6}{16}$.因为每一种微观态出现的概率相同,因而每一宏观态所对应的微观态数越多,这一宏

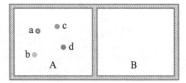

图 13.7-1 等分容器

观态出现的概率越大.

表 13-1　4 个分子在容器中的位置分布

宏观态	I		II		III		IV		V	
	A(4)	B(0)	A(3)	B(1)	A(2)	B(2)	A(1)	B(3)	A(0)	B(4)
微观态	abcd		bcd	a	ab	cd	a	bcd		abcd
			acd	b	ac	bd	b	acd		
			abd	c	ad	bc	c	abd		
			abc	d	bc	ad	d	abc		
					bd	ac				
					cd	ab				
W	1		4		6		4		1	

注:W 指的是一个宏观态包含的微观态数.

实际的热力学系统都包含大量分子.例如,在容器 A 室放入 1 mol 气体,B 室为真空,打开隔板后,全部分子回到 A 室所对应的微观态数为 1,其概率为

$$\frac{1}{2^{N_A}}=\frac{1}{2^{6.02\times10^{23}}}$$

这个概率趋近于零,实际上是不会实现的.故气体不可能自动收缩回到原状态,这也说明气体自由膨胀的过程是不可逆过程. 最后观察到的系统状态——平衡态,就是气体分子在 A、B 两边差不多均匀分布,这种状态概率最大,所对应的微观态数目最多,即平衡态就是概率最大的状态,也是微观态数目最多的状态.

热力学第二定律的统计意义是:孤立系统内部发生的一切实际过程总是由概率小的宏观态向概率大的宏观态进行,由包含微观态数目少的宏观态向包含微观态数目多的宏观态进行.热力学第二定律的统计意义同时表明了它的适用范围只能是由大量分子组成的宏观孤立系统,对于少数分子组成的系统是没有意义的.

13.7.2 熵

如果用无序和有序来描述微观态数目,则微观态数目越少,系统内部的运动越是单一化,越趋于有序;微观态数目越多,内部的运动越混乱,越无序.热力学第二定律指出,不可逆过程的方向是由微观态数少的状态向微观态数多的状态进行的,用有序、无

序的概念,就可以说,不可逆过程的方向是由有序状态(混乱程度小)向无序状态(混乱程度大)进行的.例如气体的全部分子收缩在某一小部分空间,或者具有差不多相同速度的状态,就是比较有序或无序程度低的状态;而气体分子均匀分布在容器的整个空间,或者速度分布在一个很大范围内的状态,就是比较无序或无序程度高的状态.

那么,能否用一个共同的准则来判断不可逆过程进行的方向? 我们都知道,实际的自发过程不仅反映了其不可逆性,而且也反映出初态和末态之间某种性质上的原则差异,正是这种差异,决定了过程进行的方向.这种性质只由系统所处的初态和末态决定而与过程进行的方式无关.为了定量地表示系统状态的这种性质,克劳修斯和玻耳兹曼分别从宏观角度和微观角度引入一个新的态函数——熵,并用它在初态和末态的变化作为实际过程进行方向的判据.熵是作为热力学函数来定义的,对于任一热力学平衡态,总有相应的熵值,不管这一系统曾经经历了可逆还是不可逆的变化过程.

克劳修斯熵的定义式为:对于两个无限接近的状态之间的微小过程,熵的微分为

$$dS \geqslant \frac{dQ}{T} \qquad (13.7.1)$$

式中"="适用于可逆过程,而">"则适用于不可逆过程. T 是热源的温度.在可逆过程中,系统的温度等于热源的温度.

在一热力学过程中,系统初态为 A,末态为 B,两态间熵差为

$$S_B - S_A \geqslant \int_A^B \frac{dQ}{T} \qquad (13.7.2)$$

熵是态函数,与过程无关,当系统的初、末态确定后,$S_B - S_A$ 就确定了.

玻耳兹曼认为,系统的无序程度可用系统的微观态数 W(也称热力学概率)来描述,并给出了热力学熵 S 与微观态数 W 的关系

$$S = k \ln W \qquad (13.7.3)$$

式中 k 为玻耳兹曼常量,上式称玻耳兹曼关系式,也称玻耳兹曼熵.由于微观态数 W 是系统无序程度的量度,因而熵 S 的微观意义就是系统内分子热运动的无序程度的量度.

克劳修斯熵

玻耳兹曼熵

13.7.3 熵增加原理

热力学第二定律的统计意义指出:孤立系统内部发生的一切自然过程总是由包含微观态数目少(W 小)的宏观态向包含微观

态数目多(W 大)的宏观态进行的. 即孤立系统发生的一切自然过程总是沿着无序性增大的方向进行,用熵的概念表述就是熵 S 由小变大的过程. 例如功变热的过程,实质上是机械能转化为内能的过程. 机械能是系统中所有分子都作同样的定向运动所对应的一种有序能量,而内能则是与分子无规则热运动联系着的无序能量,功变热的过程就是有序能量变为无序能量的过程,是熵 S 增加的过程;热传导过程是分子无规则热运动从无序程度低向无序程度高的发展过程,也是熵 S 增加的过程. 因此一个孤立系统中,自发进行的过程总是沿着熵增加($\Delta S>0$)的方向进行. 系统达到平衡时,熵达到最大,即

$$\Delta S>0 \quad (孤立系统内的不可逆过程) \quad (13.7.4)$$

孤立系统内发生的可逆过程

$$\Delta S=0 \quad (孤立系统内的可逆过程) \quad (13.7.5)$$

将式(13.7.4)和式(13.7.5)合并,有

$$\Delta S \geqslant 0 \quad (13.7.6)$$

式(13.7.6)可用于孤立系统内的任意过程. 式中"$>$"对应于不可逆过程,"$=$"对应于可逆过程,式(13.7.6)称为熵增加原理. 熵增加原理指出:热力学系统从一个平衡态绝热地到达另一个平衡态的过程中,它的熵永不减少. 若过程是可逆的,则熵不变,若过程是不可逆的,则朝着熵增加的方向进行.

熵增加原理

　　熵增加原理与热力学第二定律的表述对宏观热现象进行的方向和限度的叙述是等效的. 例如在热功转化问题中,热力学第二定律叙述为:功可以全部转化为热,热不可能 100% 转化为功而不产生其他影响. 熵增加原理则叙述为:孤立系统中进行的功转热的过程,使系统熵增加,是一个不可逆过程;当孤立系统中功全部转化为热时,系统的熵具有最大值. 熵增加原理给出了热现象的不可逆过程进行的方向和限度. 对比以上两种叙述可以看出,热力学第二定律和熵增加原理对热功转化方向的叙述是协调的、等效的. 它们对热传导等其他不可逆过程的热现象的叙述也是等效的. 不过,熵增加原理是把热现象中不可逆过程进行的方向和限度,用简明的数量关系表达出来了. 比较两种表述后可以认为,熵增加原理是热力学第二定律的数学表示.

　　熵具有可叠加性. 当求一个由几个部分组成的系统的熵值时,总熵值等于各部分熵值之和.

　　由于熵的增加就是无序程度的增加,这使得熵概念的内涵变得十分丰富而且充满了生命力. 现在,熵的相关理论已广泛地应用于社会生活、生产和社会科学等领域,特别是负熵的概念. 例如,生命系统是一个高度有序的开放系统,熵越低就意味着系统

越完美,生命力越强. 生物的进化,也是由于生物与外界有着物质、能量以及熵的交流,因而从单细胞生物逐渐演化为多姿多彩的自然界. 如果说,人类前几次的工业革命是能量革命,即以获取更多的能量为目的,那么今后人类社会的工业革命将是走向负熵的革命,即获取更多的负熵! 负熵是人类赖以生存、工作的条件,是人类的物质与精神食粮.

　　为了纪念玻耳兹曼给予熵统计解释的卓越贡献,他的墓碑上镌刻着"$S = k\log W$",表达了人们对玻耳兹曼的深深怀念和尊敬.

录屏:热力学习题分析求解

思考

　　13.13　为什么从统计意义来看,热力学第二定律只适用于大量粒子组成的系统? 对于粒子数很少的系统,会有什么情况发生?

　　13.14　系统中分子热运动的无序度、可能微观态数以及过程的不可逆性等与熵之间有什么联系?

　　13.15　两个体积相同、温度相等的球形容器中,盛有质量相等的同一种气体,当连接两容器的阀门打开时,系统熵如何变化?

　　13.16　地球每天要吸收一定太阳光的热量 Q_1,同时又向太空排放一定的热量 Q_2,平均说来 $Q_1 = Q_2$. (为什么?)这两个过程是可逆的吗? 这两个过程合起来使地球的熵增加还是减少? 是否违反熵增加原理?

知识要点

　　(1) 真实气体分子内能　　　　　　$E = E(V, T)$
　　理想气体内能　　　　$E = E(T)$
　　(2) 热力学第一定律　　　$Q = W + \Delta E$　　或　　$dQ = dW + dE$

　　(3) 理想气体内能增量　　$\Delta E = \nu C_{V,\mathrm{m}}(T_2 - T_1) = \nu \dfrac{i}{2} R(T_2 - T_1)$

　　(4) 准静态过程体积功　　$W = \displaystyle\int_{V_1}^{V_2} p \, dV$

　　(5) 热力学第一定律在理想气体典型过程中的应用

　　等容过程　　　$W_V = 0$，　　$Q_V = \Delta E = \nu \dfrac{i}{2} R(T_2 - T_1)$

　　等压过程　　　$W_p = p(V_2 - V_1) = \nu R(T_2 - T_1)$
　　　　　　　　$Q_p = \nu C_{p,\mathrm{m}}(T_2 - T_1)$
　　　　　　　　$C_{p,\mathrm{m}} = C_{V,\mathrm{m}} + R$

$$\Delta E = \nu C_{V,m}(T_2 - T_1) = \nu \frac{i}{2} R(T_2 - T_1)$$

等温过程 $\quad \Delta E = 0 , \quad Q_T = W_T = \nu R T \ln \frac{V_2}{V_1} = \nu R T \ln \frac{p_1}{p_2}$

绝热过程 $\quad pV^\gamma = 常量 , \quad TV^{\gamma-1} = 常量 , \quad \gamma \equiv \frac{C_{p,m}}{C_{V,m}} = \frac{i+2}{i}$

$$\mathrm{d}Q = 0 , \quad W = -\Delta E = -\nu C_{V,m}(T_2 - T_1) = \frac{p_1 V_1 - p_2 V_2}{\gamma - 1}$$

（6）循环特点 $\qquad\qquad \Delta E = 0$

热机效率 $\qquad\qquad \eta = \frac{W}{Q_1} = 1 - \frac{Q_2}{Q_1} , \quad \eta_{卡诺} = 1 - \frac{T_2}{T_1}$

制冷系数 $\qquad\qquad e = \frac{Q_2}{W} = \frac{Q_2}{Q_1 - Q_2} , \quad e_{卡诺} = \frac{T_2}{T_1 - T_2}$

（7）热力学第二定律语言表述

开尔文表述：不可能制造出这样一种循环工作的热机，它只使单一热源冷却下来做功，而不放出热量给其他物体，或者说不使外界发生任何变化.

克劳修斯表述：不可能使热量从低温物体自动传向高温物体而不引起其他变化.

（8）玻耳兹曼熵 $\qquad S = k \ln W$

（9）熵增加原理：孤立体系的熵永不减少.

习题

13-1 习题 13-1 图（a）、（b）、（c）各表示连接在一起的两个循环，其中（c）图是两个半径相等的圆构成的两个循环，图（a）和（b）为半径不等的两个圆. 那么（ ）.

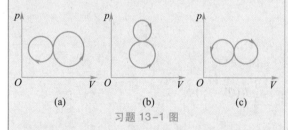

(a)　　(b)　　(c)

习题 13-1 图

（A）图（a）总净功为负，图（b）总净功为正，图（c）总净功为零

（B）图（a）总净功为负，图（b）总净功为负，图（c）总净功为正

（C）图（a）总净功为负，图（b）总净功为负，图（c）总净功为零

（D）图（a）总净功为正，图（b）总净功为正，图（c）总净功为负

13-2 如习题 13-2 图所示，一定量理想气体从体积 V_1 膨胀到体积 V_2，分别经历的过程是：$A \to B$ 等压过程，$A \to C$ 等温过程，$A \to D$ 绝热过程，其中吸热量最多的过程（ ）.

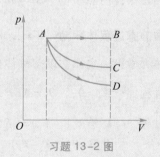

习题 13-2 图

(A) 是 $A \to B$

(B) 是 $A \to C$

(C) 是 $A \to D$

(D) 既是 $A \to B$ 也是 $A \to C$,两过程吸热一样多

13-3 一定量的理想气体,从 a 态出发经过①或②过程到达 b 态,acb 为等温线,如习题 13-3 图所示,则①、②两过程中外界对系统传递的热量 Q_1、Q_2 是（　　）.

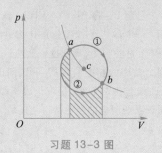

习题 13-3 图

(A) $Q_1 > 0$, $Q_2 > 0$　　(B) $Q_1 < 0$, $Q_2 < 0$

(C) $Q_1 > 0$, $Q_2 < 0$　　(D) $Q_1 < 0$, $Q_2 > 0$

13-4 根据热力学第二定律判断下列说法正确的是（　　）.

(A) 热量能从高温物体传到低温物体,但不能从低温物体传到高温物体

(B) 功可以全部转化为热,但热不能全部转化为功

(C) 气体能够自由膨胀,但不能自动收缩

(D) 有规则运动的能量能够变为无规则运动的能量,但无规则运动的能量不能变为有规则运动的能量

13-5 在下列过程中,使系统的熵增加的过程是（　　）.

(1) 两种不同气体在等温下互相混合;

(2) 理想气体在等容下降温;

(3) 液体在等温下汽化;

(4) 理想气体在等温下压缩;

(5) 理想气体绝热自由膨胀.

(A) (1)、(2)、(3)　　(B) (2)、(3)、(4)

(C) (3)、(4)、(5)　　(D) (1)、(3)、(5)

13-6 习题 13-6 图为一理想气体几种状态变化过程的 p-V 图,其中 MT 为等温线,MQ 为绝热线,在 AM、BM、CM 三种准静态过程中:

(1) 温度降低的是＿＿＿＿＿＿＿＿过程;

(2) 气体放热的是＿＿＿＿＿过程.

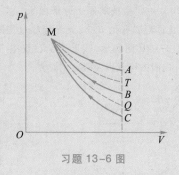

习题 13-6 图

13-7 如习题 13-7 图所示,一定量的单原子分子理想气体,从初态 A 出发,沿图示直线过程变到另一状态 B,又经过等容、等压两过程回到状态 A.

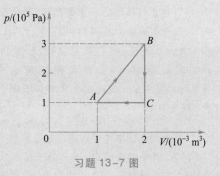

习题 13-7 图

(1) 求 $A \to B$、$B \to C$、$C \to A$ 各过程中系统对外所做的功 W,内能的增量 ΔE 以及所吸收的热量 Q.

(2) 求整个循环中系统对外所做的总功以及从外界吸收的总热量（过程中吸热的代数和）.

13-8 分别通过下列过程把标准状态下的 0.014 kg 氮气压缩为原体积的一半:(1) 等温过程;(2) 绝热过程;(3) 等压过程.试分别求出在这些过程中气体内能的改变、传递的热量和外界对气体所做的功.（设氮气为刚性双原子分子理想气体.）

13-9 汽缸内有 2 mol 氦气,初始温度为 27 ℃,体积为 2.0×10^{-2} m³,先将氦气等压膨胀,直至体积加倍,然后绝热膨胀,直至恢复初温为止.把氦气视为理

想气体.(1) 在 p-V 图上大致画出气体的状态变化过程;(2) 求在这个过程中氦气吸收的热量、内能的增量及所做的总功.

13-10 一定量的单原子分子理想气体,从 A 态出发经等压过程膨胀到 B 态,又经绝热过程膨胀到 C 态,如习题 13-10 图所示.试求这全过程中气体对外所做的功、内能的增量以及吸收的热量.

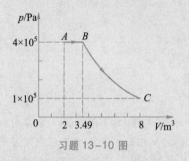

习题 13-10 图

13-11 理想气体经历一卡诺循环,当热源温度为 100 ℃,冷却器温度为 0 ℃ 时,做净功 800 J.今若维持冷却器温度不变,提高热源温度,使净功增为 1.60×10^{3} J,则这时:(1) 热源的温度为多少?(2) 效率增大到多少?设这两个循环都工作于相同的两绝热线之间.

13-12 器壁与活塞均绝热的容器中间被一隔板等分为两部分,其中左边储有 1 mol 处于标准状态的氦气(可视为理想气体),另一边为真空.现先把隔板拉开,待气体平衡后,再缓慢向左推动活塞,把气体压缩到原来的体积.求氦气的温度改变多少.

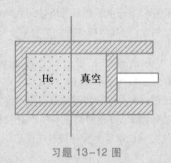

习题 13-12 图

13-13 一定量的某种理想气体,开始时处于压强、体积、温度分别为 $p_0 = 1.2 \times 10^{6}$ Pa、$V_0 = 8.31 \times$

10^{-3} m^3、$T_0 = 300$ K 的初态,后经过一等容过程,温度升高到 $T = 450$ K,再经过一等温过程,压强降到 $p = p_0$ 的末态.已知该理想气体的摩尔定压热容与摩尔定容热容之比 $\dfrac{C_{p,m}}{C_{V,m}} = \dfrac{5}{3}$.求:(1) 该理想气体的摩尔定压热容 $C_{p,m}$ 和摩尔定容热容 $C_{V,m}$;(2) 气体从初态变到末态的全过程中从外界吸收的热量.

13-14 习题 13-14 图(a)与图(b)表示两循环.(1) 指出图(a)中的三个过程各是什么过程;(2) 指出图(b)中哪个过程吸热,哪个过程放热;(3) 在 p-V 图中作出两个循环的相应曲线;(4) 试问图(a)与图(b)中闭合曲线包围的面积,是否代表该循环所做的净功?各循环系统所做的净功是正功还是负功?

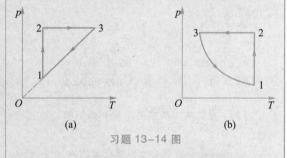

(a)   (b)

习题 13-14 图

13-15 如习题 13-15 图所示,AB、DC 是绝热过程,CEA 是等温过程,BED 是任意过程,组成一个循环.若图中 $EDCE$ 所包围的面积为 70 J,$EABE$ 所包围的面积为 30 J,过程中系统放热 100 J,问 BED 过程中系统吸热多少?

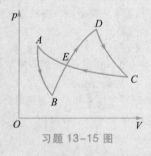

习题 13-15 图

13-16 一定量的某种理想气体进行如习题 13-16 图所示的循环.已知气体在状态 A 的温度为 $T_A = 300$ K,求:(1) 气体在状态 B、C 的温度;(2) 各过程中气体对外所做的功;(3) 经过整个循环过程,气体从外界吸收的总热量(各过程吸热的代数和).

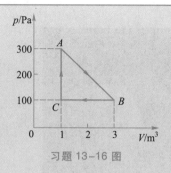
习题 13-16 图

13-17 1 mol 氦气作如习题 13-17 图所示的可逆循环,其中 ab 和 cd 是绝热过程,bc 和 da 为等容过程,已知 $V_1 = 16.4$ L,$V_2 = 32.8$ L,$p_a = 1$ atm,$p_b = 3.18$ atm,$p_c = 4$ atm,$p_d = 1.26$ atm,1 atm $= 1.013\ 25 \times 10^5$ Pa.试求:(1)各态氦气的温度;(2)c 态氦气的内能;(3)在一个循环中氦气所做的净功.

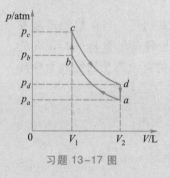
习题 13-17 图

13-18 1 mol 双原子分子理想气体作如习题

13-18 图所示的循环,其中 1→2 为直线,2→3 为绝热线,3→1 为等温线.已知 $T_2 = 2T_1$,$V_3 = 8V_1$.试求:(1)各过程的功、内能增量和传递的热量(用 T_1 和已知常量表示);(2)此循环的效率.

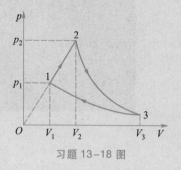
习题 13-18 图

13-19 一制冷机用理想气体作为工作物质进行如习题 13-19 图所示的循环过程,其中 ab、cd 分别是温度为 T_2、T_1 的等温过程,bc、da 为等压过程.试求该制冷机的制冷系数.

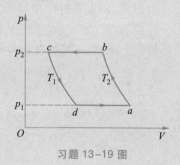
习题 13-19 图

本章计算题参考答案

章 首 问 题

　　神话传说里的"天上一天,地上一年"是真的吗? 当人们跑动起来的时候,体重真的会增加吗? 高速空间里的世界是什么样的? 现在的航空科技飞速发展,空间站的对接精准无误,这符合熟悉的经典力学规律吗? 来吧,一起在教材中寻找问题的答案.

第 14 章　狭义相对论基础

相对论是 20 世纪物理学取得的两个最伟大的发现之一（另一个是量子论）. 相对论的主要研究对象, 一是高速运动（可与光速比拟的高速）, 二是强引力场. 相对论又分为广义和狭义两大类. 关于惯性系的相关理论称为狭义相对论, 而关于非惯性系的称为广义相对论. 本课程只讨论狭义相对论, 且只讨论其中的基本问题.

相对论主要是关于时空的理论, 它揭示了旧时空观的局限性而建立了新的时空观, 它把空间、时间和物质运动不可分割地联系在一起, 从而使物理规律适用于一切惯性系. 经典力学认为空间、时间和质量都是与物体运动无关的不变量, 相对论使这些观念发生了深刻的变革, 提出了新的时空观, 即认为空间、时间和质量都是与物体运动有关的量, 随着物体的运动而发生着改变.

本章介绍了爱因斯坦的狭义相对论的基础知识, 并据此得到三个相对论结论、五个相对论动力学基本方程.

狭义相对论

思考

14.1　经典力学的相对性原理（即伽利略变换式）能否适用于麦克斯韦电磁理论呢?

14.1　经典的时空观和伽利略变换

14.1.1　绝对时空观

经典力学的时空观, 也称为绝对时空观. 经典力学中对空间、时间和物质的定义如下.

空间: 绝对空间, 就其本性而言, 是与外界任何事物无关的,

空间

永远是相同的和不动的.

时间：绝对的、真正的和数学的时间自身在流逝着,而且由于其本性而在均匀地与外界事物无关地流逝着.

物质：由不变的、永远如此的、绝对不可分割的原子组成,其中含原子越多,它的质量越大.

经典力学认为,空间的量度是绝对的,与参考系无关."在惯性系内的观察者不可能通过力学实验来测定此惯性系的运动状态"(伽利略语).伽利略认为空间只是物质运动的场所,是与其中的物质完全无关而独立存在的,并且是永恒不变、绝对静止的,时间是绝对的.对于不同的惯性系用同一个时间来讨论问题.由此,时间间隔和空间间隔在量度上就应当与惯性系无关而绝对不变,即认为在所有的惯性参考系中的观察者,对于任意两个事件的时间间隔和空间任意两点间的距离的测量结果都应该相同.例如,在一个惯性系中两个事件是同时发生的,那么,在另一个惯性系中,这两个事件也应该是同时发生的,而两个事件所持续的时间不论从哪个惯性系来看也应该是相同的.

绝对时空观出现在 20 世纪以前,它反映了人们把时间、空间、物质完全分割开来的一种观点.它产生的原因是人们还没有大量研究高速运动的物理现象,只有从低速力学现象中加以抽象的时空观.

然而,实践已经证明,绝对时空观是不正确的,需要由新的相对的时空观来代替,相对论就带来了这种时空观.

14.1.2 伽利略变换式

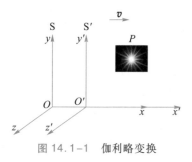

图 14.1-1　伽利略变换

经典力学中的伽利略变换式是以绝对时空观为依据的.如图 14.1-1 所示,有两个惯性系 $S(Oxyz)$ 和 $S'(O'x'y'z')$,对应的坐标轴相互平行,且 x 轴与 x' 轴相重合,$t = t' = 0$ 时刻,它们的原点 O 与 O' 重合.根据绝对时间概念,两惯性系在任意时刻都有 $t = t'$.现使 S' 系相对于 S 系以速度 v 沿 Ox 轴正方向运动,由经典力学可知,在时刻 t,闪光事件点 P 在这两个惯性参考系中的时间、空间满足

$$\begin{cases} x' = x - vt \\ y' = y \\ z' = z \\ t' = t \end{cases} \quad \text{或者} \quad \begin{cases} x = x' + vt \\ y = y' \\ z = z' \\ t = t' \end{cases} \quad (14.1.1)$$

这就是著名的 伽利略时空变换式. 它以数学形式表达了经典力学的时空观, 显然, 这种表达方式是将时间当成空间的第四维, 称为 四维时空.

伽利略时空变换式

四维时空

　　将上式对时间求一阶导数, 得到经典力学中的速度变换法则

$$\begin{cases} u'_x = u_x - v \\ u'_y = u_y \\ u'_z = u_z \end{cases} \tag{14.1.2}$$

上式为事件点 P 在 S 和 S′ 系中的速度变换关系, 称为 伽利略速度变换关系, 其矢量形式为

伽利略速度变换关系

$$u' = u - v$$

这正是在经典力学中学习过的 速度叠加原理. 式中 u 和 u' 分别是事件点 P 在 S 和 S′ 系中的速度, 而 v 是经典力学中关于相对运动的牵连速度.

速度叠加原理

　　将上式再对时间求一阶导数, 得到经典力学中的加速度变换法则

$$a' = a$$

　　所以, 在不同的惯性系中, 点 P 的加速度是相同的, 即在伽利略变换里, 对不同的惯性系来说, 加速度是个不变量. 这些结果在 1.3 节中已经得出.

14.1.3　伽利略相对性原理 (经典力学的相对性原理)

　　在 2.4.1 小节中已经学过伽利略相对性原理, 即 力学的运动规律在一切惯性系中应保持不变.

　　实验证明, 牛顿力学的相对性原理在宏观、低速的范围内, 与实验结果保持一致, 因此, 长期以来人们对此深信不疑.

　　但是, 描述宏观电磁现象规律的麦克斯韦方程组却不具有伽利略变换的不变性. 麦克斯韦电磁理论虽然取得了很大的成功, 但是在该理论赖以生存的时空关系上却遇到了严重的困难. 因为按照经典理论的伽利略变换关系来说, 物体的速度与惯性系的选择有关, 这样真空中的光速就与惯性系的选择有关而不是常量. 这就与麦克斯韦电磁理论得到的"真空中的光速是与参考系无关的常量"这个结论相矛盾. 对这些问题答案的追寻导致了狭义相对论的建立.

思考

14.2　高速空间的时空观是什么样的?

14.2　相对的时空观和狭义相对论的两条假说

在物体低速运动的范围内,伽利略变换和牛顿力学相对性原理是符合实际情况的,利用伽利略变换和牛顿力学定律可以解决任何惯性系中低速运动的问题.

但是在涉及电磁现象,尤其是光的传播时,伽利略变换原则和牛顿力学定律却遇到了不能逾越的障碍,牛顿的时空观遇到了困难.

因为麦克斯韦电磁理论所预言的电磁波,在真空中的传播速度与光的传播速度是一样的,尤其是在赫兹实验证明电磁波真实存在之后,光作为电磁波的一种,从理论到实验都被确定下来,人们需要更加深入地了解光的知识.

由于机械波的传播需要弹性介质的帮助,人们自然想到光的传播也需要一种弹性介质作为载体.19 世纪的物理学家称这种介质为以太,并通过类似于机械波传播的介质的性质,测算得知以太是一种具有非常大的弹性模量和非常小的质量密度的物质,即其应该是硬度超大却稀薄如真空的物质.尽管以上特性是难于琢磨的,但在当时还是被人们所接受,存在以太的假定是在牛顿的时空观适用于电磁学的构想下提出来的,是人们希望将力学和电磁学理论统一起来的一种尝试.为了证明以太的存在,历史上许多的实验被设计出来.

当时的物理学家认为以太充满整个空间,即使是真空也不例外,并且可以渗透到一切物质的内部中去.在相对以太静止的参考系中,光的速度在各个方向上都是相同的,这个参考系被称为以太参考系.这样以太参考系就可以作为绝对参考系.如果有一运动参考系,相对于绝对参考系的速度为 v,那么,根据牛顿力学的相对性原理,光在运动参考系中的速度应为

$$c' = c - v$$

其中 c 是光在绝对参考系中的速度.显然,由上式可得到结论:在运动参考系中,光的速度在各方向上是不相同的.

不难看出,如果能借助某种方法测出运动参考系相对于以太的速度,那么,作为绝对参考系的以太也就可以被确定.历史上很多为寻找绝对参考系的实验都得到了否定的结果.其中,最著名的是迈克耳孙和莫雷所做的实验.

14.2.1 迈克耳孙–莫雷实验

1881 年迈克耳孙制作了一种干涉仪用于测定地球相对于以太的运动,后来人们将此仪器称为**迈克耳孙干涉仪**.此仪器实验装置和原理如图 14.2-1 所示.

迈克耳孙干涉仪

 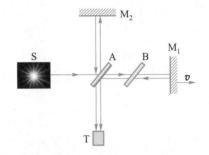

图 14.2-1 迈克耳孙–莫雷实验

从光源 S 射出的单色光以 45° 的入射角射到涂有薄银层(半透半反膜)的半透明玻璃板 A 上,把入射光分成反射和透射两束互相垂直的光,透射光再通过与 A 平行的厚度相同的玻璃板 B(称为补偿板),射到反射镜 M_1 上,原路返回,一部分经 A 反射进入望远镜 T;另一束反射光射到反射镜 M_2 上,原路返回至 A,一部分透射后和上述在 A 反射的那部分光会合,也射入望远镜 T,两路光形成干涉条纹.

补偿板 B 起到补偿作用,使两束光通过玻璃板的光程相等.尽管两条光路的几何路程和光程设计得严格相等,但是由于两条线路的光速可能不同,所以就可能会有相位差.

设计此套光路于水平面上,形成稳定干涉条纹后转动整个实验装置至与原来的位置成 90°,同样由于两条线路的光速可能不同,会造成相位差的改变,那么在观察屏幕上将会看到干涉条纹的移动.换言之,如果在转动装置后看到干涉条纹的移动,就说明在不同的传播方向上光速是不同的.因此,看到条纹移动是这个实验所期望的目标.

设对于太阳,以太是相对静止的,则固连于地球的实验装置将以地球公转的速率 v(大小约为 3.0×10^4 m·s^{-1})相对于以太运动,地球自转的速率在赤道附近最大,为 5.0×10^2 m·s^{-1},与地球公转的速率相比可以忽略不计.

设从 A 到 M$_1$ 的光的传播方向是地球公转速度的方向,则从 A 到 M$_2$ 的光的传播方向与地球公转速度的方向相垂直,按照伽利略速度变换式,这样两束光的传播速度就完全不相同.将该装置旋转 90°,使两臂互易位置,光源是固定在实验桌上的,也随之转动,转动后,从 A 到 M$_1$ 的光的传播方向与地球公转速度的方向相垂直,而从 A 到 M$_2$ 的光的传播方向变为地球公转速度的方向.在转动过程中由于光程差的改变使得干涉条纹发生了移动,条纹移动的数量经过计算大约为

$$N = 0.37$$

但是,实验结果是,人们并没有发现条纹的移动.

1887 年迈克耳孙和莫雷又再一次以更高的精度重做了这个实验,依然得不到预想的结果.这种实验的“零”结果给人们带来了困惑,似乎相对性原理只适用于牛顿定律,而不能用于麦克斯韦的电磁场理论.这个实验的“零”结果,曾被开尔文先生称为物理学天空中的两朵乌云之一.

思考

14.3　迈克耳孙-莫雷实验是无用功吗?

14.2.2 牛顿力学遇到的困难

综上所述,牛顿力学遇到的困难可归纳为以下几点:

(1) 电磁学的基本方程——麦克斯韦方程不遵从伽利略相对性原理,经典力学和电磁学没有一个统一的相对性原理是理论上的一大缺憾.

(2) 真空中的光速 c 不遵从经典力学的速度合成法则.

(3) 就以太假说而言,以太既看不见,又摸不着,赋予它的各种性质又无法通过实验验证.认定它具有力学性质,又与物质只有电磁的相互作用,而没有力学的相互作用,自我矛盾.

(4) 牛顿力学有绝对的时空观,可是一切找寻绝对时空的努力又没有成功.

这时期,很多科学家都预感到物理观念上需要来一次变革,物理学上需要有新的理论出现.在洛伦兹、庞加莱等人为探

求新理论而做了很多的工作之后,一位具有变革思想的青年学者——爱因斯坦,打破传统,创新性地提出了新的理论——狭义相对论,圆满地解决了当时面临的难题,而且由它得出的一切结论,均一一为后来的实验所证实,为物理学的发展树立了新的里程碑.

狭义相对论

值得一提的是,在迈克耳孙-莫雷实验和狭义相对论发表后的近 100 年内,很多人在迈克耳孙-莫雷实验的基础上又提高了实验的精度和灵敏度,在不同的时间、不同的地点进行了多次实验,但是所有的实验都未能找到以太,也未发现光速随运动而变化的迹象.

除了迈克耳孙-莫雷实验外,科学家还做过其他实验和观察,例如菲佐实验、光行差现象、对相互围绕旋转的双星的观察等,这些实验都不能在牛顿力学的绝对时空观和伽利略变换的框架下得到解释.

思考

14.4　狭义相对论假说的主要内容是什么？它的数学依据或者数学基础是什么？

14.2.3 狭义相对论的两条假说

爱因斯坦在深入研究牛顿力学和麦克斯韦电磁理论的基础上,认为相对性原理具有普遍性,它应该既适用于牛顿力学还适用于麦克斯韦电磁理论. 此外,他还认为相对于以太的绝对运动是不存在的,光速应该是常量,与惯性系的选择无关.

1905 年,爱因斯坦在德国《物理学年鉴》第 17 卷中发表了题为"论动体的电动力学"一文. 在这篇文章中,爱因斯坦摒弃了以太假说和绝对参考系的假设,提出了两条狭义相对论的基本原理.

1. 爱因斯坦的相对性原理

所有惯性参考系都是等价的,一切物理规律在所有惯性系中都是一样的.

这包含以下三层意思.

首先,"一切物理规律"不是指力学规律而是指所有物理规律;并且这里讲的是规律而不是指量值;其中"一样"是指在各自惯性系中的"物理规律"的形式都一样.

注意:不是指在第一个惯性系看第二个惯性系的"物理规

律"与在第二个惯性系中观察同一个"物理规律",二者运动形式一样.例如:在一个惯性系中作垂直上抛,在另一个惯性系看这个运动则不是垂直上抛了.

其次,爱因斯坦相对性原理还有另外一种表述:无论通过什么物理实验都无法测定所处的坐标系的"绝对运动"状态.

最后,在所有坐标系中,没有什么特殊的绝对惯性系,彼此平等,谁也不比谁优越,因此不存在绝对静止的"以太"及其相应的参考系.

2. 光速不变原理

真空中,光速对任何惯性系沿任意方向都不变,恒为常量,并与光源或观察者的运动无关.

这包含以下两层意思.

首先,与光源运动无关:这可用电磁波与辐射源无关(即电磁波可脱离辐射源而单独存在)的情况解释.

其次,与惯性系无关:这必须"脱离伽利略变换"来思考问题,这是一种思想观念的转换.

所以,读者在学习狭义相对论的时候要放下经典力学带来的经验结论,要以全新的观念和观点来学习,不能动不动就拿身边的事来衡量和评价相对论带来的结论,因为"身边"的事件属于经典世界,应该用牛顿力学来解决.

伽利略相对性原理只适用于低速情况下的力学规律,狭义相对性原理适用于包括力学规律、电磁学规律在内的所有的物理学规律,比伽利略相对性原理适用范围大得多.因为它只对一切惯性系而言,所以称为"狭义",而广义相对性原理是对一切参考系而言的,包括非惯性系.

这两条原理非常简明,但是它的意义尤其是所带来的革命性的观念改变却使得人们在短时间内难以接受,因为,狭义相对论的基本原理明摆着与伽利略变换和牛顿时空观相矛盾.例如,对于一切惯性系,光速都是相同的,这就与伽利略的速度变换关系相矛盾,在那里,速度应该叠加.在后来的大量实验事实证明下,人们才意识到狭义相对论的重要性.因为,狭义相对论的两条基本原理的正确性,最终是要由它们导出的结果与实验事实是否相符来决定.

相对论连同量子论是 20 世纪初物理学的两项最伟大、最深刻的变革,它以极大的创新性促进了 20 世纪的科学技术,尤其是能源科学、材料科学、生命科学和信息科学等的快速发展.

思考

14.5 眼见为实吗?

14.6 两列相对行进的高速汽车,其相对速度是否可以大过光速?

14.3 洛伦兹变换及其结论

14.3.1 洛伦兹坐标变换式

伽利略变换式与狭义相对论不相容,因此需要寻找一个满足狭义相对论基本原理的变换式. 为此,爱因斯坦从狭义相对论出发独立地推导出一个变换式,这个变换式与洛伦兹在 1904 年为研究电磁理论推导的变换式相同,只是当时洛伦兹并未对其给出正确的解释,所以为了纪念洛伦兹,还原历史,人们还是以洛伦兹变换式来命名这个变换式.

与伽利略变换式类似,选择两个惯性系 S($Oxyz$) 和 S$'$($O'x'y'z'$),以两个惯性系的原点相重合的瞬间为计时的起点,对应的坐标轴相互平行. 现使 S$'$系相对于 S 系以速度 v 沿 Ox 轴正方向运动,若有一个事件发生在点 P,那么,在惯性系 S 中测得点 P 的坐标是 x、y、z,时间是 t,而在惯性参考系 S$'$中测得点 P 的坐标是 x'、y'、z',时间是 t'. 由于此时不再有 $t = t'$ 的结论,所以,由狭义相对论的两条基本假设可以导出该事件在两个惯性系中的时空坐标有如下的对应关系:

洛伦兹变换式

洛伦兹坐标变换推导

$$\begin{cases} x' = \dfrac{x - vt}{\sqrt{1 - \dfrac{v^2}{c^2}}} \\ y' = y \\ z' = z \\ t' = \dfrac{t - \dfrac{v}{c^2}x}{\sqrt{1 - \dfrac{v^2}{c^2}}} \end{cases} \quad (14.3.1) \quad 或者 \quad \begin{cases} x = \dfrac{x' + vt'}{\sqrt{1 - \dfrac{v^2}{c^2}}} \\ y = y' \\ z = z' \\ t = \dfrac{t' + \dfrac{v}{c^2}x'}{\sqrt{1 - \dfrac{v^2}{c^2}}} \end{cases} \quad (14.3.2)$$

一般地,称式(14.3.2)为洛伦兹坐标逆变换式.

洛伦兹坐标逆变换式

若假设 $\beta = \dfrac{v}{c}$,$\gamma = \dfrac{1}{\sqrt{1 - \beta^2}}$,$c$ 为光速,则上式变为

$$\begin{cases} x' = \gamma(x - vt) \\ y' = y \\ z' = z \\ t' = \gamma\left(t - \dfrac{v}{c^2}x\right) \end{cases} \quad \text{或者} \quad \begin{cases} x = \gamma(x' + vt') \\ y = y' \\ z = z' \\ t = \gamma\left(t' + \dfrac{v}{c^2}x'\right) \end{cases}$$

洛伦兹变换是相对论基本原理所建立的新时空观的数学表达形式. 与伽利略变换的根本不同是, 在洛伦兹变换式中时间 t 和 t' 也都是取决于空间的坐标.

在物体的运动速度远小于光速时, 洛伦兹变换与伽利略变换是等效的, 因为此时, $\beta = v/c$ 趋于零, $\gamma = 1$, 洛伦兹变换式就转化为伽利略变换式. 所以, 伽利略变换式是只适用于低速运动物体的坐标变换式.

另外, 为确保 γ 有意义, 须有 $v/c < 1$, 即两惯性系的相对速度 v 须小于光速 c, 所以一切实物粒子的速度极限为光速.

*14.3.2 洛伦兹速度变换式

在牛顿力学中, 速度变换式可以由伽利略坐标变换式导出, 而相对论中已经用洛伦兹变换取代了伽利略变换, 自然利用洛伦兹坐标变换式可以得到相对论的速度变换式, 以替代伽利略速度变换式. 具体地:

洛伦兹速度变换推导

$$\begin{cases} u_x = \dfrac{u'_x + v}{1 + \dfrac{v}{c^2}u'_x} \\ u_y = \dfrac{u'_y}{\gamma\left(1 + \dfrac{v}{c^2}u'_x\right)} \\ u_z = \dfrac{u'_z}{\gamma\left(1 + \dfrac{v}{c^2}u'_x\right)} \end{cases} \quad (14.3.3)$$

或者

$$\begin{cases} u'_x = \dfrac{u_x - v}{1 - \dfrac{v}{c^2}u_x} \\ u'_y = \dfrac{u_y}{\gamma\left(1 - \dfrac{v}{c^2}u_x\right)} \\ u'_z = \dfrac{u_z}{\gamma\left(1 - \dfrac{v}{c^2}u_x\right)} \end{cases} \quad (14.3.4)$$

　　上面两式都称为洛伦兹速度变换式. 读者可以自己尝试推导.

　　比较伽利略速度变换式和洛伦兹速度变换式可知,两者有着重要的不同. 洛伦兹速度变换式不仅速度的 x 分量要变换,而且 y 分量和 z 分量都要变换;另外,当物体速度远小于光速时,洛伦兹速度变换式就转化成伽利略速度变换式. 所以,伽利略速度变换式只能适用于低速运动的物体.

　　当物体速度接近光速时,或者直接讨论光的传播速度在不同惯性系中的行为时,由洛伦兹速度变换式可以知道,若光对 S 系的速度为 c 的话,那光对 S′系的速度也为 c,计算如下:

$$u'_x = \frac{u_x - v}{1 - \frac{v}{c^2}u_x} = \frac{c - v}{1 - \frac{v}{c^2}c} = c \qquad (14.3.5)$$

这是符合光速不变原理的,虽然不符合伽利略速度变换关系.

　　又比如,两个火箭相向运动,它们相对于静止观察者的速率都是 $\frac{3}{4}c$(c 为真空中的光速),可以利用洛伦兹速度变换式求出火箭甲相对火箭乙的速率(相对接近速率)为 $0.96c$.

14.3.3 洛伦兹坐标变换的结论

　　运用洛伦兹变换式可以得到许多与日常经验大相径庭的、令人惊奇的重要结论. 这些结论后来被近代高能物理中的许多实验所证实.

　　例如,两点之间的距离或物体的长度随进行量度的惯性系的不同而不同,某一过程所经历的时间也随惯性系而异.

　　由洛伦兹时空变换式知道,由于空间坐标和时间坐标都与运动有关联,所以由坐标差带来的长度概念和时刻差带来的时间概念也与运动有关联,即在相对论时空观中,时间和空间都是相对的,甚至同时性也不再是绝对的.

思考

　　14.7　在高速空间里可不可以把一根比门洞宽的物体沿宽度方向移进门洞?

　　14.8　狭义相对论的三个重要结论是什么?

14.4　狭义相对论的时空观

14.4.1 运动长度收缩

　　讨论时空观,首先要解决的是长度和时间的测量问题.

　　一根杆的长度,在伽利略变换中是不随惯性系的选择而变的.但是在洛伦兹变换中,在相对它静止的惯性系中看它的长度和在相对它运动的惯性系中看它的长度可能是不一样的.

　　若有两个惯性系 S($Oxyz$) 和 S′($O'x'y'z'$),对应的坐标轴相互平行,设在 S′系中沿 $O'x'$ 轴放置一根细杆,其杆长 l' 可以通过测量它的两端在 x' 轴上的坐标 x_1'、x_2' 来测定,得到 $l'=x_2'-x_1'(x_2'>x_1')$,这是在相对于观察者静止的参考系中测得的长度,称为**固有长度**,也叫原长、静长,一般以 l_0 表示.现使 S′系相对于 S 系以速度 v 沿 Ox 轴正方向运动,在 S 系中的观察者看来,杆随惯性系 S′一起运动,在 S 系测量的杆长称为**运动长度**.与杆的固有长度不同,测量运动长度就应该在 S 系中同时测量杆的两端坐标 x_1、x_2,长度为 $l=x_2-x_1(x_2>x_1)$.

　　必须注意的是,这"同时"都是对 S 系而言的,即 $t_1=t_2$. 原则上,在哪个坐标系中测量杆长,就必须在那个坐标系中同时测量两端的坐标,杆对于 S 系来说是运动的,所以"同时"是必要条件;但是杆对于 S′系来说是静止的,所以"同时"就不必要了(因为任何时刻测量,杆两端的坐标都是那两个值,什么时候测都可以).运动长度与固有长度之间的关系可以通过洛伦兹坐标变换得到,具体地,根据式(14.3.1),有

$$x_1'=\frac{x_1-vt_1}{\sqrt{1-\beta^2}},\qquad x_2'=\frac{x_2-vt_2}{\sqrt{1-\beta^2}}$$

将以上两式相减,并利用 $t_1=t_2$ 得到

$$x_2'-x_1'=\frac{x_2-x_1-v(t_2-t_1)}{\sqrt{1-\beta^2}}=\frac{x_2-x_1}{\sqrt{1-\beta^2}}$$

即

$$l'=\frac{l}{\sqrt{1-\beta^2}}$$

所以物体的运动长度为　　$l=l'\sqrt{1-\beta^2}=l_0\sqrt{1-\beta^2}$

显然　　　　　　　　　　　　　　$l<l_0$

即从 S 系测得的运动细杆的长度是从相对细杆静止的 S′系中测得的长度的 $\sqrt{1-\beta^2}$ 倍,物体这种沿运动方向发生的长度收缩称为**洛伦兹收缩**.

固有长度
原长　静长

运动长度
同时

洛伦兹收缩

如果利用洛伦兹变换的逆变换式(14.3.2),得到

$$x_1 = \frac{x_1' + vt_1'}{\sqrt{1-\beta^2}}, \quad x_2 = \frac{x_2' + vt_2'}{\sqrt{1-\beta^2}}$$

计算结果将是相同的,只是依然要采用 $t_1 = t_2$ 这一必要条件才能做到. 读者可以自行尝试计算一下.

对于运动长度收缩应注意以下几点.

（1）只有纵向效应:只在相对运动的方向上长度收缩,长度收缩与相对运动的正反方向无关.

（2）只是相对论效应:运动长度收缩,静止长度最长只是相对论效应,并不代表物体的密度发生了实质性变化导致物质性质变化.

（3）高速效应:当物体速度远小于光速,即 $v \ll c$ 时,物体的运动长度就转化为固有长度. 表面上看,棒的相对收缩不符合日常经验,这是因为在日常生活和技术领域中所遇到的运动都比光速要慢得多,对于这些运动,运动长度收缩完全可以忽略不计.

14.4.2 运动时钟延缓

在狭义相对论中,如同长度不是绝对的,时间间隔也将不是绝对的.

设在 S′ 系中有一只静止的钟,有两个事件先后发生在同一个地点 x',此钟记录的时刻分别为 t_1'、t_2',于是在 S′ 系中的钟所记录的两事件的时间间隔为 $\Delta t' = t_2' - t_1'$,常称为**固有时间**(又叫**原时**,或者同地钟时),记为 τ_0. 而 S 系中的钟所记录的时刻分别为 t_1、t_2,于是在 S 系中的钟所记录的两事件的时间间隔为 $\Delta t = t_2 - t_1$. 若 S′ 系以速度 $\boldsymbol{v}$ 沿 xx' 轴方向运动,则根据洛伦兹时空变换逆变换式知道

==固有时间== ==原时==

$$t_1 = \frac{t_1' + \frac{v}{c^2}x_1'}{\sqrt{1-\beta^2}}, \quad t_2 = \frac{t_2' + \frac{v}{c^2}x_2'}{\sqrt{1-\beta^2}}$$

因为在 S′ 系中的两个事件先后发生在同一个地点 x',所以有 $\Delta x' = x_2' - x_1' = 0$. 这样,S 系中的钟所记录的两事件的时间间隔为

$$\Delta t = t_2 - t_1 = \frac{(t_2' - t_1') + \frac{v}{c^2}(x_2' - x_1')}{\sqrt{1-\beta^2}} = \frac{\tau_0}{\sqrt{1-\beta^2}}$$

显见,$\Delta t > \tau_0$,即 S 系中的钟记录的 S′ 系内某一个地点发生的两个事件的时间间隔,比 S′ 系中的钟记录的这两个事件的时间间隔要长些,所以说,运动的钟走慢了,这就是**时间延缓效应**.

==时间延缓效应==

在经典力学中,把发生两件事件的时间间隔,视为量值不变的绝对量. 而狭义相对论中,发生两事件的时间间隔,在不同的惯

性系中是不相同的. 这就是说, 两事件之间的时间间隔是相对的概念, 它与惯性系有关, 只有当运动速度远远小于光速时, 运动时间才等于固有时间. 即当 $v \ll c$ 时, $\Delta t = \tau_0$. 所以, 在日常生活中发生的两事件的时间间隔近似为一个绝对量.

例题 14-1

有一飞船从地球飞向距离地球 4.3×10^{16} m 的 α 星. 若飞船相对于地球的速度为 $v = 0.999c$, 按地球上的时钟计算要用多少年时间? 若以飞船上的时钟计算要用多少年时间?

解: 从地球上看, 距离 $s = 4.3 \times 10^{16}$ m 为静止长度, 故以地球上的时钟计算需用时间为

$$\Delta t = \frac{s}{v} = 4.5 \text{ a}$$

考虑运动长度的概念, 从飞船上看运动长度为

$$s' = s\sqrt{1 - \left(\frac{v}{c}\right)^2}$$

所以, 以飞船上的时钟计算需用时间为

$$\Delta t' = \frac{s'}{v} = \frac{s}{v}\sqrt{1 - \left(\frac{v}{c}\right)^2} = \Delta t \sqrt{1 - \left(\frac{v}{c}\right)^2} = 0.2 \text{ a}$$

或者, 若以飞船上的时钟计算, 飞船与时钟同体, 所以 $\Delta t'$ 为原时, Δt 为运动时间, 根据原时与运动时间的关系得到

$$\Delta t = \frac{\Delta t'}{\sqrt{1 - \left(\frac{v}{c}\right)^2}}$$

所以 $\Delta t' = \Delta t \sqrt{1 - \left(\frac{v}{c}\right)^2} = 0.2 \text{ a}$

结果一致.

第 14 章章首问题解答

解答: 因此, 读者不难算出只要相对于地球匀速运动的飞行器的速度达到 $0.999\ 996c$ 的话, 其上携带的时钟所测量的时间将是地球上时钟所测时间的 $1/360$, 正所谓 "天上一日, 地上一年".

其他两个问题的解答将穿插在教材内容叙述中.

例题 14-2

火箭相对于地球以 $v = 0.6c$ 的匀速度向上飞离地球, 在火箭发射 $\Delta t' = 10$ s 后 (火箭上的钟), 该火箭向地面发射一导弹, 其速度相对于地面为 $v_1 = 0.3c$, 问: 若以地球上的钟计算, 火箭发射后多长时间导弹到达地球? (计算中假设地球不动.)

解: 按地球的钟, 导弹发射的时间在火箭发射后

$$\Delta t_1 = \frac{\Delta t'}{\sqrt{1 - (v/c)^2}}$$

$$= \frac{10}{\sqrt{1 - (0.6c/c)^2}} \text{ s} = 12.5 \text{ s}$$

这段时间火箭在地面上飞行距离

$$s = v \cdot \Delta t_1 = 0.6c \times 12.5 \text{ m} = 2.25 \times 10^9 \text{ m}$$

则导弹飞到地球的时间

$$\Delta t_2 = \frac{s}{v_1} = \frac{0.6c}{0.3c} \times 12.5 \text{ s} = 25 \text{ s}$$

则从火箭发射到导弹到达地面的时间是

$$\Delta t = (12.5 + 25) \text{ s} = 37.5 \text{ s}$$

综上所述, 狭义相对论指出了时间和空间的量度与惯性系的选择有关. 时间与空间是相互联系的, 并与物质有着不可分割的联系, 不存在孤立的时间, 也不存在孤立的空间.

14.4.3 同时和时序的相对性及因果关系的绝对性

在牛顿力学中,时间是绝对的,如果两个事件在惯性系 S 中是被同时观察到的,那么在 S′ 系中也一定会被同时观察到. 但是在狭义相对论中,这两个事件在惯性系 S 中同时发生,那么在 S′ 系中观察,一般来说就不一定是同时的,这就是狭义相对论的同时性的相对性.

同时性的相对性

另外,在一个惯性系中看,事件 1 先发生,事件 2 后发生;而在另一个惯性系中看,可能时序不变,也可能时序颠倒,事件 2 先发生,事件 1 后发生,这就是时序的相对性.

时序的相对性

但是有因果关系或可能具有因果关系的两个事件的发生就不会有先后次序的颠倒,否则就太荒谬了.

这一点很容易从洛伦兹时空变换式中得到.

有因果关系的两个事件的时序,不论用什么惯性系,时序决不会颠倒,这就是因果关系的绝对性.

总之,时间、空间和运动之间的紧密联系,深刻地反映了时空的性质,这是正确认识自然界乃至人类社会应持有的基本观点.

时序颠倒分析

例题 14-3

乙乘飞行器相对甲沿 x 轴作匀速直线运动. 甲测得两个事件的时空坐标为 $x_1 = 6 \times 10^4$ m, $y_1 = z_1 = 0$, $t_1 = 2 \times 10^{-4}$ s; $x_2 = 12 \times 10^4$ m, $y_2 = z_2 = 0$, $t_2 = 1 \times 10^{-4}$ s. 如果乙测得这两个事件同时发生于 t' 时刻,问:(1) 乙对于甲的运动速度是多少?(2) 乙所测得的两个事件的空间间隔是多少?

解:(1) 设乙对甲的运动速度为 v,由洛伦兹变换知

$$t' = \frac{1}{\sqrt{1-\beta^2}}\left(t - \frac{v}{c^2}x\right)$$

得到

$$t_2' - t_1' = \frac{(t_2 - t_1) - \dfrac{v}{c^2}(x_2 - x_1)}{\sqrt{1-\beta^2}} = 0$$

即 $(1 \times 10^{-4} - 2 \times 10^{-4}) - \dfrac{v}{c^2}(12 \times 10^4 - 6 \times 10^4)$

$= 0$ (SI 单位)

解得

$$v = -\frac{c}{2} < 0$$

(2) 同样利用洛伦兹坐标变换,知

$$x' = \frac{1}{\sqrt{1-\beta^2}}(x - vt)$$

乙所测得的这两个事件的空间间隔为

$$x_2' - x_1' = \frac{(x_2 - x_1) - v(t_2 - t_1)}{\sqrt{1-\beta^2}}$$

$$= 5.20 \times 10^4 \text{ m} < 6 \times 10^4 \text{ m}$$

说明运动的长度会收缩.

例题 14-4

设飞机以光速飞行,飞机上的灯光以光速向前传播.求飞机上灯光对地球的速度.

解:如例题 14-4 图所示,由题意已知

$$u_x' = c, v = c$$

由洛伦兹速度变换式,知

$$u_x = \frac{u_x' + v}{1 + \frac{v}{c^2}u_x'}$$

得到

$$u_x = \frac{c+c}{1+\frac{c}{c^2}c} = c$$

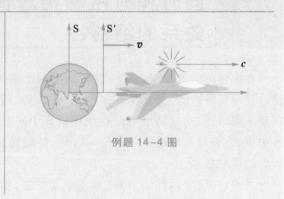

例题 14-4 图

思考

14.9　接近于光速运动的电子其动能怎样计算?

14.10　你能否分别用洛伦兹坐标正、逆变换推导出运动长度收缩这个结论? 需要注意的必要条件是什么?

14.11　你能否分别用洛伦兹坐标正、逆变换推导出运动时钟变慢这个结论? 需要注意的必要条件是什么?

14.5　狭义相对论的动力学简介

　　牛顿力学遵从伽利略相对性原理,其定律及由它导出的所有力学规律在伽利略变换下保持相同的形式. 同样,狭义相对论的动力学方程亦须在洛伦兹变换下保持相同的形式. 在 $v \ll c$ 的情况下,牛顿力学理论足够精确,洛伦兹变换关系也近似为伽利略变换关系,因此,狭义相对论的动力学方程也必须在 $v \ll c$ 的情况下还原为牛顿力学的动力学方程. 相对论动力学方程中的各物理量(如质量、动量、动能等)也应在 $v \ll c$ 的情况下还原成牛顿力学的形式,相对论的动力学方程还必须经得起实验和实践的检验.

14.5.1 相对论的动量和质量

　　在牛顿力学中,质点的动量定义为质量与速度的乘积,而

且,物体运动的速度改变时,质量不会变化.如果要在满足动量守恒的情况下,在洛伦兹变换下对一切惯性系,动量守恒都成立且保持形式不变,就得抛弃牛顿力学中关于动量的定义或者质量不随物体运动而改变的说法.理论和实验都证实,可采用形式上仍保留牛顿力学关于动量的定义形式,但是改变质量是常量的观点.而且,在低速空间 $v \ll c$ 中,相对论性质量以牛顿力学质量为极限.基于此点,动量的表达形式应该有如下形式:

$$\boldsymbol{p} = m\boldsymbol{v} \tag{14.5.1}$$

按照狭义相对论的相对性原理和洛伦兹速度变换式,当动量守恒表达式在任意惯性系中都保持不变时,质点的动量表达式为

$$\boldsymbol{p} = \frac{m_0 \boldsymbol{v}}{\sqrt{1-\beta^2}}$$

式中 m_0 为质点静止时的质量,$\boldsymbol{v}$ 为质点相对于某惯性系运动时的速度.当质点的速率远小于光速,即 $v \ll c$ 时,有 $p = m_0 v$,相对论的动量公式就转化为牛顿力学的动量表示形式,其中

$$m(v) = \frac{m_0}{\sqrt{1-\beta^2}} \tag{14.5.2}$$

称为相对论性质量,式(14.5.2)又称为质速关系式.当质点的速率远小于光速,即 $v \ll c$ 时,有 $m = m_0$,可以认为低速空间中物体质量可以视为一个常量.

相对论性质量　质速关系式

对于宏观物体,由于它的速度比光速小得多,因而可以忽略质量的改变(人体跑动起来体重不会增加.由于跑动速度与光速相比相差太多,所以,由运动引起的质量改变微乎其微).但是对于微观粒子,如介子、质子、电子等,当它们的速度接近光速时,这时其质量和静止质量就有显著的不同.例如,在加速器中被加速的质子,当它的速度达到 $0.9c$ 时,其质量可达到

$$m = \frac{m_0}{\sqrt{1-0.9^2}} = 2.3m_0$$

14.5.2 力和狭义相对论的基本方程

在牛顿力学中,作用于质点上的力等于质点动量的时间变化率,

$$\boldsymbol{F} = \frac{\mathrm{d}\boldsymbol{p}}{\mathrm{d}t}$$

不涉及变质量质点问题时,质点的质量是常量,上式又可写成

$$F = m\frac{\mathrm{d}\boldsymbol{v}}{\mathrm{d}t} = m\boldsymbol{a}$$

在狭义相对论中,前面已看到,即使不涉及变质量问题,质点的质量也不再是常量.显然,这里 $F = m\boldsymbol{a}$ 已不成立.保留牛顿力学中力的定义 $F = \dfrac{\mathrm{d}\boldsymbol{p}}{\mathrm{d}t}$ 形式不变,采用狭义相对论的质量、动量定义,当有外力 F 作用于质点时,可得

$$F = \frac{\mathrm{d}\boldsymbol{p}}{\mathrm{d}t} = \frac{\mathrm{d}}{\mathrm{d}t}\left(\frac{m_0\boldsymbol{v}}{\sqrt{1-\beta^2}}\right) \qquad (14.5.3)$$

相对论力学的基本方程

上式为相对论力学的基本方程.

当质点的运动速度远小于光速时,上式转化为

$$F = \frac{\mathrm{d}\boldsymbol{p}}{\mathrm{d}t} = m_0\boldsymbol{a} \qquad (14.5.4)$$

这正是经典力学中的牛顿第二定律.这表明,在物体的速度远小于光速的情况下,相对论性质量 m 与静止质量 m_0 一样,可视为常量,牛顿第二定律的形式 $F = m_0\boldsymbol{a}$ 是成立的.

显然,若作用在质点系上的合外力为零,则系统的总动量应当不变,为一常量.由相对论性动量表达式可得系统的动量守恒定律为

$$\sum \boldsymbol{p}_i = \sum m_i\boldsymbol{v}_i = \sum \frac{m_{0i}}{\sqrt{1-\beta^2}}\boldsymbol{v}_i = 常矢量 \qquad (14.5.5)$$

同样,当质点的运动速度远小于光速时,系统的总动量可写成

$$\sum \boldsymbol{p}_i = \sum m_i\boldsymbol{v}_i = \sum \frac{m_{0i}}{\sqrt{1-\beta^2}}\boldsymbol{v}_i = \sum m_{0i}\boldsymbol{v}_i = 常矢量$$

$$(14.5.6)$$

这正是经典力学的动量守恒定律.

总之,相对论性的动量概念、质量概念,以及相对论的力学方程和动量守恒定律具有普遍的意义,而牛顿力学则只是相对论力学在物体低速运动条件下的很好的近似.

另外需要说明一点,加速度在牛顿力学的动力学方程中是一个很重要的物理量,质点的运动微分方程中少不了它.可它并不出现在狭义相对论的动力学方程中,加速度这个物理量在狭义相对论中不再具有重要性.

思考

14.12 狭义相对论中的动能公式与经典力学中的动能公式有何不同?有什么联系?

14.5.3 质点的动能

类似牛顿力学的方法,在动力学方程两边点乘 $\boldsymbol{v}\mathrm{d}t$,在 $\mathrm{d}t$ 时间内外力作用于质点的功等于在此期间质点动能的增量,以 E_k 表示动能,则

$$\mathrm{d}E_k = \boldsymbol{F} \cdot \boldsymbol{v}\mathrm{d}t = \frac{\boldsymbol{p}}{m} \cdot \mathrm{d}\boldsymbol{p}$$

而由式(14.5.2)可得

$$m^2 c^2 - m^2 v^2 = m_0^2 c^2$$

则

$$m^2 c^2 - m_0^2 c^2 = m^2 v^2 = \boldsymbol{p}^2 = \boldsymbol{p} \cdot \boldsymbol{p}$$

两边微分得到

$$\boldsymbol{p} \cdot \mathrm{d}\boldsymbol{p} = mc^2 \mathrm{d}m$$

代回到动能表达式中得到

$$\Delta E_k = \int \mathrm{d}E_k = \int \frac{\boldsymbol{p}}{m} \cdot \mathrm{d}\boldsymbol{p} = \int c^2 \mathrm{d}m = \Delta mc^2$$

质点静止时,动能为零,质点运动时,具有的动能为

$$E_k = mc^2 - m_0 c^2 \qquad (14.5.7)$$

式(14.5.7)为狭义相对论的动能表达式.

注:当物体速度远小于光速时,$v \ll c$,上式可以转化为牛顿力学中的动能表达式,具体地,

$$E_k = mc^2 - m_0 c^2 = m_0 \left(1 - \frac{v^2}{c^2}\right)^{-\frac{1}{2}} c^2 - m_0 c^2$$

$$= m_0 (1-\beta^2)^{-\frac{1}{2}} c^2 - m_0 c^2$$

因为 $\beta \to 0$,所以可以利用级数展开化简,$(1-\beta^2)^{-\frac{1}{2}} = 1 + \frac{\beta^2}{2} + \cdots$

得到

$$E_k = m_0 \left(1 + \frac{\beta^2}{2}\right) c^2 - m_0 c^2 = \frac{1}{2} m_0 v^2$$

所以,在低速空间中,狭义相对论的动能表达式与牛顿力学的动能表达式是完全一致的.

例题 14-5

用电子加速器将电子加速到 $u = 0.8c$ 的速度,求电子动能.

解:因为电子的速度为 $0.8c$,接近光速,所以不能利用牛顿力学的理论,只能利用相对论理论.设电子的静止质量为 m_0,则电子的运动质量为

$$m = \frac{m_0}{\sqrt{1-\beta^2}} = \frac{m_0}{\sqrt{1-0.8^2}} = \frac{5}{3} m_0$$

则电子的动能为

$$E_k = mc^2 - m_0 c^2 = \frac{2}{3} m_0 c^2 \approx 0.667 m_0 c^2$$

若错误地利用了牛顿力学理论,将得到错误的结果,如下:

$$\frac{1}{2} mu^2 = \frac{1}{2} \times \frac{5}{3} m_0 \times (0.8c)^2 \approx 0.533 m_0 c^2$$

14.5.4 质点的能量及与动量的关系

由前面的讨论得到关系式

$$mc^2 = E_k + m_0 c^2$$

动能是能量的组成部分,而 $m_0 c^2$、mc^2 都具有能量的量纲.爱因斯坦对上述能量作出了具有深刻意义的说明,他认为 $m_0 c^2$ 是质点**静能量**静止时具有的能量,称为静能量;而 $mc^2 = E_k + m_0 c^2$ 是物体动能和静能量的和,是物体具有速度 $\boldsymbol{v}$ 时所具有的总能量,记为

$$E = mc^2 \tag{14.5.8}$$

质能关系式 这就是著名的质能关系式,它是狭义相对论中一个重要结论.式(14.5.8)指出,能量和质量这两个重要的物理量之间有着密切的联系.如果一个物体或者物体系统的能量有 ΔE 的变化,则无论能量的形式如何,其质量必有相应的改变,其值为 Δm.它们之间的关系为

$$\Delta E = (\Delta m) c^2 \tag{14.5.9}$$

质能公式在原子核变化中的应用

在日常现象中,观察系统能量的变化并不难,但其相应的质量变化却极微小,不易察觉到.例如,1 kg 的水由 273 K 加热到 373 K 时所增加的能量为

$$\Delta E = 4.18 \times 10^3 \times (373-273) \text{ J} = 4.18 \times 10^5 \text{ J}$$

相应地,质量却只增加了

$$\Delta m = \frac{\Delta E}{c^2} = 4.6 \times 10^{-12} \text{ kg}$$

在研究核反应时,实验完全验证了质能关系式.从 1932 年的第一次实验验证成功后,之后做的所有核试验都验证了质能关系式的正确性,也就验证了狭义相对论的正确性.同时,狭义相对论还把牛顿力学中的关于质量和能量的两条孤立的守恒定律结合成统一的质能守恒定律.

例题 14-6

已知电子的静能量为 $E_0 = 0.511$ MeV,用电子加速器加速电子,电子能量的增量为 $\Delta E = 20$ MeV. 求电子的质量与其静止质量的比.

解:电子的能量增量即电子的动能,即
$$\Delta E = E - E_0 = E_k$$
或者
$$\Delta E = mc^2 - m_0 c^2 = E_k$$

则有
$$\frac{m}{m_0} = \frac{\Delta E}{m_0 c^2} + 1 = \frac{\Delta E}{E_0} + 1$$
$$= \frac{20 \text{ MeV}}{0.511 \text{ MeV}} + 1 \approx 40$$
即此时电子的质量与其静止质量的比为 40.

另外,由质速关系式(14.5.2)可得
$$m^2 c^2 - m^2 v^2 = m_0^2 c^2$$
两边同乘以 c^2,得到
$$m^2 c^4 = p^2 c^2 + m_0^2 c^4$$
即
$$E^2 = p^2 c^2 + E_0^2 \qquad (14.5.10)$$
这就是相对论性能量和动量的关系. 为了便于记忆,它们间的关系可以用直角三角形的勾股定理来直观地描述. 其中,E 代表直角三角形的斜边,E_0 和 pc 分别代表两条直角边.

当质点的总能量远远大于质点的静能量时,那么,上式可以表述为
$$E \approx pc$$
特别地,对于像光子一类的静止质量为零的粒子,上式为
$$E = pc$$
所以,对于能量为 $h\nu$ 的光子来说,其动量为
$$p = \frac{E}{c} = \frac{h\nu}{c} = \frac{h}{\lambda}$$
式中,ν、λ 分别是此束光的频率和波长. 此即光的波粒二象性表达式.

以上所述包括速度、加速度、质量、能量、动量和力等物理量在两个惯性系中的变换关系,要求两惯性系的相对运动速度沿 x 轴方向,且两惯性系各相应的坐标轴相互平行. 若要采用的相对速度不只是有 x 分量,显然,不能直接利用上述公式. 有两种解决方法,一是把变换公式修改为与相对速度相应的变换公式;二是改变 S 系的坐标取向,使 x 轴沿相对速度方向. 显见,后者简单易行.

总之,狭义相对论的建立是物理学发展史上的一个里程

碑,具有深远的意义.它揭示了时间和空间之间,以及时空与运动物质之间的深刻联系,这种相互联系把牛顿力学中认为互不相关的时间和空间结合成一种统一的运动物质的存在形式.

与经典物理学相比较,狭义相对论更客观、更真实地反映了自然的规律.目前,相对论不但已经被大量的实验事实所证实,而且已经成为研究宇宙星体(全球卫星定位系统和其卫星上的原子钟,对精确定位要求非常高)(空间站的精准无误对接,需要利用广义相对论的知识,此处不再描述)、粒子物理(对于过渡金属如铂的内层电子,需要考虑相对论对电子轨道能级的影响;解释铅的 $6s^2$ 惰性电子对效应;医院放射治疗和造影用的粒子加速器等)以及一系列工程物理(如反应堆中能量的释放、带电粒子加速器的设计)问题的基础.

相对论

相对论的知识得到了广泛应用.在化学中,相对论可以解释为何水银在常温下是液体,金子会呈现金色,而银、铜会有其特有的颜色等问题.

由广义相对论推导出来的引力透镜效应,让天文学家可以观察到黑洞和不发射电磁波的暗物质,并评估质量在太空的分布状况.

随着科学技术的不断发展,一定还会有新发现,甚至还会有新的理论出现.然而,无论怎样发展,狭义相对论在科学中的地位是无法否定的,就如同低速、宏观物体的运动中,牛顿力学仍然表现得十分精彩一样.

知识要点

(1) 狭义相对论的两个基本原理:相对性原理和真空中的光速不变原理.

(2) 洛伦兹坐标变换式

$$\begin{cases} x' = \gamma(x - vt) \\ y' = y \\ z' = z \\ t' = \gamma\left(t - \dfrac{v}{c^2}x\right) \end{cases} \quad \text{或者} \quad \begin{cases} x = \gamma(x' + vt') \\ y = y' \\ z = z' \\ t = \gamma\left(t' + \dfrac{v}{c^2}x'\right) \end{cases}, \quad \text{其中 } \gamma = \frac{1}{\sqrt{1 - \dfrac{v^2}{c^2}}}$$

(3) 三个相对论结论:同时性的相对性,运动长度收缩,运动时钟变慢.

（4）五个相对论动力学公式

质速关系式

$$m(v) = \frac{m_0}{\sqrt{1 - \dfrac{v^2}{c^2}}}$$

相对论力学基本方程

$$\boldsymbol{F} = \frac{\mathrm{d}\boldsymbol{p}}{\mathrm{d}t} = \frac{\mathrm{d}}{\mathrm{d}t}\left(\frac{m_0\boldsymbol{v}}{\sqrt{1-\beta^2}}\right)$$

质能关系式 $\qquad E = mc^2$

相对论动能关系式 $\quad E_k = mc^2 - m_0c^2$

相对论能量与动量的关系 $\quad E^2 = E_0^2 + c^2p^2$

习题

14-1 狭义相对论中,下列说法中哪些是正确的?

（1）一切运动物体相对于观察者的速度都不能大于真空中的光速;

（2）质量、长度、时间的测量结果都是随物体与观察者的相对运动状态而改变的;

（3）在一个惯性系中发生于同一时刻、不同地点的两个事件在其他一切惯性系中也是同时发生的;

（4）惯性系中的观察者观察一个相对他作匀速运动的时钟时,会看到这时钟比相对他静止的相同的时钟走得慢.

14-2 对某观察者来说,发生在某惯性系中同一地点、同一时刻的两个事件,对于相对该惯性系作匀速直线运动的其他惯性系中的观察者来说,它们是否同时发生? 在某惯性系中发生于同一时刻、不同地点的两个事件,它们在其他惯性系中是否同时发生?

*14-3 两只飞船相向运动,它们相对地面的速率都是 v. 在 A 船中有一根米尺,米尺顺着飞船的运动方向放置. 问 B 船中的观察者测得该米尺的长度是多少?

14-4 观察者 A 测得与他相对静止的 Oxy 平面上一个圆的面积是 12 cm^2,另一观察者 B 相对于 A 以 $0.8c$（c 为真空中光速）的速度平行于 Oxy 平面作匀速直线运动,B 测得这一图形为一椭圆,其面积是多少?

14-5 一个体积为 V_0、质量为 m_0 的立方体沿其一棱的方向相对于观察者 A 以速度 v 运动. 求观察者 A 测得其密度是多少.

14-6 在惯性系 S 中,有两事件发生于同一地点,且事件二比事件一晚发生 $t = 2$ s;而在另一个惯性系 S′中,观测到事件二比事件一晚发生 $t' = 3$ s. 那么在 S′系中发生两事件的地点之间的距离是多少?

14-7 地球的半径约为 $R_0 = 6\ 376$ km,它绕太阳旋转的速率约为 30 km·s^{-1},在太阳系中测量地球的半径在哪个方向上缩短得最多? 缩短了多少?（假设地球相对于太阳系来说近似于惯性系.）

14-8 一条隧道长为 L,宽为 d,高为 h,拱顶为半圆. 设想一列列车以极高的速度 v 沿隧道长度方向通过隧道,若从列车上观测,（1）隧道的尺寸如何?（2）设列车的长度为 l_0,它全部通过隧道的时间是多少?

14-9 在 S′系中有一质点作圆周运动,其轨道方程为 $x'^2 + y'^2 = a^2$,$z' = 0$,试证明在 S 系中（S′系以速度 v 相对于 S 系沿 x 轴正方向运动）,测得该质点的轨迹是一个在 Oxy 平面内的椭圆,椭圆的中心以速度 v 沿 x 方向运动.

14-10 假定在实验室中测得静止在实验室中的 μ 子（不稳定的粒子）的寿命为 2.2×10^{-6} s,而当它相对于实验室运动时实验室中测得它的寿命为 1.63×10^{-5} s. 试问:这两个测量结果符合相对论的什么结论? μ 子相对于实验室的速度是真空中光速 c 的多少倍?

14-11 一艘宇宙飞船的船身固有长度为 $L_0 =$ 90 m,相对于地面以 $v = 0.8c$ (c 为真空中光速)的匀速从地面观测站的上空飞过,(1)观测站测得飞船的船身通过观测站的时间间隔是多少?(2)宇航员测得船身通过观测站的时间间隔是多少?

14-12 试证明:(1)如果两个事件在某惯性系中是在同一地点发生的,则对一切惯性系来说这两个事件的时间间隔,只有在此惯性系中最短;(2)如果两个事件在某惯性系中是同时发生的,则对一切惯性系来说这两个事件的空间距离,只有在此惯性系中最短.

14-13 设有宇宙飞船 A 和 B,固有长度均为 $l_0 = $ 100 m,沿同一方向匀速飞行,在飞船 B 上观测到飞船 A 的船头、船尾经过飞船 B 船头的时间间隔为 $\Delta t = \frac{5}{3} \times 10^{-7}$ s,求飞船 B 相对于飞船 A 的速度的大小.

14-14 一个电子以 $v = 0.99c$(c 为真空中光速)的速率运动,试问:(1)电子的总能量是多少?(2)电子的经典力学的动能与相对论动能之比是多少?(电子静止质量 $m_e = 9.11 \times 10^{-31}$ kg)

14-15 已知 μ 子的静能量为 105.7 MeV,平均寿命为 2.2×10^{-8} s,试问动能为 150 MeV 的 μ 子的速度 v 是多少?平均寿命是多少?

14-16 要使电子的速度的大小从 1.2×10^8 m·s^{-1} 增加到 2.4×10^8 m·s^{-1},必须对它做多少功?(电子静止质量 $m_e = 9.11 \times 10^{-31}$ kg)

14-17 质子在加速器中被加速,当其动能为静能量的 4 倍时,其质量为静止质量的多少倍?

14-18 试证:粒子的相对论动量的大小可表示为 $p = \sqrt{2E_0 E_k + E_k^2}/c$. 式中 E_0 为粒子的静能量,E_k 为粒子的动能,c 为真空中的光速.

14-19 两个质点 A 和 B,静止质量均为 m_0,质点 A 静止,质点 B 的动能为 $6m_0c^2$,设 A、B 两质点相撞并结合为一个复合质点,求复合质点的静止质量.

本章计算题参考答案

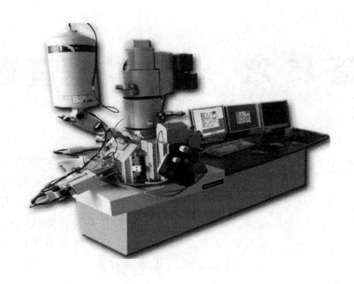

章 首 问 题

　　电子显微镜(electron microscopy)是根据电子光学原理,用电子束和电子透镜代替光束和光学透镜,使物质的细微结构在非常高的放大倍数下成像的仪器.用电子显微镜既能直接看到如蛋白质一类的大型分子,又能分辨单个原子,为研究分子和原子的结构等(如病毒与细胞组织)提供很好的工具.为什么电子显微镜的分辨本领远高于光学显微镜呢?

章首问题解答

第 15 章 量子物理基础

在寻求黑体辐射、放射性现象、光电效应、原子光谱等实验规律的理论解释过程中，人们逐渐认识到光波不仅具有波动性，也具有粒子性；而电子、中子等微观粒子不仅具有粒子性，也具有波动性，即一切微观粒子都具有波粒二象性。在此基础上建立了量子力学。本章介绍了与建立量子概念有关的实验基础、量子理论的建立和发展以及基本原理等。

15.1 黑体辐射 普朗克能量子假设

15.1.1 黑体 黑体辐射

量子概念最初是普朗克在研究黑体辐射时提出来的。实验证明，任何一个物体，在任何温度下都在不断地向周围空间发射电磁波，其波谱是连续的。室温下，物体在单位时间内辐射的能量很少，辐射能大多分布在波长较长的区域。随着温度的升高，单位时间内辐射的能量迅速增加，辐射能中短波部分所占的比例也逐渐增大。例如钢铁，温度升高至 800 K 以上时，可见光成分逐渐显著，随着温度升高，钢铁的颜色也由暗逐渐变亮等。物体这种由其温度所决定的电磁辐射称为热辐射。

热辐射

另一方面，任何物体在任何温度下都要接受外界射来的电磁波，除一部分反射回外界外，其余部分都被物体所吸收。这就是说，物体在任何时候都存在着发射和吸收电磁辐射的过程。当辐射和吸收达到平衡时，物体的温度不再变化而处于热平衡状态，这时的热辐射称为平衡热辐射。

平衡热辐射

理论和实验表明，不同物体在某一频率范围内发射和吸收电磁辐射的能力是不同的，例如，深色物体吸收和发射电磁辐射的能力比浅色物体要大一些.但是,对同一个物体来说,若它在某频率范围内发射电磁辐射的能力越强,那么,它吸收该频率范围内电磁辐射的能力也越强;反之亦然.

一般来说,入射到物体上的电磁辐射,并不能全部被物体所吸收,物体吸收电磁辐射的能力随物体而异.通常人们认为最黑的煤烟,也只能吸收入射电磁辐射的95%.我们设想有一种物体,它能吸收一切外来的电磁辐射,这种物体称为**黑体**(也称绝对黑体),黑体只是一种理想模型.如果在一个由任意材料(钢、铜、陶瓷或其他)做成的空腔壁上开一个小孔,如图 15.1–1 所示,小孔口表面就可近似地视为黑体.这是因为射入小孔的电磁辐射,要被腔壁多次反射,每反射一次,壁就要吸收一部分电磁辐射能,以至射入小孔的电磁辐射很少有可能从小孔逃逸出来.假设有一个单位电磁辐射从小孔射入空腔中,在空腔内经 100 次反射后,才从小孔射出来.若每次反射时仅被腔壁吸收 10%,那么从小孔射出的电磁辐射就只为入射的 $(0.900)^{100} = 2.656 \times 10^{-5}$ 了.例如,白天从远处看建筑物的窗口时,窗口显得特别暗,就是由于从窗口射入的光,经墙壁多次反射而吸收,再从窗口射出的可能性很小的缘故.

黑体

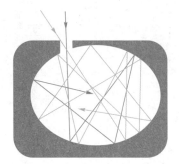

图 15.1–1 空腔上的小孔可作为黑体

另外,如前所述,此空腔处于某确定的温度时,也应有电磁辐射从小孔发射出来;显然,从小孔发射出来的电磁辐射就可作为黑体的辐射.总之,无论从吸收还是发射电磁辐射的角度来看,空腔的小孔都可以视为黑体.实验分析表明,空腔小孔向外发射的电磁辐射是含有各种频率成分的,而且不同频率成分的电磁波的强度也不同,随黑体的温度而异.

在定量介绍热辐射的基本规律之前,下面先说明一下有关的物理量.

单色辐出度:从热力学温度为 T 的黑体的单位面积上,单位时间内,在某波长附近单位波长范围内所辐射的电磁波能量,称为单色辐射出射度,简称单色辐出度.显然,单色辐出度是黑体的热力学温度和波长的函数,记为 $M_\lambda(T)$.

单色辐出度

辐出度:在单位时间内,从温度为 T 的黑体的单位面积上,所辐射出的各种波长的电磁波的能量总和,称为辐射出射度,简称辐出度,它只是黑体的热力学温度 T 的函数,记为 $M(T)$.其值显然可由 $M_\lambda(T)$ 对所有波长的积分求得,即

辐出度

$$M(T) = \int_0^\infty M_\lambda(T) \, d\lambda$$

黑体单色辐出度 $M_\lambda(T)$ 随波长变化关系的实验曲线如图 15.1–2 所示.容易看出,在一定温度下,$M_\lambda(T)$–λ 曲线有一极

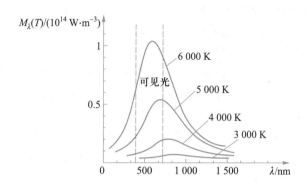

图 15.1-2　黑体单色辐出度的实验曲线

大值,与其对应的波长 λ_m 称为峰值波长,温度越高,峰值波长越短,热辐射中包含的短波成分越多. 此外,各种波长的单色辐出度都随温度的升高而增大,而在 λ 很小和很大时,$M_\lambda(T)$ 都趋近于零.

15.1.2 斯特藩–玻耳兹曼定律 维恩位移定律

斯特藩–玻耳兹曼定律
维恩位移定律

由实验结果,总结出了两条有关黑体辐射的定律,它们是斯特藩–玻耳兹曼定律和维恩位移定律.

1. 斯特藩–玻耳兹曼定律

此定律首先由斯特藩于 1879 年从实验数据的分析中发现,5 年以后,1884 年玻耳兹曼从热力学理论出发也得出同样结果. 定律的内容为:黑体的辐出度(图 15.1-2 所示曲线下面的面积)与黑体的热力学温度的四次方成正比,即

$$M(T) = \int_0^\infty M(T)\,d\lambda = \sigma T^4 \qquad (15.1.1)$$

上式就是斯特藩–玻耳兹曼定律,式中 σ 为斯特藩–玻耳兹曼常量,可由实验测定其值为 5.670×10^{-8} W · m^{-2} · K^{-4}.

应用斯特藩–玻耳兹曼定律的一个很有趣的例子,就是说明温室效应.

2. 维恩位移定律

从图 15.1-2 中可以看到,随着黑体温度的升高,每一曲线的峰值波长 λ_m 与 T^{-1} 成比例地减小,维恩于 1893 年用热力学理论找到 T 与 λ_m 之间关系为

$$\lambda_m T = b \qquad (15.1.2)$$

式中,b 为实验测定的常量,其值为 2.898×10^{-3} m · K. 上式表明:

当黑体的热力学温度升高时,在 $M_\lambda(T)$-λ 的曲线上,与单色辐出度 $M_\lambda(T)$ 的峰值对应的波长 λ_m 向短波方向移动,这称为维恩位移定律.例如,低温度的火炉所发出的辐射能较多地分布在波长较长的红光中,而高温度的白炽灯所发出的辐射能较多地分布在波长较短的绿光与蓝光中,这些现象都可用维恩位移定律来说明.

维恩位移定律有许多实际的应用,例如通过测定星体的谱线的分布来确定其热力学温度;也可以通过比较物体表面不同区域的颜色变化情况,来确定物体表面的温度分布,这种以图形表示的热力学温度分布又称为热象图.利用热象图的遥感技术可以用于森林防火,也可以用来监测人体某些部位的病变.热象图的应用范围日益广泛,在宇航、工业、医学、军事等方面应用前景很好.

例题 15-1

（1）温度为室温（20 ℃）的黑体,其单色辐出度的峰值所对应的波长是多少？（2）从对太阳光谱的实验观测中,测得单色辐出度的峰值所对应的波长约为 483 nm,试由此估计太阳表面的温度;（3）以上两辐出度的比为多少？

解:(1)室温的热力学温度 $T_1 = 293$ K,故由维恩位移定律,得

$$\lambda_m = \frac{b}{T_1} = \frac{2.898 \times 10^{-3}}{293} \text{ m} = 9\,891 \text{ nm}$$

此波长的光已属红外线,远远超出人眼的视觉范围.

（2）相对于太阳表面的发光情况,其背景可视为黑体.这样发光的太阳亦可视为

黑体中的小孔,则由维恩位移定律得太阳表面的热力学温度约为

$$T_2 = \frac{b}{\lambda_m} = \frac{2.898 \times 10^{-3} \text{ m} \cdot \text{K}}{483 \times 10^{-9} \text{ m}} = 6\,000 \text{ K}$$

（3）由斯特藩-玻耳兹曼定律,可得两者辐出度之比为

$$\frac{M(T_2)}{M(T_1)} = \left(\frac{T_2}{T_1}\right)^4 = \left(\frac{6.0 \times 10^3 \text{ K}}{293 \text{ K}}\right)^4 = 1.76 \times 10^5$$

15.1.3　黑体辐射的瑞利-金斯公式　经典物理的困难

探求单色辐出度 $M_\lambda(T)$ 的数学表达式,对热辐射的理论研究和实际应用都是很有意义的.因此,19 世纪末,许多物理学家试图从经典电磁理论和经典统计物理出发,从理论上找出与图 15.1-3 实验曲线(图中用点表示)相一致的 $M_\lambda(T)$ 数学表达式,并对黑体辐射的频率分布作出理论说明,但都未能如愿,反而得

出与实验不相符的结果. 其中最有代表性的是维恩公式和瑞利-金斯公式. 维恩公式在短波部分和实验曲线符合得很好, 但在长波部分相差较大, 如图 15.1-3 所示; 瑞利-金斯公式在波长很长的部分与实验曲线吻合, 但在短波部分, 随着波长的减小, 却出现巨大的分歧. 从图 15.1-3 中可以看出对于温度给定的黑体, 由瑞利-金斯公式给出的黑体的单色辐出度 $M_\lambda(T)$ 将随波长的变短而趋于"无限大", 这通常称为"紫外灾难". 但实验却指出, 对于温度给定的黑体, 在短波范围内, 随着波长的减小, 单色辐出度 $M_\lambda(T)$ 将趋于零. 热辐射的经典理论与实验之间的分歧是不可调和的, "紫外灾难"给 19 世纪末期看起来很和谐的经典物理理论, 带来了很大的困难, 使许多物理学家感到困惑不解, 正如开尔文在 1900 年指出的那样, 物理学理论的大厦上空飘来两朵乌云, 它动摇了经典物理理论的基础. 下面要介绍的普朗克能量量子化假设, 不仅解决了瑞利-金斯公式所遇到的困难, 而且引起了物理学发展史中一场伟大的深刻变革.

图 15.1-3　黑体辐射单色辐出度分布实验曲线理论的比较

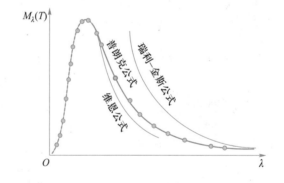

15.1.4 普朗克假设　普朗克黑体辐射公式

1900 年德国物理学家普朗克为了得到与实验曲线相一致的公式, 提出了一个与经典物理概念不同的新假设: 金属空腔壁中电子的振动可视为一维谐振子, 它吸收或者发射电磁辐射能量时, 不是过去经典物理所认为的那样可以连续地吸收或发射能量, 而是以与振子的频率成正比的能量子

$$\varepsilon = h\nu$$

为基本单元来吸收或发射能量. 这就是说, 空腔壁上的带电谐振子吸收或发射的能量, 只能是 $h\nu$ 的整数倍, 即

$$\varepsilon = nh\nu \qquad (15.1.3)$$

$n = 1, 2, 3, \cdots$，为正整数，称为**量子数**. 普朗克还假设，比例常量 h 对所有谐振子都是相同的，后来人们把 h 称为**普朗克常量**.

量子数
普朗克常量

按照普朗克的假设，频率为 ν 的谐振子，其能量只能取 $h\nu$，$2h\nu, 3h\nu, \cdots, nh\nu$ 等不连续的值中的一个值，即振子能量是作阶梯式分布的，后来人们把振子处于某些能量状态，形象地称为处于某个能级. 上述普朗克假设，一般称为**普朗克能量子假设**，或简称普朗克量子假设. 这个假设与经典物理能量连续的概念格格不入，为物理学带来了新的概念和活力.

普朗克能量子假设

在能量子假说的基础上，普朗克推导出一个新的黑体辐射公式：

$$M_\lambda(T) = 2\pi hc^2 \lambda^{-5} \frac{1}{e^{\frac{hc}{k\lambda T}} - 1} \qquad (15.1.4)$$

这就是著名的普朗克黑体辐射公式，式中 c 是光速，k 是玻耳兹曼常量，h 是一个新引入的常量，称为**普朗克常量**，可根据实验测定，普朗克常量的国际推荐值为 $h = 6.626\,070\,15\times10^{-34}$ J·s. 图 15.1-3 给出了普朗克公式与实验结果的比较，从图中可见，两者是十分吻合的.

普朗克常量

1900 年 12 月 14 日，在德国物理学会的会议上，普朗克报告了他的发现，这一天被认为是量子理论的诞生日. 普朗克因此成为量子理论的奠基人，荣获 1918 年诺贝尔物理学奖. 但在最初几年中，这一假设并未受到人们的重视，甚至普朗克本人也总是试图回到经典物理的轨道上去. 最早认识到普朗克假设重要意义的是爱因斯坦，他在 1905 年发展了普朗克的思想，提出了光量子假说，成功地说明了光电效应的实验规律.

思考

15.1 黑体一定是黑色的吗？

15.2 所有物体都能发射电磁辐射，为什么用肉眼看不见黑暗中的物体？用何种设备可察觉到黑暗中的物体？

15.3 请举一些日常生活中常见的例子，来说明物体热辐射的各种波长中，单色辐出度最大的波长随温度的升高而减小.

15.2 光电效应 光的波粒二象性

光是电磁波，其能量应连续分布在电磁场中，但电磁波理论却不能够说明光电效应等现象的实验规律.

15.2.1 光电效应实验的规律

光电效应

金属及其化合物在光照射下发射电子的现象称为光电效应.如图 15.2-1 所示是研究光电效应的实验装置示意图.在一个抽真空的玻璃泡内装有金属电极 K 和 A,如 K 接电源的负极,称为阴极,A 接电源的正极,称为阳极.当紫外线从石英窗口照射在金属 K 的表面上时,则可以观察到电路中有电流.这是由于在光照射到金属 K 上时,金属中的电子从表面上逸出,并在加速电势差 $U = V_A - V_K$ 的作用下,从 K 到达 A,从而在电路中形成电流,称为

光电子

光电流.逸出的电子,称为光电子.从光电效应实验可归纳出如下规律:

1. 受光照射的电极上释放出的电子数和入射光的强度成正比

实验表明:饱和光电流与入射光强度成正比.饱和光电流反映受光照射的金属每秒内发射的电子数.如图 15.2-2 所示.

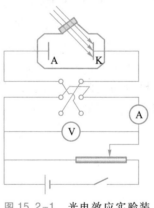

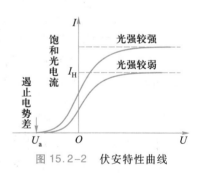

图 15.2-1 光电效应实验装置示意图　　图 15.2-2 伏安特性曲线

2. 存在截止频率

实验表明,对一定的金属阴极,当照射光频率 ν 小于某个最小值 ν_0 时,不管光强多大,照射时间多长,都没有光电子逸出.这

红限

个最小频率 ν_0 称为该种金属的光电效应截止频率,也叫红限.不同物质的红限不同,多数金属的红限在紫外区.

3. 光电子的最大初动能与照射光的强度无关,而与其频率成线性关系

在保持光照不变的情况下,如果降低加速电势差的量值,光

电流也随之降低,而当加速电势差为零时,光电流一般并不等于零.这说明光电子逸出时就具有一定的初动能.只有加反向电势差,光电流才迅速地减小至零.使光电流等于零时所外加的电势差称为遏止电势差,记为 U_a. 显然,电子的初动能应等于反抗遏止电场力所做的功,即

$$\frac{1}{2}mv^2 = e\,|\,U_a\,| \qquad (15.2.1)$$

遏止电势差

式中 m 和 e 分别是电子的静止质量和电荷量,v 是光电子逸出金属表面的最大速率.

实验还表明:遏止电势差 U_a 与光强 I 无关,而和入射光的频率 ν 之间具有线性关系,

$$|\,U_a\,| = K\nu - U_0 \qquad (15.2.2)$$

式中 K 和 U_0 都是正数,U_0 是随金属种类而变的常量,K 为不随金属种类而变的普适常量.把式(15.2.2)代入式(15.2.1),得

$$\frac{1}{2}mv^2 = eK\nu - eU_0 \qquad (15.2.3)$$

由式(15.2.3)可知,由于 $\dfrac{mv^2}{2}$ 必须是正值,可见要使受光照射的物体释放出电子,入射光的频率必须满足 $\nu_0 \geqslant \dfrac{U_0}{K}$ 的条件.

$\nu_0 = \dfrac{U_0}{K}$ 对应光电效应的红限.

4. 光电子是即时发射的,滞后时间不超过 10^{-9} s

实验表明:从光开始照射直到金属释放出电子,几乎是瞬时的,并不需要经过一段显著的时间,或者说响应速度很快,时间不超过 10^{-9} s.

这种由于光照射到金属表面上而产生的光电效应,称为外光电效应.光也可以入射到物体的内部(如晶体的内部),使物体内部释放出电子但这些电子仍留在物体内.从而增加物体的导电性.这种光电效应,称为内光电效应.这里,我们只讨论外光电效应.

外光电效应

内光电效应

15.2.2 经典物理解释的困难

用经典物理中光的电磁波理论说明光电效应的实验规律时,物理学家遇到了很大困难.这主要表现在,按照经典理论,无论何种频率的入射光,只要其强度足够大,就能使电子具有足够的能量逸出金属.然而实验却指出,若入射光的频率小于截止频率,无

论其强度有多大,都不能产生光电效应.此外,按照经典理论,电子逸出金属所需的能量,需要有一定的时间来积累,一直积累到足以使电子逸出金属表面为止.然而,实验却指出,光的照射和光电子的释放几乎是同时发生的,在 10^{-9} s 这一测量精度范围内观察不到这种滞后现象,即光电效应可认为是"瞬时的".

15.2.3 光子 爱因斯坦方程

为了解决光电效应的实验规律与经典物理理论的矛盾,1905年爱因斯坦对光的本性提出了新的理论.他认为,光束可以视为由微粒构成的粒子流,这些粒子称为**光量子**,以后就称为光子.在真空中,每个光子都以光速 c 运动.对于频率为 ν 的光束,光子的能量为

$$\varepsilon = h\nu \qquad (15.2.4)$$

式中 h 为普朗克常量.按照爱因斯坦的光子假设,频率为 ν 的光束可视为由许多能量均等于 $h\nu$ 的光子所构成的,频率 ν 越高的光束,其光子能量越大;对给定频率的光束来说,光的强度越大,就表示光子的数目越多.由此可见,对单个光子来说,其能量取决于频率,而对一束光来说,其能量既与频率有关,又与光子数有关.

爱因斯坦认为,当频率为 ν 的光束照射在金属表面上时,光子的能量被单个电子所吸收,使电子获得能量 $h\nu$,当入射光的频率 ν 足够高时,可以使电子具有足够的能量从金属表面逸出,逸出时所需做的功,称为**逸出功** W.设电子具有初动能 $\frac{1}{2}mv^2$,由能量守恒定律,有

$$h\nu = \frac{1}{2}mv^2 + W \qquad (15.2.5)$$

这个方程称为光电效应的爱因斯坦方程.表 15-1 给出了几种金属逸出功的近似值.

光量子

逸出功

光电效应的爱因斯坦方程

表 15-1 几种金属逸出功的近似值						
金属	钠	铝	锌	铜	银	铂
W/eV	1.90~2.46	2.50~3.60	3.32~3.57	4.10~4.50	4.56~4.73	6.30

从爱因斯坦方程(15.2.5)可以看出,光电子初动能与照射光频率成线性关系.频率不同的光,光子的能量是不同的,频率越高,光子的能量越大.当光子的频率增为 ν_0 时,电子的初动能

$\frac{mv^2}{2}=0$,电子刚好能逸出金属表面,则 ν_0 即为前述的截止频率,其值为 $\nu_0=\frac{W}{h}$,不同金属的逸出功不同,因而红限不同. 显然,只有当频率大于 ν_0 的入射光照在金属上时,电子才能从金属表面上逸出来,并具有一定的初动能. 如果入射光的频率小于 ν_0,电子吸收光子的能量则小于逸出功 W,在这个情况下,电子是不能逸出金属表面的,这与实验结果是一致的. 所以,只要 $\nu>\nu_0$,电子就会从金属中释放出来而不需要积累能量的时间,光电子的释放和光的照射几乎是同时发生的,是"瞬时的",没有滞后现象. 这与实验结果也是一致的.

此外,按照光子假设还可以知道,光的强度越大,光束中所含光子的数目就越多. 因此,只要入射光的频率大于截止频率,随着光子数的增加,单位时间内吸收光子的电子数也增多,光电流就增大. 所以说,光电流与入射光的强度成正比,这也与实验结果相符.

为便于和实验比较,根据式(15.2.1),将式(15.2.5)中的动能 $\frac{1}{2}mv^2$ 换成 $e|U_a|$,则可得

$$|U_a|=\frac{h}{e}\nu-\frac{W}{e} \qquad (15.2.6)$$

将式(15.2.6)与实验关系(15.2.2)比较,即可知 $K=\frac{h}{e}$,$\nu_0=\frac{W}{h}$,据此可通过实验测量 K 和 ν_0,算出普朗克常量 h 和逸出功 W. 1916 年密立根对光电效应进行了精确的测量,并用上述方法测定了 h,结果和用其他方法测量的结果符合得很好.

至此,我们可以说,原先由经典理论出发解释光电效应实验所遇到的困难,在爱因斯坦光子假设提出后,都顺利地得到了解决. 不仅如此,通过爱因斯坦对光电效应的研究,我们还对光的本性在认识上有了一个飞跃,光电效应显示了光的粒子性. 这就是说,某一频率的光束,是由一些能量相同的光子所构成的光子流,在光电效应中,当电子吸收光子时,它吸收光子的全部能量,而不能只吸收其中一部分. 光子与电子一样,也是构成物质的一种微观粒子.

15.2.4 光的波粒二象性

先讨论一下光子的质量、动量和能量. 我们知道,光在真空中

的传播速度为 c,即光子的速度应为 c. 所以,需用相对论来处理光学问题.

由狭义相对论的动量和能量的关系式

$$E^2 = p^2 c^2 + E_0^2$$

可知,由于光子的静能量 $E_0 = 0$,所以光子的能量和动量的关系可写成

$$E = pc$$

其动量也可写成

$$p = \frac{E}{c} = \frac{h\nu}{c} = \frac{h}{\lambda}$$

因此,对于频率为 ν 的光子,其能量和动量分别为

$$E = h\nu, \quad p = \frac{h}{\lambda} \tag{15.2.7}$$

在这里,大家看到,描述光子粒子性的量(E 和 p)与描述光的波动性的量(ν 和 λ)通过普朗克常量 h 被联系起来.

光电效应实验表明,光具有粒子性. 而第 11 章所讲述的光的干涉、衍射现象,又明显地体现出光的波动性,所以说,光既具有波动性,又具有粒子性,即光具有波粒二象性. 一般来说,光在传播过程中,波动性表现比较显著;当光和物质相互作用时,粒子性表现比较显著. 光所表现的这两重性质,反映了光的本性. 应当指出,光子具有粒子性并不意味着光子一定没有内部结构,光子也许由其他粒子组成,只是迄今为止,尚无任何实验显露出光子存在内部结构的迹象. 光的粒子性将在下一节讨论康普顿效应时,得到进一步的体现.

15.2.5 光电效应在近代技术中的应用

光电效应在很多领域都有广泛的应用,这里只介绍常见的外光电效应的几种应用. 利用光电效应可以制造多种光电器件,如光电倍增管、电视摄像管等. 这里介绍一下光电倍增管,这种管子可以测量微弱的光. 光电倍增管是一种能将微弱的光电信号转换成可测电信号的光电转换器件. 如图 15.2-3 所示,相邻两个电极之间都有加速电场. 当阴极受到光的照射时,就发射电子,并在加速电场的作用下,以较大的动能撞击到第一个倍增电极上. 光电子能从这个倍增电极上激发出较多的电子,这些电子在电场的作用下,又撞击到第二个倍增电极上,从而激发出更多的电子,这

图 15.2-3 光电倍增管

样,激发出的电子数不断增加,最后阳极收集到的电子数将比最初从阴极发射的电子数增加很多倍(一般为$10^5 \sim 10^8$倍). 因而,这种管子只要受到很微弱的光照,就能产生很大的电流,它在工程、天文、军事等方面都有很重要的应用.

利用光电管制成的光控继电器,可以用于自动控制,如自动计数、自动报警、自动跟踪等. 如图 15.2-4 所示是光控继电器的示意图,它的工作原理是:当光照在光电管上时,光电管电路中产生光电流,经过放大器放大,使电磁铁磁化,而把衔铁吸住. 当光电管上没有光照时,光电管电路中没有电流,电磁铁就把衔铁放开. 将衔铁和控制机构相连接,就可以进行自动控制.

光电光度计也是利用光电管制成的. 它是利用光电流与入射光强度成正比的原理,通过测量光电流来测定入射光强度的. 有些曝光表就是一种光电光度计.

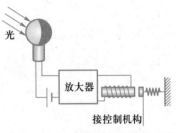

图 15.2-4 光控继电器示意图

思考

15.4 有人说:"光的强度越大,光子的能量就越大."对吗?

*15.3 康普顿效应及光子理论解释

15.3.1 康普顿效应

光子与电子作用的形式还有其他种类,康普顿效应就是其中之一.

1920 年,美国物理学家康普顿(A. H. Compton,1892—1962)在观察 X 射线被物质散射时发现散射线中含有波长发生变化了的成分. 如图 15.3-1 所示是康普顿实验装置的示意图. 由单色 X 射线源 R 发出的波长为 $\lambda_0(\lambda_0 \approx 0.1 \text{ nm})$ 的 X 射线,通过光阑 D 成为一束狭窄的 X 射线,并被投射到散射物质 C(如石墨)上,用摄谱仪 S 可探测到不同散射角 θ 的散射 X 射线的相对强度 I.

如图 15.3-2 所示是康普顿的实验结果. 从实验结果中我们可以看到,散射 X 射线中除有与入射波长相同的射线外,还有波长比入射波长更长的射线,且波长改变量与入射线波长及散射物质无关,而随散射角的增大而增大. 这种波长变大的散射现象就

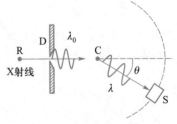

图 15.3-1 康普顿散射实验装置示意图

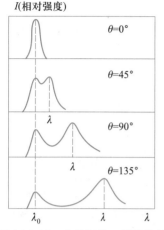

图 15.3-2　康普顿的 X 射线散射实验结果

称为康普顿效应.实验还表明对轻元素,波长变大的散射线相对较强,而对重元素,波长变大的散射线相对较弱.由于康普顿对 X 射线研究所取得的成就,他于 1927 年获得诺贝尔物理学奖.我国物理学家吴有训(1897—1977)在康普顿效应的实验技术和理论分析等方面,也作出了卓越的贡献.

然而,按照经典电磁理论,当单色电磁波作用在尺寸比波长还要小的带电粒子上时,带电粒子将以与入射电磁波相同的频率作电磁振动,并辐射出同一频率的电磁辐射.对于像可见光这类波长较长的电磁辐射,经典电磁理论的这个预言,是较符合实际的.在日常生活中经常可以看到,可见光照射在悬浮于乳胶溶液中的微小粒子时,由微小粒子所散射到各方向的光,其波长与入射光的波长几乎完全一样.然而,在康普顿 X 射线的散射实验中确实出现了散射光的波长变长的现象,这表明经典理论与康普顿效应是不相容的.

15.3.2　光子理论解释

怎样正确认识康普顿 X 射线散射的实验结果呢?1922 年康普顿提出按照光子学说,频率为 ν_0 的 X 射线可视为由一些能量为 $\varepsilon_0 = h\nu_0$ 的光子组成,并假设光子与受原子束缚较弱的电子或自由电子之间的碰撞类似于完全弹性碰撞.依照这个观点,当能量为 $\varepsilon_0 = h\nu_0$ 的入射光子与散射物质中的电子发生弹性碰撞时,电子会获得一部分能量,所以,碰撞后散射光子的能量 $\varepsilon(h\nu)$ 比入射光子的能量 ε_0 要小.其频率 ν 也变小,而波长 λ 比入射光的波长 λ_0 要长一些.下面来定量地计算波长的变化量,从而看出波长的变化量与哪些因素有关.

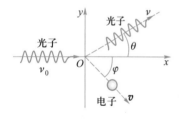

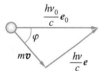

图 15.3-3　光子与束缚较弱的电子的碰撞及动量变化

图 15.3-3 表示一个光子和一个束缚较弱的电子作弹性碰撞的情形.由子电子的速度远小于光子的速度,所以可认为电子在碰撞前是静止的,即 $v_0 = 0$,并设频率为 ν_0 的光子沿 x 轴方向入射.碰撞后,频率为 ν 的散射光子沿着与 x 轴成 θ 角的方向散射,电子则获得了速率 v 并沿与 x 轴成 φ 角的方向运动,这个电子称为反冲电子.

因为碰撞是弹性的,所以应同时满足能量守恒定律和动量守恒定律.又考虑到所研究的问题涉及光子,这两定律应写成相对论的形式.设电子碰撞前后的静止质量和相对论性质量分别为 m_0 和 m,由狭义相对论的质能关系可知,其相应的能量为 $m_0 c^2$ 和 mc^2.所以,在碰撞过程中,根据能量守恒定律有

$$h\nu_0 + m_0 c^2 = h\nu + mc^2$$

即
$$mc^2 = h(\nu_0 - \nu) + m_0 c^2 \qquad (15.3.1)$$

光子在碰撞后所损失的能量便是电子所获得的能量,如图 15.3-3 所示. 设 e_0 和 e 分别为碰撞前后光子运动方向的单位矢量,则根据动量守恒定律可得

$$\frac{h\nu_0}{c} e_0 = \frac{h\nu}{c} e + m v \qquad (15.3.2)$$

由此式有
$$(mv)^2 = \left(\frac{h\nu_0}{c}\right)^2 + \left(\frac{h\nu}{c}\right)^2 - 2\left(\frac{h\nu_0}{c} \frac{h\nu}{c}\cos\theta\right)$$

或
$$(mvc)^2 = (h\nu_0)^2 + (h\nu)^2 - 2h^2\nu_0\nu\cos\theta \qquad (15.3.3)$$

将式(15.3.1)两端取平方并与式(15.3.3)相减,得

$$m^2 c^4 \left(1 - \frac{v^2}{c^2}\right) = m_0^2 c^4 - 2h^2\nu_0\nu(1-\cos\theta) + 2m_0 c^2 h(\nu_0 - \nu)$$

由狭义相对论的质量与速度的关系式,可知电子碰撞后的质量 $m = m_0 (1 - v^2/c^2)^{-1/2}$. 这样,上式可化为

$$\frac{c}{\nu} - \frac{c}{\nu_0} = \frac{h}{m_0 c}(1 - \cos\theta) \qquad (15.3.4a)$$

或
$$\Delta\lambda = \lambda - \lambda_0 = \frac{h}{m_0 c}(1 - \cos\theta) = \frac{2h}{m_0 c}\sin^2\frac{\theta}{2} \qquad (15.3.4b)$$

式中 λ_0 为入射光的波长,λ 为散射光的波长. 式(15.3.4b)给出了散射光波长的改变量与散射角 θ 之间的函数关系. $\theta = 0$ 时,波长不变;θ 增大时,$\lambda - \lambda_0$ 也随之增加. 这个结论与图 15.3-2 所表示的实验结果是一致的.

在式(15.3.4b)中,$h/m_0 c$ 是一个常量,称为康普顿波长,其值为

$$\frac{h}{m_0 c} = \frac{6.63 \times 10^{-34}}{9.11 \times 10^{-31} \times 3 \times 10^8} \text{ m} = 2.43 \times 10^{-12} \text{ m}$$

由式(15.3.4b)可见,散射波长改变量 $\Delta\lambda$ 的数量级为 10^{-12} m. 对于波长较长的可见光(波长的数量级为 10^{-7} m)以及无线电波等波长更长些的波而言,波长的改变量 $\Delta\lambda$ 与入射光的波长 λ_0 相比,要小得多,例如 $\lambda_0 = 10$ cm 的微波,$\Delta\lambda/\lambda_0 \approx 2.43 \times 10^{-11}$. 因此,对这些波长较长的电磁波而言,康普顿效应是难以观察到的. 这时,量子结果与经典结果是一致的. 只有波长较短的电磁波(如 X 射线,其波长的数量级为 10^{-10} m),波长的改变量与入射光的波长才可以比较,例如 $\lambda_0 = 10^{-10}$ m,$\Delta\lambda/\lambda_0 \approx 2.43 \times 10^{-2}$,这时才能观察到康普顿效应. 在这种情况下,经典理论就失败了,即波长

较短的波,其量子效应较为显著.这也是和实验相符合的.

上面研究的是光子和受原子束缚较弱的电子发生碰撞时的情况,它只说明散射波中含有波长比入射波波长更长的射线,那么,如何说明散射波中也有与入射波波长相同的射线呢?这是因为光子除了与上述那种电子发生碰撞外,与原子中束缚很紧的电子也要发生碰撞,这种碰撞可以视为光子与整个原子的碰撞.由于原子的质量很大,根据碰撞理论,光子碰撞后不会显著地失去能量,因而散射波的频率几乎不变,所以在散射波中也有与入射波波长相同的射线.由于轻原子中电子束缚较弱,重原子中内层电子束缚很紧,因此相对原子质量小的物质康普顿效应较显著,相对原子质量大的物质康普顿效应不明显,这和实验结果也是一致的.

康普顿效应的发现,以及理论分析和实验结果的一致,不仅有力地证实了光子学说的正确性,同时也证实了在微观粒子的相互作用过程中,同样严格地遵守能量守恒定律和动量守恒定律.

例题 15-2

设有波长 $\lambda_0 = 1.00 \times 10^{-10}$ m 的 X 射线的光子与自由电子作弹性碰撞,散射 X 射线的散射角 $\theta = 90°$.问:(1) 散射波长的改变量为多少?(2) 反冲电子得到多少动能?(3) 在碰撞中,光子的能量损失了多少?

解:(1) 由式(15.3.4b)知,散射波长的改变量为

$$\Delta\lambda = \frac{h}{m_0 c}(1-\cos\theta)$$

代入已知数据,可得

$$\Delta\lambda = \frac{6.63 \times 10^{-34}}{9.11 \times 10^{-31} \times 3.00 \times 10^8}(1-\cos 90°) \text{ m}$$
$$= 2.43 \times 10^{-12} \text{ m}$$

(2) 由式(15.3.1),有

$$mc^2 - m_0 c^2 = h\nu_0 - h\nu$$

其中 $mc^2 - m_0 c^2$ 即为反冲电子的动能 E_k,故得

$$E_k = h\nu_0 - h\nu = \frac{hc}{\lambda_0} - \frac{hc}{\lambda}$$

即

$$E_k = hc\left(\frac{1}{\lambda_0} - \frac{1}{\lambda_0 + \Delta\lambda}\right) = \frac{hc\Delta\lambda}{\lambda_0(\lambda_0 + \Delta\lambda)}$$

将已知数据代入上式,得

$$E_k = \frac{(6.63 \times 10^{-34}) \times (3.00 \times 10^8) \times (2.43 \times 10^{-12})}{(1.00 \times 10^{-10}) \times (1.00 + 0.024\,3) \times 10^{-10}} \text{ J}$$
$$= 4.72 \times 10^{-17} \text{ J}$$
$$= 295 \text{ eV}$$

(3) 光子损失的能量等于反冲电子所获得的动能,也为 295 eV.

同学们可以计算一下,如果用波长为 1.88×10^{-12} m 的 γ 射线与自由电子碰撞,散射波长的改变量又将如何?γ 射线与 X 射线相比,谁的量子效应更显著些?

思考

15.5 光电效应和康普顿效应都是光子与电子间的相互作用,它们有何不同?

15.6 为何用可见光观察不到康普顿效应?

15.4 氢原子的玻尔理论

从以上讨论中已经知道,20 世纪初物理学革命的重大成果之一,就是建立了早期的量子论,并为光的量子论以及物理观念的革新和发展开创了新的局面.此外在 19 世纪末期,光谱学得到了长足的发展,特别是瑞士数学家巴耳末(J. J. Balmer,1825—1898)把看来似乎毫无规律可言的氢原子可见光的线光谱,归纳成一个有规律的公式,从而促使人们意识到光谱的实验规律实质上显示了原子内部机理的信息.

15.4.1 近代氢原子观的回顾

1890 年瑞典物理学家里德伯(J. R. Rydberg,1854—1919)在巴耳末工作的基础上提出了氢原子光谱的公式常用形式

$$\sigma = \frac{1}{\lambda} = R\left(\frac{1}{n_f^2 - n_i^2}\right), \quad n_f = 1,2,3,\cdots, \quad n_i = n_f+1, n_f+2, n_f+3, \cdots$$

$$(15.4.1)$$

式中 λ 为波长,$1/\lambda$ 就称为波数 σ,而 R 则称为里德伯常量.近代测定值 $R = 1.097\ 373\ 156\ 816\ 0(21) \times 10^7\ \mathrm{m}^{-1}$,一般计算时取 $R = 1.097 \times 10^7\ \mathrm{m}^{-1}$.人们除了发现氢原子可见光谱线系之外,还发现了处于红外和紫外的谱线系,它们都可以概括在式(15.4.1)之中.现列表如表 15-2 所示.

表 15-2 **氢原子光谱线系**

谱线系名称及发现年代	谱线波段	n_f	n_i	谱线公式
莱曼(Lyman)系,1906	紫外线	1	$2,3,\cdots$	$\sigma = \dfrac{1}{\lambda} = R\left(\dfrac{1}{1^2} - \dfrac{1}{n_i^2}\right)$
巴耳末(Balmer)系,1885	可见光	2	$3,4,\cdots$	$\sigma = \dfrac{1}{\lambda} = R\left(\dfrac{1}{2^2} - \dfrac{1}{n_i^2}\right)$

续表

谱线系名称及发现年代	谱线波段	n_f	n_i	谱线公式
帕邢(Paschen)系,1908	红外线	3	$4,5,\cdots$	$\sigma = \dfrac{1}{\lambda} = R\left(\dfrac{1}{3^2} - \dfrac{1}{n_i^2}\right)$
布拉开(Brackett)系,1922	红外线	4	$5,6,\cdots$	$\sigma = \dfrac{1}{\lambda} = R\left(\dfrac{1}{4^2} - \dfrac{1}{n_i^2}\right)$
普丰德(Pfund)系,1924	红外线	5	$6,7,\cdots$	$\sigma = \dfrac{1}{\lambda} = R\left(\dfrac{1}{5^2} - \dfrac{1}{n_i^2}\right)$
汉弗莱(Humphreys)系,1953	红外线	6	$7,8,\cdots$	$\sigma = \dfrac{1}{\lambda} = R\left(\dfrac{1}{6^2} - \dfrac{1}{n_i^2}\right)$

例如氢原子光谱巴耳末系,当 $n_f=2$,$n_i=3,4,5,6,\cdots$ 时,按式 (15.4.1) 所得的值与实验值都是吻合的. 而 $n_i \to \infty$ 时,谱线 H_∞ 的波长为 364.56 nm,这是巴耳末系波长的极限值.

应当指出,氢原子光谱的谱线规律的发现不仅显现出谱线系的规律性,而且还揭示了原子内部存在着固有的规律性,从而为原子结构理论的建立提供了丰富的信息和无尽的畅想空间.

按照卢瑟福的原子有核模型,氢原子是由原子核和一个核外电子所组成,电子的电荷为 $-e$,原子核的电荷为 $+e$,原子核的质量约为电子质量的 1 837 倍,所以氢原子绝大部分的质量集中于原子核. 氢原子中的电子将以速率 v 绕原子核作半径为 r 的圆轨道运动.

然而,卢瑟福的原子核型结构和经典的电磁理论有着深刻的矛盾. 这是因为核外电子在库仑力作用下,作匀速圆周运动时,会不断地向外辐射电磁波,其频率等于电子绕核旋转的频率. 由于原子不断地向外辐射能量,其能量会逐渐减少,从而使电子逐渐地接近原子核而最后和核相遇,原子应该是一个不稳定的系统. 但事实告诉我们,在一般情况下,原子是稳定的,而且原子所发射的线光谱具有一定的规律性.

卢瑟福的原子有核模型正确地解释了 α 粒子的散射实验. 但这个模型又与经典物理有着深刻的矛盾. 针对上述矛盾,许多物理学家包括卢瑟福本人都在积极探索. 1913 年,玻尔在卢瑟福有核模型的基础上提出了三条假设,即玻尔的氢原子理论,它可以说明光谱的规律.

15.4.2 氢原子的玻尔理论及其困难

玻尔理论是氢原子构造的早期量子理论,玻尔理论是以下述三条假设为基础的.

(1) 电子在原子中,可以在一些特定的圆轨道上运动而不辐射电磁波,这时原子处于稳定状态(简称定态),并具有一定的能量.

定态

(2) 电子以速度 v 在半径为 r 的圆周上绕核运动时,只有电子的角动量 L 等于 $h/2\pi$ 的整数倍的那些轨道才是稳定的,即

$$L = mvr = n\frac{h}{2\pi} \tag{15.4.2}$$

式中 h 为普朗克常量. $n = 1, 2, 3, 4, \cdots$ 称为主量子数. 式(15.4.2)称为量子化条件.

主量子数
量子化条件

(3) 当原子从高能量的定态跃迁到低能量的定态,亦即电子从高能量 E_i 的轨道跃迁到低能量 E_f 的轨道上时,要发射频率为 ν 的光子,且

$$h\nu = E_i - E_f \tag{15.4.3}$$

此式称为频率条件.

频率条件

在这三条假设中,第一条虽是经验性的,但它是玻尔对原子结构理论的重大贡献,因为它对经典概念作了巨大的修改,从而解决了原子稳定性的问题. 第三条是从普朗克量子假设引申来的,因此是合理的,能解释线光谱的起源. 至于第二条所表述的角动量量子化,则是玻尔根据对应原理的精神提出的. 式(15.4.2)可以从德布罗意假设得出.

现在我们从玻尔三条假设出发来推导氢原子能级公式,并解释氢原子光谱的规律. 设在氢原子中,质量为 m、电荷为 $-e$ 的电子,在半径为 r_n 的稳定轨道上以速率 v_n 作圆周运动,作用在电子上的库仑力为向心力,因此,有

$$\frac{mv_n^2}{r_n} = \frac{1}{4\pi\varepsilon_0}\frac{e^2}{r_n^2} \tag{15.4.4}$$

由第二条假设的式(15.4.2),得

$$v_n = \frac{nh}{2\pi m r_n} \tag{15.4.5}$$

把它代入式(15.4.4),有

$$r_n = \frac{\varepsilon_0 h^2}{\pi m e^2} n^2 = r_0 n^2, \quad n = 1, 2, 3, \cdots \tag{15.4.6}$$

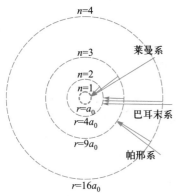

玻尔半径

图 15.4-1 氢原子电子轨道的尺寸

其中 $r_0 = \varepsilon_0 h^2/(\pi m e^2)$. 由于 ε_0、h、m 和 e 均可知,可算得 $r_0 = 5.29 \times 10^{-11}$ m. r_0 其实是电子的第一个(即 $n=1$)轨道的半径,称为玻尔半径. 因此,由式(15.4.6)可知,电子绕核运动的轨道半径的可能值为 $r_0, 4r_0, 9r_0, \cdots$ 人们注意到,r_0 的数量级与经典统计所估计的分子半径相符合,初步显示出玻尔理论的正确性,如图 15.4-1 所示为电子轨道的相对尺寸.

电子在第 n 个轨道上的总能量是动能和势能之和,即

$$E_n = \frac{1}{2}mv_n^2 - \frac{1}{4\pi\varepsilon_0}\frac{e^2}{r_n}$$

利用式(15.4.5)和式(15.4.6),上式可写为

$$E_n = -\frac{me^4}{8\varepsilon_0^2 h^2}\frac{1}{n^2} = \frac{E_1}{n^2} \qquad (15.4.7)$$

其中 $E_1 = -me^4/(8\varepsilon_0^2 h^2) = -13.6$ eV,它的绝对值就是把电子从氢原子的第一个玻尔轨道上移到无限远处所需的能量值,E_1 的绝对值就是电离能. 令人高兴的是,由式(15.4.7)算得的 E_1 值与实验测得的氢的电离能(13.599 eV)吻合得十分好. 进一步由式(15.4.7)可以看出,n 取 $1, 2, 3, \cdots$ 时,氢原子所具有的能量为

$$E_1, \quad E_2 = \frac{E_1}{4}, \quad E_3 = \frac{E_1}{9}, \quad \cdots \qquad (15.4.8)$$

这表明,氢原子具有的能量 E_n 是不连续的. 这一系列不连续的能量值,就构成了通常所说的能级. 式(15.4.6)就是玻尔理论的氢原子能级公式. 此外,从式中还可看出,原子能量都是负值,这说明原子中的电子没有足够的能量,就不能脱离原子核对它的束缚.

如上所述,氢原子能级是与电子所处的轨道相对应的. 在正常情况下,氢原子处于最低能级 E_1,即电子处于第一轨道上. 这个最低能级对应的状态称为基态,或称为氢原子的正常状态. 电子受到外界激发时,可从基态跃迁到较高的 $E_2, E_3, E_4, \cdots$ 能级上,这些能级对应的状态称为激发态,而电子所处的轨道半径就是 $4r_0, 9r_0, 16r_0, \cdots$. 当电子从较高能级的 E_i 跃迁到较低能级的 E_f 时,由式(15.4.3),可得原子辐射的单色光的光子能量为

$$h\nu = E_i - E_f$$

ν 是所辐射单色光光子的频率. 把式(15.4.7)代入上式,有

$$\nu = \frac{me^4}{8\varepsilon_0^2 h^3}\left(\frac{1}{n_f^2} - \frac{1}{n_i^2}\right), \qquad n_i > n_f$$

因为 $\lambda = c/\nu$,可得

$$\frac{1}{\lambda} = \sigma = \frac{me^4}{8\varepsilon_0^2 h^3 c}\left(\frac{1}{n_f^2} - \frac{1}{n_i^2}\right), \qquad n_i > n_f \qquad (15.4.9)$$

式中 σ 为氢原子由高能级 E_i 跃迁到低能级 E_f 时,原子所辐射单色光的波数.式(15.4.9)中 $me^4/8\varepsilon_0^2 h^3 c = 1.097 \times 10^7 \ \mathrm{m}^{-1}$,这个数值与式(15.4.1)中的里德伯常量 R 十分接近.于是,由式(15.4.9)可得出氢原子的线光谱各谱系. $n_f = 1, n_i = 2, 3, 4, \cdots$ 为莱曼系; $n_f = 2, n_i = 3, 4, 5, \cdots$ 为巴耳末系; $n_f = 3, n_i = 4, 5, 6, \cdots$ 为帕邢系……这些由氢原子的玻尔理论得出的谱系与实验得出的谱系符合得很好.如图 15.4-2 所示是氢原子能级跃迁与光谱系之间的关系.

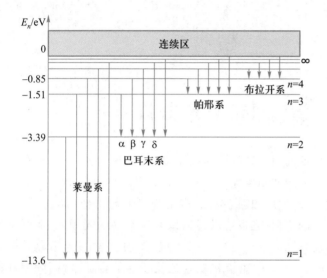

图 15.4-2　氢原子能级跃迁与光谱系之间的关系

　　氢原子的玻尔理论圆满地解释了氢原子光谱的规律性,从理论上算出了里德伯常量,并能对只有一个价电子的原子或离子,即类氢离子光谱给予说明.他提出的能级概念,不久被弗兰克—赫兹实验所证实.

　　但是,玻尔理论也有一些缺陷.例如,玻尔理论只能说明氢原子及类氢离子的光谱规律,不能解释多电子原子的光谱;对谱线的强度、宽度也无能为力;也不能说明原子是如何组成分子、构成液体和固体的.此外,玻尔的理论还存在逻辑上的缺点,他把微观粒子视为遵守经典力学的质点,同时,又赋予它们量子化的特征(角动量量子化、能量量子化),这使得微观粒子有些不协调.难怪有人比喻说,玻尔的理论每星期一、三、五是经典的,星期二、四、六是量子化的.后来,在波粒二象性基础上建立起来的量子力学,以更正确的概念和理论,圆满地解释了玻尔理论所遇到的困难.即使如此,玻尔理论对量子力学的发展还是有重大先导作用和影响的,并且由于玻尔所使用的电子轨道能级等纯粒子性的语言较为形象,至今仍为人们所用.

思考

15.7 从经典力学来看,卢瑟福的原子核型结构遇到了哪些困难?

15.8 在氢原子发射的光谱中,最大的频率是多少? 它属于哪个光谱系?

15.5 德布罗意波 实物粒子的二象性

15.5.1 德布罗意假设

概括前面对光的性质的研究,我们可以说,光的干涉和衍射现象为光的波动性提供了有力的证明,而新的实验事实——黑体辐射、光电效应和康普顿效应则为光的粒子性(即量子性)提供了有力的论据. 光束可以视为以光速运动的光子流,而每个光子具有能量和动量. 从式(15.2.7)已知,光子的能量和动量分别为 $E = h\nu$ 和 $p = h/\lambda$. 能量和动量是粒子性的特征量,而频率和波长是波动性的特征量,它们通过作用量子 h 联系起来. 这样,在1923 年到 1924 年间,光的波粒二象性已被人们所理解和接受. 但是,像电子这样的粒子,它的粒子性早已为人们所认识,它们是否也具有波动性呢? 法国年轻人德布罗意(L. V. de Broglie, 1892—1987)指出:光学理论的发展历史表明,曾有很长一段时间,人们徘徊于光的粒子性和波动性之间,实际上这两种解释并不是对立的,量子理论的发展证明了这一点. 同时他又认为:20世纪初发展起来的光量子理论,似乎过于强调粒子性,他期盼把粒子观点和波动观点统一起来,给予"量子"真正的含义. 并且,他假设所有具有动量和能量的像电子那样的物质客体都具有波动性.

德布罗意把对光的波粒二象性的描述,应用到了实物粒子上. 一个质量为 m、以速度 v 作匀速运动的实物粒子,既具有能量 E 和动量 p 所描述的粒子性,也具有以频率 ν 和波长 λ 所描述的波动性. 它的能量 E 与频率 ν、动量 p 与波长 λ 之间的关系,和光子的能量、动量公式(15.2.6)相类似,即

$$E = h\nu, \quad p = \frac{h}{\lambda}$$

按照德布罗意假设,以动量 $\boldsymbol{p}$ 运动的实物粒子的波的波长为

$$\lambda = \frac{h}{p} \qquad (15.5.1)$$

式中 h 为普朗克常量,λ 称为德布罗意波长. 这种波称为德布罗意波,或物质波,式(15.5.1)称为德布罗意公式,它反映了体现实物粒子波动性的波长与体现实物粒子性的动量之间的关系.

德布罗意波　物质波

若一静止质量为 m_0 的粒子,其速率 v 较光速 c 小得多,则粒子的动量可写为 $p = m_0 v$,粒子的德布罗意波长即为

$$\lambda = \frac{h}{m_0 v}$$

若粒子的速率 v 与光速 c 可以比较,则按照相对论,其动量为 $p = \gamma m_0 v$,此处 $\gamma = 1/(1 - v^2/c^2)^{1/2}$,于是这种粒子的德布罗意波长为

$$\lambda = \frac{h}{\gamma m_0 v}$$

在宏观尺度范围内,由于 h 是非常小的量,故实物粒子物质波的波长非常短,因此,在通常情况下,实物粒子的波动性未能显现出来. 但到了微观尺度范围,物质粒子的波动性就会显现出来. 例题15-3 就是显现物质波的一个例子.

例题 15-3

在一电子束中,电子的动能为 200 eV,求此电子的德布罗意波长.

解:由于电子的动能值并不大,不必用相对论来处理问题,即可从 $E_k = m_0 v^2/2$ 得电子运动的速度

$$v = \sqrt{\frac{2E_k}{m_0}}$$

已知电子静止质量 $m_0 = 9.1 \times 10^{-31}$ kg,1 eV = 1.6×10^{-19} J. 代入数据得

$$v = \sqrt{\frac{2 \times 200 \times 1.6 \times 10^{-19}}{9.1 \times 10^{-31}}} \; \mathrm{m \cdot s^{-1}}$$
$$= 8.4 \times 10^6 \; \mathrm{m \cdot s^{-1}}$$

果然,电子的速率 $v \ll c$,由式(15.5.1)得电子的德布罗意波长为

$$\lambda = \frac{h}{m_0 v} = \frac{6.63 \times 10^{-34}}{9.1 \times 10^{-31} \times 8.4 \times 10^6} \; \mathrm{m}$$
$$= 8.67 \times 10^{-2} \; \mathrm{nm}$$

这个波长的数量级和 X 射线波长的数量级相同.

15.5.2 德布罗意波的实验证明

从例题 15-3 可见,电子的速度为 10^6 m·s^{-1} 的数量级时,其德布罗意波长已与 X 射线的波长相当.所以用一般可见光的衍射方法是难以测到像电子、质子、中子等物质粒子的波动性的. 1927 年,戴维孙和革末率先采用了类似布拉格父子解释 X 射线衍射现象的方法,认为晶体对电子物质波的衍射,理应与对 X 射线的衍射满足相同的条件.他们通过实验观察到了和 X 射线在晶体表面衍射相类似的电子衍射现象.

英国物理学家 G. P. 汤姆孙也独立地从实验中观察到电子透过多晶薄片时的衍射现象,如图 15.5-1(a) 所示,电子从灯丝 K 逸出后,经过加速电压为 U 的加速电场,再通过小孔 D,成为一束很细的平行电子束,其能量约为数千电子伏.当电子束穿过一多晶薄片 M(如铝箔)后,再射到照相底片 P 上,就获得了如图 15.5-1(b) 所示的衍射图样.

图 15.5-1 电子束透过多晶薄片的衍射

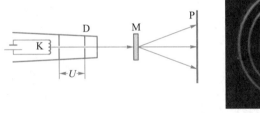

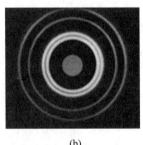

(a)   (b)

应该指出的是,证实电子波动性的最直观的实验是电子通过狭缝的衍射实验,但要将狭缝做得极细是很困难的.直到 1961 年,物理学家才制出长为 50 μm、宽为 0.3 μm、缝间距为 1.0 μm 的多缝.用 50 kV 的加速电压加速电子,使电子束分别通过单缝、双缝、三缝、四缝、五缝,均可得到衍射图样.如图 15.5-2 所示是电子通过双缝的衍射图样,这个图样与可见光通过双缝的衍射图样在模式上完全一样,从而证实了电子具有波动性.

实验表明,电子确实具有波动性,德布罗意关于实物具有波动性的假设首次得到实验证实.

需要特别指明,不仅是电子,而且其他实物粒子,如质子、中子、氦原子核、氢分子等都已证实有衍射现象,都是具有波动性的.所以可以说,波动性乃是粒子自身固有的属性,而德布罗意公式正是反映实物粒子波粒二象性的基本公式.

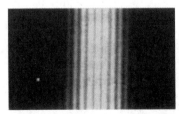

图 15.5-2 电子通过双缝的衍射图样

15.5.3 德布罗意波的统计解释

为了理解实物粒子的波动性,我们不妨重温一下光的情形,对于光的衍射图样来说,根据光是一种电磁波的观点,在衍射图样的亮处,波的强度大,暗处波的强度小.而波的强度与波幅的二次方成正比,所以图样亮处的波幅的二次方比图样暗处的波幅的二次方要大.同时,根据光子的观点,某处光的强度大,表示单位时间内到达该处的光子数多,某处光的强度小,则表示单位时间内到达该处的光子数少;而从统计的观点来看,这就相当于说,光子到达亮处的概率要远大于光子到达暗处的概率.由此可以说,粒子在某处附近出现的概率是与该处波的强度成正比的.

现在我们应用上述观点来分析电子的衍射图样.从粒子的观点来看,衍射图样的出现,是由于电子射到各处的概率不同,电子密集的地方概率很大,电子稀疏的地方概率则很小;而从波动的观点来看,电子密集的地方波的强度大,电子稀疏的地方波的强度小.所以,某处附近电子出现的概率就反映了在该处德布罗意波的强度.对于电子是如此,对于其他微观粒子也是如此.普遍地说,在某处德布罗意波的强度是与粒子在该处附近出现的概率成正比的.这就是德布罗意波的统计解释.

应该强调指出,德布罗意波与经典物理中研究的波是截然不同的,例如,机械波是机械振动在空间的传播,而德布罗意波则是对微观粒子运动的统计描述.所以,我们绝不能把微观粒子的波动性机械地理解为经典物理中的波.

15.5.4 应用举例

微观粒子的波动性已经在现代科学技术上得到应用.一个常见的例子是电子显微镜,其分辨率较光学显微镜高,这是因为电子束的波长较之可见光的波长要短得多.第 11 章中曾指出,光学仪器的分辨率和波长成反比,波长越短,分辨率越高.普通的光学显微镜由于受可见光波长的限制,分辨率不可能很高,而电子的德布罗意波长比可见光短得多,按例题 15-3 的计算,当加速电势差为几百伏特时,电子的波长和 X 射线相近.如果加速电势差增大到几十万伏特以上,则电子的波长更短.由于技术上的原因,直到 1932 年电子显微镜才由德国人鲁斯卡(E. Ruska,1906—1988)研制成功.其原理与光学显微镜相似,只不过电子束是由磁透镜聚焦后照射在样品表面上形成衍射图像的.目前电子显微镜的分辨率已达0.2 nm,所以,电子显微镜在研究物质结构、观察微小物体方面具有强大的功能,是当代科学研究的重要工具之一.它在工业、生物、医学等方面的应用日益广泛.

1981 年,德国人宾尼希(G. Binnig,1947—)和瑞士人罗雷尔(H. Rohrer,1933—2013)制成了扫描隧穿显微镜,他们两人因此与鲁斯卡共获 1986 年诺贝尔物理学奖.该显微镜横向分辨率可达 0.1 nm,纵向分辨率可达 0.001 nm.它对纳米材料、生命科学和微电子学有着不可估量的作用.

思考

15.9　在我们的日常生活中,为什么察觉不到粒子的波动性和电磁辐射的粒子性呢?

15.10　如果电子与质子具有相同的动能,那么谁的德布罗意波长较短?

15.6　不确定关系

在经典力学中,粒子(质点)的运动状态是用位置坐标和动量来描述的,而且这两个量都可以同时准确地予以测定,这就是我们讲述过的牛顿力学的确定性.因此,可以说同时准确地测定粒子(质点)在任意时刻的坐标和动量是经典力学保持有效的关键.然而,对于具有波粒二象性的微观粒子来说,是否也能用确定的坐标和确定的动量来描述呢?下面我们以电子通过单缝衍射为例来进行讨论.

设有一束电子沿 y 轴射向屏 AB 上缝宽为 a 的狭缝.于是在照相底片 CD 上,可以观察到如图 15.6-1 所示的衍射图样.如果我们仍用坐标和动量来描述电子的运动状态,那么,我们不禁要问:一个电子通过狭缝的瞬间,它是从缝上哪一点通过的呢?也就是说,电子通过狭缝的瞬间,其坐标 x 为多少?显然,这一问题,我们无法准确地回答,因为该电子究竟从缝上哪一点通过,我们是无法确定的,即我们不能准确地确定该电子通过狭缝时的坐

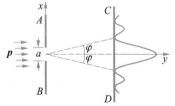

图 15.6-1　用电子衍射说明不确定关系

标.然而,该电子确实是通过了狭缝,因此,我们可以认为电子在 x 轴上的坐标的不确定范围

$$\Delta x = a$$

在同一瞬间,由于衍射的缘故,电子动量的大小虽未变化,但动量的方向有了改变.由图 15.6-1 可以看到,如果只考虑一级(即 $k=1$)衍射图样,则电子被限制在一级最小的衍射角范围内,有 $\sin \varphi = \lambda/a$.因此,电子动量沿 x 轴方向的分量的不确定度范围为

$$\Delta p_x = p\sin \varphi = p\frac{\lambda}{a}$$

由德布罗意公式

$$\lambda = \frac{h}{p}$$

上式可写为

$$\Delta p_x = \frac{h}{a}$$

这样,在电子通过狭缝的瞬间,其坐标和动量都存在着各自的不确定度范围.并且由上面的讨论可知,这两个量的不确定度是互相关联着的:缝越窄(a 越小),则 Δx 越小而 Δp_x 越大,反之亦然.不难看出,Δx 和 Δp_x 具有下述关系,即

$$\Delta x\Delta p_x = h$$

式中 Δx 是在 x 轴上电子坐标的不确定度范围,Δp_x 是沿 x 方向电子动量分量的不确定度范围.

一般来说,如果把衍射图样的级次也考虑在内,上式应改写成

$$\Delta x\Delta p_x \geq h \qquad (15.6.1)$$

这个关系式称为不确定关系,有时人们也把这个关系称为不确定原理,不确定关系不仅适用于电子,也适用于其他微观粒子.不确定关系表明:对于微观粒子不能同时用确定的位置和确定的动量来描述.

不确定关系是海森伯于 1927 年提出的.这个关系明确指出,对微观粒子来说,企图同时确定其位置和动量是办不到的,也是没有意义的.并且他对这种企图给出了定量的界限,即坐标不确定度和动量不确定度的乘积,不能小于作用量子 h.微观粒子的这个特性,是由于它既具有粒子性,又同时具有波动性的缘故,这是微观粒子波粒二象性的必然表现.

然而应强调的是,作用量子 h 是一个极小的量,其数量级仅为 10^{-34}.所以,不确定关系只对微观粒子起作用,而对宏观物体(质点)就不起作用了,这也说明了为什么经典力学对宏观物体(质点)仍是十分有效的.关于这一点参阅下面两个例子可能会有助于理解.

不确定关系

例题 15-4

一颗质量为 10 g 的子弹,具有 200 $m \cdot s^{-1}$ 的速率. 若其动量的不确定度范围为动量的 0.01%(这在宏观范围内是十分精确的了),则该子弹位置的不确定度范围为多大?

解:子弹的动量

$p = mv = 0.01 \times 200 \ kg \cdot m \cdot s^{-1} = 2 \ kg \cdot m \cdot s^{-1}$

动量的不确定度范围

$\Delta p = 0.01\% \ p = 1.0 \times 10^{-4} \times 2 \ kg \cdot m \cdot s^{-1}$

$= 2 \times 10^{-4} \ kg \cdot m \cdot s^{-1}$

由不确定关系式(15.6.1),得子弹位置的不确定度范围

$$\Delta x = \frac{h}{\Delta p} = \frac{6.63 \times 10^{-34}}{2 \times 10^{-4}} \ m = 3.3 \times 10^{-30} \ m$$

我们知道,原子核的数量级为 10^{-15} m,所以,子弹的这个位置的不确定度范围更是微不足道的. 可见,子弹的动量和位置都能精确地测定,换言之,不确定关系对宏观物体来说,实际上是不起作用的.

例题 15-5

一电子具有 200 $m \cdot s^{-1}$ 的速率,动量的不确定度范围为动量的 0.01%(这也是足够精确的了). 则该电子位置的不确定度范围为多大?

解:电子的动量为

$p = mv = 9.1 \times 10^{-31} \times 200 \ kg \cdot m \cdot s^{-1}$

$= 1.8 \times 10^{-28} \ kg \cdot m \cdot s^{-1}$

动量的不确定度范围

$\Delta p = 0.01\% \ p = 1.0 \times 10^{-4} \times 1.8 \times 10^{-28} \ kg \cdot m \cdot s^{-1}$

$= 1.8 \times 10^{-32} \ kg \cdot m \cdot s^{-1}$

由不确定关系式(15.6.1),得电子位置的不确定度范围

$$\Delta x = \frac{h}{\Delta p} = \frac{6.63 \times 10^{-34}}{1.8 \times 10^{-32}} \ m = 3.7 \times 10^{-2} \ m$$

我们知道,原子大小的数量级为 10^{-10} m,电子则更小,在这种情况下,电子位置的不确定度范围甚至比原子的大小还要大几亿倍. 可见,电子的位置和动量不可能同时精确地予以确定.

思考

15.11 从不确定关系能得出"微观粒子的运动状态是无法确定的"吗?

知识要点

(1) 光的量子性

绝对黑体 $\alpha(\lambda, T) \equiv 1$, $\rho(\lambda, T) \equiv 0$

普朗克假设 $\quad E = n\varepsilon, \quad \varepsilon = h\nu, \quad n = 1, 2, 3, \cdots$

光电效应 $\qquad h\nu = \dfrac{1}{2}mv^2 + W$

红限 $\qquad\quad \nu_0 = \dfrac{U_0}{K} = \dfrac{W}{h} = \dfrac{W}{eK}$

康普顿效应 $\quad \Delta\lambda = \lambda - \lambda_0 > 0$

（2）玻尔氢原子理论

定态假设 $\quad E_1 < E_2 < E_3 < \cdots < E_n$ 不辐射能量

量子化条件 $\qquad L = n\hbar$

频率跃迁 $\qquad h\nu = E_n - E_k$

轨道半径 $\qquad r_n = n^2 r_0, \quad r_0 = 5.29 \times 10^{-11}\ \mathrm{m}$

能级公式 $\quad E_n = -\dfrac{13.6}{n^2}\ \mathrm{eV}, \quad n = 1, 2, 3, \cdots$

（3）波粒二象性 $\quad \varepsilon = mc^2 = h\nu, \quad p = mv = \dfrac{h}{\lambda}$

（4）不确定关系 $\quad \Delta x \cdot \Delta p_x \geqslant h$

习题

15-1 绝对黑体是这样一种物体,它( ).

（A）不能吸收也不能发射任何电磁辐射

（B）不能反射也不能发射任何电磁辐射

（C）不能发射但能全部吸收任何电磁辐射

（D）不能反射但可以全部吸收任何电磁辐射

15-2 如习题 15-2 图所示,四个图中,( ) 正确反映了黑体单色辐出度 $M_{\mathrm{B}\lambda}(T)$ 随波长 λ 和温度 T 的变化关系,已知 $T_2 > T_1$.

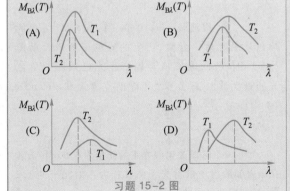

习题 15-2 图

15-3 康普顿效应的主要特点是( ).

（A）散射光的波长均比入射光的波长短,且随散射角增大而减小,但与散射体的性质无关

（B）散射光的波长均与入射光的波长相同,与散射角、散射体性质无关

（C）散射光中既有与入射光波长相同的,也有比入射光波长长的和比入射光波长短的.这与散射体性质有关

（D）散射光中有些波长比入射光的波长长,且随散射角增大而增大;有些散射光波长与入射光波长相同.这都与散射体的性质无关

15-4 光电效应和康普顿效应都包含电子与光子的相互作用过程.对此,在以下几种理解中,正确的是( ).

（A）两种效应中电子与光子两者组成的系统都服从动量守恒定律和能量守恒定律

（B）两种效应都相当于电子与光子的弹性碰撞过程

（C）两种效应都属于电子吸收光子的过程

（D）光电效应是吸收光子的过程,而康普顿效应则相当于光子和电子的弹性碰撞过程

（E）康普顿效应是吸收光子的过程,而光电效应则相当于光子和电子的弹性碰撞过程

15-5 设用频率为 ν_1 和 ν_2 的两种单色光先后照射同一种金属,均能产生光电效应.已知金属的红限频率为 ν_0,测得两次照射时的遏止电势差 $|U_{a2}| = 2|U_{a1}|$,则这两种单色光的频率有如下关系（ ）.

（A）$\nu_2 = \nu_1 - \nu_0$ （B）$\nu_2 = \nu_1 + \nu_0$

（C）$\nu_2 = 2\nu_1 - \nu_0$ （D）$\nu_2 = \nu_1 - 2\nu_0$

15-6 要使处于基态的氢原子受激发后能发射莱曼系（由激发态跃迁到基态发射的各谱线组成的谱线系）的最长波长的谱线,至少应向基态氢原子提供的能量是（ ）.

（A）1.5 eV   （B）3.4 eV

（C）10.2 eV   （D）13.6 eV

15-7 已知氢原子从基态激发到某一定态所需能量为 10.19 eV,当氢原子从能量为 -0.85 eV 的状态跃迁到上述定态时,所发射的光子的能量为（ ）.

（A）2.56 eV   （B）3.41 eV

（C）4.25 eV   （D）9.95 eV

15-8 如习题 15-8 图所示,一束动量为 $\boldsymbol{p}$ 的电子,通过缝宽为 a 的狭缝.在距离狭缝为 R 处放置一荧光屏,屏上衍射图样中央最大的宽度 d 等于（ ）.

（A）$2a^2/R$ （B）$2ha/p$

（C）$2ha/Rp$ （D）$2Rh/ap$

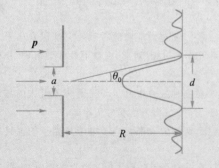

习题 15-8 图

15-9 不确定关系式表示在 x 方向上（ ）.

（A）粒子位置不能准确确定

（B）粒子动量不能准确确定

（C）粒子位置和动量都不能准确确定

（D）粒子位置和动量不能同时准确确定

15-10 已知某金属的逸出功为 W,用频率为 ν_1 的光照射该金属能产生光电效应,则该金属的红限频率 $\nu_0 = $ _____,$\nu_1 > \nu_0$,且遏止电势差 $|U_a| = $ _____.

15-11 已知氢光谱的某一线系的极限波长为 3 647 Å,其中有一谱线波长为 6 565 Å.试由玻尔氢原子理论,求与该波长相应的初态与终态能级的能量.（$R = 1.097 \times 10^7 \ \text{m}^{-1}$.）

15-12 习题 15-12 图中所示为在一次光电效应实验中得出的曲线.

（1）求证:对不同材料的金属,AB 线的斜率相同.

（2）由图上数据求出普朗克常量 h.

（元电荷 $e = 1.60 \times 10^{-19}$ C.）

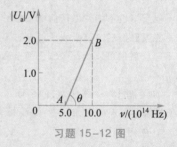

习题 15-12 图

15-13 以波长 $\lambda = 410$ nm（1 nm $= 10^{-9}$ nm）的单色光照射某一金属,产生的光电子的最大动能 $E_k = 1.0$ eV,问能使该金属产生光电效应的单色光的最大波长是多少?（普朗克常量 $h = 6.63 \times 10^{-34}$ J·s.）

15-14 已知 X 射线光子的能量为 0.60 MeV,若在康普顿散射中散射光子的波长为入射光子的 1.2 倍,试求反冲电子的动能.

15-15 某黑体在加热过程中,其单色辐出度的峰值波长由 0.69 μm 变化到 0.50 μm,问其辐射出射度增加为原先的多少倍?

15-16 实验发现基态氢原子可吸收能量为 12.75 eV 的光子.(1)试问氢原子吸收该光子后将被激发到哪个能级?(2)受激发的氢原子向低能级跃迁时,可能发出哪几条谱线?请画出能级图(定性),并将这些跃迁画在能级图上.

15-17 α 粒子在磁感应强度为 $B = 0.025$ T 的均匀磁场中沿半径为 $R = 0.83$ cm 的圆形轨道运动.(1)试计算其德布罗意波长;(2)若使质量 $m = 0.1$ g 的小球以与 α 粒子相同的速率运动,则其波长为多少?(α 粒子的质量 $m_\alpha = 6.64 \times 10^{-27}$ kg,普朗克常量 $h = 6.63 \times 10^{-34}$ J·s,元电荷 $e = 1.60 \times 10^{-19}$ C.)

15-18 考虑到相对论效应,试求实物粒子的德布罗意波长的表达式,设 E_k 为粒子的动能,m_0 为粒子的静止质量.

本章计算题参考答案

附录　物理学中的单位制和量纲

SI 基本单位

1984 年,我国国务院发布命令实施以国际单位制为基础的我国法定计量单位.本书中所用物理量的单位均采用国际单位制,即 SI.在国际单位制中,七个最重要的、相互独立的基本物理量的单位为基本单位,称为 SI 基本单位.2018 年第 26 届国际计量大会通过的"关于修订国际单位制的 1 号决议"将国际单位制的七个基本单位全部改为由常数定义.此决议自 2019 年 5 月 20 日(世界计量日)起生效(见附录表).

导出量

物理量是通过描述自然规律的方程或定义新物理量的方程彼此联系的.因此,非基本量可根据定义或借助方程用基本量来表示,这些非基本量称为导出量,它们的单位称为导出单位.基本量选定后,导出量的单位可以用基本单位表示出来.

某一物理量 Q 的量纲可用方程表示为基本量的量纲的幂次乘积,即

$$\mathrm{dim}\, Q = \mathrm{L}^{\alpha} \mathrm{M}^{\beta} \mathrm{T}^{\gamma} \mathrm{I}^{\delta} \Theta^{\varepsilon} \mathrm{N}^{\xi} \mathrm{J}^{\eta}$$

这一关系式称为物理量 Q 对基本量的量纲式,式中 α、β、γ、δ、ε、ξ、η 称为量纲指数,L、M、T、I、Θ、N、J 则分别为七个基本量的量纲.

量纲分析

量纲可以用于不同单位之间的换算.此外,量纲还可以用于量纲分析,即通过比较物理方程两边各项的量纲来检验方程的正确性.对于任何合理的物理方程,方程中所有各项的量纲必须相同.

附录表　国际单位制(SI)中的基本单位

量的名称	单位名称	单位符号	定义
时间	秒	s	当铯频率 $\Delta\nu_{Cs}$,也就是铯-133 原子不受干扰的基态超精细跃迁频率,以单位 Hz 即 s^{-1} 表示时,将其固定数值取为 9 192 631 770 来定义秒
长度	米	m	当真空中光速 c 以单位 $m \cdot s^{-1}$ 表示时,将其固定数值取为 299 792 458 来定义米,其中秒用 $\Delta\nu_{Cs}$ 定义
质量	千克(公斤)	kg	当普朗克常量 h 以单位 $J \cdot s$ 即 $kg \cdot m^2 \cdot s^{-1}$ 表示时,将其固定数值取为 $6.626\ 070\ 15 \times 10^{-34}$ 来定义千克,其中米和秒用 c 和 $\Delta\nu_{Cs}$ 定义

续表

量的名称	单位名称	单位符号	定义
电流	安［培］	A	当元电荷 e 以单位 C 即 A·s 表示时，将其固定数值取为 $1.602\,176\,634\times10^{-19}$ 来定义安培，其中秒用 $\Delta\nu_{C_s}$ 定义
热力学温度	开［尔文］	K	当玻耳兹曼常量 k 以单位 $J\cdot K^{-1}$ 即 $kg\cdot m^2\cdot s^{-2}\cdot K^{-1}$ 表示时，将其固定数值取为 $1.380\,649\times10^{-23}$ 来定义开尔文，其中千克、米和秒用 h、c 和 $\Delta\nu_{C_s}$ 定义
物质的量	摩［尔］	mol	1 mol 精确包含 $6.022\,140\,76\times10^{23}$ 个基本单元。该数称为阿伏伽德罗数，为以单位 mol^{-1} 表示的阿伏伽德罗常量 N_A 的固定数值。一个系统的物质的量，符号 n，是该系统包含的特定基本单元数的量度。基本单元可以是原子、分子、离子、电子及其他任意粒子或粒子的特定组合
发光强度	坎［德拉］	cd	当频率为 540×10^{12} Hz 的单色辐射的光视效能 K_{cd} 以单位 $lm\cdot W^{-1}$（即 $cd\cdot sr\cdot W^{-1}$ 或 $cd\cdot sr\cdot kg^{-1}\cdot m^{-2}\cdot s^3$）表示时，将其固定数值取为 683 来定义坎德拉，其中千克、米、秒分别用 h、c、$\Delta\nu_{C_s}$ 定义